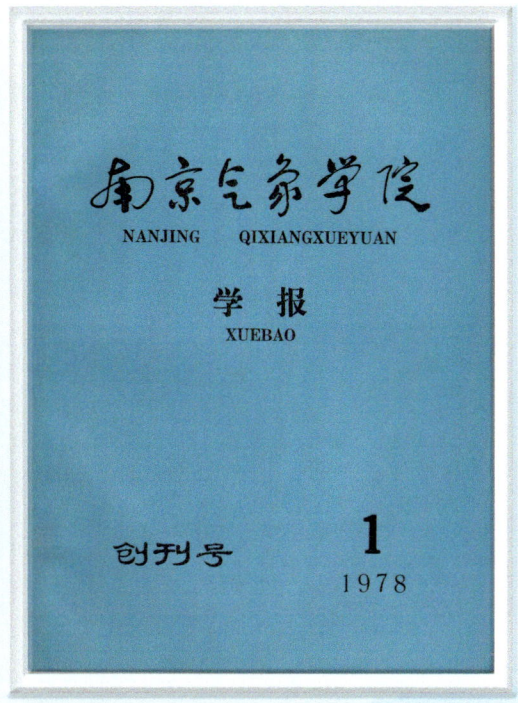

▲ 创刊号

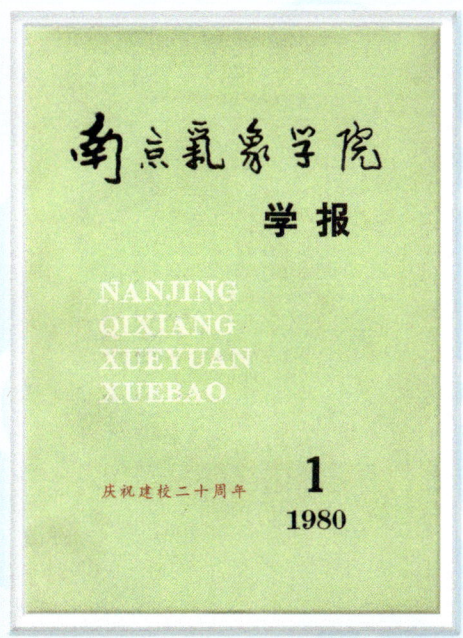

▲ 庆祝建校二十周年

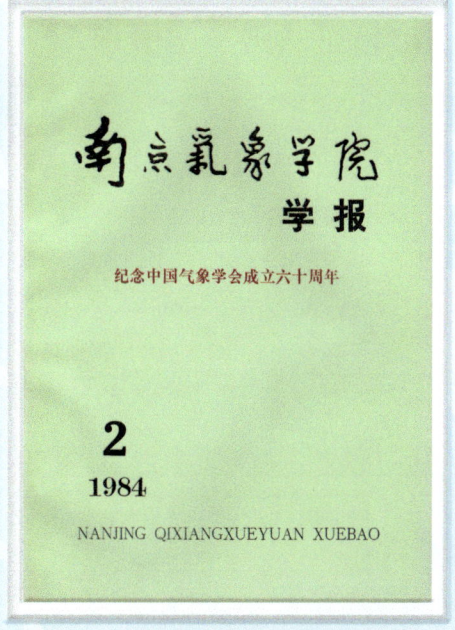

▲ 纪念中国气象学会成立六十周年

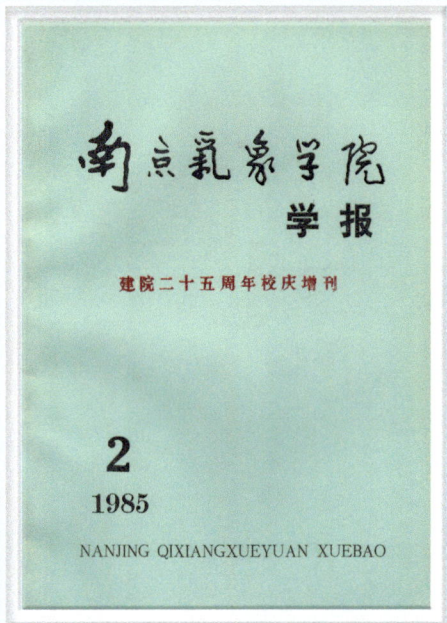

▲ 建院二十五周年校庆增刊

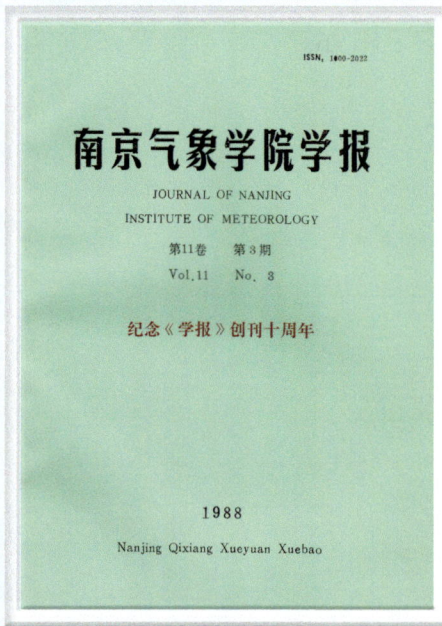

▲ 纪念《学报》创刊十周年

▲ 纪念南京气象学院建院三十周年

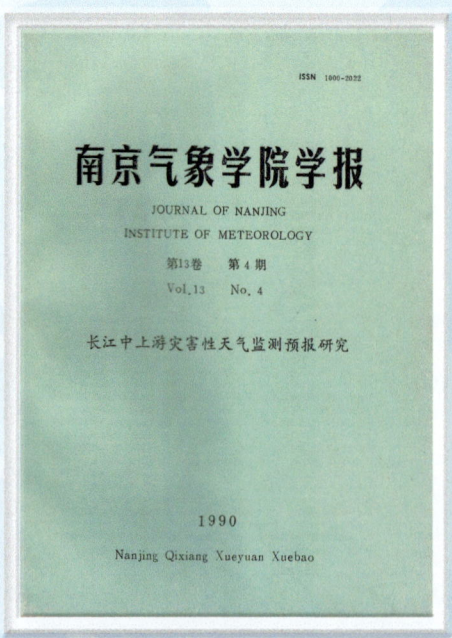

▲ "长江中上游灾害性天气监测预报研究"专刊

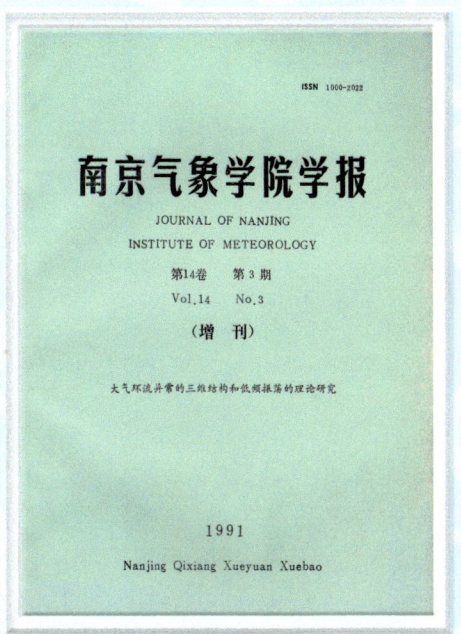

▲ "大气环流异常的三维结构和低频振荡的理论研究"专刊

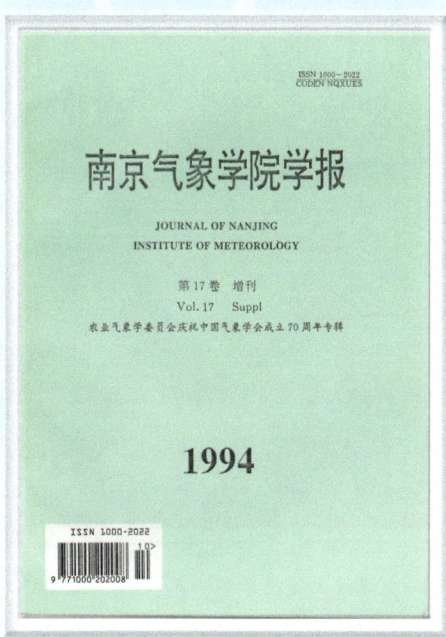

▲ 农业气象学委员会庆祝中国气象学会成立70周年专辑

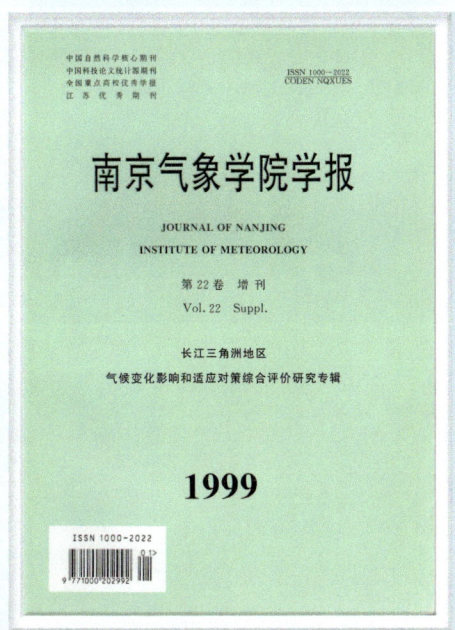

▲ 长江三角洲地区气候变化影响和适应对策综合评价研究专辑

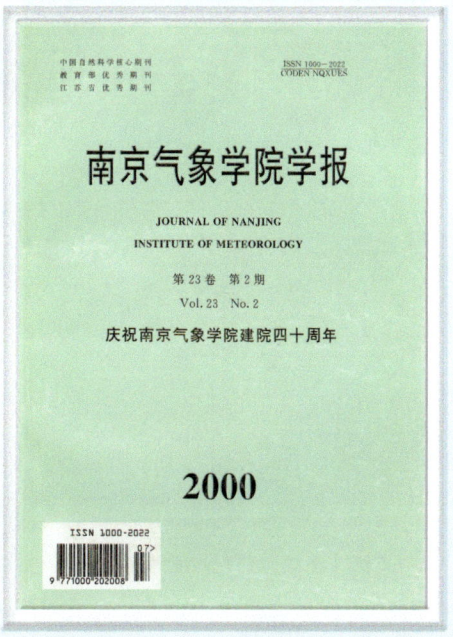

▲ 庆祝南京气象学院建院四十周年

▲ 更名《大气科学学报》

▲ 庆祝《学报》创刊四十周年

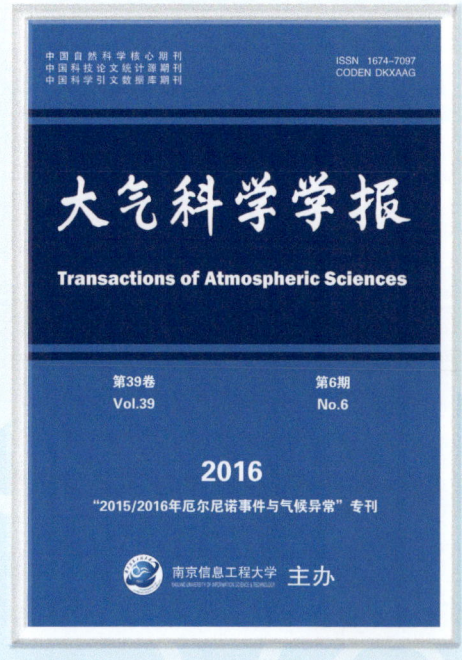

▲ "2015/2016年厄尔尼诺事件与气候异常"专刊

▲ 1995年,江苏省首届"双十佳期刊"及优秀期刊(洋河杯)评选中,荣获优秀期刊奖

▲ 1995年,江苏省高等学校自然科学学报系统优秀学报、优秀编辑工作者和优秀编辑学论著评比中,被评为优秀学报

▲ 1999年,全国优秀高等学校自然科学学报及教育部优秀科技期刊评比中,荣获二等奖

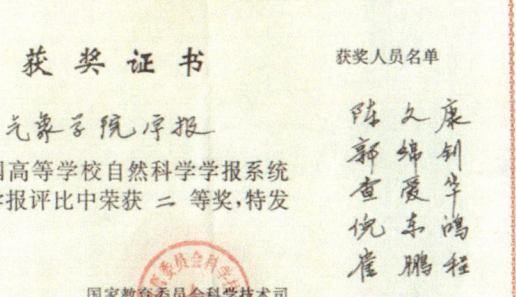

▲ 1995年,全国高等学校自然科学学报系统优秀学报评比中,荣获二等奖

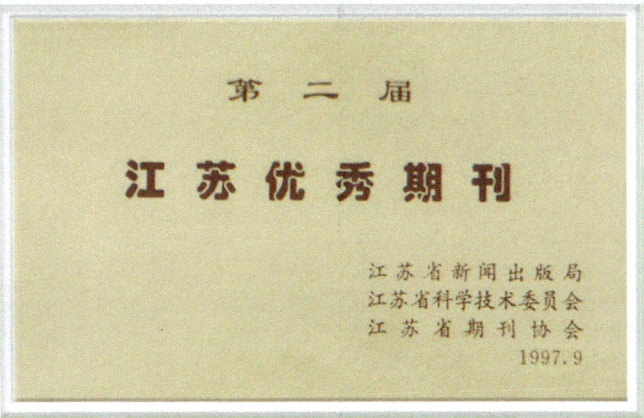

▲ 1997年,被评为第二届江苏优秀期刊

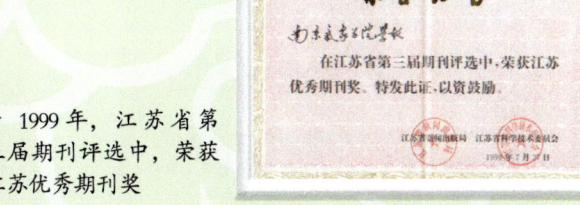

▶ 1999年,江苏省第三届期刊评选中,荣获江苏优秀期刊奖

▲ 2002年，被评为第三届华东地区优秀期刊

▲ 2002年，首届"江苏期刊方阵"评选中，被评为双十佳期刊

▲ 2004年，全国高校优秀科技期刊评比中，荣获优秀编辑出版质量奖

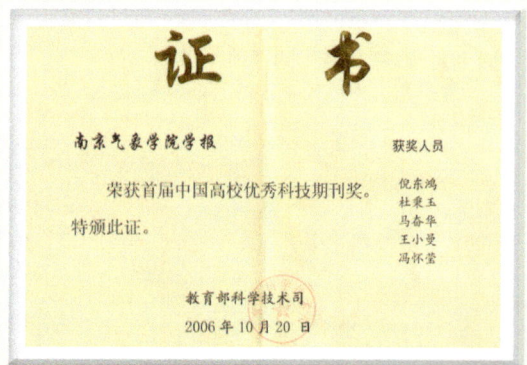

▲ 2006年，荣获首届中国高校优秀科技期刊奖

▲ 2004年，第二届"江苏期刊方阵"评选中，被评为优秀期刊

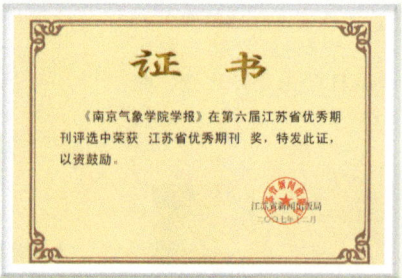

▲ 2007年，第六届江苏省优秀期刊评选中，荣获江苏省优秀期刊奖

▲ 2005年，荣获高校科技期刊先进集体

▲ 2008年，荣获第二届中国高校优秀科技期刊奖

▲ 2008年，荣获高校科技期刊先进集体

▲ 2009年，荣获全国高校科技期刊优秀编辑质量奖

▲ 2010年，荣获第三届中国高校优秀科技期刊奖

▲ 2011年，首届中国高校科技期刊优秀网站评比中，被评为优秀网站

▲ 2012年，荣获第四届中国高校优秀科技期刊奖

▲ 2014年，荣获第五届中国高校优秀科技期刊奖

▲ 2015年,被评为中国高校技术类优秀期刊

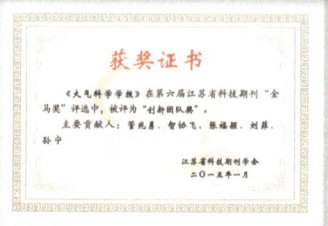
▲ 2015年,第六届江苏省科技期刊"金马奖"评选中,被评为创新团队奖

▲ 2016年,被评为中国高校优秀科技期刊

◀ 2017年,江苏期刊"明珠奖"评选中,被评为优秀策划

▲ 2016年,第八届江苏科技期刊"金马奖"评选中,荣获十佳创新团队奖

▲ 2017年,荣获中国高校科技期刊优秀团队

▲ 2017年,华东地区优秀期刊评选中,荣获第六届华东地区优秀期刊奖

◀ 2018年,第十届江苏科技期刊"金马奖"评选中,荣获优秀期刊奖十佳特色期刊奖

▲ 2018年,被评为中国高校百佳科技期刊

# 《大气科学学报》
## 院士文选

——庆祝南京信息工程大学建校60周年
暨《大气科学学报》创刊40周年

主编 王会军

气象出版社
China Meteorological Press

## 内 容 简 介

为纪念南京信息工程大学建校 60 周年、《大气科学学报》创刊 40 周年,南京信息工程大学期刊部精心策划汇编《〈大气科学学报〉院士文选》,共收录曾庆存、巢纪平、吴国雄、李崇银、章基嘉、丁一汇、潘德炉、吕达仁、石广玉、王会军等 10 位院士的 20 篇论文。这 20 篇论文分属不同年代,不仅体现了大气科学研究的阶段性进展,更体现了《大气科学学报》40 年的发展历程。文选还收录了《大气科学学报》40 年发展历程中的珍贵照片。可供大气科学及相关领域的师生、科研人员学习参考。

**图书在版编目(CIP)数据**

《大气科学学报》院士文选:庆祝南京信息工程大学建校 60 周年暨《大气科学学报》创刊 40 周年 / 王会军主编. — 北京:气象出版社,2019.9
ISBN 978-7-5029-7056-7

Ⅰ.①大… Ⅱ.①王… Ⅲ.①大气科学-文集 Ⅳ.①P4-53

中国版本图书馆 CIP 数据核字(2019)第 210917 号

《Daqi Kexue Xuebao》Yuanshi Wenxuan

《大气科学学报》院士文选

| | | | |
|---|---|---|---|
| 出版发行: | 气象出版社 | | |
| 地　　址: | 北京市海淀区中关村南大街 46 号 | 邮政编码: | 100081 |
| 电　　话: | 010-68407112(总编室)　010-68408042(发行部) | | |
| 网　　址: | http://www.qxcbs.com | E-mail: | qxcbs@cma.gov.cn |
| 责任编辑: | 黄红丽　王　迪 | 终　　审: | 吴晓鹏 |
| 责任校对: | 王丽梅 | 责任技编: | 赵相宁 |
| 封面设计: | 楠竹文化 | | |
| 印　　刷: | 北京建宏印刷有限公司 | | |
| 开　　本: | 787 mm×1092 mm　1/16 | 印　　张: | 13.75 |
| 字　　数: | 355 千字 | 彩　　插: | 12 |
| 版　　次: | 2019 年 9 月第 1 版 | 印　　次: | 2019 年 9 月第 1 次印刷 |
| 定　　价: | 120.00 元 | | |

本书如存在文字不清、漏印以及缺页、倒页、脱页等,请与本社发行部联系调换。

# 编委会

主　编：王会军

编　委：戴跃伟　周彩红　智协飞

　　　　张福颖　袁东敏　刘　菲

# 缀玉联珠四十年
## （代序）

芸编致远，墨香氤氲，呈现在您面前的是我们精心选编、珠玉荟萃的《〈大气科学学报〉院士文选——庆祝南京信息工程大学建校60周年暨〈大气科学学报〉创刊40周年》（以下简称《〈大气科学学报〉院士文选》）。

高位优选，老干扶持，《〈大气科学学报〉院士文选》的付梓成型得益于"母本"《大气科学学报》的强劲支撑。《大气科学学报》"前身"为《南京气象学院学报》，如今已走过了四十年的历程，2009年正式变更为现名。四十年来，《大气科学学报》牢记创刊初心，砥砺前行，记录和展示了改革开放以来大气科学领域的研究成果，见证了我校在大气及相关学科方面的发展历程，培养了一大批科研、教学和应用人才，为繁荣我国气象科学事业，促进国内外学术交流做出了积极的贡献。在广大读者、作者和编委会专家们的倾力支持与精心呵护下，《大气科学学报》几经"蝶变"，发行范围从内部刊物发展成为面向国内外公开发行，出版周期从半年刊、季刊到双月刊，涵盖内容从最初的单一气象学科拓展为理、工、农等多个学科再回归到专注于大气科学这个"一流学科"，传播模式从单一的纸质平台与时俱进为集纸质、网站、微信等多平台于一体的多元交流平台。

《大气科学学报》始终与南京信息工程大学"一流特色高水平大学"的建设目标同心同力、同向同行。四十年来，期刊的学术影响和办刊质量始终居于国内高校科技期刊前列，多次被评为全国、华东地区、江苏省优秀期刊，2018年荣获中国高校"百佳"科技期刊，被北京大学图书馆中文核心期刊目录、中国科技信息研究所"中国科技论文统计源期刊"和"中国科学引文数据库（CSCD）来源期刊"收录。名彰国内，蜚声海外。《大气科学学报》还被美国《剑桥科学文摘（CSA）》、美国《气象学与天体物理学文摘库（MGA）》、国际应用生物科学中心（CABI）出版的《CABI文摘》、日本科学技术振兴机构数据库（JST）等收录。

习近平总书记对广大科技工作者寄予了殷殷期许，"要把论文写在祖国的大地上，把科技成果应用在实现现代化的伟大事业中。"期刊成绩的取得，离不开那些把论文写在《大气科学学报》上的广大科技工作者的鼎力支持，尤其是那些理论功底深厚、技术水平高超、业务素养精湛、成就威望卓著的中国科学院院士和中国工程院院士们，他们的认可和厚爱无疑使《大气科学学报》更加耀眼夺目！曾庆存、巢纪平、吴国雄、李崇银、章基嘉、丁一汇、潘德炉、吕达仁、石广玉、王会军……一个个我们耳熟能详的学术大师，都曾把倾注着他们心血与汗水的研究成果授权给《大气科学学报》刊发，使万千学子、广大读者在享受学术肴馔中收获学业进益、感悟启迪成长。人因刊增色，刊因人生辉。《大气科学学报》也由此与高层次作者群体搭建起了双向互动、携手并进的有序机制。

六十年弦歌不辍,久历风云变幻;一甲子薪火相传,广育气象万千。2020年,南京信息工程大学将迎来建校60周年华诞。《大气科学学报》同样经历了熠熠生辉的40年探索与积淀。值此全校欢庆之际,为展示《大气科学学报》的丰硕办刊成果,以刊庆献礼校庆,成双庆之喜,南京信息工程大学期刊部精心策划、汇编出版了《〈大气科学学报〉院士文选》。内附期刊荣誉等彩色插页,让读者近距离感受六十年建校、四十年办刊的峥嵘过往。文选精华所在自然属于院士们发表在学报上的一颗颗闪亮"明珠",《大气科学学报》缀玉联珠,向广大气象科研工作者展示一条耀眼璀璨的"珍珠项链"。我们相信,《〈大气科学学报〉院士文选》的出版,必将再次引起广大读者的共鸣和关注!《大气科学学报》美好的明天更加值得期待与守候!这也同样是此次结集的初衷所在。

谨为序。

南京信息工程大学校长 李北群

2019年10月18日

# 目 录

缀玉联珠四十年(代序)

2014—2016年超强El Niño事件的发生发展过程与机理分析 …………… 丁一汇(1)

华北汛期大尺度降水条件的年代际变化………………………… 刘海文,丁一汇(16)

植被覆盖变化对区域气候影响的研究进展…………………… 李巧萍,丁一汇(25)

近几年我国霾污染实时季节预测概要 ………………… 尹志聪,王会军,段明铿(35)

2015/2016冬季北极世纪之暖与超级厄尔尼诺对东亚气候异常的影响
　　…………………………………………………… 贺圣平,王会军,徐鑫萍,等(48)

南京地区紫外辐射初步研究 ………………………… 郑有飞,石广玉,何金海,等(57)

2009年和2010年夏季我国及周边地区STE模拟与对比分析 ………… 曹治强,吕达仁(64)

地基遥感大气水汽总量和云液态水总量的研究 ………… 刘朝顺,吕达仁,杜秉玉(74)

9914号台风降水云系雨强的三维结构初探 …………… 钟敏,吕达仁,杜秉玉(84)

大气环流系统组合性异常与极端天气气候事件发生 ……… 李崇银,杨辉,赵晶晶(92)

IPCC AR4中海气耦合模式对中国东部夏季降水及PDO、NAO年代际变化的
　　模拟能力分析 ………………………………………………… 顾薇,李崇银(107)

国外大尺度动力过程研究和中期数值天气预报的进展………………… 吴国雄(121)

主振荡型(POP)分析方法原理 ………………………… 章基嘉,丁锋,王盘兴(130)

厄尔尼诺年和反厄尔尼诺年北半球500 hPa非绝热热流量场的特征
　　…………………………………………………… 章基嘉,李跃清,雷兆崇,等(137)

阻塞个例的动力学诊断分析 ………………………………………… 章基嘉,徐浩(145)

北半球阻塞形势的统计分析 ………………………………………… 章基嘉,徐浩(153)

我国的主要气候灾害及其对农业生产的影响 ……………………… 章基嘉,周曙光(162)

海洋加热尺度对热带大气垂直环流圈结构的影响 ………………… 巢纪平,王彰贵(168)

大气运动不稳定的变分原理 ………………………………………………… 曾庆存(176)

中国海域MODIS气溶胶光学厚度检验分析 ……………… 邓学良,潘德炉,何冬燕,等(205)

# 2014—2016年超强El Niño事件的发生发展过程与机理分析*

丁一汇

(国家气候中心,北京 100081)

**摘要**:本文主要分析了2014—2016年超强El Niño事件的发生发展过程与机理。结果表明,整个El Niño生命期长达2 a左右(2014年4月—2016年5月),其演变过程可划分为4个阶段:1)早期的西风连续爆发(2013年12月—2014年4月)。连续三次西风爆发不但改变了热带中东太平洋长期盛行的偏东信风,同时也开始改变了中东太平洋长达12 a的平均冷水状态,使海表温度开始增暖,在2014年初春超过0.5 ℃,标志着一次新的El Niño事件可能在赤道中太平洋发生。2)交替的减弱与增强期(2014年6月—2015年8月)。赤道西太平洋继续发生了6次西风爆发,不但维持和增强了赤道中东太平洋的增温,而且通过了两次(2014年5—8月与2015年1—3月)海洋增暖的减缓期或障碍期,使初生的El Niño事件不但未夭折,而且明显的增强为一次强El Niño事件。Niño3.4区海温指数在2015年8月达到2 ℃。相应,赤道太平洋次表层中也观测到有6次暖Kelvin波东传,其正的热含量距平不但维持了赤道中东太平洋的连续增暖,也使El Niño的类型由中部型向东部型过渡。3)发展的鼎盛期(2015年9月—2016年2月)。西风出现2次更强的爆发,相应中东赤道太平洋对流活动异常强盛,Niño3.4区快速增温,在2015年11月达到3 ℃,增强到其超强阶段。4)快速衰减阶段(2016年3—5月)。El Niño迅速从Niño3.4区的2 ℃减少到0.5 ℃。以后很快开始向冷海温过渡。2016年7—8月,Niño3.4区海温已接近−0.5 ℃。这种快速转换是延迟振子理论的一种体现。

通过本文分析,可以得到,这次El Niño发生发展与冷暖位相转换的观测事实与目前的理论结果(如充电振荡与延迟振子理论)是一致的。正因为如此,基于这些理论的El Niño预报也是相当成功的。这清楚地表明El Niño理论研究的成果对于相关业务预报发展具有明显的科学支撑力。

**关键词**:超强El Niño;发生发展;演变机理;西风爆发;开尔文波

2014—2016年发生的超级El Niño引起了国际和国内各方面的广泛关注。其主要原因有三个方面:(1)为什么这次El Niño能发展成近60 a最强的El Niño事件?(2)它对全球与中

---

\* 本文发表于《大气科学学报》,2016年第39卷第6期,722-734。

国的天气气候与经济影响如何？会不会造成严重的灾害和全球性农业减产与经济重大损失？(3)长达15 a的气候变暖趋缓或停顿是否会终止？而又转为全球快速的气候变暖阶段？

根据美国国家航天局(NASA)和美国国家海洋和大气管理局(NOAA)的最新数据,2016年上半年地球的气温创下了史无前例的极值,比20世纪的气温高近1.1 ℃。同时,极地海冰面积的平均值已跌破历史最低值(引自2016年7月19日美国全国公共广播电台网站)。

根据最近发表的一些相关研究,国内主要关注前两个问题(任宏利 等,2016;邵鲲和周兵,2016;袁媛 等,2016;翟盘茂 等,2016),并得到了十分有意义的初步成果,概括起来有下列几个方面:(1)2014—2016年El Niño事件是自1951年以来1982—1983年和1997—1998年El Niño事件之后的第三次强El Niño事件,但持续时间、峰值强度、累计海温距平连续超过2 ℃的时间等指标均强于前两次El Niño事件。2)赤道中西太平洋的多次西风爆发过程驱动了次表层异常海温东传,使El Niño维持和发展。3)2014—2016年El Niño事件给全球、亚洲和中国的天气气候与环境带来了明显影响,尤其在2015—2016年冬季给华南造成了破历史纪录的降水。2016年6—7月给长江中下游造成了严重的洪涝灾害。4)与全球气温一致,给2015年中国地面气温带来了创有观测记录以来的最高纪录。5)评估了国际和中国业务对这次El Niño预测的水平,指出绝大部分预测结果对其持续发展过程,峰值出现时间强度与类型的转换基本是成功的。目前国内科学家正进一步深入研究这次El Niño形成的过程和机理以及对全球、亚洲和中国的影响,尤其是对2016年夏季长江和华北极端洪涝的影响。另一方面,也正在评估国际和中国对这次El Niño预测的能力。

本文研究的重点是2014—2016年El Niño的发生发展问题,主要根据目前的El Niño形成理论分析这次El Niño形成的关键条件与演变过程,并试图从大气强迫条件和海洋的响应过程说明为什么这次El Niño能够发展成为超强El Niño事件。

# 1 资料与方法

本文研究所依据的资料有3种来源:1)中国气象局国家气候中心发布的监测和诊断资料;2)美国NOAA发布的2014年1月—2016年5月最优插值逐月海温数据(OI-SSTV2,分辨率为1°×1°)与NCEP/NCAR逐月、逐日再分析资料(水平分辨率为2.5°×2.5°);3)日本气象厅出版的"Monthly Highlights on the Climate System"公报(http://ds.data.jma.go.jp//tcc/index.html)。

本文的研究方法是基于现代El Niño形成理论对发生发展关键条件进行观测和机理分析。在过去40 a左右,El Niño理论形成的发展有3个阶段:1)首先提出了赤道中东太平洋两种极端冷暖海温位相是两种海气耦合态,指出它们分别与东西风密切相关(Bjeknes,1969),但当时并没有提出两种状态的过渡机制。2)"充电振荡"理论的观测事实和发展。Wyrtki(1975,1985)的观测研究结果是"充电振荡"理论的前身。根据东风、海平面上升、温跃层与Kelvin和Rossby波说明了冷暖态过渡的观测现象。Wyrtki的这个机制可与Bjerknes的反馈机制一起产生ENSO循环。同时Cane和Zebiak(1985)用中等程度复杂模式也得到了类似结果。虽然他们都强调了东风的减弱或西风爆发与所引起的海洋波动产生的关键作用,但它们皆没有说明太平洋"充电"是如何实现的机理,因而并不是完整的理论,直到后来,延迟振子理论完成。3)延迟振子理论(Battisti,1988;Schopf and Suarez,1988;Battisti and Hirst,

1989)。根据这个理论,一般东风盛行时,中东赤道太平洋 SST 是冷的。以后,El Niño 事件的发生,东风扰动或风场的变化是关键。如果有西风扰动,赤道太平洋西部的海温是暖的,造成深厚的温跃层。这又强迫海洋中的 Kelvin 波信号进一步降低其东侧的温跃层,增强正温跃层状态。此后上述这种海洋响应不断向东传播,造成赤道太平洋的增暖,同时通过西风应力向东,顺暖池 SST 梯度平流暖水也增强中东太平洋暖水区,两种作用共同形成 ENSO 的暖位相阶段。另一方面,在西风强迫区,同时也产生了西传赤道 Rossby 波信号。当它传播到西边界时,被反射作为冷的赤道 Kelvin 波向东传播到中东太平洋,以降低原西风区引起的海洋增温,同时向东传播的 Kelvin 波在东边界也被反射以 Rossby 波向西传播,通过这两种反射的波动在中东太平洋赤道海盆区相互作用可促使 ENSO 循环由暖位相向冷位相转换。因而,通过上述热带大气的海气相互作用驱动了海洋状态过渡与冷暖趋势不停地突然转折,其行为非常类似于物理学中的一种延迟振子,即前一种状态的形成也为后一种状态的产生准备了条件。

由上可见,ENSO 理论的基本问题是能解释两种冷暖状态的转换。其中暖态的 El Niño 发生的关键条件是:1)持续东风盛行之后的西风爆发;2)西部温跃层的加深与 Kelvin 波产生并东传;3)秘鲁沿岸与大气环流年变化相关的离岸风(东南气流)产生的冷水上翻区的向北向西扩展受到明显抑制。本文以下将根据上述原则和关键条件分析 2014—2016 年超强 El Niño 的发生发展过程与相关机理。

## 2 连续的西风爆发与海洋增温

图 1 是 2014—2016 年 El Niño 事件的演变过程。整个事件的生命期(2014 年 4 月—2016 年 5 月)长达 2 a 左右。在这个时期至少观测到 14 次西风爆发。按 El Niño 强度(由 Niño3.4 海温距平表示)的演变过程可分为四个阶段:

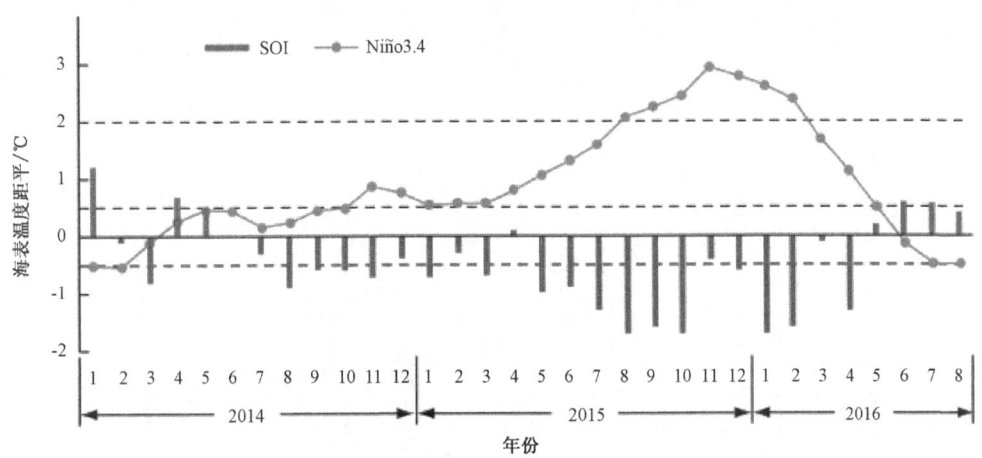

图 1 2014—2016 年 El Niño 事件的演变过程
(单位:℃;红实线为 Niño3.4 区海温指数;蓝线为南方涛动指数)(附彩图)

1)早期的西风连续爆发与 El Niño 事件的初生(2013 年 12 月—2014 年 4 月)

从 2013 年—2014 年冬末到 2014 年春季,已观测到至少 3 次西风爆发过程(图 2)。西风爆发不但改变了热带中东太平洋长期盛行的偏东信风,同时也开始改变了中东太平洋长达 12 a 的平均冷水状态。实况监测(图 3a)显示,2014 年赤道太平洋海温上升首先从太平洋中部(日界线附近)开始,春末赤道太平洋东部海温也开始明显增暖,海温距平中心超过 1 ℃。中国气象局国家气候中心 ENSO 监测指标(Z 指数)表明在 5 月达到 El Niño 事件开始的标准(>0.5 ℃)。暖海温在 2014 年春季迅速发展,由图 4 可以看到,由于西太平洋西风爆发后使表层海洋热含量迅速增长,西太平洋次表层暖海水东传,首先表现为赤道中太平洋明显增暖。春末赤道东太平洋(Niño1+2 海区)也开始明显增暖,海温距平超过 1 ℃。这时期国内外多家数值模式预测 2015 年末发生 El Niño 事件的概率达 50%~60%,并认为达到强 El Niño 事件的可能性较大。国家气候中心 4 月发布预测意见:赤道中东太平洋海温在 2014 年 5—6 月进入 El Niño 状态的可能性较大,并由此可能形成一次较强的 El Niño 事件。实际上,太平洋海温距平分布表明,在 2014 年 3—5 月在赤道太平洋中东部已形成了弱的 El Niño 事件,主要中心位于太平洋中部(图 5)。

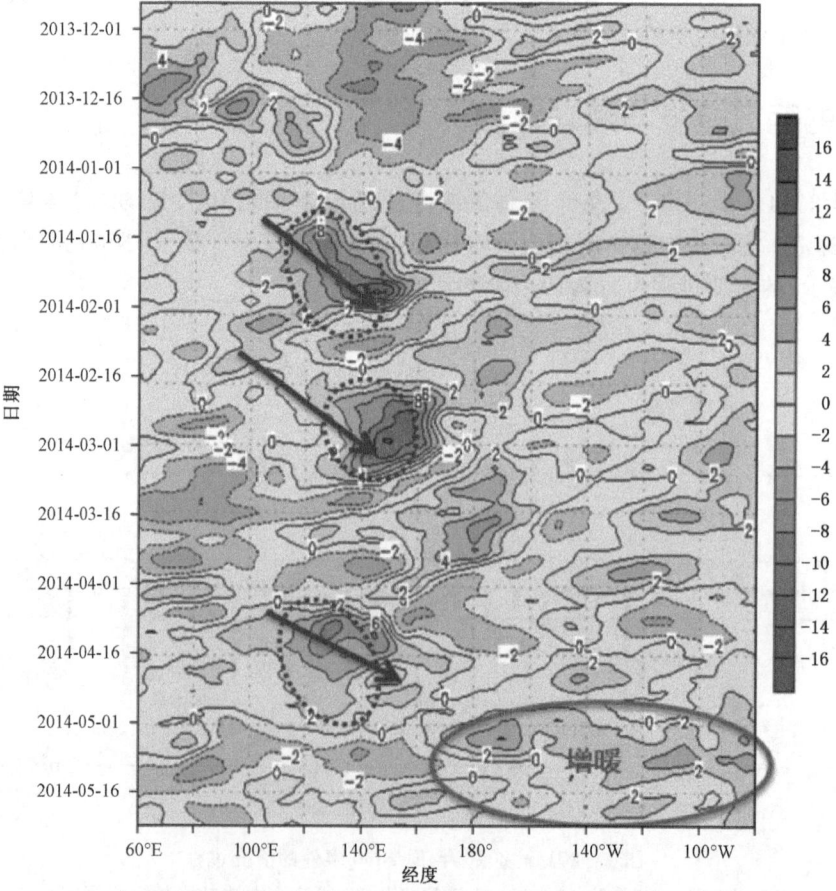

图 2 2013—2014 年太平洋赤道地区(5°N~5°S)850 hPa 平均纬向风距平演变
(单位:m·s$^{-1}$;蓝色区为东风距平,红色区为西风距平)(附彩图)

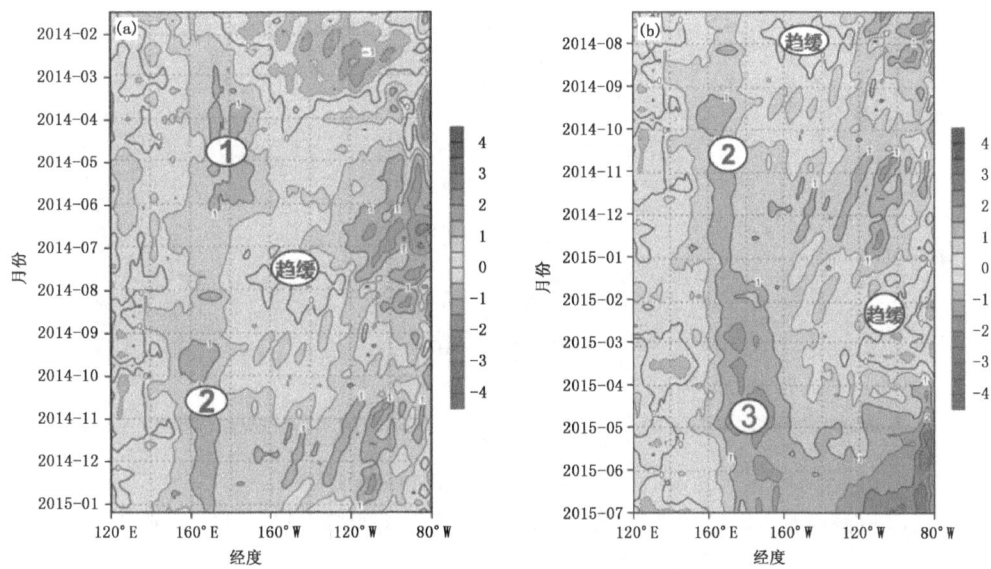

图3 2014年1—12月(a)、2014年8月—2015年6月(b)赤道太平洋地区(5°N~5°S)
海温距平时间—纬度剖面
(单位:℃;红(蓝)色为暖(冷)海温距平;数字1~3表示增暖期)(附彩图)

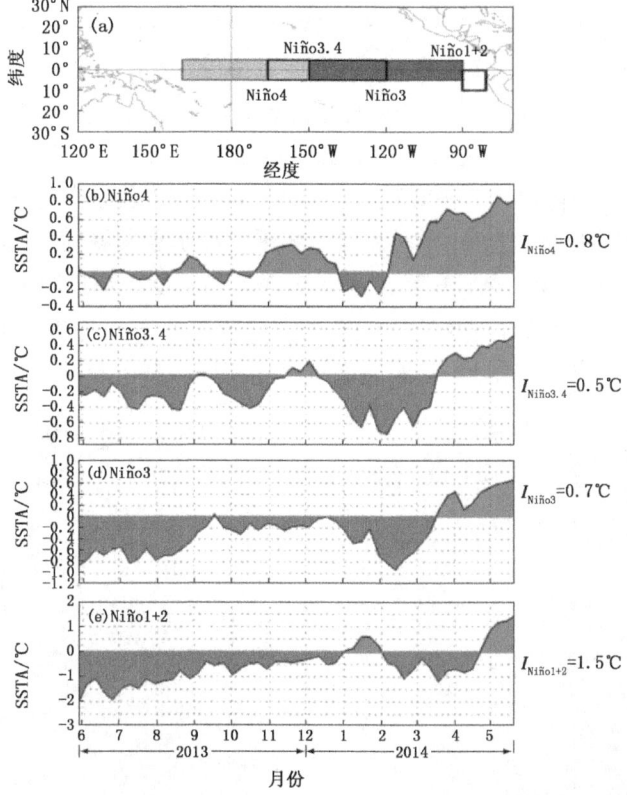

图4 赤道太平洋的ENSO监测区划分(a)及2013—2014年赤道中东太平洋不同海区平均
SSTA的时间变化(b-e;单位:℃;黄色(蓝色)为正(负)距平)(附彩图)

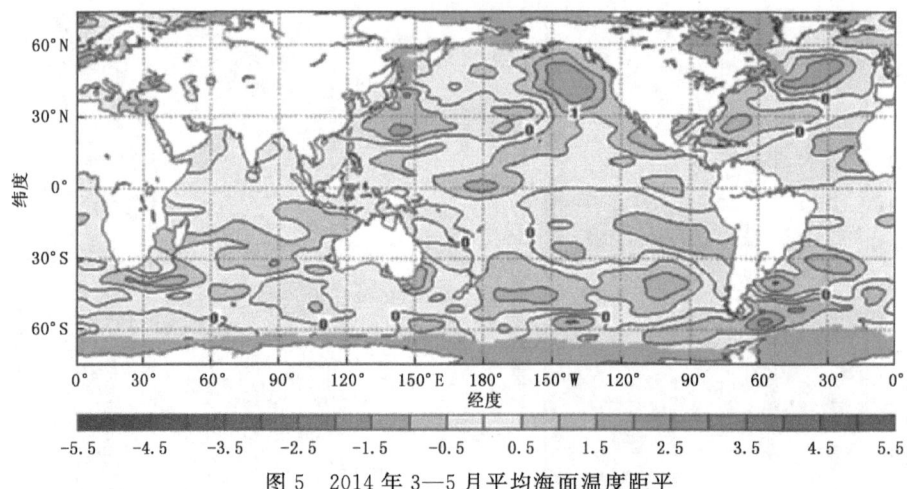

图 5 2014 年 3—5 月平均海面温度距平

(等值线间隔 0.5 ℃;距平相对于 1981—2006 平均值;取自 JMA,2014)(附彩图)

2)交替的减弱与发展和增强期(2014 年 6 月—2015 年 8 月)

在这期间,赤道太平洋连续发生了约 6 次持续的西风爆发,不但继续和增强了赤道中东太平洋的增温,而且通过了两次(2014 年 5—8 月与 2014 年 10 月—2015 年 3 月)增温的减弱期或障碍期,使初生的 El Niño 事件不但未夭折,反而明显增强为一次强 El Niño 事件。Niño3.4 区平均海表温度距平在 2015 年 8 月达到 2 ℃。由于 Kelvin 波的连续东传,El Niño 型也由中部型向东部型过渡。图 6 为这个期间西风爆发(图 6a、6b)与赤道太平洋热容量距平(图 6c、6d)的时间—纬度剖面。可以清楚地看到多次西风连续爆发的情况与两次海洋增暖的减缓期(图 3 与图 6c、6d),这两次减缓期形成的原因并不相同。2015 年 5—8 月的减缓期期间(所谓春季或夏季预报障碍),几乎观测不到较强的西风爆发持续东传,8 月甚至出现明显的东风距平。西太平洋次表层冷水发展,同时赤道东太平洋冷水也发展,但主要位于赤道以南地区,而赤道中太平洋仍为弱的暖水区。中东太平洋次表层热容量出现负距平(图 7a、7b、7c),ENSO 监测指标也呈现明显下降的特征,海温距平在 7—9 月增温停滞,基本维持在 0.5~0.6 ℃。注意南方涛动指数(SOI)仍为明显负值,表明大气对海洋增温的响应并没有变(图 7d)。

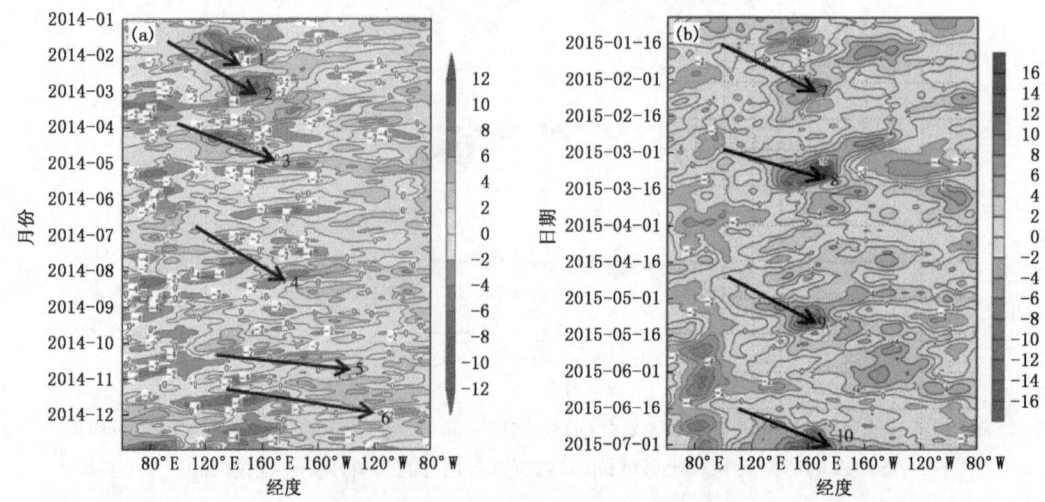

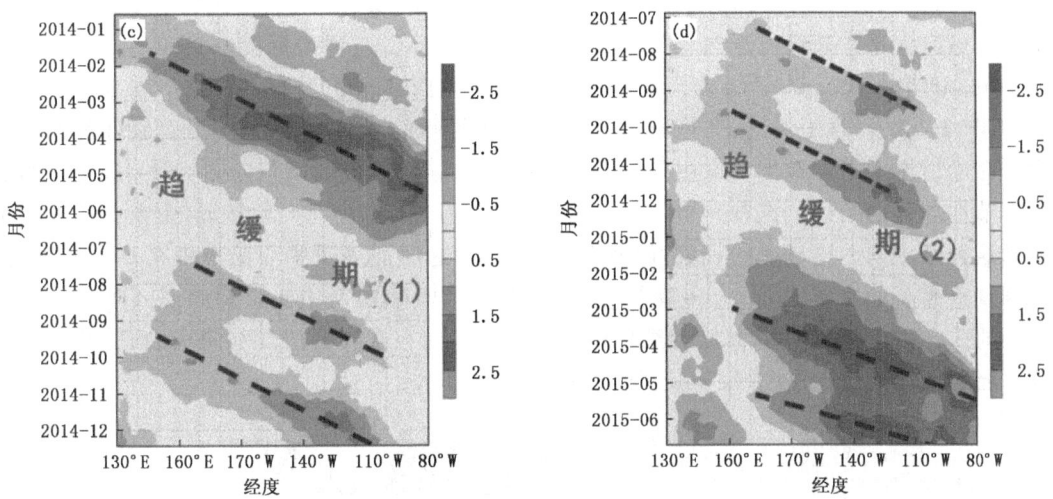

图6 2014年(a)、2015年(b)850 hPa赤道太平洋低层纬向风距平的时间—纬度演变(黑箭头表示西风爆发过程;红(蓝)色为西(东)风距平区),以及2014年1—12月(c)、2014年7月—2015年6月(d)赤道太平洋次表层热容量距平时间—纬度剖面(黑色虚线表示赤道太平洋次表层暖性波动的传播过程;红(蓝)区代表正(负)热容量区)(附彩图)

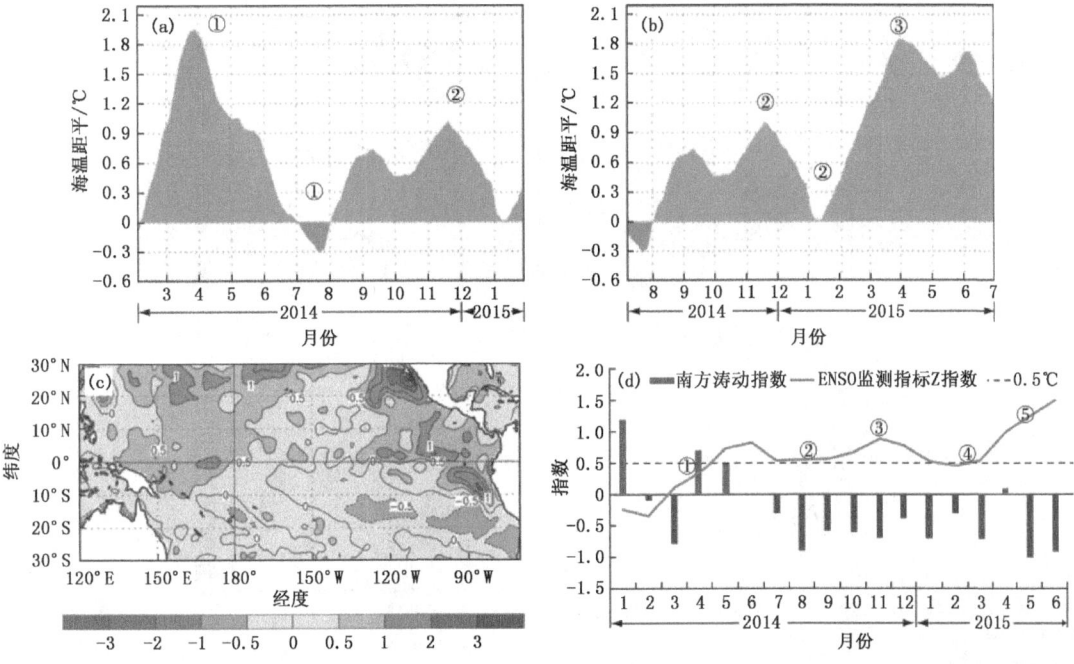

图7 2014年2月—2015年1月(a)、2014年8月—2015年6月(b)赤道中东太平洋次表层上层海洋热容量距平的时间变化(黄(绿)色圆圈的数字代表增暖期(减缓期));2014年8月热带太平洋海表温度偏差(c);以及2014年1月—2015年6月 ENSO监测指标Z指数(单位:℃)和南方涛动指数(SOI)的时间变化曲线(d)(附彩图)

到 2014 年秋与前冬赤道西太平洋暖水距平再次发展并东传,这促使减弱的 El Niño 又开始加强。赤道太平洋表层海洋热容量正距平发展,使 ENSO 监测指标缓慢上升,并于 11 月达到 El Niño 的第一次峰值($Z$ 指数为 0.9 ℃)。这种弱的 El Niño 特征一直维持到 2014 年底。到 2015 年 1—3 月,恢复后的 El Niño 又经历第二次增暖的减弱期,但这次海表温度迅速下降是发生在赤道东太平洋地区。这主要是由于东南太平洋副热带高压东南侧(0°~100°W)的东南风季节性加强的结果。这种离岸风使南美沿海冷水上翻,并向北向西扩展,由图 8 可以清楚地看到这种冷水向赤道扩展的现象,但值得注意的是,这时海表暖中心仍集中在日界线附近,依然表现出显著的中部型 El Niño 特征。因此,这次增暖减弱期主要影响赤道以南东太平洋东半部地区。由于暖的 Kelvin 波继续由中西赤道太平洋在次表层把暖水向东输送,抑制了季节冷水层的向北向西扩展,并没有使 El Niño 事件消亡。

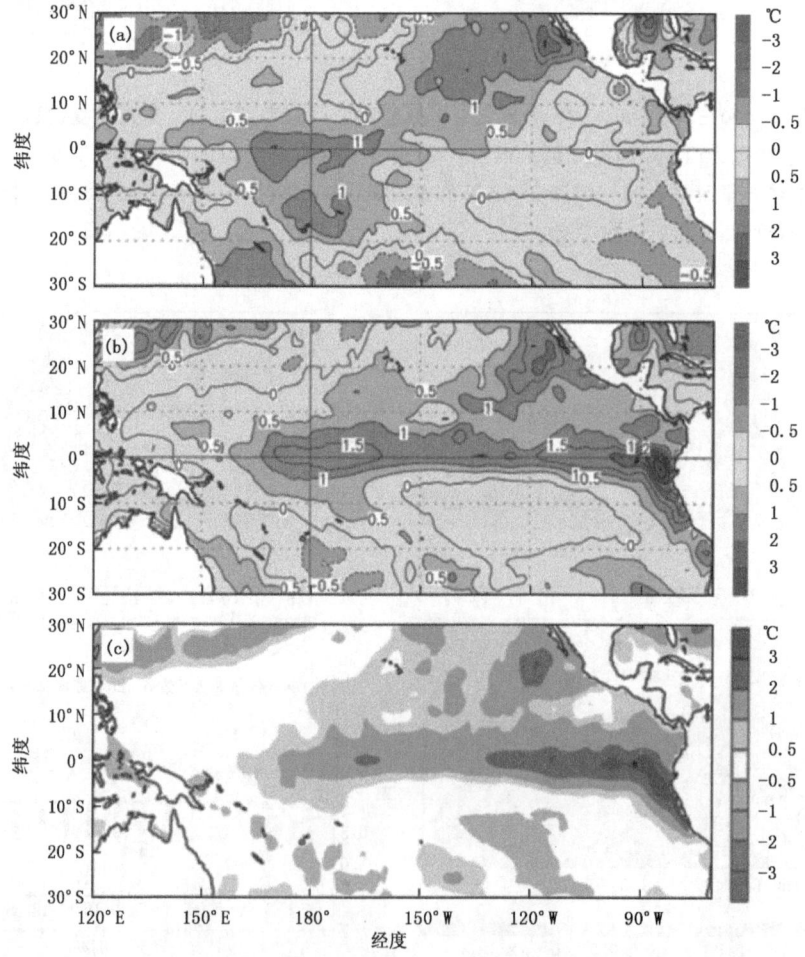

图 8 热带太平洋海表温度偏差(SSTA)分布(a)2015 年 1 月 11 日—2 月 7 日,(b)2015 年 4 月 26 日—5 月 23 日,(c)2015 年 6 月 22—28 日(附彩图)

2015 年春季以后,至少又观测到 3 次强西风爆发(图 6b)。赤道西太平洋暖水层又再次发展加强,并向东传,El Niño 进入快速发展期。尤其是初夏连续两次较强的太平洋次表层暖性海洋波动东传,有力地促进了太平洋海表海温的再次发展加强(图6d)。ENSO监测指标也表明,海温呈现快速上升趋势,2015年6月Niño3.4区达到了1.5 ℃以上。图7d清楚地显示了赤道太平洋上层热容量与海表温度距平的两次减弱与三次增暖过程。

由上可见,这次El Niño的发展是复杂的(图7d),经历了3次发展和2次趋势减缓或停顿的过程。其所以未被夭折,连续的西风爆发(至少12次)起着关键作用。另外,由图8也可清楚地看到El Niño型由前期的中部型转为典型的东部型过程。即使在一次El Niño演变过程中也可呈现多种状态及其转换(Capotondi et al.,2015)

3) 超级El Niño的形成(2015年9月—2016年2月)

由于西风出现两次更强的持续性爆发(图9),相应中东赤道太平洋对流异常强盛(翟盘茂等,2016),由此激发的海洋Kelvin波把次表层暖水更有效地向东传播,同时中东赤道太平洋对流活动异常强盛导致El Niño条件下耦合的海气相互作用明显加强,两者共同导致了El Niño事件进一步快速增强到超强阶段。表1给出了鼎盛期连续5周(10月26日—11月29日)不同海区海表温度的变化,可以看到,从11月第二周在Niño3.4与Niño3区皆达到了3 ℃的增温,到11月第三周Niño3.4区达到3.1 ℃增温。这是2014—2016年超强El Niño达到的最高海温值,并表现为东部型的El Niño(主要增温在150°W以东)(图10)。

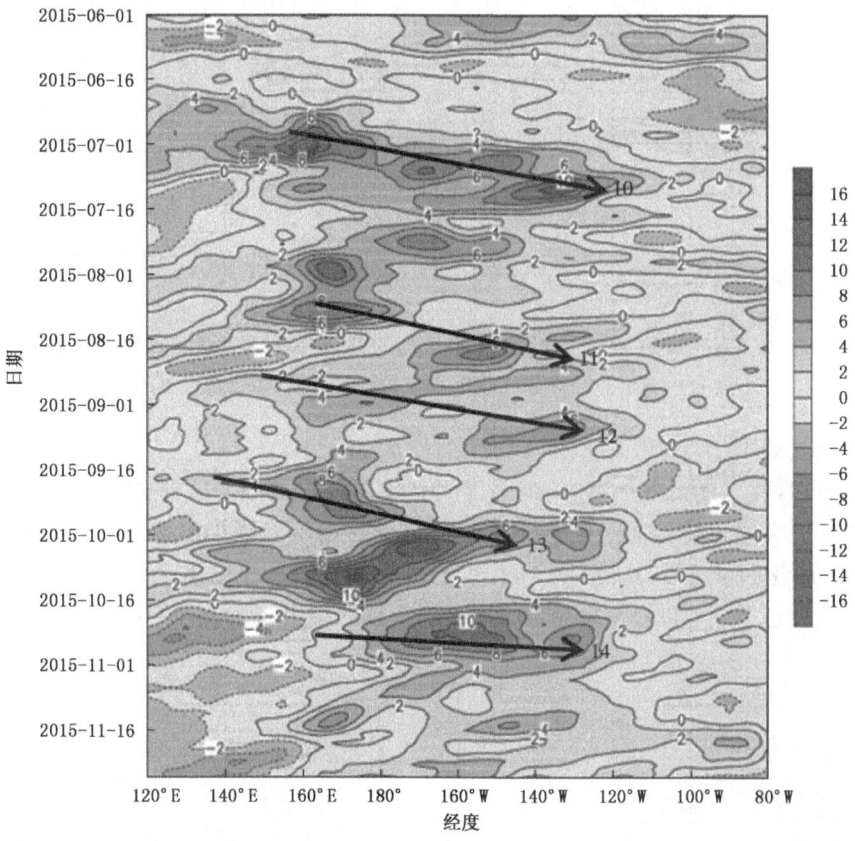

图9 850 hPa赤道地区(5°N～5°S)纬向风距平时间—经度剖面(红色(蓝色)代表西风(东风)异常;单位:m·s$^{-1}$;取自NOAA,2016)(附彩图)

表1 2015年10月26—11月29日ENSO监测指数变化(引自气候监测公报,2015)    单位:℃

| 10—11月 | NiñoZ | Niño4 | Niño3.4 | Niño3 | Niño1+2 |
| --- | --- | --- | --- | --- | --- |
| 10月第五周<br>(10月26日—11月1日) | 2.2 | 1.4 | 2.7 | 2.8 | 2.3 |
| 11月第一周<br>(11月2—8日) | 2.3 | 1.7 | 2.8 | 2.8 | 2.1 |
| 11月第二周<br>(11月9—15日) | 2.4 | 1.7 | 3.0 | 3.0 | 2.0 |
| 11月第三周<br>(11月16—22日) | 2.4 | 1.8 | 3.1 | 3.0 | 2.1 |
| 11月第四周<br>(11月23—29日) | 2.5 | 1.8 | 3.0 | 3.0 | 2.4 |

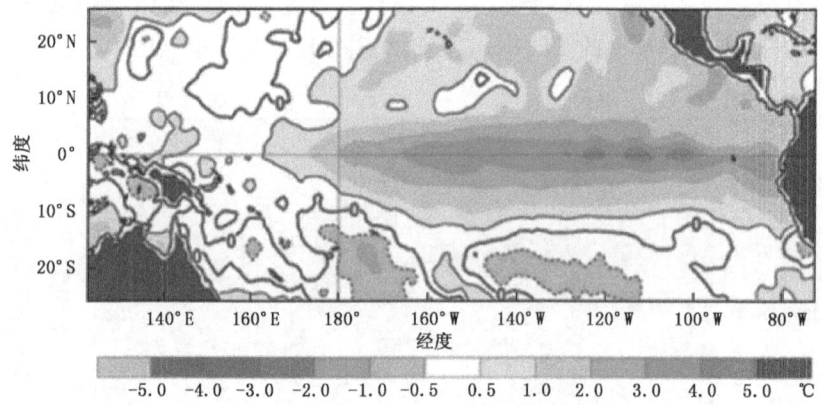

图10 2015年11月第4周(11月23—29日)热带太平洋海表温度距平分布
(取自中国气象局国家气候中心气候监测快报,2016)(附彩图)

4)快速衰减阶段(2016年3—5月)

在这个时期,西风爆发虽然存在,但强度明显减弱并主要限于太平洋西部,中东太平洋偏东信风开始发展和盛行(图11),El Niño在Niño3.4区的海温距平迅速从2 ℃减少到0.5 ℃,以后开始向冷海温过渡(表1),到2016年8月,赤道中东太平洋已出现一条狭窄的冷水带(图12),这标志着长达2 a左右的一次超强El Niño事件的结束。

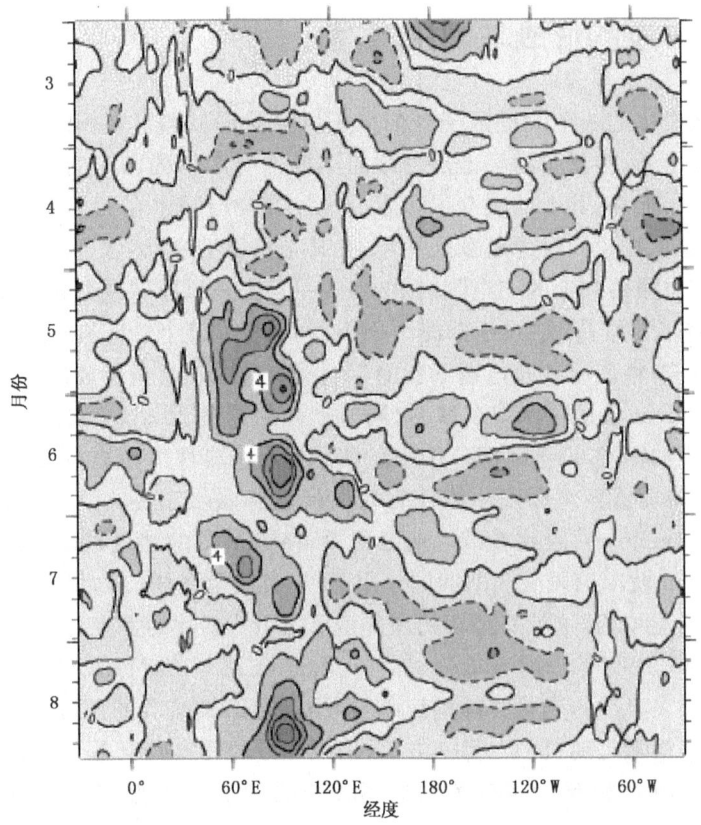

图 11 2016年3—8月850 hPa纬向风距平时间—经度剖面
(单位:m·s$^{-1}$;红色(蓝色)代表西风(东风);取自JMA,2016)(附彩图)

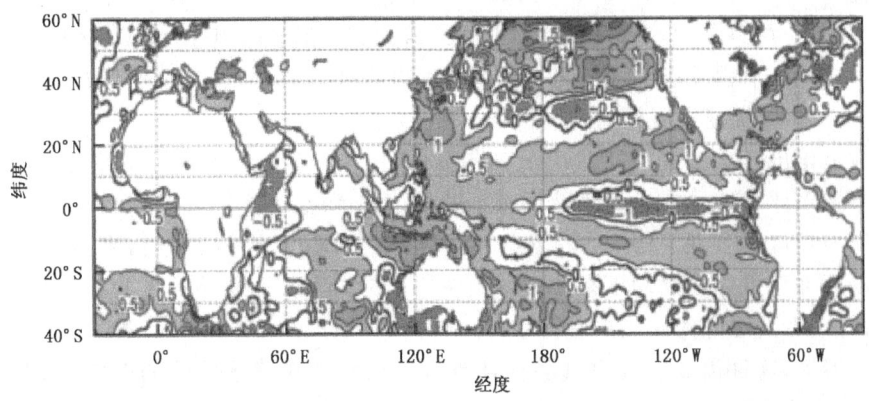

图 12 2016年6—8月月平均海表温度距平分布
(等值线间隔:0.5 ℃;距平值是相对于1981—2016年的平均值;引自国家气候中心(NCC),2016)(附彩图)

## 3 海洋 Kelvin 波的形成与向东传播

引起海洋增暖发生的一个关键因子是信风东风分量的减弱。在 El Niño 发生前,加强的东风使西部海平面上升,维持了海洋上层由纬向温度梯度产生的向东的压力。这时西部海洋的响应主要是温跃层加深,其上的暖水层积累。这种混合层暖水在西风区以东的所有地区都增厚,斜温层厚度也增加。同时赤道东太平洋(尤其是秘鲁沿岸)海水上翻,表层海温降低。这种形势即为所谓充电振荡理论的充电阶段。但是,一旦当东风减弱或西风爆发时,西高东低的海水压力不平衡将不能维持,结果西部海平面下降,温跃层上抬,而东部沿海发生相反变化。作为海洋的明显响应,将使原在充电期不断储存的暖水层的热含量释放出来(放电阶段),由此产生向东移动的 Kelvin 波使暖水向东移动(同时产生向西的 Rossby 波),从西太平洋扰动区传播到东太平洋,大约需要 60 d 时间。Kelvin 波的能量来自西太平洋在东风盛行时期积累的暖水。只有当东风减弱或西风爆发才能启动 Kelvin 波将暖水东传。当 Kelvin 波到达南美沿岸,发生下翻(downwelling),暖水在沿岸地区积累,南赤道流的强度减弱,这使秘鲁海流的冷平流减弱。在 Kelvin 波与信风减弱的共同作用下,赤道上翻减弱,因而赤道表层迅速增暖,表现为 Niño1+2 区海温增温,这就是经典的东部型 El Niño 事件的发生。中部型增暖只是在全球气候变暖后(1980—1990 年)被逐步认识的(Ashok et al.,2007;Kao and Yu,2009)。应该指出,ENSO 期间海表温度的变化关键是信风的减弱,但信风减弱的原因很多,西风爆发只是其中表现之一,并且常常是随机的。另一方面,信风的减弱其本身又是大气对异常高海温响应的一部分。因而,与海气相互作用有关的这两种原因增加了预报 ENSO 爆发的复杂性,使 ENSO 预报十分困难。

2014—2016 年 El Niño 发生期间 Kelvin 波产生与东传是十分明显的(邵勰和周兵,2016)。邵勰与周兵(2016)的结果表明,2014 年 2—6 月第一次增暖期相对于一次暖的 Kelvin 波东传过程,2014 年 8 月与 2015 年 1 月和 2 月分别对应于两次增暖的减缓期(该文图 13 中 2 月与 5 月小图)。可以看到冷水期控制着东太平洋地区。Kelvin 波的向东传播主要被限制在赤道中太平洋地区。由他们的图还可以看到,到 2015 年 9 月以后,一次很强的暖 Kelvin 波缓慢东移,使 El Niño 快速发展到超强阶段。

我们这里给出三次关键时期 Kelvin 波传播图(图 13 和 14),据此可更清楚地看出 Kelvin 波在赤道东太平洋东传受来自秘鲁沿岸冷水区阻挡的情况。尤其是发生在 2015 年 1—2 月的冷水区面积与厚度远比第一次(2014 年 8 月)要广,要深。但无论如何,来自西太平洋的暖 Kelvin 波不断在西风爆发驱动下东传。这是使这次 El Niño 不致夭折的主要原因。2015 年 4 月与 5 月,可以看到强烈的次表层暖海水向东传播的过程(图 15)。东太平洋与南美沿岸的冷海水已完全消失,这种由 2 次强西风爆发启动 Kelvin 波对暖海水缓慢的东传使 El Niño 发展达到了盛期,成为近 60 a 来最强的一次 El Niño 事件。这次超强 El Niño 之后,迅速转换为冷位相。过去的观测表明,绝大部分 La Niña 是紧接 El Niño 事件之后发生,这符合延迟振子理论。

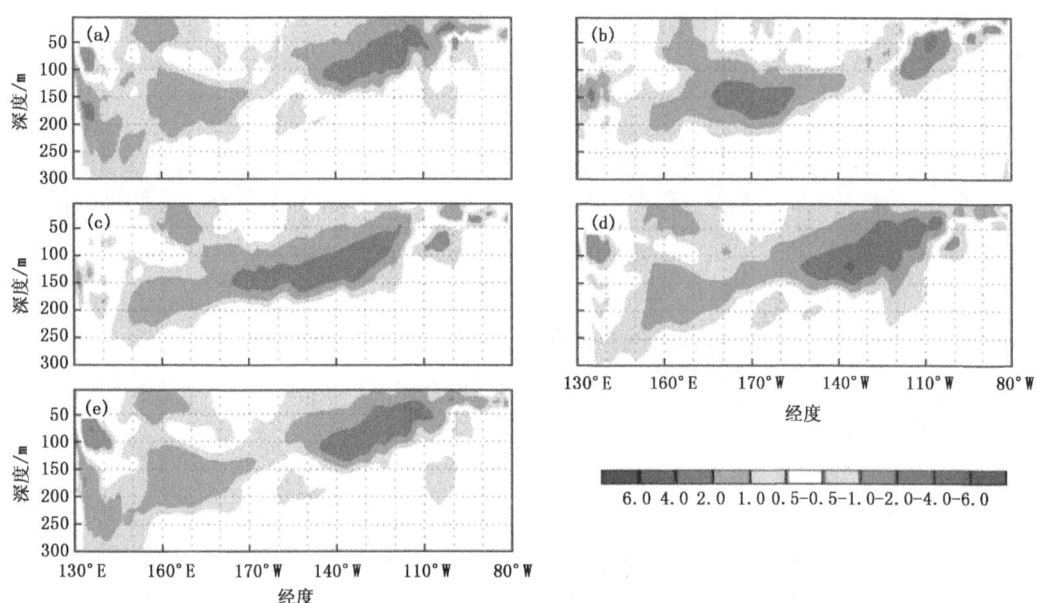

图13 2014年8—9月赤道太平洋次表层海温距平的东传过程(单位:℃)
(a)2014年9月28日—10月2日;(b)2014年8月9—13日;(c)2014年8月24—30日;
(d)2014年9月8—12日;(e)2014年9月25日(附彩图)

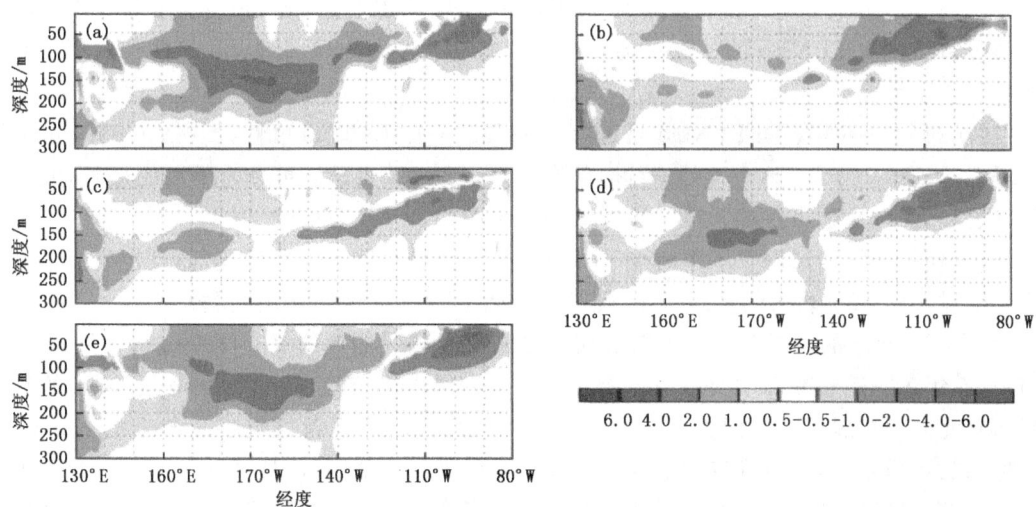

图14 2015年1—2月赤道太平洋次表层海温距平的东传过程(单位:℃)
(a)2015年2月12日;(b)2014年12月22—26日;(c)2015年1月6—10日;
(d)2015年1月21—25日;(e)2015年2月5—9日(附彩图)

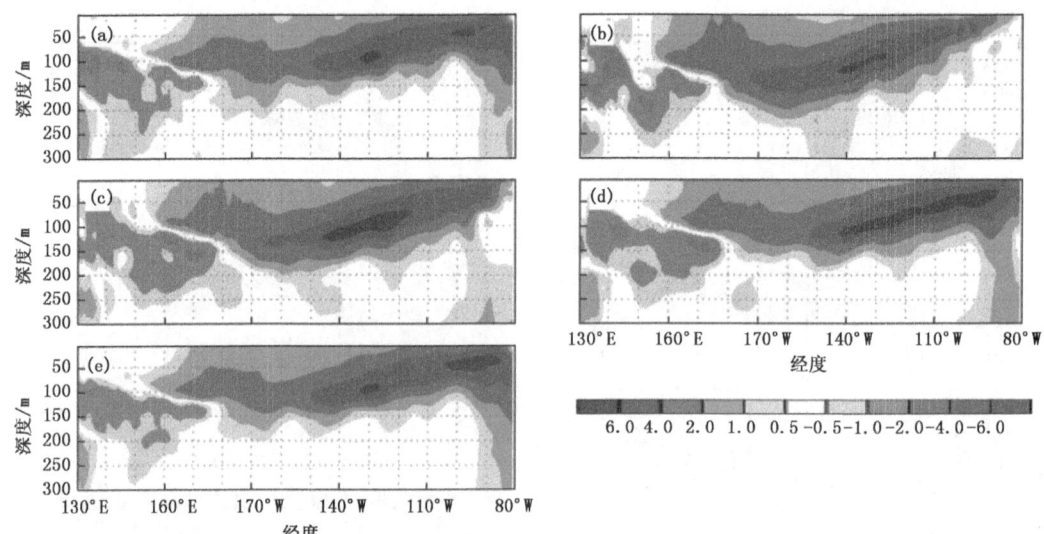

图15 2015年3—5月赤道太平洋次表层海温距平的东传过程(单位:℃)
(a)2015年5月18—20日;(b)2015年3月27—31日;(c)2015年4月11—15日;
(d)2015年4月26—30日;(e)2015年5月11—15日(附彩图)

## 4 结语

本文通过2014—2016年超强El Niño期间观测得到的大气风场、海表温度和次表层热含量资料分析了这次El Niño的一波三折的发展过程与增强到超强El Niño条件和机理。结果表明：

(1)2014—2016年超强El Niño是近60 a最强的一次El Niño事件,其在Niño3.4区平均最大增温达到了3.1 ℃,整个事件持续时间在2 a左右。其生命期可分为早期的爆发,波动式发生发展和增强,超强事件的形成与快速减弱4个阶段。

(2)早期的连续西风爆发不但改变了赤道太平洋长期持续的偏东信风,而且也改变了赤道中东太平洋长达12 a之久的冷水状态,使海洋进入El Niño事件的初生阶段。

(3)在El Niño的发展期经历了三次加强与二次衰减或停顿的复杂演变过程。2014年夏季与2015年冬季的衰减期主要由来自南半球秘鲁沿岸由季节性离岸风(东南风)造成的冷水上翻和向北向西扩展造成。但由于6次连续的西风爆发和海洋对大气响应产生的Kelvin波对暖海水的不断东传,不但维持和增强了赤道中东太平洋的增温,而且抑制了这两次冷水事件向赤道中东太平洋的扩张,使初生的El Niño事件不但未夭折,而且明显地增强为一次强El Niño事件。

(4)在El Niño发展的鼎盛时期,2次强西风爆发及其产生的强海洋Kelvin波在整个赤道太平洋地区使深厚暖水层东传以及冷水的消失上起着关键作用。以后由于西风爆发的减弱与消失,El Niño事件快速衰减并很快向冷海水过渡。

(5)整个事件的过程,大气对这次超强El Niño事件响应十分明显(Horel and Wallace,

1981)。南方涛动指数(SOI)在全过程维持明显的负位相,在超强阶段,达到近20 a的最低值(引自JMA,2016)。因而通过海气相互作用,这次El Niño事件对全球、亚洲和中国的天气气候异常都产生了重大影响(Ding and Liu,2016;袁媛 等,2016;翟盘茂 等,2016)。

**致谢**:作者引用了NOAA和JMA发布的有关海洋和大气资料,在研究中,柳艳菊、袁媛、王遵娅提供了不少帮助,并协助制作了部分图表,在此一并致谢。

## 参考文献

任宏利,刘颖,左金清,等,2016.国家气候中心新一代ENSO预测系统及其对2014/2016年超强厄尔尼诺事件的预测[J].气象,42(5):521-531.

邵鳃,周兵,2016.2015/2016年超强厄尔尼诺事件气候监测及诊断分析[J].气象,42(5):540-547.

袁媛,高辉,贾小龙,等,2016.2014/2016年超强厄尔尼诺事件的影响[J].气象,42(5):532-539.

翟盘茂,余荣,郭艳君,等,2016.2015/2016年强厄尔尼诺过程及其对全球和中国气候的主要影响[J].气象学报,74(3):309-321.

Ashok K,Behera S K,Rao S A,et al,2007. El Niño modoki and its possible teleconnections[J]. J Geophys Res,112,C11007. doi:1029/2006 JC 003798.

Battisti D S,1988. Dynamic and thermodynamics of warming event in a coupled topical atmosphere-ocean model[J]. J Atmos Sci,45:2889-2919.

Battisti D S,Hirst A C,1989. Interannual variability in a tropical atmosphere-ocean model:Influence of basic state,ocean geometry and nonlinearly[J]. J Atmos Sci,46(12):1687-1712.

Bjerkness J,1969. Atmospheric teleconnection from the equatorial Pacific[J]. Mon Wea Rev,97:163-172.

Cane M A,Zebiak S E,1985. A theory for El Niño and the Southern Oscillation[J]. Science,228(4703):1085-1087.

Capotondi A,Wittenberg A T,Newman M,et al,2015. Understanding ENSO diversity[J]. Bull Amer Meteo Soc,96(6):921-938.

Ding Y H,Liu Y J,2016. Anomalous summer impacts of 2015—2016 El Niño to precipitation in the Asian monsoon region[J]. WMO-WWRP Newsletter.

Horel J D,Wallace J M,1981. Planetary-scale atmospheric phenomena associated with the Southern Oscillation[J]. Mon Wea Rev,109:813-829.

Kao H Y,Yu J,2009. Contrasting eastern Pacific and central Pacific types of ENSO[J]. J Climate,22:615-632.

Schopf P S,Suarez M J,1988. Vacillation in a coupled ocean-atmosphere model[J]. J Atmos Sci,45:549-566.

Wyrtki K,1975. The dynamic response of the ocean to atmospheric forcing[J]. J Phys Oceanoger,5:572-584.

Wyrtki K,1985. Water displacement in the Pacific and genesis of El Niño cycles[J]. J Geophys Res,90:7129-7132.

# 华北汛期大尺度降水条件的年代际变化

刘海文[1,2,3]　丁一汇[4]

(1. 成都信息工程学院高原大气与环境四川省重点实验室,成都 610225;
2. 中国科学院大气物理研究所大气科学和地球流体力学数值模拟国家重点实验室(LASG),北京 100029;
3. 成都信息工程学院大气科学学院,成都 610225;4. 国家气候中心,北京 100081)

**摘要**:利用中国 740 站逐日降水资料和 NCEP/NCAR 逐日再分析资料,使用合成分析等方法,分析了华北汛期大尺度降水条件的年代际变化。结果表明:以 1978 年为界,华北汛期异常水汽先由南边界和西边界供应,后改变为由北边界和东边界供应;水汽收支由异常辐合和盈余,改变为辐散和亏损;先前能够到达华北北部甚至接近华北最北边界的暖湿气团,改变为后来只能抵达黄河南岸;并且沿着太行山走向的冷暖空气的相互作用也由强变弱;华北上空由异常上升运动,改变为异常下沉运动;区域平均的对流层涡度的垂直分布,由先前的两层结构(低层正涡度、高层负涡度)改变为后来的三层结构(对流层中低层负涡度、中高层正涡度和高层负涡度),整层涡度效应值也由大变小。尽管华北区域平均的散度和垂直速度,在垂直方向上的结构没有发生明显的年代际变化,但是整层散度效应值和垂直速度值均由大变小。

**关键词**:华北降水;大尺度降水条件;年代际变化

研究表明,20 世纪 70 年代末到 80 年代初,中国夏季降水出现了一次明显的年代际转型,转型后长江中下游地区降水增加,北方降水减少,呈显著的"南涝北旱"变化趋势(Si et al., 2009)。这里"南涝北旱"中的"北旱"就是指华北汛期降水量在 1978 年以后发生的年代际减少(黄荣辉 等,1999;刘海文和丁一汇,2010)。张庆云(1999)认为,20 世纪 80 年代以来华北地区降水的持续偏少,是与夏季 200 hPa 亚洲中纬度西风环流加强,850 hPa 中国东部 110°~120°E 范围偏南气流比气候平均状况偏弱有关。周晓霞等(2008)研究表明,20 世纪 70 年代中期以后,季风的水汽输送显著减弱,西风带水汽输送的重要性相对增大,华北降水在 80 年代初的突变与季风水汽输送在 70 年代中期的突变密切相关。数值试验结果表明,黑炭气溶胶通过改变温度的垂直分布,进而影响雨带的分布有助于形成(南涝北旱型)降水异常(Menon et al., 2002)。刘海文等(2004)研究表明,冬季戴维斯海峡海冰与华北 7 月降水在年际时间尺度上呈显著的反相关关系,并且在 1974 年以后两者的年际关系变弱。朱玉祥等(2009)认为,青藏高原冬季多雪,是引起中国东部夏季降水出现"南涝北旱"的一个重要原因。Hu 和 Fu(2007)认

---

\* 本文发表于《大气科学学报》,2011 年第 34 卷第 2 期,146-152。

为,华北夏季的对流层变暖比中纬度其他地区变暖要大很多,而且认为造成中国"南涝北旱"的区域环流可能归因于纬向平均 Hadley 环流的向北延伸。最近,Zhou et al.(2009a)对导致中国东部夏季降水产生"南涝北旱"型的原因进行了总结,涉及的强迫因子包括热带海洋变暖、青藏高原的强迫作用、气溶胶强迫作用等。在上述驱动因子中,有愈来愈多的证据表明,东亚夏季风的年代际减弱是全球陆地季风减弱的组成部分(Zhou et al.,2008a),与热带大洋的增暖有显著联系(Zhou et al.,2008b)。利用观测的热带海温变化驱动大气环流模式,能够再现季风减弱的诸多环流特征,包括西北太平洋副热带高压的年代际西伸和南亚高压的扩展(Zhou et al.,2009b)、东亚季风环流指数的年代际减弱(Li et al.,2010)、海陆热力差异的减弱(Zhou and Zhou,2010)等。而利用硫酸盐气溶胶变化驱动气候模式,模拟的季风变化则与实际相反(Li et al.,2007)。

产生降水要有一定的大尺度降水条件。因此,详尽研究和分析华北汛期大尺度降水条件的年代际变化,这对加深理解和认识华北汛期降水发生年代际变化的原因有重要意义。

# 1 数据和方法

所用资料包括:(1)中国气象局国家气象信息中心中国 740 个测站 1951—2006 年逐日降水;(2)1948—2006 年 NCEP/NCAR 全球 2.5°×2.5°逐日风场、温度场、比湿场、垂直速度场资料,垂直分辨率为 17 层。由于在 1957 年之前我国建立的台站还比较稀疏(鲍名,2007),因此,为了得到比较多的华北站点,以上资料时间上都从 1957 年开始,止于 2006 年。华北区域范围及其台站的选择采用刘海文和丁一汇(2008)的结果(图 1)。刘海文和丁一汇(2008)基于对汛期的理解和认识,对华北汛期的开始和结束日期进行了研究,认为华北汛期始于 6 月 30 日,止于 8 月 18 日,持续时间为 50 d,因此本文的华北汛期概念,主要是针对这一特定时段。

使用的方法有:合成分析、统计 $t$ 检验等方法。

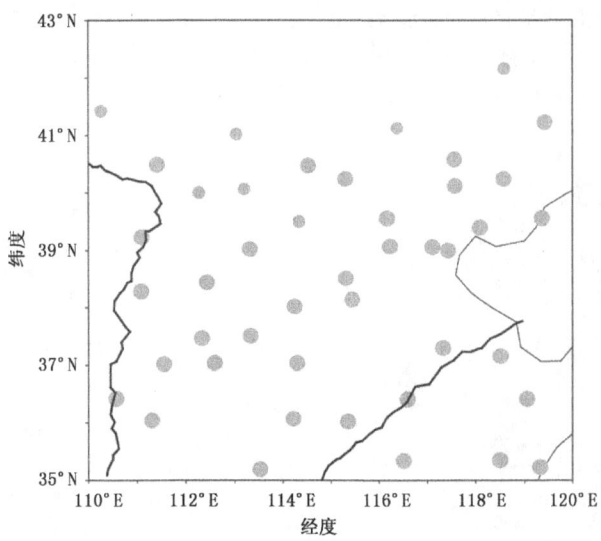

图 1  用于分析 1957—2006 年逐日降水资料的华北 44 个站点分布

## 2 结果分析

### 2.1 华北汛期水汽条件的年代际变化

水汽输送是形成降水的必要条件。按照刘海文和丁一汇(2010)对华北汛期降水年代际阶段的划分,1957—1978 年为华北汛期降水偏多阶段,1979—2006 年为降水偏少阶段。由图 2a 可见,在华北汛期降水偏多阶段,主要存在 3 支水汽通道,第一支来源于孟加拉湾和南海,由异常南风输送;第二支来源于西太平洋副热带高压的南部海区,由异常东风输送;最后一支来源于中纬度西风带,由异常西风输送,这支水汽通道大致经过河西走廊、陕甘宁地区到达华北上空,和来自南部的异常水汽,在贝加尔湖及其以南地区,形成一个异常的气旋性水汽输送,使得华北上空为异常水汽辐合(图 3)。以图 3 中的矩形区域作为华北区域,计算了华北区域四个边界的异常水汽收支(图 4)。由图 4 可见,在降水偏多阶段,华北水汽主要由南边界和西边界水汽供应,整个区域为净辐合,水汽盈余。

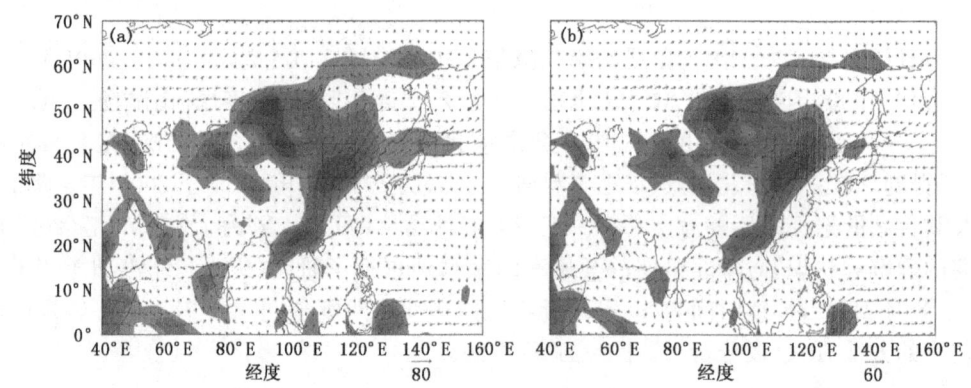

图 2 华北汛期两个阶段垂直积分的水汽通量的距平合成(图中阴影区通过了 0.05 信度的显著性检验,矩形区域表示华北范围;单位:kg/(m·s))

(a)降水偏多阶段(1957—1978 年);(b)降水偏少阶段(1979—2006 年)

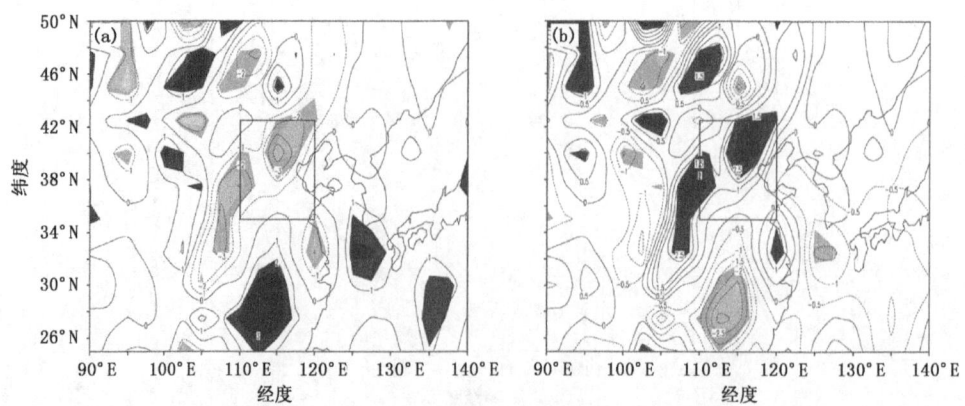

图 3 华北汛期两个阶段垂直积分的水汽输送通量散度的距平合成(图中阴影区通过了 0.05 信度的显著性检验,矩形区域表示华北范围;单位:$10^{-5}$kg/(m²·s))

(a)降水偏多阶段(1957—1978 年);(b)降水偏少阶段(1979—2006 年)

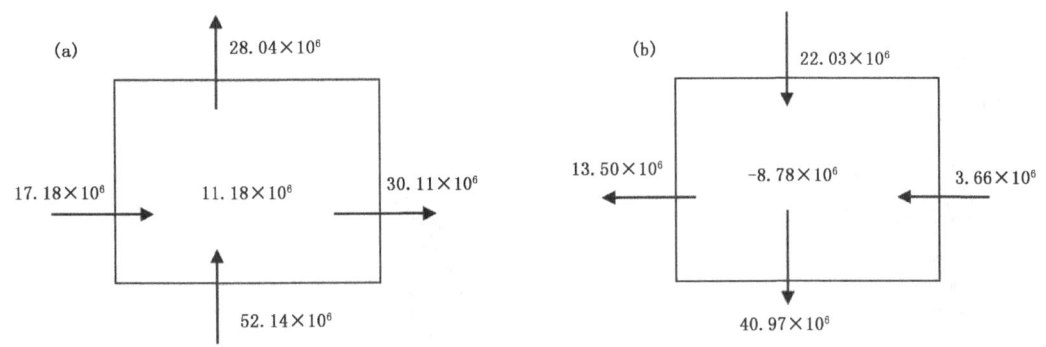

图 4 华北汛期异常水汽收支(单位:kg/s;箭头表示水汽输送方向)
(a)降水偏多阶段(1957—1978 年),(b)降水偏少阶段(1979—2006 年)

但在华北降水偏少阶段,水汽条件却发生了显著的年代际改变。偏多阶段以异常西南风水汽输送,在偏少阶段改变为异常东北风水汽输送;偏多阶段以异常东风水汽输送,在偏少阶段改变为异常偏西风;而偏多阶段以异常偏西风水汽输送的,在偏少阶段改变为异常偏东风;在贝加尔湖及其以南地区则由偏多阶段的异常气旋性水汽输送,改变为偏少阶段的异常反气旋性水汽输送(图2b)。华北上空的水汽通量散度也由偏多阶段的负距平,改变为偏少阶段的正距平(图3b)。华北区域四边水汽收支的年代际变化特征(图4b)是:南边界和西边界水汽都出现了异常减少,而东边界和北边界却出现了异常增多。尽管东边界水汽出现异常增多,但是其数值和偏多阶段相比,不达南边界的一半,加之,在偏少阶段,从南边界的水汽异常输出又很多,因此使得华北地区水汽通量在偏少阶段仍为异常辐散,水汽出现亏损。尽管 NCEP/NCAR 资料估算的水汽输送较之 ERA40 资料偏强(Zhou and Yu,2005),但是影响华北汛期降水的水汽条件的年代际变化特征还是十分明显。

## 2.2 暖湿空气到达华北的地理位置及冷暖空气相互作用的年代际变化

华北地处东亚夏季风的北边缘活动区(汤绪 等,2006)。早在 20 世纪 40 年代,涂长望和黄仕松(1944)就利用湿球位温来定义夏季风的进退。由于夏季风是暖湿气流,可用 850 hPa 340 K 等 $\theta_{se}$ 线表示夏季风的北界(陈隆勋 等,1991)。图5表明,在两个不同的年代际阶段,华北上空虽然都存在一个"东北—西南"向的 $\theta_{se}$ 舌,但是两者分布却存在差别。首先,在降水偏多阶段,在 $\theta_{se}$ 舌的东部,等 $\theta_{se}$ 的密集程度大,表明 $\theta_{se}$ 的纬向梯度大。而等 $\theta_{se}$ 的密集带正是冷暖空气所交界的位置(刘还珠和张绍晴,1996),因此,对流层低层冷暖空气相互作用较强;对于同样大小的 $\theta_{se}$ 等值线,在降水偏多阶段的位置要比偏少阶段偏北。比如340 K 等 $\theta_{se}$ 线几乎接近45°N 线,在河套东部还存在一个大值中心;350 K 等 $\theta_{se}$ 线也越过了黄河,表明较强的暖湿海洋气团能够到达华北,甚至可以抵达呼和浩特附近。但在降水偏少阶段,$\theta_{se}$ 线等值线分布较疏,其纬向梯度小,表明对流层低层冷暖空气相互作用较弱;而且 340 K 等 $\theta_{se}$ 线位置偏南,接近42.5°N 线,350 K 等 $\theta_{se}$ 线基本没有越过黄河,350 K 等 $\theta_{se}$ 线在南北方向的地理位置,和偏多阶段相比偏南近5个纬距。因此,偏少阶段到达华北地区的暖湿气团地理位置明显偏南,影响华北汛期的气团暖湿程度也明显偏弱。

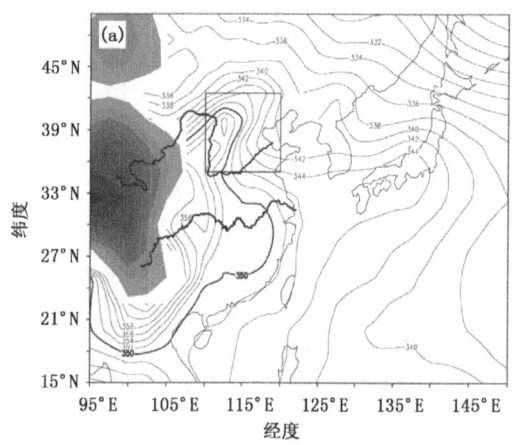
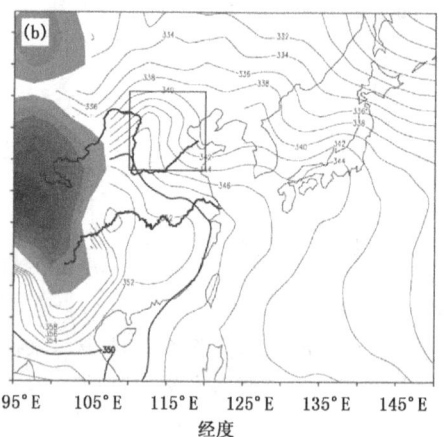

图5 华北汛期期间 850 hPa $\theta_{se}$ 在两个阶段平均值的空间分布
(阴影区表示地形高于1500 m;矩形区代表华北区域;粗线代表 350 K 等 $\theta_{se}$ 线;单位:K)
(a)降水偏多阶段(1957—1978 年);(b)降水偏少阶段(1979—2006 年)

### 2.3 华北汛期上空垂直运动的年代际变化

上升运动是形成降水的另一个必要条件。由图6a可见,在降水偏多阶段,异常上升运动区域主要出现在华北上空,而异常下沉运动则位于我国江淮流域,因此形成了"北涝南旱"的降水格局(周天军 等,2008);但在偏少阶段(图6b),华北上空的异常垂直速度发生了显著的年代际变化,即由先前的异常上升运动改变为异常下沉运动,异常的上升运动位于我国江淮流域,形成了"南涝北旱"的降水格局(周天军 等,2008)。

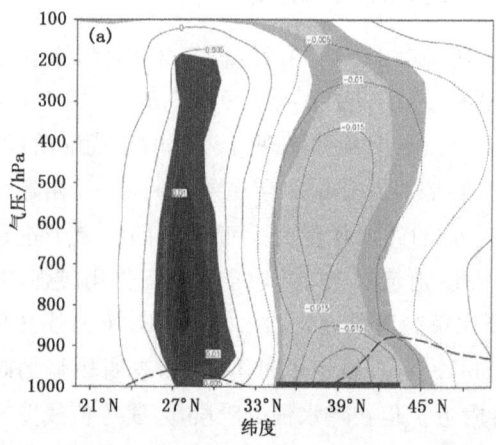
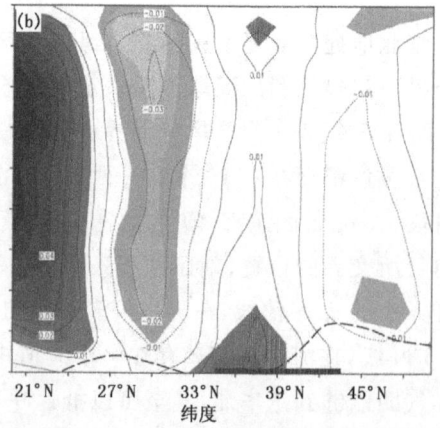

图6 华北汛期期间垂直速度距平沿 117.5°E 的经向剖面(负值表示异常上升运动;阴影区表示超过了 0.05 信度的显著性检验;底端的水平粗线表示华北区域;粗虚线代表地形高度线;单位:Pa/s)
(a)降水偏多阶段(1957—1978 年);(b)降水偏少阶段(1979—2006 年)

## 2.4 华北上空涡度、散度、垂直速度的年代际变化

由图 7a 可见,在华北汛期降水偏多阶段,大约 400 hPa 以下,华北为正涡度,这说明该高度以下,华北以气旋性环流为主。但在 400 hPa 高度以上,却为负涡度区,呈现出低层正涡度、高层负涡度的垂直分布。但在降水偏少阶段,涡度的分布却有所不同。其主要特征是对流层中低层以下不再是单一的正涡度,而是分成两段:在 600 hPa 以下,涡度变为负涡度,600 hPa 至 300 hPa 左右为正涡度区,正涡度的高度要比降水偏多阶段高度要高,300 hPa 以上为负涡度区。一般而言,正涡度总是和冷空气相联系,偏少阶段正涡度高度的"抬升",大概和 20 世纪中期以后,对流层底变冷有关(宇如聪 等,2008)。Yu et al.(2004)以及 Yu 和 Zhou(2007)研究认为,在华北以及蒙古附近,300 hPa 高度上 1980—2001 年的平均气温比 1958—1979 年的平均气温降低了 1 ℃多,这说明与对流层底温度场的年代际变冷相对应,华北上空动力场上也出现了相应的年代际变化特征。这也从另外一个角度验证了此前研究所发现的与季风减弱所对应的东亚上空对流层中上层温度的变冷(Yu et al.,2004;Yu and Zhou,2007)。将 200 hPa 高度以下各个层次华北区域平均的物理量再取算术平均值,定义为该物理量的整层效应值。则在汛期降水偏多阶段,涡度整层效应值为 $0.228\times10^{-5}\,\mathrm{s}^{-1}$,而在偏少阶段其值为 $0.087\times10^{-5}\,\mathrm{s}^{-1}$,表明华北区域上空大气的旋转程度也发生了年代际减弱。

散度的垂直分布(图 7b)显示,无论是降水偏多或偏少阶段,其垂直分布都表现出明显的"三层结构",即:对流层低层(700 hPa 以下)为正值,对流层中高层(700~300 hPa)为负值,对流层高层为正值,无辐散层都大致位于 700 hPa。计算 200 hPa 高度以下散度整层效应值,降水偏多阶段值为 $0.65\times10^{-6}\,\mathrm{s}^{-1}$,偏少阶段值为 $0.48\times10^{6}\,\mathrm{s}^{-1}$,这说明偏少阶段,其上空区域平均的辐合或辐散强度明显减弱。除此以外,偏少阶段最强的辐合高度要比偏多阶段明显抬高,即偏多阶段最大辐合发生在 500 hPa 高度,而偏少阶段抬升到 300~400 hPa 高度。

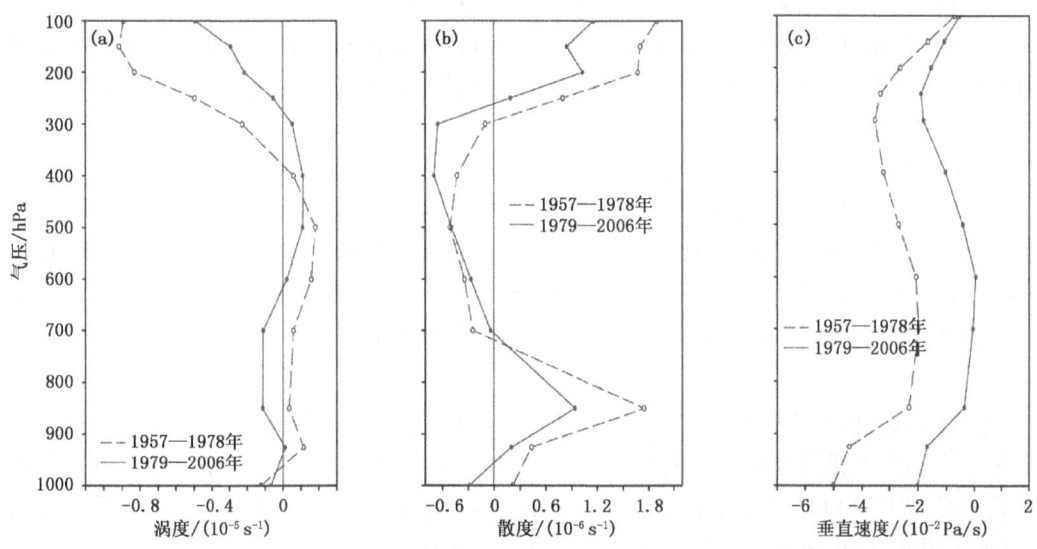

图 7 华北区域平均的涡度(a;单位:$10^{-5}\,\mathrm{s}^{-1}$)、散度(b;单位:$10^{-6}\,\mathrm{s}^{-1}$)和
垂直速度(c;单位:$10^{-2}$ Pa/s)的垂直廓线

华北区域平均的垂直速度的垂直分布在两个阶段都呈"S"形状分布(图7c),计算 200 hPa 高度以下华北区域的整层垂直速度,偏多阶段为 0.0312 Pa/s,偏少阶段为 0.0109 Pa/s。偏少阶段近乎是偏多阶段的1/3。可见,华北区域整层的垂直运动在偏少阶段远远弱于偏多阶段。但是,垂直速度的极值出现的高度,偏少阶段要比偏多阶段略高,这可能和在全球变暖背景下,更容易出现极端暴雨事件有关(Allan and Soden,2008)。

总之,华北汛期涡度、散度以及垂直速度的垂直分布都发生了明显的年代际变化。其中,涡度在垂直高度上的结构的年代际变化特征比较明显,即由偏多阶段低层正涡度、高层负涡度的两层结构,改变为偏少阶段的三层结构,即对流层中低层负涡度、对流层中高层正涡度和对流层上层正涡度,其整层涡度效应值由大变小。而对于散度和垂直速度而言,它们在垂直方向上的结构没有发生明显的年代际变化,但是整层散度效应值和垂直速度值都由大变小。

## 3 结论和讨论

利用中国740站逐日降水资料和NCEP/NCAR逐日再分析资料,研究了华北汛期大尺度降水条件以及主要物理量的年代际变化,得到以下结论:

(1)大尺度降水条件的年代际变化是导致华北汛期降水在1978年以后发生年代际变化的直接原因。

(2)水汽输送情况在1978前后发生的年代际变化特征是:偏多阶段的异常西南风输送,改变为偏少阶段的异常东北风输送;偏多阶段的异常东风输送,改变为偏少阶段的异常西风输送;偏多阶段的异常偏西风输送,改变为偏少阶段的异常东风输送;在贝加尔湖及其以南地区,偏多阶段的异常气旋性水汽输送,改变为偏少阶段的异常反气旋性水汽输送;偏多阶段通过南边界和西边界供应,改变为偏少阶段通过北边界和东边界供应,同时,华北地区的水汽收支也由偏多阶段的异常水汽辐合和盈余,改变为偏少阶段的辐散和亏损。

(3)由于东亚夏季风的年代际减弱(Wang,2001),偏多阶段能够到达华北北部甚至接近华北最北边界的暖湿气团,在偏少阶段只能抵达黄河南岸,而且沿着太行山走向的冷暖空气的相互作用也由强变弱。

(4)华北上空垂直运动由偏多阶段的异常上升,改变为偏少阶段的异常下沉运动;对流层涡度的垂直分布由偏多阶段的两层结构(低层正涡度、高层负涡度)改变为偏少阶段的三层结构(中低层负涡度、中高层正涡度和上层负涡度),且整层涡度效应值由大变小。华北区域平均的散度和垂直速度,在垂直方向上的结构虽然没有发生明显的年代际变化,但是整层散度效应值和垂直速度值都由大变小。这些均表明,华北汛期产生降水的大尺度动力条件也发生了年代际变化。

需要指出的是,本文仅从大尺度降水条件等方面对华北汛期降水的年代际变化原因进行了分析。影响中国汛期降水的因素比较多,也非常复杂(王绍武,2001)。华北汛期降水的年代际变化还受到ENSO事件与年代际大气环流模态(如PDO,NAO,AO)以及气候系统的其他因子(如冰雪圈,陆面过程)的影响,这些都值得进一步深入研究。

## 参考文献

鲍名,2007.近50年我国持续性暴雨的统计分析及其大尺度环流背景[J].大气科学,31(5):779-792.
陈隆勋,朱乾根,罗会邦,等,1991.东亚季风[M].北京:气象出版社.
黄荣辉,徐予红,周连童,1999.我国夏季降水的年代际变化及华北干旱化趋势[J].高原气象,18(4):465-476.
刘海文,郭品文,张娇,2004.戴维斯海峡海冰与华北降水的年际关系及其年代际变化[J].南京气象学院学报,27(2):253-257.
刘海文,丁一汇,2008.华北汛期的起讫及其气候学分析[J].应用气象学报,19(6):688-696.
刘海文,丁一汇,2010.华北汛期日降水特性的变化分析[J].大气科学,34(1):12-22.
刘还珠,张绍晴,1996.湿位涡与锋面强降水天气的三维结构[J].应用气象学报,7(3):275-284.
汤绪,钱维宏,梁萍,2006.东亚夏季风边缘带的气候特征[J].高原气象,25(3):375-381.
涂长望,黄仕松,1944.中国夏季风之进退[J].气象学报,18:1-20.
王绍武,2001.现代气候学研究进展[M].北京:气象出版社.
宇如聪,周天军,李建,等,2008.中国东部气候年代际变化三维特征的研究进展[J].大气科学,32(4):893-905.
张庆云,1999.1880年以来华北降水及水资源的变化[J].高原气象,18(4):486-495.
周天军,李立娟,李红梅,等,2008.气候变化的归因和预估模拟研究[J].大气科学,32(4):906-922.
周晓霞,丁一汇,王盘兴,2008.影响华北汛期降水的水汽输送过程[J].大气科学,32(2):345-357.
朱玉祥,丁一汇,刘海文,2009.青藏高原冬季积雪影响我国夏季降水的模拟研究[J].大气科学,33(5):903-915.
Allan R, Soden B J, 2008. Atmospheric warming and the amplification of precipitation extremes[J]. Science, 321(12):1481-1484.
Hu Y Y, Fu Q, 2007. Observed poleward expansion of the Hadley circulation since 1979[J]. Atmos Chem Phys,7:5229-5236.
Li Lijuan, Wang Bin, Zhou Tianjun, 2007. Contrbutions of natural and anthrpogenic forcings to the summer cooling over eastern China: An AGCM study [J]. Geophys Res Lett, 34, L18807, doi: 10.1029/2007GL030541.
Li Hongmei, Dai Aiguo, Zhou Tianjun, et al, 2010. Responses of East Asian summer monsoon to historical SST and atmospheric forcing during 1950—2000[J]. Climate Dynamics, 34: 501-514. doi: 10.1007/s00382-008-0482-7.
Menon S, Hansen J E, Na zarenko L,et al, 2002. Climate effects of black carbon aerosols in China and India [J]. Science, 297: 2250-2253.
Si Dong, Ding Yihui, Liu Yanju, 2009. Decadal northward shift of the Meiyu belt and the possible cause [J]. Chin Sci Bull,54:4742-4748.
Wang Huijun,2001. The weakening of the Asian monsoon circulation after the end of 1970's [J]. Adv Atmos Sci,18:376-386.
Yu Rucong, Wang Bin, Zhou Tianjun, 2004. Tropospheric cooling and summer monsoon weakening trend over East Asia [J]. Geophys Res Lett, 31, L22212, doi:10.1029/2004GL 021270.
Yu, Rucong, Zhou Tianjun, 2007. Seasonality and three-dimensional structure of interdecadal change in the East Asian monsoon [J]. J Climate, 20(21): 5344-5355.
Zhou Tianjun, Yu Rucong, 2005. Atmospheric water vapor transport associated with typical anomalous summer rainfall patterns in China [J]. Geophys Res Lett, 110, D08104, doi: 10.1029/2004J D005413.

Zhou Tianjun, Zhang Lixia, Li Hongmei, 2008a. Changes in global land monsoon area and total rainfall accumulation over the last half century[J]. Geophys Res Lett, 35, L 16707, doi: 10.1029/2008GL034881.

Zhou Tianjun, Yu Rucong, Li Hongmei, et al, 2008b. Ocean forcing to changes in global monsoon precipitation over the recent half century [J]. J Climate, 21(15): 3833-3852.

Zhou Tianjun, Gong Daoyi, Li Jian, et al, 2009a. Detecting and understanding the multi-decadal variability of the East Asian Summer Monsoon: Recent progress and state of affairs [J]. Meteor Z, 18(4): 455-467.

Zhou Tianjun, Yu Rucong, Zhang Jie, et al, 2009b. Why the Western Pacific subtropical high has extended west ward since the late 1970s [J]. J Climate, 22(8): 2199-2215.

Zhou Tianjun, Zhou Liwei, 2010. Understanding the predict ability of East Asian summer monsoon from the reproduction of land-sea thermal contrast change in AMIP-type simulation [J]. J Climate, 23(22): 6009-6026.

# 植被覆盖变化对区域气候影响的研究进展

李巧萍[1,2]　丁一汇[3]

(1. 南京气象学院大气科学系,南京 210044;2. 中国气象科学研究院,北京 100081;
3. 国家气候中心,北京 100081)

**摘要**:陆面植被覆盖变化作为全球及区域气候变化的重要影响因素之一,在近几十年来逐渐受到科学家们的关注,特别是通过大量的数值模拟研究了不同陆面覆盖状况对大气和气候变化的影响,取得了重要进展。研究结果普遍认为,植被覆盖变化通过改变地表反照率、粗糙度和土壤湿度等地表属性,从而影响辐射平衡、水分平衡等过程,最终可以导致区域降水、环流形势及大气温度、湿度等气候变化。总结了近十年国内外的相关研究及初步成果,尤其是植被变化对中国区域气候的影响,大部分研究认为,大范围植被退化使我国地表温度升高,东亚夏季风环流减弱,降水减少,使华北干旱加剧。同时指出了研究中存在问题及今后的工作重点。

**关键词**:植被变化;区域气候;数值模拟;研究进展

　　陆地约占地球表面 1/3 的面积,是气候系统中不可分割的成员之一。一方面,发生于陆面的各种过程受全球气候变化及区域气候分布特征的制约,另一方面,作为大气运动的下边界条件,陆面通过交换水汽和能量等特定的方式与大气发生复杂的相互作用,从而对区域乃至全球气候产生重大影响。植被覆盖及其变化通过改变反照率、粗糙度及土壤湿度等地表属性对气候产生极其重要的影响,是陆面过程的核心问题。

　　近年来,由于大面积的森林砍伐、垦荒种植,破坏了地球表面的生态平衡,造成了自然环境的恶化,尤其是气候的恶化。热带雨林的大面积砍伐、非洲土地沙漠化、全球变暖以及水资源缺乏等一系列问题引起了世界各国政府及科学界空前的重视,并成为人类面临的巨大社会问题和前沿科学问题。在全球及区域气候变化对植被影响的研究背景下,陆面植被覆盖及其变化对区域气候的影响也成为人们关注的焦点,从 Manabe[1] 的简单"桶式"模式,到 Charney[2] 首次研究沙漠化对气候的影响,到近年来 Dickinson 等[3] 提出更复杂的陆面过程方案,仅仅 20 多年的时间,陆面过程的研究逐渐深入。科学家们对陆面植被状况的异常变化对气候的影响进行了理论和数值模拟研究,得到了许多有意义的结论,为正确估计人类活动对气候及生存环境的影响,预防气候异常的频繁出现,制定环境保护对策提供了一定的科学依据。我国处于典型的季风性气候区,气候异常经常发生。近年来,随着全球气候变化,我国的区域气候灾害有

---

\* 本文发表于《南京气象学院学报》,2004 年第 27 卷第 1 期,131-140.

增多的趋势,尤其是我国广大的西北和华北地区,由于不合理的土地利用,引起森林、牧场等的严重破坏,直接受到干旱和沙漠化的威胁,植被退化对我国区域气候的影响日益受到国内外科学家的关注。本文对国内外学者在这一领域的研究成果进行介绍和评述,指出研究中存在的问题及难点,并提出今后的工作重点。

## 1 国际上在植被变化对气候影响方面的研究

土地荒漠化和热带雨林砍伐是全球植被退化中最重要的两大问题,长期以来一直受到科学家们的密切关注,并进行了大量的深入研究。

### 1.1 土地荒漠化对区域气候的影响

Charney[2]首次研究了在沙漠边缘植被变化对气候的潜在影响,发现北非附近地表反照率增加直接影响着地表能量平衡,在半干旱地区,引起大气辐射冷却和补偿性下沉的增加,因此抑制了降水的发展。其后,大量的研究指出,土地荒漠化导致较高的地表反照率、较小的土壤水分含量及较低的地表粗糙度使降水减少,植被和土壤进一步恶化,加速了荒漠化进程,形成一系列的正反馈[4-5],这些工作Nicholson等[6]进行了综述。研究发现,植被退化不仅对荒漠化地区的气候造成了很大的影响,改变了地表温度,减少了降水、蒸发和土壤湿度,其影响还可扩展到其外围地区[7-8]。Dirmeyer等[9]认为,荒漠化区域邻近地区的海陆分布决定着气候对沙漠化的敏感性,而且局地气候主要通过水汽通量辐合的改变而发生响应。在大多数地区由于地表吸收的短波辐射减少,地表温度有所下降,但部分地区(尤其是非洲萨赫勒地区)却由于土壤水分含量及潜热通量的减少使地表温度有所上升。降水也并不是在所有荒漠化地区都有显著的减少,就年平均而言,降水在不同的季风区也有不同的响应。植被退化对气候的影响随着退化区域的不同有较大的时空差异,就非洲来说,北非的降水对荒漠化的敏感性远大于南非,而亚洲、澳大利亚等地由于荒漠化引起的降水减少只在夏季较为明显,比较研究指出,非洲萨赫勒地区对植被退化最敏感,而且数值模拟的降水减少与近几十年来观测结果一致,说明这种变化确实是由于植被退化所致[10]。

### 1.2 热带森林砍伐对区域气候的影响

热带森林砍伐是除非洲土地荒漠化外另一个值得关注的全球性问题,近年来科学家们用一系列全球模式对砍伐导致的气候变化进行了模拟研究,虽然所用模式的动力学结构、地表参数、海洋的描述及模拟的时间长度等有显著的区别,但它们对局地和区域气候的强迫具有一致性的结论[11]。Henderson-Sellers等[12]最早使用GCM模式进行了热带雨林砍伐的试验,描述了当亚马孙流域森林被草地取代后,地表反照率增加、粗糙度及土壤湿度减少等一系列地表植被属性发生变化后,地表温度变化不大,降水、蒸发、土壤湿度及云量均有不同程度的减少。在另外的试验中却发现,地表温度显著增加,且降水的减少大于蒸散量的减少,说明砍伐的结果是随后而来的一个较长的干季,这使得大量森林砍伐后重建极其困难[13]。植被退化的气候响应极为复杂,研究发现只改变植被的光学特性后,气候变化(特别是降水)明显受砍伐引起的地表反照率变化的影响。当反照率增加0.03时,由于地表吸收的辐射能量减少引起感热和潜热通量减少,导致对流和降水减少。如果植被变化没引起明显的反照率增加,由于地表温度增加驱动的水汽通量辐合能够补偿其他的影响,降水则没有明显变化[14]。

进一步研究发现,热带地区植被退化还可能导致异常Rossby波发展,通过遥相关对高纬地区产生影响,进而影响全球的气温和降水[15-16]。植被变化导致Hadley环流和Walker环流的位置和强度发生变化,使得植被退化造成的异常扰动向热带外地区传播[15-20]。

表1是部分研究结果的比较,表中只列出了1990年以后的工作,1990年以前的结果参见文献[21]。

**表1 20世纪90年代以后国外部分作者在植被变化的气候效应方面的研究**

| 作者 | 模式 | 分辨率/(°) | 陆面方案 | 积分时间 | 粗糙度/m | 反照率 | $\Delta T$/℃ | $\Delta P$/mm | $\Delta E$/mm | 水汽辐合 |
|---|---|---|---|---|---|---|---|---|---|---|
| Shukla 等[13] | NMC | 谱模式(R40) 1.8×2.8 | SiB | 1 a | | | +2.0 | −640.0 | −500.0 | 减少 |
| Nobre 等[24] | NMC | 谱模式(R40) 1.8×2.8 | SiB | 1 a | 2.65 /0.08 | 0.13 /0.20 | +2.0 | −640.0 | −500.0 | 减少 |
| Dickinson 等[22] | CCM1 | 谱模式(R15) 4.5×7.5 | BATS | 3 a | 2.0 /0.05 | 0.12 /0.19 | +0.6 | −511.0 | −25.5 | 减少 |
| H-S 等[21] | CCM1-OZ | 谱模式(R15) 4.5×7.5 | BATS | 6 a | 2.0 /0.2 | 0.12 /0.19 | +0.6 | −588.0 | −232.0 | 减少 |
| Lean 等[23] | UKMO | 格点模式 2.5×3.75 | Warrilow (1986) | 3 a | 0.8 /0.04 | 0.14 /0.19 | +2.1 | −295.7 | −198.0 | 减少 |
| Manzi 等[25] | EMER-AUDE | 谱模式(R42) 2.8×1.8 | ISBA | 4.2 a | 2.0 /0.06 | 0.13 /0.20 | +1.3 | −15.0 | −113.0 | 增加 |
| Xue 等[7] | COLA-GCM | 谱模式(R40) 1.8×2.8 | SSiB | 3月 | | 0.21 /0.30 | 升高 | 减少 | 减少 | 减少 |
| Polcher 等[26] | LMD | 格点模式 2.0×5.6 | SECHIBA | 1.1 a | 未改变 | 0.098 /0.177 | +3.8 | +394.0 | −985.0 | 增加 |
| Polcher 等[27] | LMD | 格点模式 2.0×5.6 | SECHIBA | 11 a | 2.3 /0.06 | 0.14 /0.22 | +0.1 | −186.0 | −127.8 | 减少 |
| Zhang 等[18] | NCAR-CCM1 | 谱模式(R40) 4.5×7.5 | BATS | 11 a | | | −0.2 | −250.9 | −137.6 | 增加 |
| Lean 等[43] | UKMO | 格点模式 2.5×3.75 | Warrilow (1986) | 10 a | 2.1 /0.026 | 0.13 /0.18 | +2.3 | −157.7 | −295.7 | 增加 |
| Douglas[10] | COLA-GCM | 谱模式(R18) 2.8×1.8 | SSiB | 4月 | 2.65 /0.06 | 0.13 /0.30 | +0.2 | 减少 | 减少 | 减少 |

注:表中H-S指Henderson-Seller;粗糙度和反照率中的两个值分别为控制试验和敏感性试验中所取的值;$\Delta T$、$\Delta P$ 和 $\Delta E$ 分别为试验中温度、降水和蒸发量的变化值。

从表1可以看出,近十年的研究中所用模式既有谱模式又有格点模式,且多为全球模式,分辨率普遍较低,不能准确分辨区域尺度变化。积分时间大部分较短,只有1~3 a,对研究植被变化的气候响应还不够长。耦合的陆面模式主要是BATS和SiB(或SSiB)两种,这是近年来才发展起来的较复杂的陆面过程方案。模拟中植被退化后粗糙度取值在0.03~0.08 m,反照率取值在0.12~0.30。从模拟结果来看,大部分工作认为植被退化后温度增加,降水和蒸发减少,水汽辐合减少,因而对区域甚至全球气候有重要影响。

## 2 植被变化对我国区域气候影响的研究

受模式发展所限,我国在此方面的研究起步较晚,另外我国地形和陆面条件的复杂性,也增加了数值模拟的难度。对于全球大范围区域植被变化对东亚及我国区域气候影响方面的研究较为匮乏,Zhao等[19]用耦合BATS模式的NCAR/CCM3模式模拟了欧洲、北美、亚洲东北部、印度四大区域的陆面覆盖变化造成的温度异常变化及其对大气水平和垂直环流的改变,结果显示受大范围区域植被变化影响,我国区域气温变化较其他区域明显,而且在中国南、北方存在较大的地理差异。Zhao等[20]还对植被变化及不同$CO_2$排放情景对气候强迫的相互关系作了初步模拟研究,认为在全球尺度上,植被变化对气温的影响与$CO_2$相比可忽略,但在区域尺度上,植被变化对气温的影响也很显著,在中国,这两种强迫是相互加强的,而且植被分布可以影响气候对$CO_2$增加的敏感性。

近年来我国在植被变化对区域气候影响的研究主要集中在几个气候敏感区:内蒙古草地荒漠化、青藏高原植被退化、西北干旱区植被退化及南方森林退化。研究表明区域气候对地表特征的响应程度与植被变化的时空尺度密切相关,植被变化对不同气候区、不同季节的气候影响有不同的表现。

### 2.1 内蒙古草地荒漠化对气候的影响

内蒙古草原位于我国北部,是欧亚大草原的一部分,也是湿润季风区与内陆干旱区的过渡气候带。在过去40 a,这一过渡带明显向东南移动的事实,反映了在这一时期温度和降水的变化。Xue[28]和符淙斌等[29]研究发现这一地区草原荒漠化后导致地表温度增加,降水和蒸发减少,东亚夏季风环流减弱,使我国降水分布有显著变化。郑益群等[30-31]研究认为内蒙古草地荒漠化导致的降水变化在植被退化区变化并不明显,降水减少主要出现在退化区的外围(南、北侧),南方森林退化后降水有相似的变化趋势,两者共同影响可能导致江淮流域洪涝灾害增多及华北干旱的加剧,严重的植被退化导致降水和退化间的正反馈,易使退化区不断向外扩展而使退化难以恢复[30-31],并指出,植被退化的气候效应在夏季最显著,这可能与夏季控制中国大部分地区的暖湿空气更易受下垫面变化的影响有关。

### 2.2 青藏高原植被退化对气候的影响

青藏高原的动力和热力作用对我国气候有着重要的影响,其热力作用不仅与地形高度有关,而且与下垫面植被状况有着密切的关系。青藏高原地区反照率、拖曳系数、蒸发系数以及土壤湿度等的变化对大气环流及降水影响较大[32-33]。研究高原的影响时,若不考虑植被,大气湿度和地面潜热输送均减小,削弱了扰动发展和高原上东西方向波的传播,很可能影响高原低涡或西南涡的东移,进而影响夏季江淮地区的降水[34-35]。高原植被大面积破坏后,西风急流偏西偏北,使得北方冷空气难以到达我国长江流域,不利于降水的产生,另外,高原东部北风增强,孟加拉湾地区经向风减弱,向我国内陆输送的水汽减少,其综合作用使我国大部分地区降水明显减少[36]。

### 2.3 西北地区植被退化对气候的影响

我国西北地区地处中纬度干旱、半干旱气候区,是我国全球变化一、二级敏感带所在地,自然环境相当脆弱。研究表明,西北地区大范围扩大和缩小植被面积都能影响地表温度、高度场和流场、夏季风的强度以及我国季风降水的分布,进而影响土壤湿度和径流量。西北地区退耕还林(草)与沙漠绿化对当地气候要素影响较为明显,并有利于夏季风偏强偏北,从而影响其以东地区的降水、地表径流及土壤含水量[37-39]。也有研究认为西部沙漠地区下垫面的改变可能不会引起环流形势大规模的改变而只是系统强弱有所不同,下垫面为草原植被时,增强了试验区的上升气流,从而削弱了高原与沙漠间的热力环流,同时,土壤及地表温度上升,上层空气湿度增大,地形性热力环流减弱,使得高原上降水减少,华北地区降水略有增多[40]。

## 2.4 植被变化对季风环流的影响

我国降水的强度及分布与夏季风脉动密切相关,研究表明植被类型及覆盖面积影响着我国夏季风的强弱。植被退化导致蒸发减少,改变了当地表面能量收支,可以减弱亚洲季风环流,从而导致降水减少,这也许是中国,尤其是华北地区近年来连续发生异常干旱的原因[28]。而大范围的扩大植被面积后东亚夏季风增强,有利于大量暖湿空气从海洋向内陆干旱半干旱区输送,使这些地区降水增多,土壤湿度增大,明显地改善区域生态环境[37-39,41],这对于我国这样一个典型季风气候的国家来说尤需重点关注。

表2给出了有关植被变化对我国区域气候影响方面的部分研究情况。

从表2可见,与国外相比,我国在此方面的模拟研究中积分时间普遍较短,大部分不满一年。另外,我国植被覆盖变化存在较大的地理差异,关键区集中在几个较大的气候敏感区,模拟结果相比性较差,但有一个一致性的结论,即植被退化不仅可以改变退化区的温度,还可减弱东亚夏季风环流,进而影响我国降水分布。

表 2 植被变化对我国区域气候影响的研究

| 作者 | 模式 | 分辨率 | 陆面模式 | 积分时间 | 关键区 | 粗糙度/m | 反照率 | 温度 | 降水 | 夏季风强度 |
|---|---|---|---|---|---|---|---|---|---|---|
| Xue[28] | COLA GCM | 1.2°×2.8° 18层 | SSiB | 3月 | 内蒙古草地荒漠化 | 0.07/0.01 | 0.23/0.32 | 升高 0.7~1.3 ℃ | 减少 16.7 mm/月 | 减弱 |
| 周锁铨 等[34] | p-σ原始方程 | 5°×5° 5层 | Deardorff | 30 d | 青藏高原有、无植被试验 | | | 升高 2 ℃ | 变化不均匀 | 减弱 |
| 范广洲 等[38] | COLA GCM | 7.5°×4.5° 9层 | SSiB | 14月 | 西北地区绿化试验 | | | 升高 2 ℃ | 我国东部降水增加 | 增强 |
| 吕世华 等[37] | NCAR RegCM2 | 50 km 14层 | BATS | 3月 | 西北植被缩小试验 | | | 高原升、黄河中下游降 | 高原及华北减少 | 减弱 |
| 符淙斌 等[41] | RIEM S | | | 4月 | 东亚地区恢复自然植被 | 加大 | 减少 | 华北、西北降,其余地区升 | 增加 1~2 mm/d | 增强 |
| Zhao 等[19] | NCAR CCM3 | 2.8°×2.8° T42 | BATS | 17 a | 中国 | 减少 1.14 | 增加 0.04 | 升高 0.19 ℃ | 减少 0.20 mm/d | |

续表

| 作者 | 模式 | 分辨率 | 陆面模式 | 积分时间 | 关键区 | 粗糙度/m | 反照率 | 温度 | 降水 | 夏季风强度 |
|---|---|---|---|---|---|---|---|---|---|---|
| 施伟来 等[39] | RIEM S | 60 km 16层 | BATS | 3月 | 西北地区绿化试验 | | | 降低0.5~1.5 ℃ | 增加 | 增强 |
| 王兰宁 等[36] | CCM 3-Reg CM2 | 160 km 15层 | BATS | 5.5月 | 青藏高原植被退化 | | 增加 | 升高 | 长江中下游减少 | |
| 郑益群 等[30] | RIEM CM2 | 120 km 11层 | BATS | 10.5月 | 内蒙古草原及南方森林退化 | 0.05/1.2 | 0.1/0.03 | 日较差大 | 退化区外围减少 | |

## 3 植被变化对区域气候影响的机理研究

由于陆地较小的热容量和植被覆盖的复杂地理分布及季节变化,使地气相互作用不同于海气相互作用,植被变化对气候影响的机制至今还没有统一的认识。Charney[2]从理论上提出了沙漠化问题的地球生物—物理反馈机制:即陆面状况的变化→反照率的异常→地面辐射平衡→气候变化,之后,大量研究从反照率、粗糙度及土壤湿度等地表属性探讨植被变化的气候影响机制。植被退化后,反照率增加使更多的太阳辐射从地表反射,气柱失去辐射热量,为了保持热平衡,空气补偿下沉,上升运动减少,水汽辐合减弱,导致大范围的降水减少[42]。反照率变化引起的云辐射强迫在地面温度初始的冷却中也有一个负的反馈,与降水变化后引起的蒸发减少共同导致地表温度变化[43]。粗糙度是影响地气湍流输送的关键参数,它通过改变地表热通量及风速而影响水汽通量辐合。植被变化导致的土壤湿度变化通过改变地表热容量和向大气输送的感热、潜热等,从而影响气候的变化。在干燥或土壤湿度较小的条件下,植被能减小地面反照率,增加地面净辐射,有利于局地对流增强,使降水增加[42]。

但是,植被变化导致的气候变化绝不是单一因子作用的结果,植被变化将导致所有的地表参数发生变化,这些因子通过改变复杂的能量和水汽收支,最终影响气候变化。Zhang等[18]通过模拟研究认为,热带雨林砍伐后,降水减少最初是由于蒸散量的减少造成的,而降水的减少又进一步减少了蒸散量,同时由于弱的地表蒸发使潜热通量减少,导致净辐射能量收支的减少,因此,区域大气环流减弱,输送到砍伐区的水汽更少,由于净辐射能的减少及地表蒸散量的减少互相补偿,地表温度没有较大变化(图1)。

## 4 研究中存在的问题和难点

国内外相关的研究对植被变化的气候响应过程有了初步的认识,但研究结果之间还存在较大的差异。大部分工作认为植被退化将导致退化区降水减少,地表温度升高[13,21],但也有些研究显示降水变化不大[44],地表温度在不同季节、不同区域有升有降或基本不变[14,21]。另外,植被退化的气候响应在其邻近地区也存在很大差别,在非洲萨赫勒地区和蒙古、中国内蒙古的土地荒漠化试验中[7,28]发现在退化区南侧出现正的降水异常,但在对美国的试验中却没

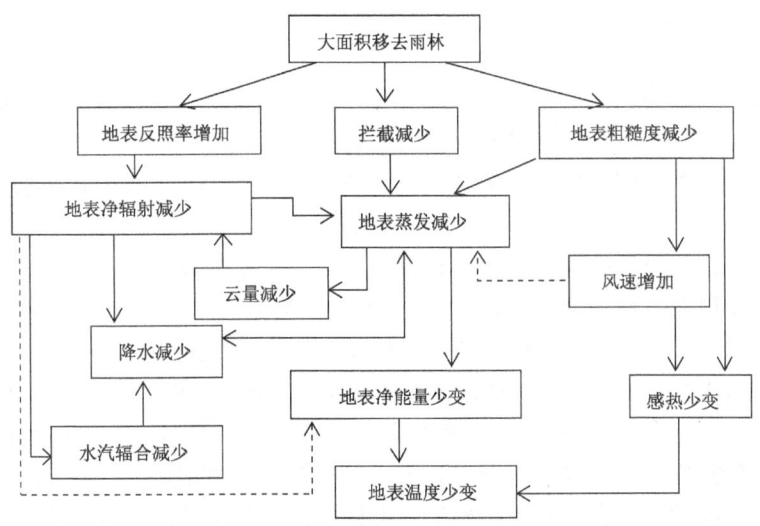

图 1 植被退化后发生于气柱与地表的物理过程示意[17-18]

有发现[8]。造成这种不确定性可能有多种因素,主要原因之一是研究中所用的陆面过程模式还不够完善,所用的大气模式、陆面方案、模式分辨率和积分时间也各不相同,而且植被退化区内局地的大气环流、地理特征及退化的程度和范围等都有一定的差别,这些都需要进一步的研究来证实。同时从表1、表2中可以看到,许多工作采用全球模式来研究植被变化对区域气候的影响,分辨率低,对中小尺度强迫引起的区域气候变化的细节描述太粗糙,因而模拟结果可信度较低。另外,研究中缺乏用于验证区域气候模式模拟性能的各种资料,植被覆盖资料的时空分辨率也不够高,这些都限制了区域模式的模拟能力及相关研究的准确性。

关于植被变化对气候的强迫过程还没有一个完整的认识,在解释这种强迫作用时,一些作者强调地表反照率的重要性,一些作者强调粗糙度和土壤湿度的重要性,对各因子影响气候的相对重要性及其物理机制的了解还不够。

就我国在此方面的研究而言,以往的模拟研究中积分时间普遍较短,地—气系统在植被变化引起的外部扰动强迫下无法达到新的平衡状态,同时较短的积分时间也无法反映由植被变化导致的气候年际变化情况及长期气候效应;所研究的个例较少,所得结论缺乏代表性,还需要进一步研究论证。

在季节乃至更长的气候尺度上积分区域气候模式时,下垫面植被本身也在发生变化,如影响作物蒸腾量的叶面积指数,影响下垫面粗糙度的植被平均高度等,而这种植被的季节性变化又受各种气候因素的影响。另外,植被本身不仅包含生物物理过程,还包含生物化学过程(如光合作用等),这只能通过区域气候模式和更完善的陆面过程模式的双向耦合才能进一步理解这种相互作用过程。

## 5 结语

近 20 a 来,国内外科学家对陆面植被覆盖变化导致的区域气候效应进行了初步研究,大量的数值模拟结果表明,植被退化对区域的降水和温度都有不同程度的影响,甚至通过环流对其周围区域的气候产生间接的影响。植被变化对我国区域气候有着显著影响,植被退化导致温度升高、降水(尤其是华北地区)减少,而且大范围植被退化还可减弱东亚夏季风环流,从而影响季风降水的分布,使我国南涝北旱现象更加严重。相反,针对我国几个区域绿化的数值分析则认为森林覆盖率增加,地表植被状况的改善,在一定程度上有利于气候状况的好转。这从科学的角度上,证明了我国目前开展的大规模退耕还林(还草)的工程的正确性。

同时也可以看到,以往的模拟结果存在一定的不确定性,而且对其影响的机制了解得还很不够。所以,今后模拟研究的重点大体来说应集中于如下几个方面:

(1)完善和发展包含较合理陆面过程的区域气候模式。目前研究中使用较广泛的美国国家大气研究中心第二代区域气候模式(NCAR/RegCM2),分辨率较细,而且比较稳定可靠。"九五"期间,科研人员对 RegCM2 中的陆面过程、积云对流、辐射传输等物理过程的方案进行了改进,发展了一个适合我国特殊地形的区域模式(NCC/RegCM2),经检验对我国区域气候有较好的模拟能力,可以用来进行区域地表植被覆盖的气候模拟研究。在今后的研究中,要进一步改进模式中的陆面过程,特别是在模式中考虑陆面生态系统对气候变化的反馈作用,达到陆气真正的动态耦合。

(2)加强植被覆盖变化对气候强迫的机理分析。在模拟分析中,从地表热平衡量、辐射平衡及降水响应的差异等方面入手,在试验中改变单个下垫面因子(如土壤湿度、粗糙度等),探讨气候响应的基本过程及物理机制。

(3)重点研究植被变化对区域降水异常的影响,寻找与植被变化有关的前期信号。在植被变化的敏感性试验中,选取长江流域的异常旱涝作为重点,分析各个区域植被退化对这一关键区影响的相对重要性,找出对长江流域影响最为显著的敏感区,同时关注黄河流域地区。分析前期下垫面特征的变化对后期气候(主要考虑季节尺度的降水)的影响,如前期土壤湿度和土壤温度等。

(4)由于陆面生态环境的变化还受到社会因素(即人类活动)的影响,一方面人类活动破坏地表生态环境,另一方面人类活动可以改善地表生态环境。因此通过模拟未来植被覆盖可能发生的退化现象(包括草地退化、森林面积缩小、荒漠化面积扩大等)以及未来植被覆盖发生改善的情景(如退耕还林、还草)导致的气候效应,认识在全球气候变化背景下由于人类活动导致的陆面覆盖和土地利用变化对我国区域气候的影响,为 IPCC 第四次评估报告提供一定的科学依据。

另外,模拟研究植被对气候的影响时,要有足够长的积分时间,使下垫面植被改变后,地—气系统足以达到新的水分和能量平衡状态。

## 参考文献

[1] Manabe S. Climate and the ocean circulation:Ⅰ. The atmospheric circulation and the earth's surface [J]. Mon Wea Rev,1969,97(10):739-774.

[2] Charney J G. Dynamics of deserts and drought in the Sahel [J]. Q J R Meteorol Soc,1975,101(428):193-202.

[3] Dickinson R E,Henderson-Sellers A,Kennedy P J. Biosphere-atmosphere transfer scheme (BATS) Version 1e as coupled to the NCAR Community Climate Model[R]. NCAR Techn. Note-378+STR,1993.

[4] Sud Y C, Fennessy M J. A study of the influence of surface albedo on July circulation in semi-arid regions using the GLAS GCM [J]. J Climate, 1982,2(2):105-125.

[5] Sud Y C, Smith W E. Influence of local land-surface processes on the Indian monsoon: A numerical study [J]. J Climate Appl Meteor,1985,24(10):1015-1036.

[6] Nicholson S E, Tucker C J, Ba M B. Desertification, drought, and surface vegetation an example from the West African Sahel [J]. Bull Amer Meteor Soc,1988, 79(5):815-829.

[7] Xue Y, Shukla J. The influence of land-surface properties on Sahel Climate, Part I: Desertification[J]. J Climate, 1993,6(12): 2232-2245.

[8] Xue Y, Shukla J. The influence of land-surface properties on Sahel Climate, Part II:Afforestation[J]. J Climate, 1996, 9(12): 3260-3275.

[9] Dirmeyer P A, Shukla J. The effect on regional and global climate of expansion of the world's deserts [J]. Q J R Meteorol Soc, 1996, 122(530): 451-482.

[10] Douglas B C, Xue Y K, Richard J H, et al. Modeling the impact of land surface degradation on the climate of tropical North Africa[J]. J Climate, 2001, 14(8): 1809-1822.

[11] McGuffie K, Henderson-Sellers A, Zhang H, et al. Global climate sensitivity to tropical deforestation [J]. Global and Planetary Change, 1995, 10(2): 97-128.

[12] Henderson-Sellers A, Gornitz V. Possible climate impacts of land cover transformations, with particular emphasis on tropical deforestation[J]. Climatic Change, 1984, 6(3-4): 231-258.

[13] Shukla J, Nobre C, Sellers P J. Amazon deforestation and climate change[J]. Science, 1990, 247 (4948): 1322-1325.

[14] Dirmeyer P A, Shukla J. Albedo as a modulator of climate response to tropical deforestation[J]. J Geophys Res,1994,99(D10): 20863-20877.

[15] Chase T N, Pielke R A, Kittel T G F, et al. Sensitivity of a general circulation model to global changes in leaf area index [J]. J Geophys Res, 1996, 101(D3): 7393-7408.

[16] Chase T N, Pielke R A, Kittel T G F, et al. Simulated impacts of historical land cover changes on global climate in northern winter[J]. Climate Dynamics, 2000, 16(2/3): 93-105.

[17] Zhang H, Henderson-Sellers A, McGuffie K. Impacts of tropical deforestation, Part I: Process analysis of local climatic change[J]. J Climate, 1996, 9(7): 1497-1517.

[18] Zhang H, Henderson-Sellers A, McGuffie K. Impacts of tropical deforestation, Part II: The role of large-scale dynamics [J]. J Climate, 1996, 9(10): 2498-2521.

[19] Zhao M, Pitman A J, Chase T N. The impact of land cover change on the atmospheric circulation [J]. Climate Dynamics, 2001, 17(5/6): 467-477.

[20] Zhao M, Pitman J A, Chase T N. Climatic effects of land cover change at different carbon dioxide levels [J]. Climate Res,2001, 17(1):1-18.

[21] Henderson-Sellers A, Dickinson R E, Durbidge T B, et al. Tropical deforestation: Modeling local-to regional scale climate change[J]. J Geophys Res, 1993, 98(D4): 7289-7315.

[22] Dickinson R E, Kennedy P. Impacts on regional climate of Amazon deforestation[J]. Geophys Res Lett, 1992, 19(19): 1947-1950.

[23] Lean J, Rowntree P R. A GCM simulation of the impact of Amazonian deforestation on climate using an improved canopy representation[J]. Q J R Meteorol Soc, 1993, 119(512): 509-530.

[24] Nobre C A, Sellers P J, Shukla J. Amazonian deforestation and regional climate change[J]. J Climate, 1991, 4(10): 957-988.

[25] Manzi A O. Introduction d'un schema destransferts sol-vegetation-atmosphere dan sun modele de circulation generalet application a la simulation de la deforestation Amazonienne. Ph. D. dessertation, University Paul Sabatier, 1993: 230. [Available from Meteo-France /CN RM /GMGE/UDC, 42 Ave. G. Cori-

olis, 31057 Toulouse, Cedes, France.]

[26] Polcher J, Laval K. The impact of African and Amazonian deforestation on tropical climate [J]. J Hydrology, 1994a, 155(4-5): 389-405.

[27] Polcher J, Laval K. A statistical study of regional impact of deforestation on climate in the LMD GCM [J]. Climate Dynamics, 1994b, 10(4/5): 205-219.

[28] Xue Y. The impact of desertification in the Mongolian and the Inner Mongolian Grassland on the regional climate [J]. J Climate, 1996, 9(9): 2173-2189.

[29] 符淙斌,魏和林,郑维忠,等.中尺度模式对中国大陆地表覆盖类型的敏感性试验 [C]//全球变化与我国未来的生存环境.北京:气象出版社,1996:286.

[30] 郑益群,钱永甫,苗曼倩.植被变化对中国区域气候的影响Ⅰ:初步模拟结果 [J].气象学报,2002,60(1):1-16.

[31] 郑益群,钱永甫,苗曼倩.植被变化对中国区域气候的影响Ⅱ:机理分析 [J].气象学报,2002,60(1):17-29.

[32] 罗四维,李维京,汤筑强.青藏高原及其邻近地区反射率变化对5月东亚环流影响的数值对比分析 [J].高原气象,1986,5(3):236-244.

[33] 刘晓东,罗四维,钱永甫.青藏高原地表热状况对夏季东亚大气环流影响的数值试验 [J].高原气象,1989,8(3):189-194.

[34] 周锁铨,陈万隆.青藏高原植被下垫面对东亚大气环流影响的数值试验 [J].南京气象学院学报,1995,18(4):536-542.

[35] 周锁铨,陈万隆,徐海明,等.青藏高原及其周围植被对夏季气候影响的套网格数值试验比较 [J].南京气象学院学报,1998,21(1):85-93.

[36] 王兰宁,郑庆林,宋青丽.青藏高原下垫面对中国夏季环流影响的研究 [J].南京气象学院学报,2002,25(2):186-191.

[37] 吕世华,陈玉春.西北植被覆盖对我国区域气候变化影响的数值模拟 [J].高原气象,1999,8(3):416-424.

[38] 范广洲,吕世华,罗四维.西北地区绿化对该区及东亚、南亚区域气候影响的数值模拟 [J].高原气象,1998,17(3):300-309.

[39] 施伟来,王汉杰.中国西部退耕还林(草)与沙漠绿化的区域性气候效应 [C]//西部开发与生态建设.北京:中国林业出版社,2001:592.

[40] 周锁铨.我国西北下垫面影响大气的初步数值试验 [J].气象科学,1990,10(3):248-257.

[41] 符淙斌,袁慧玲.恢复自然植被对东亚夏季气候和环境影响的一个虚拟试验 [J].科学通报,2001,46(8):691-695.

[42] Sellers P J. Biophysical models of land surface processes[C]// Trenberth K E. Climate System Modeling. Cambridge: Cambridge University Press, 1992: 451-490.

[43] Lean J, Rowntree P R. Understanding the sensitivity of a GCM simulation of Amazonian deforestation to the specification of vegetation and soil characteristics[J]. J Climate, 1997, 10(6): 1216-1235.

[44] Zeng N, Neelin J David. A land-atmosphere interaction theory for the tropical deforestation problem[J]. J Climate, 1999, 12(3): 857-872.

# 近几年我国霾污染实时季节预测概要

尹志聪[1,2]　王会军[1,2]　段明铿[1]

(1 南京信息工程大学气象灾害预报预警与评估协同创新中心/气象灾害教育部重点实验室/大气科学学院，南京 210044；2 中国科学院大气物理研究所竺可桢－南森国际研究中心，北京 100029)

**摘要**：近些年，中国东部经历了严重的霾污染，对人体健康、交通安全、生态系统以及社会经济有巨大的危害。在 1 周以内的霾污染预报之外，季节尺度的霾污染预测可以给减排治污措施的制定提供更长时间尺度的科学支撑。本文以年际增量为预测对象，选取前期外强迫因子为自变量，分别针对京津冀和长三角区域建立逐月的冬季霾日数季节尺度预测模型，并开展了实时的季节预测。总体来看，京津冀和长三角区域预测模型的性能大体处于相似的水平，均方根误差在 2 d 左右，对距平符号的捕捉率在 80% 以上，对霾日数变化的长期趋势具有很好的再现能力。在 2016/2017 年冬季京津冀霾日数实时预测中，模型预测的结果相对于常年值的定性结论全部准确，相对于前一年污染状况的结论大多数准确。在 2017/2018 年冬季长三角霾日数实时预测中，12 月和 1 月的预测误差较小，2 月的预测误差在 2 d 左右。

**关键词**：霾；污染；气候预测；减排

2013 年 1 月，中国东部爆发了持续性的重度霾污染，江苏、北京、浙江、安徽和山东的霾日数都出现了 52 a 来的极值(关月和何立富，2013；韩霄和张美根，2014；靳军莉 等，2014；张金良 等，2014)。在此之后，霾污染作为一种灾害性天气开始引起学者的广泛关注，在霾污染的气候特征和天气成因方面取得了很多研究成果(张小曳 等，2013；Zhang et al.，2014；丁一汇和柳艳菊，2014；袁东敏和马小会，2017)。此外，从过去几十年来看，中国东部霾污染的变化是由社会经济发展导致的长期趋势分量和年际－年代际气候变化分量相叠加而形成的(Zhang et al.，2018)。那么，在年际－年代际分量中是什么前期因子来调控霾污染是否频繁出现的呢？这些影响因子是否具有成为季节预测因子的潜力呢？这是一个非常值得关注的、亟待解释的科学问题。

针对 2013 和 2014 年华北冬季极端霾事件的综合诊断分析指出海表面温度(Sea Surface Temperature，SST)、海冰和陆面等外强迫因子能够通过在大气中激发遥相关，例如欧亚遥相关型(EU)、西太平洋遥相关型(WP)和东大西洋/西俄罗斯波列(EA/WR)，进而影响局地的大气扩散条件(Yin and Wang，2017)。年际和年代际尺度上，北大西洋海温与中国东部冬季

---

\* 本文发表于《大气科学学报》，2019 年第 42 卷第 1 期，2-13。

以及春季霾都存在显著的联系(Xiao et al.,2015;Chen et al.,2018)。在太平洋,前期秋季北太平洋海温与华北冬季霾日数呈显著的负相关,这种负相关在数值模式中也有稳定的体现(Yin and Wang,2016a)。此外,ENSO(Gao and Li,2015;Li et al.,2017;Zhao et al.,2018)和PDO(Zhao et al.,2016)等更大尺度的海温信号对中国东部霾也表现出显著的调控作用。在西风带背景下,高原大地形东侧背风坡构成"避风港"效应,也可能是影响中国东部区域霾日的因素之一(徐祥德 等,2015)。近些年,北极区域温度升高和海冰减少趋势都非常明显,对北半球中高纬度的气候有显著的影响,例如近些年频现的冬季强寒潮和降雪都和北极海冰的减少有密切的联系(Liu et al.,2012)。北极海冰的减少显著地加重了中国东部的冬季霾污染,可以解释45%~67%的年际—年代际变化方差(Wang et al.,2015a)。有所区别的是,前期秋季波弗特海海冰和华北平原冬季霾日数呈现出显著的正相关关系,它们是之间通过阿拉斯加湾海温和相关的大气环流联系起来的(Yin et al.,2019)。10月和11月,欧亚大陆的雪盖开始逐渐形成。与之相关的地面水分和辐射的变化,以大气波列作为桥梁对12月中国北方的霾污染产生显著的影响(Yin et al.,2017)。

大气污染与前期外强迫之间的密切联系为开展典型区域大气污染的季节预测提供了充分的可能性。在众多季节预测的方法中,基于年际增量的预测模型往往具备独特的优势。年际增量的预测方法是Wang et al.(2000)基于东亚季风系统区气候的准两年规律性提出的。从该方法建立之后,有了很多应用尝试,也取得了不错的效果(王会军 等,2012;Wang et al.,2015b),比如曾成功应用于长江中下游夏季降水(Fan et al.,2008)、华北汛期降水(范可 等,2008)、东北夏季气温(Fan and Wang,2010)、西太平洋台风(Fan and Wang,2009)和东北冬半年大雪和暴雪日数等(Fan and Tian,2013)。Huang et al.(2014)也曾利用年际增量方法有效地改进了DEMETER模式对于APO的预测;Tian et al.(2018)则改进了NCEPCFS模式对东亚冬季风的预报。实际上,在研究一些受社会经济因素和气候条件共同调控的问题时,使用年际增量的方法可以较好地将缓变的社会经济趋势去除,更集中地反映出气候因素的影响。尹志聪等(2014)曾利用年际增量方法较好地建立了北京香山红叶变色日的预测模型,预测信号被放大了70%左右,预测精度明显提高。Zhou and Wang(2014)也利用年际增量的方法通过海冰成功地预测了东北地区的玉米和水稻产量。那么,将年际增量的预测方法应用到华北和长三角地区的霾污染季节预测,是否能够表现出高效的实时预测能力呢?本文将首先介绍所研发的霾污染季节预测模型及其性能,然后介绍过去两年在华北和长三角地区开展实时霾污染季节预测的情况。

# 1 资料与方法

霾污染是典型的学科交叉领域,既可以用能见度和相对湿度来定义,也可以用污染物浓度来确认。在建立短期气候预测模型时,往往需要几十年的数据作为支撑。因此,本文的霾日数(代表霾污染的基本状态)是采用长序列的气象观测数据,根据气象学定义反算而来(Yin et al.,2017)。在计算时,采用的1979—2018年1天4次的中国东部气象观测数据包括能见度、相对湿度、风、降水和灾害性天气现象等。当4个时次的数据中,有1个时次的能见度低于10 km(2014年之后低于7.5 km),同时相对湿度低于90%,即认为当天为1个霾日。之后,将降水、风吹雪、沙尘等影响能见度的天气现象从霾日数中剔除,得到最后的霾日数。本文所用的外强迫因子数据主要包括美国大气和海洋局提供的1979—2018年秋季(9—11月)逐月的扩展重建海表面温度(Smith et al.，2008)，地表气温(Kalnay et al.，1996)，土壤湿度(Van Den Dool，2003)，南极涛动指数(Mo，2000)，以及哈德莱中心提供的1979—2018年的海冰密度数据(Rayner，2003)。

基于年际增量的短期气候预测方法将年际增量，而不是气候距平值作为预测对象。其中，某年的年际增量被定义为当年的变量值减掉去年的变量值。由于年际增量能够反映气候变量的准两年变化特征，同时能够有效地利用前一年的观测信息，使得气候变量的年际和年代际变化均可以被较好地捕捉(王会军 等，2008;2012)。同时，年际增量的预测方法使得预测对象信号增强，也就是方差增大(图1)，其预测的准确度理论上也是要高于直接使用气候变量的准确度。

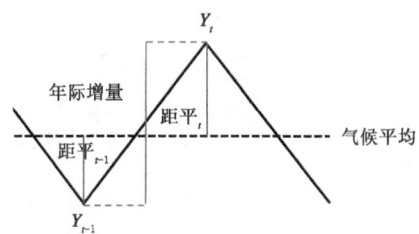

图1 年际增量方法预测对象的示意图

当一个变量($Y$)，比如霾日数，受社会经济因素和气候条件共同调控时，可以将$Y$分解为缓变的社会经济分量(YS)和气候分量(YC)，也就是$Y=YS+YC$。那么，该变量的年际增量$dY=Y_t-Y_{t-1}=(YS_t+YC_t)-(YS_{t-1}+YC_{t-1})=(YS_t-YS_{t-1})+(YC_t-YC_{t-1})$。通常来讲，当年和前一年的污染排放是相近的，由其引起的霾分量的变化是很小的，也就是说($YS_t-YS_{t-1})\approx 0$，进而可以得到$dY\approx(YC_t-YC_{t-1})$。则可以认为，霾日数的年际增量可以更强地反映出受气候条件影响的霾变化的波动。将年际增量预测值累加到前一年的观测值之后，又能再现年代际趋势，同时将社会经济分量引入。

在建立预测模型时，采用的方法主要是多元线性回归和广义相加模型。其中，广义相加模型是广义线性模型的半参数扩展，其假设函数是相加的，函数的组成成分是光滑函数(Chiang，2007)。广义相加模型通过联结函数，建立因变量的数学期望与自变量的光滑函数的关系，在解决因变量与自变量间的高度非线性和非单调关系方面有较大的优势。

## 2 华北区域霾污染预测模型

### 2.1 华北冬季霾日数预测

人类活动是霾日数快速增加的物质基础，而有利的大气环流则为霾天气的发生构造了至关重要的背景环境。前期有效的外强迫因子能够通过影响大气环流和局地气象条件来影响霾天气的发生。前期秋季日本海到外兴安岭的地表气温负年际增量($x_1$)在大气中激发出类似EU波列负位相和WP波列正位相，进而加强华北上空的反气旋性异常导致华北冬季霾污染加重。前期秋季的海温异常，通过使东亚急流北移(阿拉斯加湾附近SST正年际增量，$x_2$)或削弱东亚冬季风环流(格陵兰岛以南SST负年际增量,$x_3$),使得华北地区出现异常南风,局地的风速降低,湿度增加。这种静稳型气象条件为霾的吸湿增长提供了有利的环境,使得霾天气易发,频发(Yin and Wang,2016a)。而前期秋季波弗特海域的海冰正异常($x_4$),通过辐射冷却作用,在波弗特海两侧激发出正反气旋,使得波弗特海和阿拉斯加湾的地面风速降低,引起次月洋面温度升高。这种暖洋面通过加热大气,在对流层中高层形成了有利于霾天气发生的大气环流(Yin et al.,2018)。此外,前期夏季蒙古东部土壤湿度($x_5$)、前期秋季环渤海地区土壤湿度($x_6$),以及9—10月南极涛动($x_7$)也可以通过大气遥相关作为桥梁影响到华北上空的反气旋,进而调控华北本地的垂直和水平扩散条件(Yin and Wang,2016b)。上述7个前期影响因子和华北冬季霾日数年际增量之间的线性相关系数分别为—0.47、0.47、—0.50、0.37、—0.59、0.41、—0.54(图2),均通过95%的置信度检验。

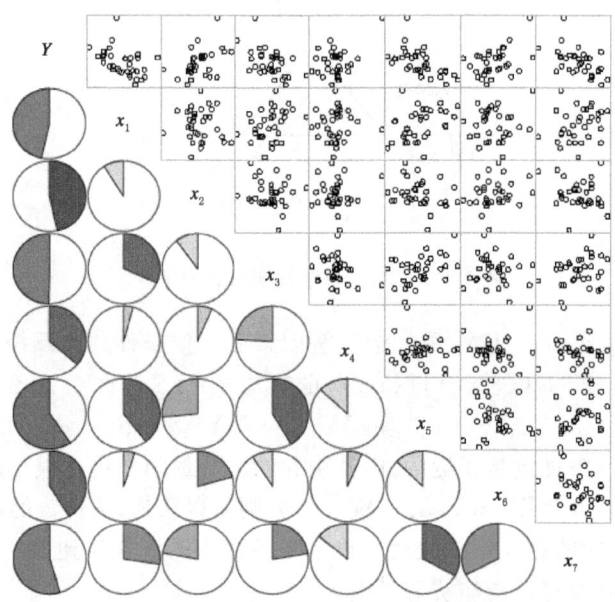

图2 因变量(霾日数的年际增量,Y)和自变量($x_1,x_2,\cdots,x_7$)之间的相关系数和散点图(左下部分为相关系数的饼图,红/蓝色代表正/负相关关系,面积代表绝对值;右上部分为要素之间的散点图)(附彩图)

Yin和Wang(2016b)选用上述7个前期的因子(年际增量),采用多元线性回归的方法建立了华北冬季霾日数的预测模型,不仅能够再现霾日数的长期趋势、拐点、极值,在预报值上也有很好的精确度(图3)。针对1979—2013年的霾日数年际增量的预测,进行"去一法"交叉验证,均方根误差为3.3 d,相关系数为0.73,可以解释总方差的53%。两个独立预测年份,也就是2014年和2015年的预报误差分别为0.09和—3.3 d。将前一年的观测值累加到预报的年际增量上,可以得到预测的当年霾日数。比如,将预测的2012年霾日数年际增量叠加到观测的2011年冬季霾日数上,结果就是预测的2012年霾日数。从图3可以发现,原始(去趋势)预测值和观测值的相关系数是0.89(0.87)能够很好地再现长期趋势、年际—年代际分量,并且对极值也有很好的把握能力。此外,模型对距平的同号率反映是成功的,可以达到100%。

由图2可以发现,虽然各预测因子和因变量之间以显著的线性关系为主,但依然有非线性关系存在。因此,进一步采用能够涵盖非线性关系的广义相加模型建立了预测模型。当采用

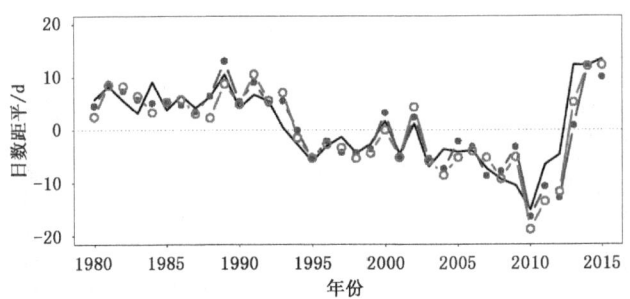

图 3 观测(黑色)和多元线性回归(蓝色)、广义相加模型(红色)预测的华北冬季霾日数距平
(1980—2013 年的预测值为交叉检验的结果,2014 和 2015 年的预测值为独立预测的结果;
引自 Yin and Wang(2016b))(附彩图)

非线性的方法时,建立预测模型所需要的预测因子减少为 2 个($x_2$:阿拉斯加海湾的海表面温度,$x_4$:波弗特海海域的海冰面积),但预测精度却没有下降(Yin and Wang,2017)。预测的年际增量的均方根误差为 3.01d。除了年际变化之外,该模型还能很好地捕获对流层准两年振荡特征和 2010 年以来急剧增加的趋势,并对冬季霾日数的长期趋势和转折点能很好地模拟,同号率高达 91.7%(图 4)。而 2014 年和 2015 年的独立样本实验结果显示,预测偏差分别为 0.86 和 0.19d。为了获得更多的独立预测实验样本,设计了循环独立样本实验。在不同的截止年份下,广义相加模型是由 1980 至该年的数据训练得到,之后到 2015 年的数据均用作独立样本实验。在循环的 2005—2015 年实时预测中,2015 年的霾日数被独立预测了 11 次,2014 年的霾日数则被独立预测了 10 次。通过进行循环独立样本实验,可以进一步评估该模型对近些年污染严重形势下霾日数的预测能力。实验结果表明,同号率达到 100%,并且每年的预测结果并没有很大的变化,表明建立的预测模型有很好的稳定性(图 5)。

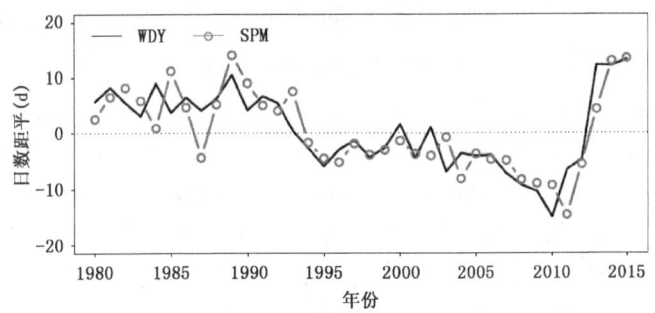

图 4 观测(线条)和广义相加模型预测(圆圈)的华北冬季霾日数距平
(1980—2013 年的预测值为交叉检验的结果,2014 和 2015 年的预测值为独立预测的结果;
引自 Yin 和 Wang(2017))

## 2.2 京津冀区域的实时逐月霾污染预测模型

霾污染包含大量的有毒粒子,对人体健康、交通安全、生态系统以及社会经济有巨大的危害。当霾污染发生在首都经济圈——京津冀区域时,造成的危害更是难以估量。因此,为给京

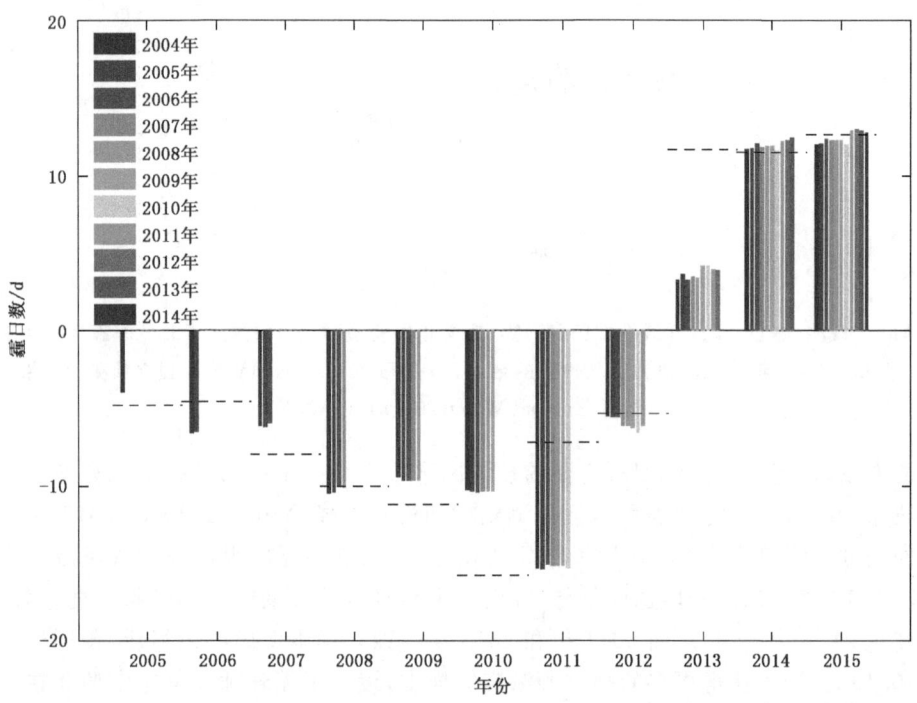

图5 循环独立样本预测实验的华北平原冬季霾日数预测值(柱状)和观测值(虚线)(训练样本的截止年表示广义相加模型是由1980至该年的数据训练得到,之后到2015年的数据均用作独立样本实验,比如,从2011年开始出现的黄色柱型代表的是2011—2015年的数值是由1980—2010数据训练得到的模型预测而来。引自Yin和Wang(2017))(附彩图)

津冀霾污染防治提供更有针对性的科学支持,有必要在华北预测模型的基础上,进一步将预测范围集约到京津冀区域。进一步的研究发现,虽然12月、1月和2月京津冀区域的霾日数距平两两之间均呈现出显著的正相关关系(即变化特征类似),但当将线性趋势去除之后,12月和2月霾日数之间的相关性变得不显著(表1)。同时,3个月的年际增量之间并没有任何显著的相关性。此外,统计了气候预测最关注的正负号,发现37 a的年际增量中仅有14 a表现为冬季3个月同号。因此,无论是从预测的精细程度方面出发,还是从预测基础的科学性上考虑,均有必要针对京津冀区域冬季3个月的霾污染分开建立气候预测模型。同时,为了在11月给出整个冬季的预测结果,在选取前期外强迫预测因子时,将时间限制在9月和10月。选取因子后,采用多元线性回归的方法,建立京津冀区域的实时逐月霾污染预测模型。

表1 1979—2015年冬季各月京津冀霾日数之间的相关系数

| 月份 | 年际增量 | | 距平 | | 去线性趋势 | |
| --- | --- | --- | --- | --- | --- | --- |
| | 12月 | 1月 | 12月 | 1月 | 12月 | 1月 |
| 1月 | 0.18 | | 0.57[1)] | | 0.53[1)] | |
| 2月 | 0.22 | 0.22 | 0.34[1)] | 0.49[1)] | 0.31 | 0.47[1)] |

注:1)表示通过置信度为95%的显著性水平检验。

相比而言,由表2可见,12月霾污染预测模型的性能最好,能够解释年际增量46%的变化,均方根误差仅有1.56 d。叠加前一年监测信息后,年际变化异常同号率能达到86%,对长期趋势(相关系数0.71)和年际变化(去除线性趋势后,相关系数0.65)的把握也是比较好的。次年2月的模型性能次之,能够解释年际增量58%的变化,均方根误差仅有1.73 d,年际变化异常同号率为81%。次年1月的模型性仅能解释年际增量37%的变化,均方根误差为2.24 d,但同号率保持在83%。将3个月份的预测结果相加后,即可得到冬季平均的预测结果,不仅优于3个分月的预测性能,而且优于直接用冬季平均霾日数建模的性能。冬季预测结果能够解释年际增量66%的方差。叠加前一年监测信息后,同号率能达到91.7%,对长期趋势(相关系数0.81)和年际变化(去除线性趋势后,相关系数0.77)的把握也是最好的。

表2 京津冀实时逐月霾污染预测模型的性能指标

| 月份 | RMSE/d | MAE/d | LCC | EV/% | PSSano/% | LCCano | DCCano |
| --- | --- | --- | --- | --- | --- | --- | --- |
| 12月 | 1.56 | 1.34 | 0.68 | 46 | 86 | 0.71 | 0.65 |
| 1月 | 2.24 | 1.79 | 0.61 | 37 | 83 | 0.71 | 0.70 |
| 2月 | 1.73 | 1.41 | 0.76 | 58 | 81 | 0.61 | 0.61 |

注:年际增量指标:RMSE/MAE是均方根误差/绝对误差;LCC是年际增量预测和观测的相关系数;EV是解释方差。距平指标:PSSano是距平同号百分比;LCCano和DCCano分别是相关系数和去趋势后相关系数。

## 3 长三角区域实时逐月霾污染预测模型

虽然,长三角地区的冬季霾污染在近些年呈现出缓慢下降的趋势,但由于长江三角洲地区的人口和经济密度很大,是"一带一路"与长江经济带的重要交汇地带,因此有必要开展长三角地区霾日数的气候预测。在建模之前,先对预测对象(也就是逐月霾日数的年际增量)特征进行分析,发现虽然12月霾日数的年际增量和1月、2月霾日数年际增量之间的相关系数能够达到95%的置信水平,但是却分别为正、负相关(图6)。1月和2月的霾日数年际增量之间不存在显著的相关关系。因此,在建立实时霾污染预测模型时,需要针对每一个月的霾日数分别建立模型。研究发现,前期9—10月的海表面温度、海冰、地面温度、地面湿度和南极涛动对冬季霾污染有显著的影响。据此,分别针对每个月的霾污染选定不同的预测因子。选取的年际增量预测因子如表3所示,均与霾日数的年际增量表现出显著的线性相关关系(95%的置信度检验阈值为0.31)。

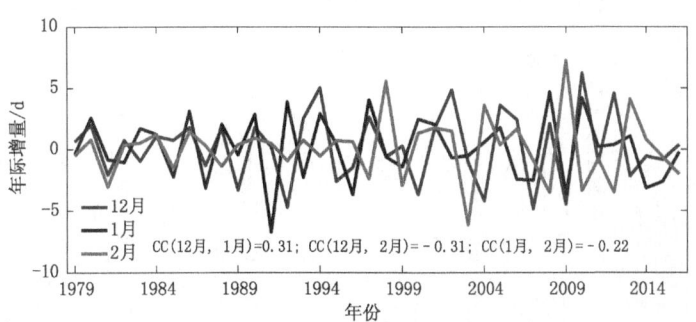

图6 1979—2016年长三角地区冬季逐月霾日数的年际增量(12月(蓝)、1月(黑)、2月(红)两两之间的相关系数($I_{CC}$)标注在左下角)(附彩图)

表3 长三角区域实时逐月霾污染预测模型选取的前期预测因子(年际增量)及其与霾污染之间的线性相关系数

| 自变量 | 12月 | 1月 | 2月 |
| --- | --- | --- | --- |
| $x_1$ | －0.58(中国西南部土壤湿度) | －0.54(伊朗高原东部土壤湿度) | －0.53(巴尔喀什湖以北土壤湿度) |
| $x_2$ | －0.48(华东地区土壤湿度) | －0.32(萨尔温江流域土壤湿度) | 0.38(黄土高原附近土壤湿度) |
| $x_3$ | －0.43(格陵兰岛以南SST) | 0.43(西太平洋SST) | 0.47(印度洋中部SST) |
| $x_4$ | 0.46(东欧平原以南地表温度) | 0.39(墨西哥湾附近SST) | 0.45(日本岛以南海区SST) |
| $x_5$ | －0.35(南方涛动) | －0.37(西北太平洋SST) | 0.45(伊朗高原附近地表温度) |
| $x_6$ |  | 0.40(中南半岛地表温度) | －0.40(华北平原附近地表温度) |
| $x_7$ |  | 0.48(长三角地区地表温度) |  |

注:预测因子的时间范围是9月和10月。

从"去一法"交叉检验(1980—2014年)和独立预测实验(2015和2016年)的结果来看,在引入前一年的观测值之后,预测值对霾污染的长期趋势都有比较好的把握能力。同时,模型对霾日数变化的年际-年代际分量也能够成功再现(图7),但略差于对长期趋势的反映能力。具体到每一个月的预测性能(表4),次年2月霾日数预测模型的性能最好,能够解释年际增量54.8%的变化,均方根误差仅为1.76 d,年际变化异常同号率为86.1%,对2015和2016年的独立预测误差分别为－0.44和－2.22 d。12月和1月霾污染的预测模型性能相仿,分别能够解释年际增量47.6%和41%的变化,均方根误差在2 d左右,年际变化异常同号率均在83.3%。但是,1月独立预测检验的误差明显大于12月。与京津冀区域实时逐月霾污染预测模型对比来看,两者的预测性能大体处于相似的水平,均方根误差在2 d左右,对距平符号的捕捉率在80%以上,对霾日数变化的长期趋势(相关系数0.7左右)具有很好的再现能力,能够投入实时预测应用。区别是,京津冀区域实时逐月霾污染预测模型对年际-年代际分量的把握能力(相关系数0.6左右)要优于长三角地区的预测模型(相关系数0.5左右)。

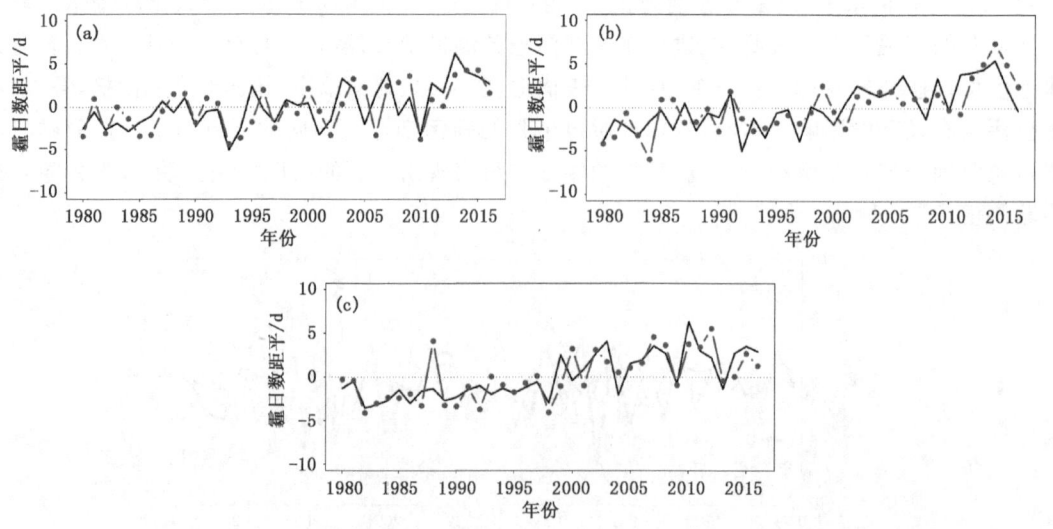

图7 1980—2016年观测(线条)和预测(圆点)的长三角地区冬季逐月霾日数的距平
(1980—2014年的预测值为交叉检验的结果,2015和2016年的预测值为独立预测的结果):
(a)12月;(b)1月;(c)2月

表 4   长三角实时逐月霾污染预测模型的性能指标

| 月份 | RMSE/d | MAE/d | LCC | EV/% | Bias$_{15}$/d | Bias$_{16}$/d | PSSano/% | LCCano | DCCano |
|---|---|---|---|---|---|---|---|---|---|
| 12 月 | 2.09 | 1.72 | 0.69 | 47.6 | 0.81 | −1.08 | 83.3 | 0.67 | 0.54 |
| 1 月 | 1.99 | 1.59 | 0.64 | 41.0 | 2.69 | 2.83 | 83.3 | 0.69 | 0.38 |
| 2 月 | 1.76 | 1.38 | 0.74 | 54.8 | −0.44 | −2.22 | 86.1 | 0.74 | 0.54 |

注：年际增量指标：RMSE/MAE 是均方根误差/绝对误差；LCC 是年际增量预测和观测的相关系数；EV 是解释方差；Bias15 和 Bias16 是对 2015 和 2016 年独立预测的误差。距平指标：PSSano 是距平同号百分比；LCCano 和 DCCano 分别是相关系数和去趋势后相关系数。

## 4  实时预测和效果检验

2016 年 11 月，采用 2.2 中建立的京津冀区域的实时逐月霾污染预测模型开展了实时预测，并形成了建议服务材料（王会军 等，2017a）。在此次预测中，模型输出的 2016/2017 年冬季 3 个月的霾日数分别为 22.7 d、16.8 d 和 14.8 d，均大于该月常年值，霾污染比较严重。为了提升可读性和服务效果，还将预测结果与前一年（2015/2016 年）冬季的实际状况进行了对比（表 5）。根据 2016/2017 年冬季 3 个月的霾日数观测值，模型预测的结果相对于常年值的结论全部准确，相对于前一年污染状况的结论大多数准确。仅在与 2015 年 12 月霾日数的比较中有错误结论，主要是因为实测的 2016 年 12 月霾日数与去年相当，而不是预测的偏多。从具体的预测误差来看，12 月和 1 月的预测误差在 2 d 左右，2 月的预测误差很小（图 8）。

表 5   主要实时预测结论及核查（王会军 等，2017a，2017b）

| 月份 | 2016/2017 年冬季，京津冀霾日数 | 2017/2018 年冬季，长三角霾日数 |
|---|---|---|
| 12 月 | **多于 2015 年 12 月**，也明显多于常年平均； | 多于 2016 年 12 月，明显多于常年平均； |
| 1 月 | 少于 2016 年 12 月，也少于 2016 年 1 月，但多于常年平均； | 少于 2017 年 12 月，略少于 2017 年 1 月，也略少于常年平均； |
| 2 月 | 少于 2016 年 12 月，略多于 2016 年 2 月，也多于常年平均； | 少于 2017 年 12 月，**略多于 2017 年 2 月**，明显多于常年平均； |

注：加粗为正确的结论，其余为错误的结论。

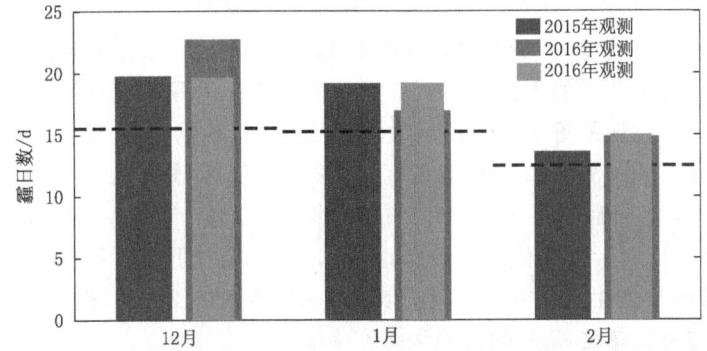

图 8   京津冀区域监测的 2015/2016 年（蓝色）、预测的 2016/2017 年（红色）和监测的 2016/2017 年（绿色）的冬季逐月霾日数（虚线为常年平均值）（附彩图）

2017年11月,在服务建议材料中增加了根据长三角区域实时逐月霾污染预测模型开展的实时预测结果(王会军 等,2017b)。模型输出的2017/2018年冬季3个月的长三角地区的霾日数分别为19.8、15和15.6 d。其中,12月和2月的预测结果大于该月常年值,霾污染比较严重。1月份的预测结果略少于常年值,处于正常水平。根据2017/2018年冬季3个月的霾日数观测值,模型预测的结果相对于常年值的定性结论全部准确,相对于前一年污染状况的结论大多数准确(表5)。仅在与2017年2月霾日数的比较中有错误结论,主要是因为实测的2017年2月霾日数明显少于去年,而不是预测的偏多。从具体的预测误差来看,12月和1月的预测误差很小,可以忽略,2月的预测误差在2 d左右(图9)。

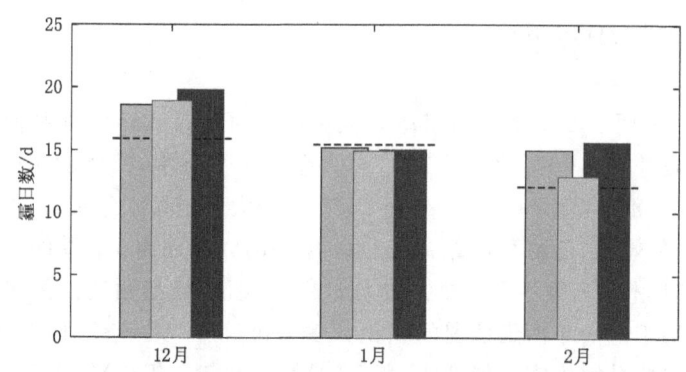

图9 长三角区域监测的2016/2017年(灰色)、预测的2017/2018年(黑色)和监测的2017/2018年(蓝色)的冬季逐月霾日数(虚线为常年值)(附彩图)

## 5 结论与讨论

以年际增量为预测对象,选取前期外强迫因子为自变量,分别针对京津冀和长三角区域建立冬季霾日数预测模型。在计算年际增量之后,冬季3个月霾日数的变化特征有明显的差异,因此分别建立3个月的预测模型更有科学性。从实时气候预测的角度考虑,选取了9—10月显著相关的前期外强迫作为预测因子。总体来看,京津冀和长三角区域预测模型的性能大体处于相似的水平,均方根误差在2 d左右,对距平符号的捕捉率在80%以上,对霾日数变化的长期趋势具有很好的再现能力,能够投入实时预测应用。但是,京津冀区域实时逐月霾污染预测模型对年际—年代际分量的把握能力要优于长三角地区的预测模型。分月来看,京津冀12月霾污染预测模型的性能最好,均方根误差仅有1.56 d,年际变化异常同号率能达到86%。长三角区域2月霾日数预测模型的性能最好,能够解释年际增量54.8%的变化,均方根误差仅有1.76 d,年际变化异常同号率为86.1%。在2016/2017年冬季京津冀霾日数实时预测中,模型预测的结果相对于常年值的定性结论全部准确,相对于前一年污染状况的结论大多数准确,表现出很好的预测性能。类似的,在2017/2018年冬季长三角霾日数实时预测中,12月和1月的预测误差可以忽略,2月的预测误差在2 d左右。

需要注意的是,在2017/2018年冬季京津冀区域霾日数实时预测中,模型并没有令人满意的表现。究其原因,一方面是模型对极端气候条件的把握能力还有所欠缺,另一方面是受到当年冬季超高强度的污染物限排措施的影响。虽然2017/2018年冬季京津冀地区的空气质量有了很大地改善,必须认识到这是"人努力-天帮忙"的综合作用。在未来,一旦偏差的大气环流扩散条件出现,将在一定程度上抵消"人努力"减排的效果,增加大气污染治理的难度。因此,在科学评估天气气候效用的前提下,更强的减排力度和有效的减排措施是有必要的。长三角地区的冬季霾污染在近些年呈现出缓慢下降的趋势,但从预测预估的结果来看,未来气候条件不利于大气污染物扩散,减排力度和措施还是需要进一步坚持和强化。

在一周以内的霾污染天气预报技术已经比较成熟的现状下,要重视1~2周和跨季节霾污染的预测研究和预测结果的应用,为政府和社会提前制定能源计划(如天然气和燃煤的配比和存储等)、实施减排措施、科学选择减排力度提供科学依据。此外,还需要加强对京津冀和长三角区域霾污染过程的研究,定量评估北京市、上海市(以及其他若干超大城市)外来污染输送和本地污染物排放的相对贡献,为科学制定大气污染控制对策提供定量的科学依据。

## 参考文献

包云轩,邵艺,李迅,2018.基于MODIS的北京地区一次霾过程的能见度反演[J].大气科学学报,41(5):710-719.

丁一汇,柳艳菊,2014.近50年我国雾和霾的长期变化特征及其与大气湿度的关系[J].中国科学(D辑:地球科学),44(1):37-48.

范可,林美静,高煜中,2008.用年际增量方法预测华北汛期降水[J].中国科学(D辑:地球科学),38(11):1452-1456.

关月,何立富,2013.2013年1月大气环流和天气分析[J].气象,39(4):531-536.

韩霄,张美根,2014.2013年1月华北平原重霾成因模拟分析[J].气候与环境研究,19(2):127-139.

靳军莉,颜鹏,马志强,等,2014.北京及周边地区2013年1—3月$PM_{2.5}$变化特征[J].应用气象学报,25(6):690-700.

王博妮,濮梅娟,苗茜,2016.江苏地区连续性雾霾天气的污染物浓度变化和特征分析[J].大气科学学报,39(2):243-252.

王会军,孙建奇,郎咸梅,等,2008.几年来我国气候年际变异和短期气候预测研究的一些新成果[J].大气科学,32(4):806-814.

王会军,范可,郎咸梅,等,2012.中国短期气候预测的新理论、新方法和新技术[M].北京:气象出版社:226.

王会军,尹志聪,孙建奇,等,2017a.关于2017年1—2月京津冀霾污染趋势预测展望[R]//中国科学院院士建议.北京:中国科学院学部工作局.

王会军,等,2017b.关于2017年冬季京津冀和长三角区域霾污染趋势的预测展望[R]//中国科学院院士建议.北京:中国科学院学部工作局.

徐祥德,王寅钧,赵天良,等,2015.中国大地形东侧霾空间分布"避风港"效应及其"气候调节"影响下的年代际变异[J].科学通报,60(12):1132-1145.

尹志聪,袁东敏,丁德平,等,2014.香山红叶变色日气象统计预测方法研究[J].气象,40(2):229-233.

袁东敏,马小会,2017.2016年12月16—21日重度霾过程及大气环流异常[J].气候与环境研究,22(6):757-764.

张金良,高健,刘喆,等,2014.2013年灰霾事件及其对北京市医院成人门急诊量影响的描述性研究[J].环境与健康杂志,31(10):853-859.

张小曳,孙俊英,王亚强,等,2013.中国雾霾成因及其治理的思考[J].科学通报,58(13):1178-1187.

郑龙飞,谢郁宁,刘强,等,2016.南京地区2013年12月重霾污染事件成因分析[J].大气科学学报,39(4):546-553.

Chen S F,Guo J P,Song L Y,et al,2018.Inter-annual variation of the spring haze pollution over the North

China Plain: roles of atmospheric circulation and sea surface temperature[J]. Int J Climatol.

Chiang A Y, 2007. Generalized additive models: an introduction with R[J]. Technometrics,49(3):360-361.

Fan K, Wang H J,2009. A new approach to forecasting typhoon frequency over the western North Pacific[J]. Wea Forecasting,24(4): 974-986.

Fan K, Wang H J, 2010. Seasonal prediction of summer temperature over Northeast China using a year-to-year incremental approach[J]. J Meteor Res,24(3):269-275.

Fan K, Tian B Q, 2013. Prediction of wintertime heavy snow activity in Northeast China[J]. Chin Sci Bull, 58 (12): 1420-1426.

Fan K, Wang H J, Choi Y J, 2008. A physically-based statistical forecast model for the middle-lower reaches of the Yangtze River Valley summer rainfall[J]. Chin Sci Bull, 53(4): 602-609.

Gao H, Li X, 2015. Influences of El Niño Southern Oscillation events on haze frequency in eastern China during boreal winters[J]. Int J Climatol,35 (9): 2682-2688.

Huang Y Y,Wang H J, Fan K, 2014. Improving the prediction of the summer Asian-Pacific oscillation using the interannual increment approach[J]. J Climate, 27(21): 8126-8134.

Kalnay E, Kanamitsu M, Kistler R,et al, 1996. The NCEP/NCAR 40-year reanalysis project[J]. Bull Amer Meteor Soc,77(3): 437-471.

Li S L, Han Z,Chen H P, 2017. A comparison of the effects of interannual Arctic sea ice loss and ENSO on winter haze days: Observational analysis and AGCM simulations[J]. J Meteorol Res, 31(5): 820-833.

Liu J, Curry J A, Wang H, et al, 2012. Impact of declining Arctic sea ice on winter snowfall[J]. Proceedings of the National Academy of Sciences, 109 (11): 4074-4079.

Mo K C,2000. Relationships between low-frequency variability in the Southern Hemisphere and sea surface temperature anomalies[J]. J Climate, 13 (20): 3599-3610.

Rayner N A, 2003. Global analysis of sea surface temperature, sea ice, and night Marine air temperature since the late nineteenth century[J]. J Geophys Res, 108(D14): 4407.

Smith T M, Reynolds R W, Peterson T C, et al, 2008. Improvements to NOAA's historical merged land-ocean surface temperature analysis(1880—2006) [J]. J Climate, 21(10): 2283-2296.

Tian B Q, Fan K, Yang H Q, 2018. East Asian winter monsoon forecasting schemes based on the NCEP's climate forecast system[J]. Clim Dyn, 51(7/8): 2793-2805.

Van Den Dool H, 2003. Performance and analysis of the constructed analogue method applied to US soil moisture over 1981—2001[J]. J Geophys Res, 108(D16): 8617.

Wang H J, Zhou G Q, Yan Z, 2000. An effective method for correcting the seasonal: Interannual prediction of summer climate anomaly[J]. Adv Atmos Sci, 17(2): 234-240.

Wang H J, Chen H P, Liu J P, 2015a. Arctic sea ice decline intensified haze pollution in eastern China[J]. Atmos Oceanic Sci Lett, 8(1): 1-9.

Wang H J, Fan K, Sun J Q, et al, 2015b. A review of seasonal climate prediction research in China[J]. Adv Atmos Sci, 32(2): 149-168.

Xiao D, Li Y, Fan S J, et al, 2015. Plausible influence of Atlantic Ocean SST anomalies on winter haze in China[J]. Theor Appl Climatol, 122(1/2):249-257.

Yin Z C, Wang H J, 2016a. The relationship between the subtropical western Pacific SST and haze over north-central north China Plain[J]. Int J Climatol, 36(10): 3479-3491.

Yin Z C,Wang H J, 2016b. Seasonal prediction of winter haze days in the north-central North China Plain[J]. Atmos Chem Phys, 16(23):14843-14852.

Yin Z C, Wang H J, 2017. Statistical prediction of winter haze days in the north China Plain using the generalized additive model[J]. J Appl Meteor Climatol, 56(9): 2411-2419.

Yin Z C, Wang H J, 2018. The strengthening relationship between Eurasian snow cover and December haze days in central North China after the mid 1990s[J]. Atmos Chem Phys, 18(7): 4753-4763.

Yin Z C, Wang H J, Chen H P, 2017. Understanding severe winter haze events in the North China Plain in 2014: Roles of climate anomalies[J]. Atmos Chem Phys, 17(3): 1641-1651.

Yin Z C, Li Y Y, Wang H J, 2019. Response of early winter haze days in the North China plain to autumn Beaufort sea ice[J]. Atmos Chem Phys. doi:10.5194/acp-2018-783.

Zhang Q Q, Ma Q, Zhao B, et al, 2018. Winter haze over North China Plain from 2009 to 2016: Influence of emission and meteorology[J]. Environmental Pollution, 242: 1308-1318.

Zhang R H, Li Q, Zhang R N, 2014. Meteorological conditions for the persistent severe fog and haze event over eastern China in January 2013[J]. Sci China Earth Sci, 57(1): 26-35.

Zhao S, Li J P, Sun C, 2016. Decadal variability in the occurrence of wintertime haze in central eastern China tied to the Pacific Decadal Oscillation[J]. Sci Rep, 6: 27424.

Zhao S Y, Zhang H, Xie B, 2018. The effects of El Nino-Southern Oscillation on the winter haze pollution of China[J]. Atmos Chem Phys, 18(3): 1863-1877.

Zhou M Z, Wang H J, 2014. Late winter sea ice in the Bering Sea: Predictor for maize and rice production in Northeast China[J]. J Appl Meteor Climatol, 53(5): 1183-1192.

# 2015/2016 冬季北极世纪之暖与超级厄尔尼诺对东亚气候异常的影响[*]

贺圣平[1,2,3]　王会军[1,2,3]　徐鑫萍[1]　李靖祎[1]

(1 南京信息工程大学气象灾害教育部重点实验室/气象灾害预报预警与评估协同创新中心，
南京 210044；2 中国科学院气候变化研究中心，北京 100029；
3 中国科学院大气物理研究所竺可桢—南森国际研究中心，北京 100029)

**摘要**：利用 1980—2016 年美国国家海洋与大气管理局气候预测中心的 ENSO 指数和 NCEP/NCAR 再分析资料，研究了 2015/2016 年冬季北极增暖和超级厄尔尼诺对东亚气候的影响。2015/2016 年冬季热带中东太平洋爆发了超级厄尔尼诺事件，尽管大气环流出现了对 ENSO 的响应特征(如西北太平洋反气旋异常，东亚南部南风异常)，但东亚(尤其是我国东北、华北地区)1 月的气温却明显偏低。分析表明，此次东亚气温偏低现象可能与 2016 年 1 月北极显著增暖有关。1980—2016 年 1 月再分析资料的统计诊断分析结果显示，巴伦支海—喀拉海气温的升高会引起局地大气的上升运动异常，之后在下游(70°~90°E 附近)向南运动，并在西伯利亚地区(60°~100°E，50°~70°N)下沉，使得西伯利亚高压增强，其东侧的北风异常导致东亚气温偏低。基于 Niño3.4 指数、北极温度指数，采用多元线性拟合所得到的 2016 年 1 月东亚气温的回报结果与观测气温之间的空间系数为 0.71，表明 2016 年 1 月北极增暖以及热带中东太平洋的厄尔尼诺事件能够从一定程度上解释东亚气温偏低的现象。

**关键词**：北极增暖；超级厄尔尼诺；东亚气温；西伯利亚高压

东亚地处欧亚大陆东部，紧邻太平洋和印度洋。独特的海陆热力差异使得该地气候呈现为典型的季风气候特征。东亚冬季风是北半球冬季最为活跃的气候系统之一。它的系统成员包括西伯利亚高压、阿留申低压、东亚大槽、东亚急流以及东亚对流层低层的偏北风(贺圣平和王会军，2012)。东亚冬季气候与东亚冬季风活动存在直接的联系：当东亚冬季风偏强时，高纬地区的干冷空气向南爆发，经常给东亚冬季带来寒潮、冰冻、暴风雪等典型的灾害性天气(王会军和范可，2013；丁一汇 等，2014)。东亚气候的变率与很多因子有关，例如北极涛动(贺圣平和王会军，2012)、南极涛动(范可和王会军，2006，2007)。厄尔尼诺—南方涛动(ENSO, El Niño-Southern Oscillation)作为海气相互作用的重要信号，与全球以及区域尺度气候均存在显著联系(何溪澄 等，2008；王会军 等，2012)。因此，ENSO 对东亚冬季风的影响一直以来受

---

[*] 本文发表于《大气科学学报》，2016 年第 39 卷第 6 期，735-743.

到学术界的广泛关注。Li(1990)研究指出,当厄尔尼诺事件发生时,北半球大气环流表现为Ferrel环流、中纬度西风急流加强,使得东亚锋面位置偏北,这些大气环流形势不利于寒潮向南爆发。因此,冬季厄尔尼诺事件会导致东亚冬季风偏弱,东亚冬季偏暖。Zhang et al. (1996)指出,厄尔尼诺可以抑制赤道西太平洋上空的对流活动,在东亚沿海地区引起南风异常,从而使得东亚冬季风强度偏弱。另有研究表明,冬季我国南海地区的北风强度与ENSO指数存在显著的统计关系:异常偏强(弱)的北风通常对应于厄尔尼诺(拉尼娜)事件、强(弱)南方涛动指数(Zhang et al.,1997)。数值模拟研究表明,热带地区与ENSO有关的海气相互作用对于东亚冬季风年际变率的模拟至关重要(Gollan et al.,2012)。大量研究工作一致表明,当冬季发生厄尔尼诺事件时,东亚冬季风偏弱,东亚冬季偏暖。

另一方面,作为全球气候系统中重要的组成部分,北极气候系统的变化对欧亚气候也存在显著影响(Li and Wang,2013,2014;Zhou and Wang,2014;Chen and Wang,2015)。通过反射太阳辐射、改变大气和海洋之间的热量、动量和水汽交换平衡,北极海冰的异常可以引起大尺度大气环流的变化,进而对气候产生重要影响。早在20世纪50年代,著名气象学家陶诗言先生就曾根据天气预报经验,总结出几乎所有侵袭我国的寒潮天气的冷源都可以追溯到北冰洋(陶诗言,1959)。研究表明,秋季海冰的异常与东亚冬季气候也存在紧密的联系。当秋季巴伦支海—喀拉海海冰异常偏少时,该海域表层的感热和潜热通量出现明显异常,海洋的非绝热加热过程在大气中激发准静止Rossby波,导致下游西伯利亚高压偏强,从而使得欧洲至远东地区冬季显著偏冷(Honda et al.,2009)。北极秋季海冰的迅速减少很可能是欧亚冬季频繁出现的极寒、暴雪等极端天气主要原因之一(Liu et al.,2012)。近些年,北极增暖的气候效应也成为了研究热点。北极增暖会削弱南北温度梯度,使得输送大西洋暖湿气团的西风减弱,导致欧亚中高纬地区冬季偏冷(Outten and Esau,2012)。

尽管针对ENSO、北极海冰或北极增暖的研究已经有很多,但依然存在一个问题:当北极增暖与厄尔尼诺事件同时发生时,东亚冬季气温是偏高还是偏低? 例如,2015年冬季,热带中东太平洋爆发了超级厄尔尼诺事件;在此期间,北极出现了"世纪之暖",即12月29日北极气温从$-35\ ℃$升至$0.8\ ℃$。Kug et al.(2015)的研究表明,冬季巴伦支海—喀拉海地区气温异常与未来30 d以内东亚气温的异常都存在显著的负相关关系。因此,本文将主要探讨此次北极"世纪之暖"与超级厄尔尼诺对东亚1月气温的潜在影响。

# 1 资料和方法

本文使用的资料包括NCEP/NCAR再分析日资料(4个时次),主要为表面气温、850 hPa纬向风和经向风;月平均表面气温、海平面气压、纬向风、经向风、垂直速度以及位势高度等要素。资料选取的时段为1980—2016年。北极温度指数(ATI,Arctic Temperature Index)定义为($30°\sim70°E,70°\sim80°N$)范围内表面气温的区域平均值(Kug et al.,2015)。Niño3.4指数采用美国国家海洋与大气管理局的气候预测中心发布的数据。

为了诊断北极增暖与东亚变冷的遥相关关系,本文采用了水平波作用通量($F_x,F_y$),计算方法根据Takaya和Nakamura(2001)推导的计算公式,波作用通量可以描述准定常Rossby波的能量频散特征。

$$F_x = \frac{p\cos\Phi}{2|U|}\left(\frac{u}{\alpha^2\cos\Phi}\left[\left(\frac{\partial\Psi'}{\partial\lambda}\right) - \Psi'\frac{\partial^2\Psi'}{\partial\lambda^2}\right] + \frac{v}{\alpha^2\cos\Phi}\left[\frac{\partial\Psi'}{\partial\lambda}\frac{\partial\Psi'}{\partial\Phi} - \Psi'\frac{\partial^2\Psi'}{\partial\lambda\partial\Phi}\right]\right)$$
$$F_y = \frac{p\cos\Phi}{2|U|}\left(\frac{u}{\alpha^2\cos^2\Phi}\left[\frac{\partial\Psi'}{\partial\lambda}\frac{\partial\Psi'}{\partial\phi} - \Psi'\frac{\partial^2\Psi'}{\partial\lambda\partial\phi}\right] + \frac{v}{\alpha^2\cos\Phi}\left[\left(\frac{\partial\Psi'}{\partial\Phi}\right) - \Psi'\frac{\partial^2\Psi'}{\partial\Phi^2}\right]\right)$$
(1)

其中:$p$ 为气压;$U$ 为风速大小的气候态;$u$ 为纬向风的气候态,$v$ 为经向风的气候态;$\Phi$ 为纬度,$\lambda$ 为经度;$\alpha=6378388$ m,为地球半径;地转流函数 $\Psi'=gz/f_0$,$z$ 为位势高度,$g=9.8$ m·s$^{-2}$,为重力加速度,$f_0=2\Omega\sin\Phi$($\Omega$ 为地球自转速度)。

另外,为探讨北极增暖和厄尔尼诺对东亚温度的共同影响,本文采用了多元线性回归方法。其基本原理是,假定某个格点 $i$ 的气温异常 $T_i$ 与北极温度指数 ATI、Niño3.4 指数的关系是线性的;基于 1980—2015 年的观测值,可以得到一个回归模型,记为 $T_i' = b0_i + b1_i \times I_{AT} + b2_i \times I_{\text{Niño3.4}}$,$T_i'$ 为 $T_i$ 的估值;最后,将 2016 年 ATI、Niño3.4 的观测值代入回归方程,即可得到 2016 年温度异常的估值(如图 1d 所示)。

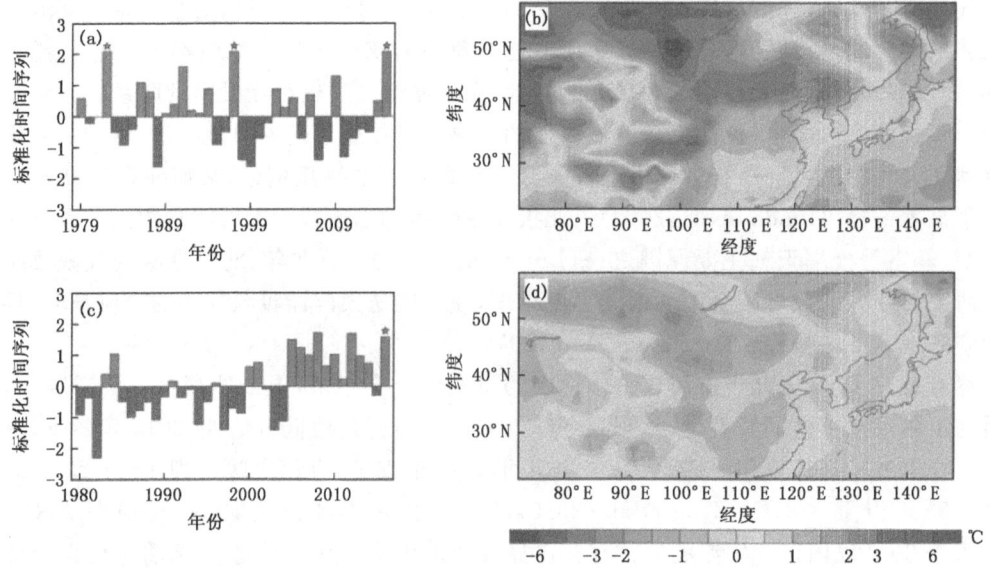

图 1 1979—2015 年冬季 Niño3.4 指数(a)和 1980—2016 年 1 月标准化的北极温度指数(ATI;b),以及 2016 年 1 月东亚表面气温的距平(c;℃)和基于 Niño3.4 指数和北极温度指数线性拟合的 2016 年 1 月表面气温异常(d;℃)(附彩图)

## 2 2016 年 1 月大尺度大气环流特征及其与北极世纪之暖和超级厄尔尼诺的关系

美国国家航空航天局在线监测数据显示,2015 年冬季北极气温曾出现过一天之内急升 35 ℃ 的情况。图 2a—2l 显示的是 NCEP/NCAR 再分析资料中 2015 年 12 月 29 日 00 时—12 月 31 号 18 时(世界时,下同)北极地区表面气温(阴影)和 850hPa 风场(箭矢)的情况。可以看出,29 日 00 时,北极极点附近的气温为 −35 ℃ 左右。随着来自北大西洋的暖流逐渐加强(箭矢),临近北大西洋的极区气温迅速上升,在 29 日 18 时气温已上升到 0 ℃ 以上。这是有卫星探测以来,首次在 12 月的北极发现 0 ℃ 以上的温度。此外,巴伦支海—喀拉海的表面气温也出现了迅速升温的过程(图 2a—2l,阴影)。与此同时,赤道中东太平洋爆发了超级厄尔尼诺事件,其强度与 1982/1983、1997/1998 年的强度相当(图 1a)。那么,此次北极"世纪之暖"和赤道中东太平洋超级厄尔尼诺事件对大尺度大气环流的影响如何呢?

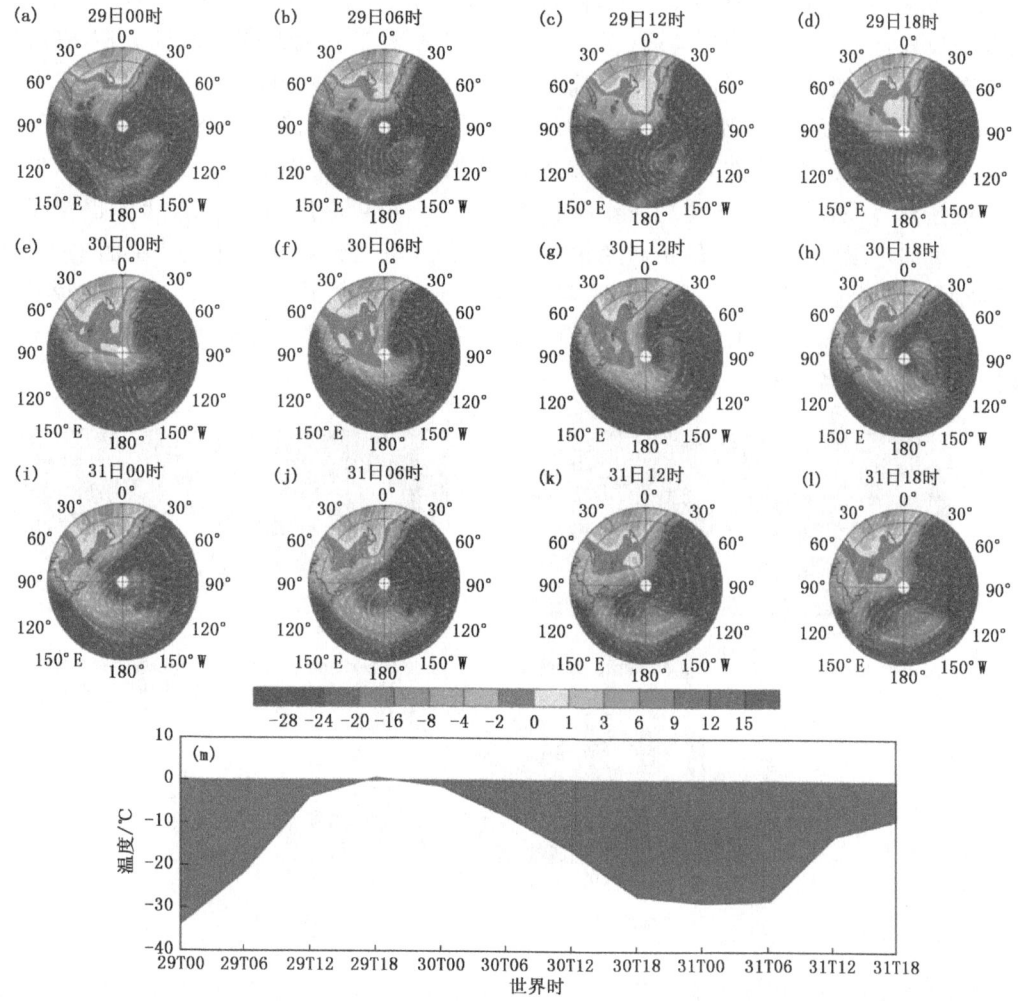

图 2 NCEP/NCAR 再分析资料中 2015 年 12 月 29 日 00 时—至 12 月 31 日 18 时北极地区表面气温(阴影;℃)和 850 hPa 风场(箭矢;m·s$^{-1}$)的情况(a—l)以及极点附近(85°N 以北,0°~30°E)表面气温的时间演变(m)(附彩图)

图 3a 给出了 2016 年 1 月 850 hPa 水平风场(箭矢)以及风速大小(阴影)的异常。可以看到,在副热带西北太平洋有一个明显的反气旋环流异常;在我国华南、南海随之出现南风异常,表明北风偏弱。同时,东北太平洋分布一个气旋异常。上述特征与厄尔尼诺年大气环流的异常非常一致(Wang et al.,2000)。尤其是西北太平洋的高压异常(对应反气旋环流异常)以及东北太平洋的低压异常(对应气旋异常)的出现(图 3b),表明 2016 年 1 月亚太地区的大气环流确实受到了超级厄尔尼诺事件的影响。按照已有的研究经验,此时东亚的气温应该显著偏高。然而,观测事实显示,2016 年 1 月东亚大部分地区(我国东北、华北、华东,朝鲜、韩国以及

日本中部)的气温却偏低;部分地区较气候态偏低 3 ℃以上(图 1c)。这种温度异常与风场异常不一致的现象可以从东亚冬季风系统南、北分量来解释。Chen et al.(2014)研究指出,东亚冬季风的异常存在中纬度分量与高纬度分量,即南、北分量,其关键范围分别为(105°～135°E,10°～25°N;图 3a:蓝色实线方框)和(110°～125°E,30°～50°N;图 3a:蓝色虚线方框)。南分量受 ENSO 影响,即厄尔尼诺事件发生时,南风量偏弱。2016 年 1 月,东亚冬季风的南部分量表现为西南风异常,表明北风确实偏弱(图 3a:蓝色实线方框)。然而北分量并不受 ENSO 影响。从这个角度讲,在超强厄尔尼诺事件的背景下,我国华北地区依然出现明显的北风异常并不奇怪(图 3b:蓝色虚线方框)。因此,2016 年 1 月东亚气温偏低很可能是冬季风北风分量偏强所致。为了进一步确定引起 2016 年 1 月大气环流异常的能量频散源,图 3c 给出了同期 500 hPa 位势高度场异常(阴影)以及相应的波作用通量(箭矢)。可以看出,在东亚的上游巴伦支海—喀拉海至贝加尔湖有一个显著的正高度异常中心;同时,该地区明显为波作用通量的一个频散源,并向下游传播至东亚地区。研究表明,冬季大气环流的这种异常分布型与北极增暖存在显著的联系(Kug et al.,2015)。因此,2016 年 1 月东亚的气候异常可能与北极巴伦支海—喀拉海地区温度异常偏高有关。

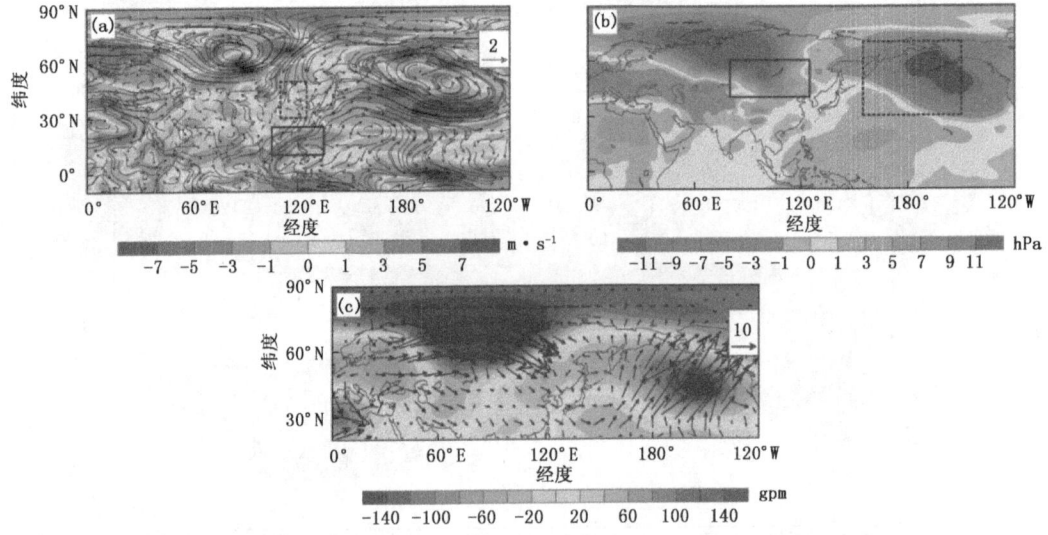

图 3 2016 年 1 月 850 hPa 水平风场(箭矢)以及风速大小(阴影;m·s$^{-1}$)的异常(a),海平面气压异常(b;hPa),以及 500 hPa 高度场异常(阴影;gmp)以及波作用通量(m$^2$·s$^{-2}$)的空间分布(c;异常是指相对于 1981—2010 年气候平均态的距平;下同)(附彩图)

## 3 北极增暖与东亚气候的关系及可能机制

为了说明 1 月北极增暖与东亚气温的关系,图 4a 给出了北极气温指数 ATI 与同期气温间的线性相关关系(线性回归分析中,变量均已去除长期线性趋势;下同)。由图 4 可知,当北极增暖时,东亚气温明显降低。对应北极温度指数升高一个标准差的情况,东亚气温普遍降低 0.6 ℃以上;部分地区降温幅度可达 2 ℃。从大气环流场看,当北极增暖时,在西伯利亚地区出现一个显著的高压异常中心,即西伯利亚高压偏强;气压偏高幅度为 1.2～3.6 hPa(图 4b;

阴影)。对应海平面气压场的变化,在贝加尔湖的西北方向分布有一个明显的反气旋环流异常(图4b;箭矢)。随之出现在贝加尔湖东北侧的北风异常有利于高纬地区的冷空气南下,导致东亚气温降低。

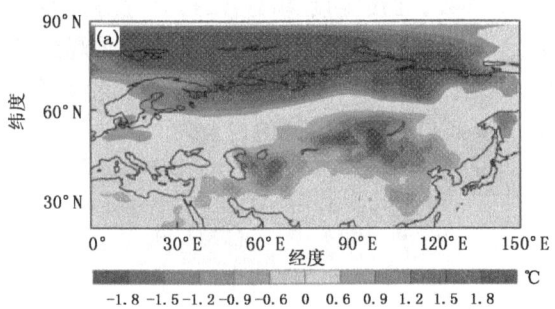
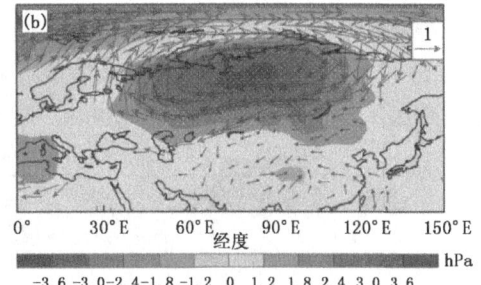

图4 1980—2016年1月标准化北极温度指数(ATI)线性回归的同期表面气温(阴影;℃)和海平面气压(阴影;hPa)(a)以及850 hPa水平风场(箭头;m·s$^{-1}$)(b)(打点区域表示表面气温异常和海平面气压异常通过95%置信水平检验;风场只画通过95%置信水平检验的值)(附彩图)

那么,北极增暖是如何引起欧亚大尺度环流异常呢?研究表明,西伯利亚高压的增强与该地区上空大气的下沉运动有关(丁一汇 等,1991)。因此,为了探讨北极增暖与欧亚大陆垂直运动的关系,图5进一步给出了垂直速度投影至北极温度指数ATI的线性回归系数的剖面。显然,当巴伦支海—喀拉海地区气温升高时,其上空出现显著的上升运动异常,并向东倾斜(图5a);在科氏力作用下,在东侧(70°~90°E)转向南部运动(图5c),并在西伯利亚地区下沉(图5b;60°~100°E;图4c;50°~70°N)。下沉运动异常引起低层大气的辐散异常,使得西伯利亚高压加强(图4b)。为进一步验证北极增暖与东亚气候的遥相关关系,图6给出了对应北极温度异常时,500 hPa和200 hPa的流函数以及波作用通量,主要用来诊断准定常Rossby波的频散特征。从流函数的空间型看,其波列特征非常明显。一个显著的正异常中心分布在巴伦支海上空;同时,显著的负异常中心位于中国中部地区。从波作用通量的传播看,其能量频散源主要分布在巴伦支海附近,与低层热力异常的区域相吻合。能量向东南方向频散,并传播至东亚地区。可见,北极温度的异常通过激发准定常Rossby波,将能量向下游频散,进而引起东亚地区的大气环流和温度的异常。

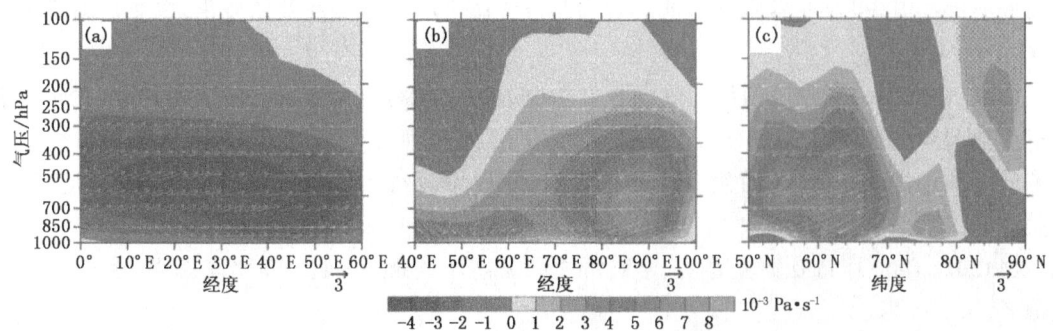

图5 1980—2016年1月标准化北极温度指数(ATI)线性回归的同期垂直环流(箭矢;m·s$^{-1}$)以及
垂直速度(阴影;×10$^{-3}$Pa·s$^{-1}$)(打点区域表示垂直速度异常通过95%置信水平检验)
(a)75°~85°N平均;(b)60°~70°N平均;(c)70°~90°E平均(附彩图)

综上可知,2016年1月东亚的大气环流、温度异常是由北极增暖和热带超级厄尔尼诺共同造成。尽管超级厄尔尼诺激发了西北太平洋反气旋异常并使得东亚南部出现南风异常;但是,由于北极增暖显著,使得东亚北部的北风显著偏强,从而导致东亚1月气温依然偏低。为了进一步证明该结论,图1d给出了基于Niño3.4指数、北极温度指数ATI,通过多元线性拟合所得到的2016年1月东亚气温的回报结果。可以看出,东亚气温的回报结果与观测结果(图1b)的空间分布型非常相似;两者的空间相关系数为0.71。可见,2016年1月北极增暖以及热带太平洋的厄尔尼诺事件能够从一定程度上解释东亚气温偏低的现象。

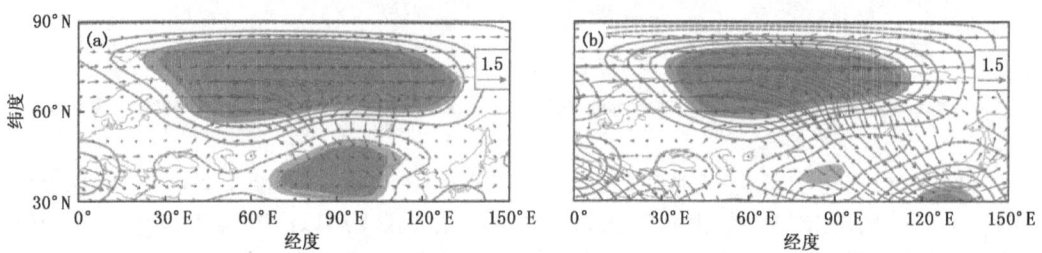

图6 1980—2016年1月标准化北极温度指数(ATI)线性回归的同期流函数
(等值线;×$10^6$ m²·s$^{-1}$)以及波作用通量(箭矢;m²·s$^{-2}$)
(阴影表示流函数异常通过95%置信水平检验)(a)500 hPa;(b)200 hPa(附彩图)

## 4 结论和讨论

ENSO与东亚气候的联系一直是气候学研究的热点问题。以前大部分的研究结论均认为,冬季厄尔尼诺事件会导致东亚冬季风偏弱,东亚冬季偏暖。2016年冬季,赤道中东太平洋爆发了超强厄尔尼诺事件,然而东亚1月的气温却明显偏低。针对此次异常现象,本文采用统计方法、动力诊断等探讨了其中的可能原因。通过分析得到的主要结论如下:

(1)2016年1月大气环流确实存在对厄尔尼诺事件的明显响应,如西北太平洋反气旋,东北太平洋低压异常,东亚南部南风异常。

(2)基于1980—2016年1月再分析资料的统计分析结果显示,当北极地区巴伦支海—喀拉海气温偏高时,东亚气温显著偏低。对应北极气温升高1个标准差的变化,东亚气温降低幅度在0.6~1.8 ℃。

(3)巴伦支海—喀拉海偏高的气温异常主要通过引起局地大气的上升运动异常,并向南运动至西伯利亚地区(60°~100°E,50°~70°N)后下沉,使得西伯利亚高压增强,从而导致东亚气温偏低。准定常Rossby波的频散特征也表明,北极增暖与东亚气候异常之间存在明显的遥相关波列。

(4)2016年1月北极显著增暖,导致西伯利亚高压偏强,东亚北部北风偏强,因而东亚气温偏低。

(5)基于Niño3.4指数、北极温度指数多元线性拟合所得到的2016年1月东亚气温异常的空间分布与观测结果非常相似,两者的空间系数为0.71,表明2016年1月北极增暖以及热带太平洋的厄尔尼诺事件能够从一定程度上解释东亚气温偏低的现象。

由此可见,在关注热带中东太平洋海温对东亚冬季气候影响的同时,不能忽略北极气候系统的作用。尤其是近些年北极增暖的放大效应,经常对欧亚冬季气候尤其是极端气候事件产生显著的影响。另外,高纬地区乌拉尔山阻塞高压对欧亚冷空气的活动也具有重要作用。2015/2016年冬季出现在北极的世纪之暖过程中,阻塞高压起到了积极的推动作用。因此,阻塞高压很可能成为未来"北极增暖欧亚变冷"课题中重要的研究对象之一。

**致谢**:感谢NOAA提供的资料在线下载服务。

## 参考文献

丁一汇,温市耕,李运锦,1991.冬季西伯利亚高压动力结构的研究[J].气象学报,49(4):430-439.

丁一汇,柳艳菊,梁苏洁,等,2014.东亚冬季风的年代际变化及其与全球气候变化的可能联系[J].气象学报,7(5):835-852.

范可,王会军,2006.南极涛动的年际变化及其对东亚冬春季气候的影响[J].中国科学(D辑:地球科学),36(4):385-391.

范可,王会军,2007.南极涛动异常及其对冬春季北半球大气环流影响的数值模拟试验[J].地球物理学报,50(2):397-403.

何溪澄,丁一汇,何金海,2008.东亚冬季风对ENSO事件的响应特征[J].大气科学,32(2):335-344.

贺圣平,王会军,2012.东亚冬季风综合指数及其表达的东亚冬季风年际变化特征[J].大气科学,36(3):523-538.

陶诗言,1959.十年来我国对东亚寒潮的研究[J].气象学报,30(3):226-230.

王会军,范可,2013.东亚季风近几十年来的主要变化特征[J].大气科学,37(2):313-318.

王会军,范可,郎咸梅,等,2012.我国短期气候预测的新理论、新方法和新技术[M].北京:气象出版社:226.

Chen H P, Wang H J, 2015. Haze days in North China and the associated atmospheric circulations based on daily visibility data from 1960 to 2012[J]. J Geophys Res, 120. doi:10.1002/2015JD023225.

Chen Z, Wu R, Chen W, 2014. Impacts of autumn Arctic sea ice concentration changes on the East Asian winter monsoon variability[J]. J Climate, 27:5433-5450.

Gollan G, Greatbatch R J, Jung T, 2012. Tropical impact on the East Asian winter monsoon[J]. Geophys Res Lett, 39(17):128-136.

Honda M, Inoue J, Yamane S, 2009. Influence of low Arctic sea ice minima on anomalously cold Eurasian winters[J]. Geophys Res Lett, 36:262-275.

Kug J S, Jeong J H, Jang Y S, et al, 2015. Two distinct influences of Arctic warming on cold winters over North America and East Asia[J]. Nature Geoscience, 8. doi:10.1038/NGEO2517.

Li C Y, 1990. Interaction between anomalous winter monsoon in East Asia and El Niño events[J]. Adv Atmos Sci, 7(1):3646.

Li F, Wang H J, 2013. Autumn sea ice cover, winter Northern Hemisphere annular mode, and winter precipitation in Eurasia[J]. J Climate, 26(11):3968-3981.

Li F, Wang H J, 2014. Autumn Eurasian snow depth, autumn Arctic sea ice cover and East Asian winter monsoon[J]. Int J Climatol, 34(13):3616-3625.

Liu J P, Curry J A, Wang H J, et al, 2012. Impact of declining Arctic sea ice on winter snowfall[J]. Proceedings of the National Academy of Sciences, 109(11):4074-4079.

Outten S D, Esau I, 2012. A link between Arctic sea ice and recent cooling trends over Eurasia[J]. Climatic Change, 110:1069-1075.

Takaya K, Nakamura H, 2001. A formulation of a phase-independent wave-activity flux for stationary and migratory quasigeostrophic eddies on a zonally varying basic flow[J]. J Atmos Sci, 58:608-627.

Wang B, Wu R, Fu X, 2000. Pacific-east Asian teleconnection: How does ENSO affect East Asian climate? [J]. J Climate, 13:1517-1536.

Zhang R, Sumi A, Kimoto M, 1996. Impact of El Niño on the East Asian monsoon: A diagnostic study of the '86/87' and '91/92' events[J]. J Meteor Soc Japan, 74:49-62.

Zhang Y, Sperber K R, Boyle J S, 1997. Climatology and interannual variation of the East Asian winter monsoon: Results from the 1979—1995 NCEP/NCAR reanalysis[J]. Mon Wea Rev, 125:2605-2619.

Zhou M Z, Wang H J, 2014. Late winter sea ice in the Bering Sea: Predictor for maize and rice production in Northeast China[J]. J Appl Meteor Climatol, 53:1183-1192.

# 南京地区紫外辐射初步研究*

郑有飞[1]  石广玉[2]  何金海[3]  柯耀文[1]

(1. 南京气象学院环境科学系,南京 210044; 2. 中国科学院大气物理研究所,北京 100029;
3. 南京气象学院大气科学系,南京 210044)

**摘要:** 采用简化型辐射传输模型计算了南京地区到达地表的太阳紫外辐射(UV 辐射),同时根据地面紫外辐射的观测资料分析了南京地区紫外辐射的年变化、晴天与阴天的变化规律及与太阳总辐射的关系。

**关键词:** 紫外辐射量;辐射传输;太阳辐射;观测;计算

大气臭氧主要分布在平流层,极大值在 20~25 km 附近。平流层 $O_3$ 可强烈吸收太阳紫外辐射。近年来由于人类活动的影响,大气臭氧层受到破坏,其中南极地区 $O_3$ 量竟减少了 40%~50%,出现了所谓"臭氧洞",引起了人们的极大关注[1]。臭氧减少的后果之一便是到达地表的紫外辐射量将增加,尤其是 UV-B 辐射量增加更多,将对人类生产和生活及生存环境产生深远影响[2]。因此,臭氧层变化引起的紫外辐射量变化一直是人们研究之重点,但到目前才开始进行系统的研究,研究主要在观测和计算两个方面进行。

观测主要是地面仪器观测,少数通过卫星资料反演获取。由于观测仪器和观测标准的不规范性,以及观测误差,一般认为,以地面器测手段获取长期而精确的地表紫外辐射资料是相当困难的。

近年来,紫外辐射观测的质量和数量已大大提高,不同仪器测值的差异逐步减少到 5% 左右,但其长期变化的获取仍无法解决,几乎没有历史数据可用来作为本底的估计。再加上研究紫外辐射要求有高精度和高稳定性的数据,使得难度加大。于是人们纷纷采用计算方法来研究紫外辐射的变化。

计算方法目前有两类:统计学(经验)模型与辐射传输方程。统计学方法较简便,但无明确的物理学意义。辐射传输方程从紫外辐射在大气中传输的物理机理出发,易于为人们所接受,目前国际上许多研究均采用 DISORT 法(discrete-ordinate-method,离散坐标方法)。但受目前大气物理研究水平的限制,许多资料难以取得,而且对计算机的要求高,在实际研究工作中难度很大。因此寻求一个物理意义明确、计算方法简单、计算结果可信的计算方法非常必要。本文正是在这方面作的初步探讨。

本文首先利用辐射传输方程计算到达地表的直接紫外辐射和散射紫外辐射,并与实测地

---

\* 本文发表于《南京气象学院学报》,2000 年第 23 卷第 2 期,235-241.

表紫外辐射量(包括直接辐射与散射辐射)进行了比较,对南京地区紫外辐射进行了初步研究。此外,还对实测资料进行了分析。

## 1 简化型紫外辐射传输模式

太阳辐射穿越地球大气层时受到很大的削弱,其中紫外辐射主要受到3种因素的削弱:1)空气分子的Rayleigh散射;2)臭氧($O_3$)的吸收;3)气溶胶粒子的散射与吸收[3]。

### 1.1 模式介绍

#### 1.1.1 直接紫外辐射[4]

到达地表的波长为$\lambda_i(\mu m)$的直接紫外辐射量

$$E_i = E_{0i} f_{ri} f_{OZi} f_{ai} \tag{1}$$

总的直接紫外辐射量为

$$E = \left(\sum_{i=1}^{N} E_i \Delta\lambda_i\right)\cos\theta_{z_\rho} \tag{2}$$

$E_{0i}$为地球大气层外太阳辐射能,$\Delta\lambda_i$为光谱间隔(表1)。$f_{ri}$、$f_{OZi}$、$f_{ai}$分别为Rayleigh散射、臭氧吸收和气溶胶消光的光谱传输函数,$\theta_z$为太阳天顶角。

表1 大气层顶部太阳能数据[4]

| 波长/$\mu m$ | 0.280 | 0.285 | 0.290 | 0.295 | 0.300 | 0.305 | 0.310 | 0.315 |
|---|---|---|---|---|---|---|---|---|
| $E_{0i}/(W\cdot m^{-2}\cdot \mu m^{-1})$ | 162.50 | 286.25 | 535.00 | 560.00 | 527.50 | 557.50 | 602.51 | 705.00 |
| 波长/$\mu m$ | 0.325 | 0.330 | 0.335 | 0.340 | 0.345 | 0.350 | 0.355 | 0.360 |
| $E_{0i}/(W\cdot m^{-2}\cdot \mu m^{-1})$ | 782.50 | 997.50 | 906.25 | 960.00 | 877.50 | 955.00 | 1044.99 | 940.00 |
| 波长/$\mu m$ | 0.365 | 0.370 | 0.375 | 0.380 | 0.385 | 0.390 | 0.395 | 0.400 |
| $E_{0i}/(W\cdot m^{-2}\cdot \mu m^{-1})$ | 1125.01 | 1165.00 | 1081.25 | 1210.00 | 931.25 | 1200.00 | 1033.74 | 1702.49 |

(1)Rayleigh散射。Rayleigh散射的光谱传输函数为[5]

$$f_r = \exp(-0.008735\lambda^{-4.08} m_r p/p_0) \tag{3}$$

其中,$p_0 = 1013.25$ hPa,$p$为地表实际气压。$m_r$为空气相对光学质量[4]

$$m_r = [\cos\theta_z + 0.15(93.885 - \theta_z)^{-1.253}]^{-1} \tag{4}$$

根据地面观测,直到太阳天顶角达86°时,该公式的误差仍小于0.1%,当$\theta_z = 89.5°$时,误差最大为1.25%。观测表明,该公式较适用于中低纬度地区,在高纬地区误差略大。$m_r p/p_0$为当地条件下的空气相对光学质量,定义为

$$m_a = m_r p/p_0 \tag{5}$$

(2)臭氧吸收。臭氧吸收的光谱传输函数为[5]

$$f_{OZ} = \exp[-k(\lambda) l_{oz} m_0] \tag{6}$$

其中,$k(\lambda)$为臭氧吸收系数(表2)。$l_{oz}$为臭氧量(单位:cm),$m_0$为臭氧相对光学质量[4]

$$m_0 = \left(1 + \frac{z_3}{r_e}\right)\left[\cos^2\theta_z + 2\left(\frac{z_3}{r_e}\right)\right]^{-1/2} \tag{7}$$

其中,$z_3$为臭氧峰值高度,该公式假定了大气臭氧层集中在$z_3$处。SAGE(Stratospheric Aerosologial Gas Experiments)资料显示,南京地区一般在 20~30 km。$r_e$ 为地球半径,取为 6370 km。在实际计算时,人们常用 $m_r$ 来代替 $m_0$[4]。

**表 2 臭氧吸收系数 $k$[4]**

| 波长/μm | 0.290 | 0.295 | 0.300 | 0.305 | 0.310 | 0.315 | 0.320 | 0.325 |
|---|---|---|---|---|---|---|---|---|
| $k$ | 38.000 | 20.000 | 10.000 | 4.800 | 2.700 | 1.350 | 0.800 | 0.380 |
| 波长/μm | 0.330 | 0.335 | 0.340 | 0.345 | 0.350 | 0.355 | 0.360 | |
| $k$ | 0.160 | 0.075 | 0.040 | 0.019 | 0.007 | 0.000 | | |

(3)气溶胶减弱。气溶胶的浓度、成分、形状和大小的长时间、大范围变化使得建立气溶胶模式所需平均状况资料很难获得。气溶胶削弱的光谱传输函数可简单表示为

$$f_a = \exp(U\lambda^{-T}m_a) \tag{8}$$

$T$ 为波长指数,$0.8 \leqslant T \leqslant 2.0$,通常取 $T=1.3$。在纬度为 30°附近地区,$0.047 \leqslant U \leqslant 0.375$。根据南京地区实际大气状况,浑浊度系数 $U$ 取 $U=0.30$[4,5]。

### 1.1.2 晴天散射辐射

根据 Curchis 的分析[6],直接太阳辐射的计算是一个相对简单的问题,而包含太阳吸收段散射在内的散射辐射的计算则较难,直到 1966 年才由 Dave 和 Furukawa 解决[7,8]。到达地表的晴天整个天空的散射辐射($D$)可以表示为

$$D = f\Delta E\cos\theta_z \tag{9}$$

其中

$$\Delta E = \sum_{i=1}^{N}(E_{0i}f_{OZi} - E_i)\Delta\lambda_i \tag{10}$$

$f=0.5$,表示非反射地面纯 Rayleigh 大气散射辐射值,反映了分子散射和气溶胶散射,但气溶胶吸收被忽略了。由于气溶胶散射和 Rayleigh 散射的散射函数不同,很难说系数 $f$ 独立于波长,但考虑到 Rayleigh 散射的影响大,系数可以被假定为独立于波长。

## 1.2 模式计算结果

利用上述模式可计算得到南京地区紫外辐射(取波长为 0.29~0.40 μm)量。模式中输入量有 $p$、$\theta_z$(或 $\cos\theta_z$)、$l_{oz}$、$z_3$ 等。在日变化计算中,根据实测资料,取 $p=1009.9$ hPa($p$ 取自南京气象学院农业气象试验站气象观测资料,下同),$l_{oz}=0.36$ cm,$z_3=26.986$ km($l_{oz}$,$z_3$ 为南京地区臭氧资料,取自 TOMS(Total Ozone Mapping System)和 SAGE 资料,下同)。计算结果见表 3,它反映了南京地区紫外辐射的日变化基本规律,可作为研究紫外辐射的基本材料。

**表 3 紫外辐射日变化模式计算值**

| 观测时刻 | 直接紫外辐射/(W/m²) | 散射紫外辐射/(W/m²) | 总紫外辐射/(W/m²) |
|---|---|---|---|
| 6:00 | 0.0042 | 0.00099 | 0.0051 |
| 7:00 | 0.4795 | 0.1202 | 0.6006 |
| 8:00 | 2.658 | 0.636 | 3.293 |
| 9:00 | 6.310 | 1.612 | 7.923 |
| 10:00 | 10.1996 | 2.846 | 13.045 |

续表

| 观测时刻 | 直接紫外辐射/(W/m²) | 散射紫外辐射/(W/m²) | 总紫外辐射/(W/m²) |
| --- | --- | --- | --- |
| 11:00 | 13.111 | 4.333 | 17.444 |
| 12:00 | 14.232 | 5.008 | 19.2399 |
| 13:00 | 13.275 | 4.896 | 18.172 |
| 14:00 | 10.492 | 4.968 | 15.4595 |
| 15:00 | 6.641 | 2.830 | 9.472 |
| 16:00 | 2.918 | 1.309 | 4.227 |
| 17:00 | 0.587 | 0.237 | 0.822 |
| 18:00 | 0.0083 | 0.0036 | 0.0195 |

## 1.3 南京地区 $O_3$ 减少引起紫外辐射增加量

实验证据表明,地表紫外辐射的增加直接与大气臭氧减少有关,在全年固定太阳天顶角($\theta_z$)无云无污染情况下的观测证明了臭氧与红斑紫外辐射有非常好的反相关性[9]。人们通常采用辐射(光)放大系数(RAF,Radiation Amplication Factor)分析臭氧变化对紫外辐射变化的作用,它定义为臭氧总量每减少1%,地面 UV 辐射增加的百分数。RAF 是评价未来臭氧减少对人类影响的重要依据[9]。根据模式计算不同太阳天顶角条件下臭氧减少5%、10%、15%、20%时直接紫外辐射(0.29~0.32 μm)增加百分率结果见表4。计算中,$p$、$z_3$、$l_{oz}$ 分别为1992年南京地区平均值。

表4 南京地区臭氧减少引起 UV-B 增加百分率

| $O_3$ 变化量/% | $\theta_z/(°)$ | | | | |
| --- | --- | --- | --- | --- | --- |
| | 20 | 35 | 45 | 60 | 75 |
| 0.000 | 0.000 | 0.000 | 0.000 | 0.000 | 0.000 |
| −5 | 0.019 | 3.860 | 2.980 | 2.960 | 2.940 |
| −10 | 0.058 | 7.980 | 6.198 | 5.740 | 6.020 |
| −15 | 0.097 | 12.330 | 9.660 | 9.560 | 9.300 |
| −20 | 0.110 | 16.960 | 13.310 | 13.120 | 12.730 |

注:$l_{oz}$ 是 0.305 μm 时的测值。

显然,南京地区 UV-B 波段的直接紫外辐射的 RAF 不到1。若考虑散射辐射,则 RAF 会增加,约为1[2],与国外研究者用宽波段仪器(光谱仪)实测的 RAF=1.07±0.15(或 1.25±0.2)结果[9]基本一致。

## 2 地表紫外辐射观测与结果分析

### 2.1 观测仪器介绍

(1)美国 EPPLEY 实验仪器公司生产的 UV-A、B(波长为 0.295~0.385 μm)TUVR 型紫外传感器,该传感器在自然光条件下输出电压为 0~10 mV,转换系数为 $K_1$=0.352 mW·

$cm^{-2} \cdot mV^{-1}$。

(2)国产 DFY2 天空辐射表,波长范围为 $0.3 \sim 2.4~\mu m$,输出电压为 $0 \sim 10~mV$,转换系数为 $L = 11.42~mW \cdot cm^{-2} \cdot mV^{-1}$。

## 2.2 观测方法及项目

观测时间一般选择在正点前后各一分钟,若有云即将遮住太阳或太阳即将露出云层,即云通过太阳下方前后,测值可能出现不稳定时,推迟或提前观测。

(1)年变化观测。于 1998 年 7 月至 1999 年 6 月在南京气象学院农业气象试验站选择了一些全晴无云或有云天气进行了紫外辐射和天空总辐射的观测,对结果进行了分析。

(2)全晴无云天日变化观测。每个观测日连续观测紫外总辐射(直接、散射辐射之和)和天空总辐射。一般从 08 时观测到 16 时,观测间隔为 1 h 或 2 h,有时从 05 时观测到 18 时。绘成日变曲线。

(3)全阴天(5 月 31 日)日变化观测。选择全阴天气,连续观测紫外总辐射(直接、散射辐射之和)和天空总辐射,绘成日变曲线。

观测发现,紫外辐射仪的脉动很大,天空总辐射表相对稳定,因此观测的程序是:开机→稳定→读紫外辐射表→读总辐射表→读紫外辐射表→平均两次紫外辐射测值。

## 2.3 观测结果简介

(1)年变化。一年观测资料经整理后,选择有代表性的观测资料,提取一天中辐射值最大时刻(正午 12 时)的紫外辐射和天空辐射值,绘成紫外辐射和天空总辐射的年变化曲线(图 1、图 2)。可以看出,紫外辐射与天空总辐射年变化规律相似,但在进入初夏后,紫外辐射与天空总辐射的变化形式存在差异,紫外辐射曲线的波动大,而总辐射的波动小,两者的差值在 6 月下旬最大,说明长期的紫外辐射变化不仅仅决定于天空总辐射。12 月下旬两者差值最小,与太阳天顶角余弦值变化趋势相同。紫外辐射和天空总辐射比值在 0.020 左右。

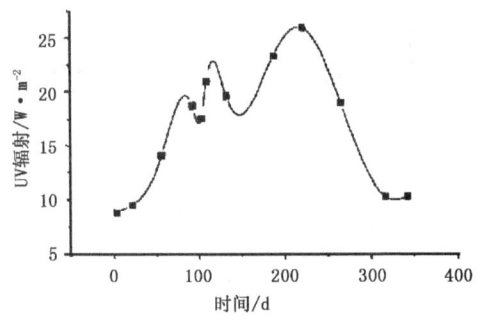 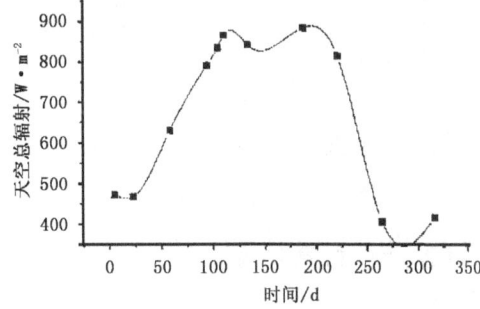

图 1  南京地区紫外辐射的年变化     图 2  南京地区天空总辐射的年变化

(2)全晴无云天日变化。1999 年 5 月 13 日(全晴无云天)在南京气象学院农业气象试验站连续观测紫外总辐射(直接、散射辐射之和)和天空总辐射,绘成日变曲线(图 3、图 4、图 5、图 6)。可以看出,1)紫外辐射与总辐射变化规律相似,近似于正弦曲线,早晚接近于零;中午大,正午最大,说明紫外辐射的日变化取决于总辐射的值;2)总辐射中紫外辐射所占百分比早晨、傍晚偏小,而正午最大,与太阳天顶角余弦值变化趋势基本一致。

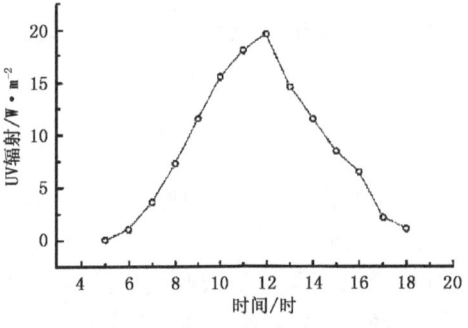

图 3　南京地区晴天太阳紫外辐射日变化

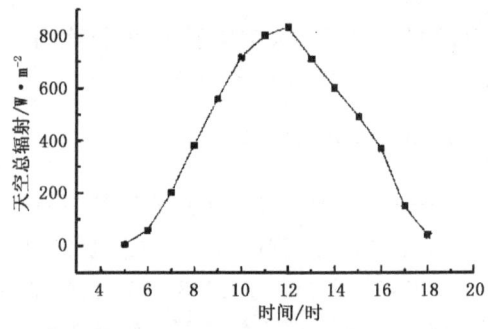

图 4　南京地区晴天太阳总辐射日变化

(3)全阴天日变化。全阴天(1999 年 5 月 31 日)紫外辐射、总辐射日变化与晴天不同,并无明显规律。图 5 和图 6 只能表示这一天的变化状况。其变化原因可能是因为 5 月 31 日这一天为满天浓云,早晨有烟雾,傍晚有零星雨,天气条件不稳定,有云量增减、烟雾和水汽的凝聚与消散等,表明云、气溶胶等对辐射传输的强烈影响。从图上可看出紫外辐射与天空总辐射日变化规律基本一致,进一步说明紫外辐射与总辐射存在着一定的依赖关系。进一步计算得出紫外辐射在总辐射中所占百分比的日变化,同时给出了太阳天顶角余弦值的日变化,发现有如下规律:与全晴天相比,全阴天紫外辐射在总辐射中所占的百分比也是早晚最小,但峰值明显在午后,落后于太阳天顶角余弦值峰值;同时,此百分比与晴天相比略大,表明紫外辐射对云的穿透率比总辐射大。

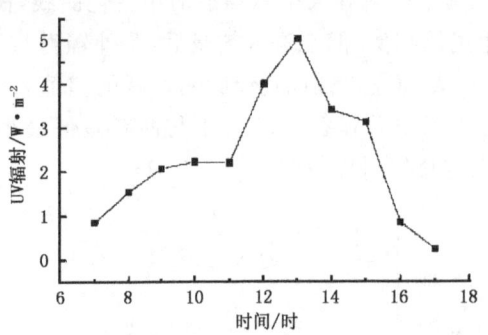

图 5　南京地区阴天紫外辐射日变化

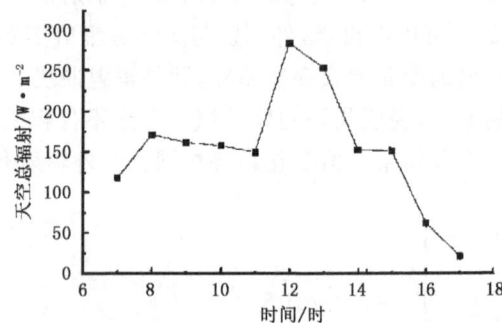

图 6　南京地区阴天总辐射日变化

# 3　观测与计算结果比较

任选一年中 4 个季节的 4 个晴天,计算了全天各正点时的紫外辐射量及计算值与观测值的相对差值(表 5),发现计算值与观测值有一定的差异,早晚差值较大,而中午前后差值较小,应该说这样的效果是较好的。

表 5　计算值与观测值的差值

| 全天平均(06—18 时) | 上、下午(09—15 时) | 正午前后(11—13 时) |
|---|---|---|
| 0.283 | 0.090 | 0.0523 |

从 4 天中选择一个晴日,绘制了紫外辐射量计算值和观测值的日变化图(图 7)发现,计算结果与观测结果比较相近,变化趋势一致。午后 13 时,观测值曲线变形,曲线内凹,估计是因为午后天空有人眼难以观测到的薄云。

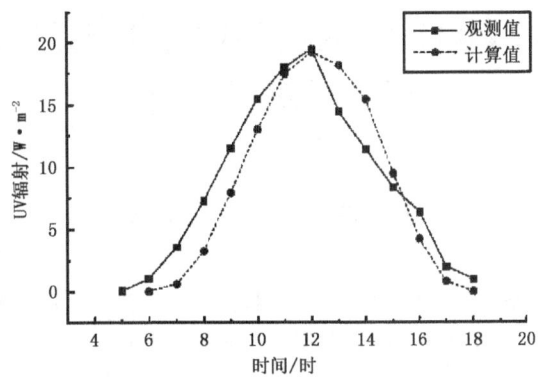

图 7　计算与观测的紫外辐射的日变化 (1999-05-13)

## 4　讨论

根据文献[9]分析,地表紫外辐射的观测和计算目前还是一个难点。人们大多用较为复杂的模型(如 DISORT:discrete-ordinate method 离散坐标方法)或经验方法进行计算,而对观测方法持批评态度[9],因此人们一直在探索一个精确、可行的方法。本文采用较为简单的辐射传输模式和观测方法,试图在这方面作一探讨。

**参考文献**

[1] 周秀骥.高等大气物理学[M].北京:气象出版社,1991.
[2] 王春乙,郭建平,郑有飞.二氧化碳、臭氧、紫外辐射与农作物生产[M].北京:气象出版社,1997.
[3] 刘长盛,刘文保.大气辐射学[M].南京:南京大学出版社,1990.
[4] Iqbal M. An Introduction to Solar Radiation[M]. New York:Academic Press, 1983.
[5] Leckner B O. The spectral distribution of solar radiation at the earth's space-elements of a model [J]. Solar Energy,1978, 20:143-150.
[6] Cutchis P. Stratospheric ozone depletion and solar ultraviolet radiation on earth [J]. Science,1974, 184(4132):13-19.
[7] Dave J V, Furukwa P M. Scattered radiation in ozone absorption bands at selected levels of a terrestrial Rayleigh atmosphere[J]. Meteor Monogr, 1966, 7(29):321-353.
[8] Dave J V, Halpern P. Effect of changes in ozone amount on the ultraviolet radiation received at sea level of a model atmosphere[J]. Atmospheric Environment, 1976, 10:547-555.
[9] WMO. Scientific assessment of ozone depletion:1998[R]. Global ozone research and monitoring project report No. 44. 1999.

# 2009年和2010年夏季我国及周边地区STE模拟与对比分析

曹治强[1,2,3]　吕达仁[1]

(1.中国科学院大气物理研究所中层大气与全球环境探测重点实验室,北京 100029;2.中国科学院大学,北京 100049;3.国家卫星气象中心,北京 100081)

**摘要**:夏季是深对流多发的季节,深对流在STE(Stratosphere Troposphere Exchange,对流层—平流层交换)过程中起着重要作用。对2005—2012年夏季我国及周边地区的深对流统计发现,2009年深对流发生的次数较少,2010年深对流发生的次数较多。通过拉格朗日输送模式对2009年和2010年夏季的大气运动状态进行模拟并统计分析,发现30°N以南和以北的地区具有明显不同的平流层—对流层交换特征,30°N以北我国及周边地区TST(Troposphere to Stratosphere Transport,对流层向平流层输送)和STT(Stratosphere to Troposphere Transport,平流层向对流层输送)较为活跃,30°N以南远没有30°N以北地区活跃,但其净输送量却大致相当。在30°N以南,6—8月净输送是对流层向平流层输送。在30°N以北,6月净输送是平流层向对流层输送,7—8月净输送是对流层向平流层输送。比较深对流出现较少的2009年夏季和深对流出现较多的2010年夏季的TST和TST-STT,发现2010年6—8月这3个月的TST和TST-STT总量都超过2009年,表明2010年夏季我国及周边地区对流层向平流层的输送和净输送都强于2009年,与深对流活动的多少可能表现出正相关。

**关键词**:夏季;平流层—对流层交换;模拟;统计分析

STE(Stratosphere Troposphere Exchange,对流层—平流层交换)既包含对流层向平流层的输送(TST,Troposphere to Stratosphere Transport),也包含平流层向对流层的输送(STT,Stratosphere to Troposphere Transport)。STE对平流层和对流层高层的水汽和大气化学成分的影响十分重要,进而对全球地气系统的辐射平衡和气候变化起着重要作用。夏季是深对流多发的季节,深对流云团中强烈的上升运动可以把对流层低层大气迅速输送到对流层高层,甚至直接输送到平流层低层,这在STE过程中起着重要作用。Dickerson et al.(1987)最先提出雷暴对于污染物输送的作用。Poulida et al.(1996)通过对$O_3$、CO等成分的观测,描述了一次中尺度对流复合体引起的STE,Stenchikov et al.(1996)模拟了这一过程引起的对流层顶折

---

\* 本文发表于《大气科学学报》,2016年第39卷第3期,289-299.

叠,以及边界层污染物向对流层上部以及下平流层的输送。Holton et al.(1995)基于准物质面的观点,给出了一张大气上下层相互作用的经圈环流图像。Stohl et al.(2003)在 Holton et al.(1995)给出的经典模型基础上,进一步发展了 STE 的概念模型。他按对大气化学性质影响的强弱,分别对影响较强的深交换过程与影响较弱的浅交换过程给予了描述和区别。目前,深交换事件在 STE 中的作用还是一个重要而知之甚少的领域(陈洪滨 等,2006;施春华 等,2015)。STE 经常发生在对流层顶折叠处以及切断低压存在时。杨健和吕达仁(2003,2004)统计了 1999—2000 年的东亚地区的切断低压,指出东亚地区的切断低压引起的 STT 的重要性。另外,亚洲夏季风是低层污染物进入平流层的重要途径(卞建春 等,2011),陈斌等(2010)利用 NCEP/NCAR 再分析资料驱动 FLEXPART 模式对夏季亚洲季风区对流层向平流层输送的源区、路径及其时间尺度进行了模拟和分析,得到了夏季亚洲季风区 TST 两个主要的边界层源区。

由于 STE 这一过程包含复杂的物理过程、化学过程和动力过程,时间尺度上 STE 可以在气候尺度、天气尺度、中小尺度和湍流尺度等不同尺度中进行,空间尺度上它又具有局地性和全球性,因而它是一个十分复杂的过程。为了了解我国及周边地区夏季 TST 和 STT 的双向交换特征,这里首先对 2005—2012 年夏季我国及周边地区的深对流进行统计,了解了深对流发生的年际变化情况,接着通过拉格朗日模式对深对流发生较少的 2009 年 6—8 月和深对流发生较多的 2010 年 6—8 月的大气运动状态进行了模拟,并对 2009、2010 年夏季的 STE 特征进行了对比分析。

# 1 使用的数据和模拟方法介绍

本文在深对流的统计分析时使用的是 2005—2012 年 6—8 月风云二号卫星每天 24 次的 L2 级卫星红外窗区通道亮温(TBB)数据,分辨率为 0.1°×0.1°,用 −52 ℃ 作为阈值来判识深对流(Cotton et al.,1989;Mcanelly and Cotton,1989;郑永光 等,2008;祁秀香和郑永光,2009)。另外,在进行模式模拟时使用 NCEP 1°×1°间隔的再分析场数据作为输入。

这里模拟使用的拉格朗日扩散模式是 FLEXPART,Stohl et al.(1998)对其进行了验证,认为它是最好的扩散模式之一。之后不断有新版本升级,并且被广泛应用大气污染输送、森林火灾污染物的中尺度输送以及全球对流层平流层交换方面的研究(Stohl and Thomson,1999;James et al.,2003a,2003b;Stohl et al.,2003;Forster et al.,2007)。在本文中,模拟区域设置为 30°~175°E,0°~70°N。模拟时采用了区域填充选项。区域填充指的是把所选择的三维区域按质量等分成许多个粒子,每个粒子代表一定体积的空气块。所有粒子质量总和等于整个三维空间大气质量。模式积分开始之后,粒子将在所设定的区域内自由运动。在区域的边界上,会产生流入和流出,当累积流入边界内的物质质量超过一个粒子的质量时,在此边界上将有一个新的粒子产生。相反,当边界有粒子流出时,这一粒子将消失。在本次模拟试验中,模拟高度设为 0~23 km,把所选择区域的大气分成了 25 万个粒子。这样,每个粒子具有的质量约为 $3.8\times10^{12}$ kg。模式输出数据包含每个粒子的位置信息以及粒子所在位置的对流层顶高度,设置模拟结果每 6 h 输出一次。

## 2 深对流的年际统计分布特征

图 1 是 2005—2012 年 6—8 月中国陆地区域深对流发生的总次数的年际变化。其中总次数按格点计算,每个格点的大小为 0.1°×0.1°,也就是 TBB 资料的分辨率。每一个格点出现一个时次(一个时次为一小时)记为 1,然后再累加起来,所以纵坐标表示的是所有中国陆地区域发生深对流的格点在指定时间段内的累加值。可以看出,2006 和 2009 年夏季深对流发生的次数明显低于平均数,2010 年深对流发生的次数明显高于平均数,除此之外,其他年份虽然深对流发生的总次数有所波动,但总体变化不大。

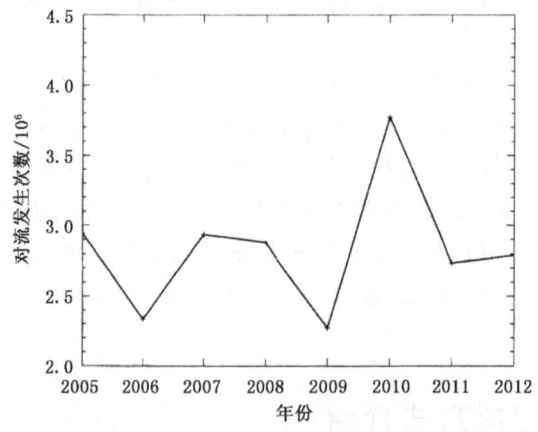

图 1 2005—2012 年 6—8 月中国陆地区域深对流发生的总次数

## 3 我国及周边地区夏 STE 整体特征

选择 75°～135°E、15°～55°N 区域作为分析对象来代表我国及周边地区,它涵盖了我国大部分陆地和海洋。逐月 TST 和 STT 粒子数浓度分布表明:在 30°～55°N,为 TST 和 STT 活跃的区域。15°～30°N 的区域,TST 和 STT 活跃程度远不如 30°～55°N 的区域,但 TST 明显多于 STT。限于篇幅,这里只给出了 2009 年 7 月瞬时交换的 TST 和 STT 粒子数浓度平均分布(图 2)。形成这种特征的主要原因可能是:在夏季,30°～50°N 是热带对流层顶和极地对流层顶的过渡区,副热带高空急流也位于这一区域,在急流带附近常发生对流层顶的折叠,导致 TST 和 STT 非常活跃。

分别对 2009 年 6—8 月和 2010 年 6—8 月的多个时次作滞留时间超过 48 h 的 TST 和 STT 的粒子交换位置及其移动路径和对应时刻的 200 hPa 位势高度场和风矢量的叠合。为了节省篇幅,这里只给出了 2010 年 7 月 15 日 00 时(世界时,下同)的图像(图 3)。可以看到这些粒子 48 h 内的移动路径与 200 hPa 的环流形势是比较一致的,这也印证了模拟的粒子运动轨迹是可信的。脊线位于 30°N 附近的反气旋式环流系统是南亚高压,它的位置在夏季不同的月份和日期有所不同,在东西和南北方向上有所移动,或者偏强或者偏弱,跟大尺度的环流形势有关。在 40°～45°N 附近是副热带西风急流带,它随其北侧的槽脊而弯曲。在南亚高压

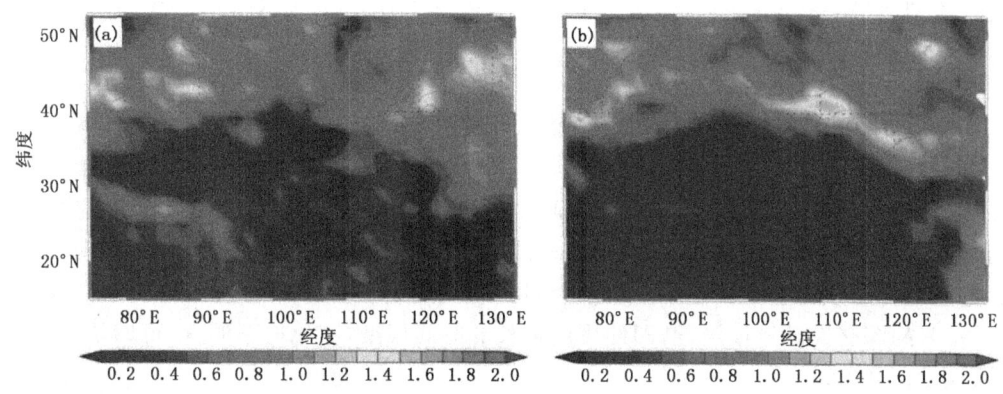

图 2  2009 年 7 月瞬时交换的 TST(a) 和 STT(b) 粒子数浓度月平均分布(附彩图)

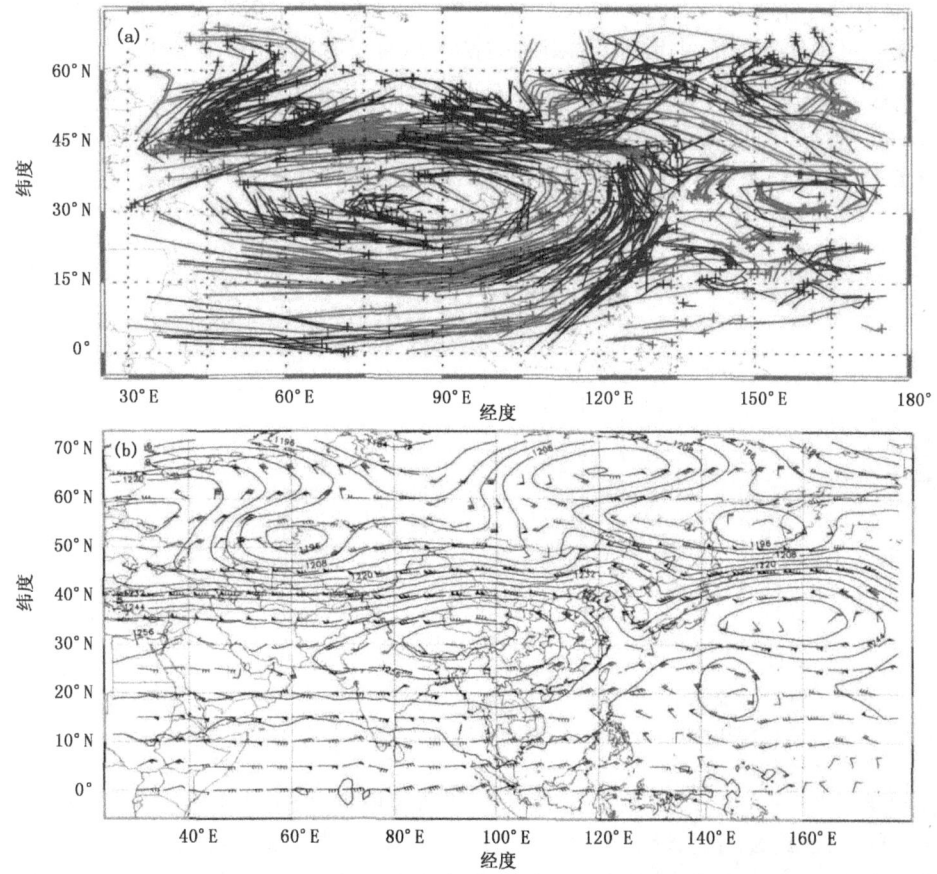

图 3  2010 年 7 月 15 日 00 时滞留时间超过 48 h 的 TST 和 STT 粒子的交换位置及其 48 h 内的移动路径
(a:"+"表示发生 TST 或 STT 的位置;红色为 TST,蓝色为 STT),
以及 200 hPa 高度场和风矢量叠合(b;单位:dagpm)(附彩图)

脊线以南 75°～135°E 的地区上空 STT 输送的粒子相对较少,多数为 TST 输送的粒子,这些粒子随高空东风向偏西方向移动。在副热带西风急流带附近是 TST 和 STT 都很活跃的地区,其 TST 的起点主要出现在 200 hPa 高空槽前,STT 的起点主要出现 200 hPa 高空脊前,这些粒子主要随高空气流向偏东方向移动。

## 4 2009 年夏季我国及周边地区 STE 特征

在 STE 过程中,有一部分穿越对流层顶的空气块是可逆的,即它们会在 STE 发生后的数小时内再次返回它们原来所在的层次(对流层或平流层),属于浅交换。统计研究表明,相当大一部分穿越对流层顶的空气块在 6 h 左右会回到它初始的位置。根据前人研究和计算结果,72 h 和 96 h 的深交换已经很接近,即使采用更长的时间标准,变化亦不明显,可以认为是不可逆交换(陈斌,2009)。

为了了解我国及周边地区夏季 STE 特征,这里给出了这一区域 6—8 月的逐月 TST 和 STT 总量分布(图 4)。可以看出,6 月我国及周边地区的瞬时交换的和滞留时间超过 48 h 的 TST 粒子总数都小于 STT,表明 6 月我国及周边地区 STE 的净输送是从平流层向对流层输送物质。7 月和 8 月我国及周边地区的瞬时交换的和滞留时间超过 48 h 的 TST 粒子总数都大于 STT,表明 7 月和 8 月我国及周边地区 STE 的净输送是从对流层向平流层输送物质。比较瞬时交换量和滞留时间超过 48 h 的交换量,滞留时间超过 48 h 的粒子数大约是瞬时交换的粒子数的一半,另一半在 48 h 内再次返回它们原来所在的层次。

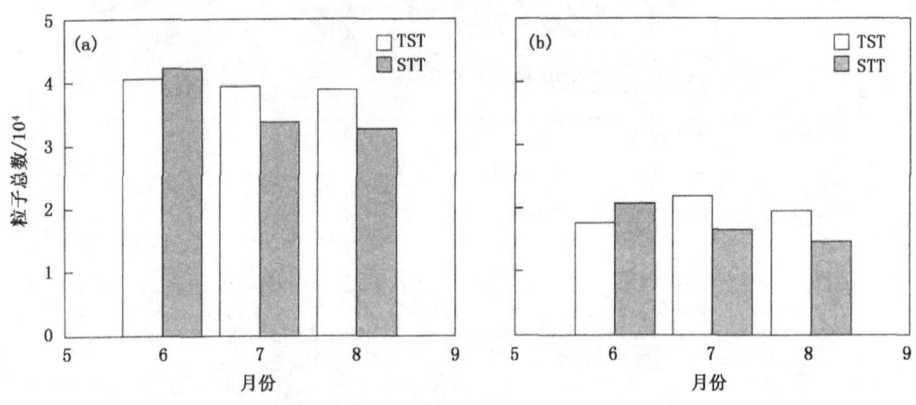

图 4  2009 年 6—8 月累计 TST 和 STT 总量分布
(a)瞬时交换的粒子总数;(b)滞留时间超过 48 h 的粒子总数

图 5 给出了 2009 年 6—8 月瞬时交换(00)和滞留时间分别超过 06、12、24、48 h 的累计 TST、STT 和 TST 减 STT 总量分布。从 TST 和 STT 的粒子滞留时间柱状图上可以看出,在交换发生后的 6 h 内,发生 TST 和 STT 的粒子数迅速减小,表明有很多粒子在 6 h 内又回到了原来的层次,在随后的 48 h 内也呈单调返回的趋势,返回速度趋于变缓。这与陈斌等(2010)的模拟结果是一致的。从 48 h 内 TST 减 STT 总量柱状图(图 5c)上可以看到,净交换量并不随着 TST 和 STT 的减小而呈现单调减小的趋势。7 月和 8 月的从 12~48 h 的净交换量反而有所增加,这表明 12 时后发生 TST 的粒子返回对流层的数目少于发生 STT 的粒子返回平流层的数目,发生 STT 的粒子更具有可逆性。

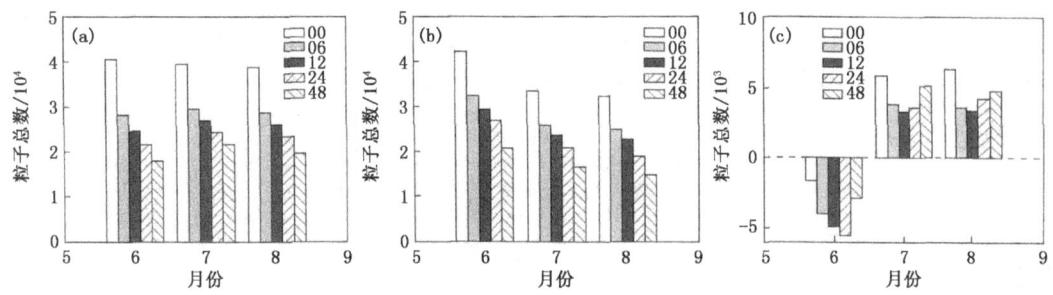

图 5 2009 年 6—8 月瞬时交换(00)和滞留时间分别超过 06、12、24、48 h 的累计 TST(a)、STT(b)和 TST 减 STT(c)总量分布

## 4.1 75°～135°E、15°～30°N 区域 STE 特征

选择 TST 和 STT 的发生位置位于 75°～135°E、15°～30°N 的粒子,按月进行累计,得到这一区域 TST 和 STT 的月总量,如图 6 所示。从总量上看,这一区域瞬时 TST 的月累积量为 8000 个粒子左右,约占我国及周边地区 TST 总量的 1/5。瞬时 STT 的月累积量为 4000 个粒子左右,约占我国及周边地区的 1/8。滞留时间超过 48 h 的 TST 粒子总数约为 5000 个粒子,约占我国及周边地区 TST 总量的 1/4。滞留时间超过 48 h 的 STT 粒子总数约为 2400 个粒子,约占我国及周边地区 STT 总量的 1/7。可见这一区域的 TST 和 STT 的粒子总数在我国及周边地区的占比较少,但 TST 粒子的数目约为 STT 粒子数目的 2 倍,TST 占据绝对的主导作用,是对流层向平流层净输送区。

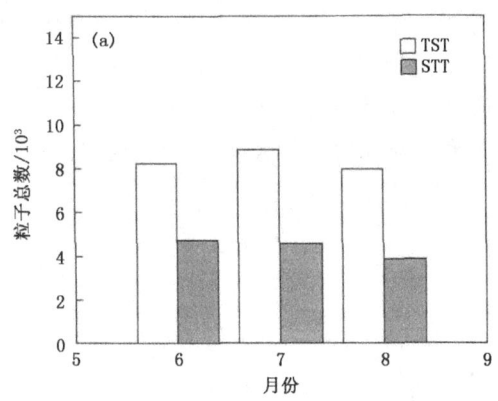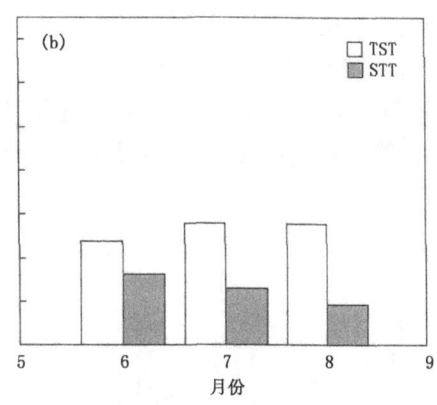

图 6 2009 年 6—8 月 75°～135°E、15°～30°N 区域累计 TST 和 STT 总量分布
(a)瞬时交换的粒子总数;(b)滞留时间超过 48 h 的粒子总数

## 4.2 75°～135°E、30°～55°N 区域 STE 特征

选择 TST 和 STT 的发生位置位于 75°～135°E、30°～55°N 的粒子,按月进行累计,得到这一区域 TST 和 STT 的月总量,如图 7 所示。从总量上看,这一区域瞬时 TST 的月累积量和滞留时间超过 48 h 的 TST 和 STT 粒子总数都远超 75°～135°E、15°～30°N 区域的粒子总

数。因而其属于我国及周边地区 TST 和 STT 比较活跃的区域。逐月来看,其中 6 月 STT 的粒子总数多于 TST 的粒子总数,其净输送量是从平流层到对流层。7 月和 8 月,TST 粒子总数多于 STT 的粒子总数,其净输送量是从对流层到平流层。

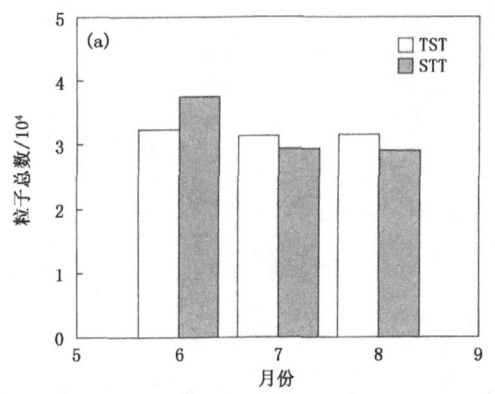 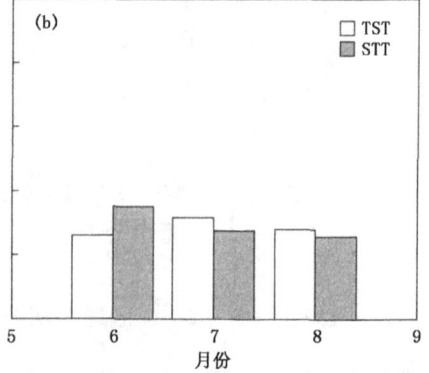

图 7 2009 年 6—8 月 75°～135°E、30°～55°N 区域累计 TST 和 STT 总量分布
(a)瞬时交换的粒子总数;(b)滞留时间超过 48 h 的粒子总数

## 5 2009 与 2010 年夏季我国及周边地区 STE 特征对比

对比 2009 年和 2010 年 6—8 月 75°～135°E、15°～55°N 区域滞留时间超过 48 h 的 TST 总量,发现 2010 年 6—8 月这 3 个月的 TST 总量都超过 2009 年,表明 2010 年夏季我国及周边地区对流层向平流层的输送强于 2009 年。净输送方面,2010 年 6—8 月这 3 个月的 TST-STT 总量都超过 2009 年,表明 2010 年夏季我国及周边地区对流层向平流层的净输送量大于 2009 年(图 8)。由于 2009 年夏季是我国深对流活动最少的一年,而 2010 年是我国深对流活动最多的一年。在这一方面,对流层向平流层的净输送与深对流活动的多少表现出了一定的正相关。

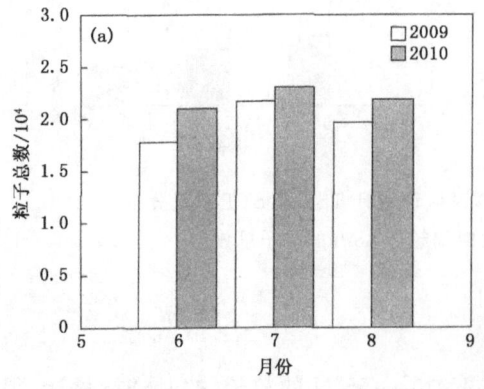 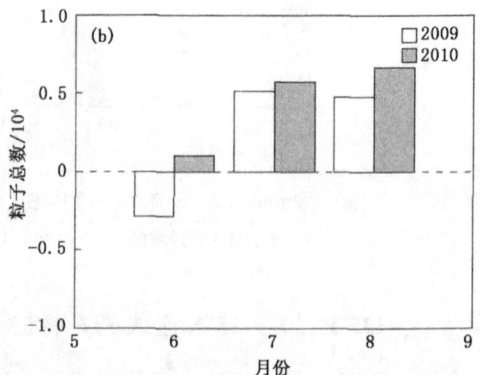

图 8 2009 和 2010 年 6—8 月 75°～135°E、15°～55°N 区域滞留时间超 48 h 的
TST(a)和 TST-STT(b)总量分布

分区域来看,从 75°～135°E、15°～30°N 区域滞留时间超过 48 h 的 TST 和 STT 总量分布(图9)上可以看出,2010 年 6—8 月这 3 个月的 TST 总量都超过 2009 年,表明 2010 年这一区域对流层向平流层的输送强于 2009 年。在 STT 方面,2010 年 6 月弱于 2009 年,7—8 月强于 2009 年。净输送方面,2010 年 6 月 TST-STT 总量超过 2009 年,但 2010 年 7—8 月 TST-STT 总量却低于 2009 年。由此可见,虽然 2010 年 7—8 月 TST 多于 2009 年,但由于 STT 也明显多于 2009 年,造成对流层向平流层的净输送反而低于 2009 年。

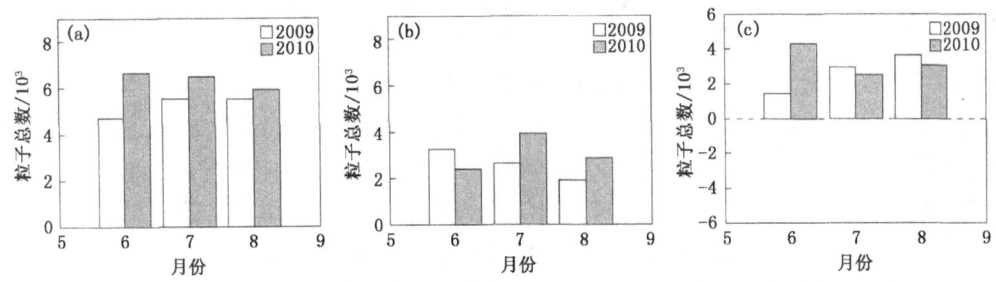

图 9　2009 和 2010 年 6—8 月 75°～135°E、15°～30°N 区域滞留时间超 48 h 的 TST(a)、STT(b) 和 TST-STT(c) 总量分布

从 75°～135°E、30°～55°N 区域滞留时间超过 48h 的 TST 和 STT 总量分布(图10)上可以看出,2010 年 6—8 月这 3 个月的 TST 总量也都超过 2009 年,表明 2010 年这一区域对流层向平流层的输送强于 2009 年。在 STT 方面,2010 年 6 月略强于 2009 年,7—8 月略弱于 2009 年。净输送方面,2009 年 6 月和 2010 年 6 月 TST-STT 均为负值,表明其净输送方向是从平流层向对流层,2009 年 6 月的净输送量更大一些。2009 年 7—8 月和 2010 年 7—8 月 TST-STT 均为正值,表明其净输送方向是从对流层向平流层,而且 2010 年要明显强于 2009 年。

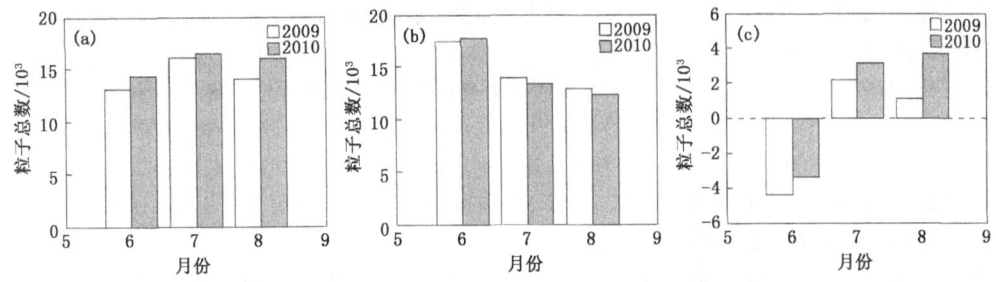

图 10　2009 和 2010 年 6—8 月 75°～135°E、30°～55°N 区域滞留时间超过 48 h 的 TST(a)、STT(b) 和 TST-STT(c) 总量分布

对比 75°～135°E、15°～30°N 区域和 75°～135°E、30°～55°N 区域的输送,从量级上来看,前者 TST 和 STT 的月输送总数大约在 2000～7000 个粒子,月净输送总数大约在 1500～4000 粒子。TST 的输送量明显大于 STT 的输送量,表现为对流层向平流层的净输送。对于后一区域,TST 和 STT 的月输送总数大约在 12000～18000 个粒子,月净输送总数大约在 1000～4000 个粒子。二者之差在 6 月表现为负值,净输送是从平流层向对流层方向。7—8 月为正值,净输送是从对流层向平流层方向。由以上数据可知,75°～135°E、15°～30°N 区域

TST 和 STT 单向输送远低于 75°～135°E、30°～55°N 区域,但二者之差,即净输送量相当。

# 6 结论与讨论

通过对 2005—2012 年 6—8 月中国陆地区域深对流发生的次数统计分析表明,2009 年夏季是其中深对流活动最少的一年,而 2010 年是其中深对流活动最多的一年。分别对 2009、2010 年夏季的大气运动状态进行模拟,并进行统计分析,结论如下。在 75°～135°E、15°～30°N 区域,TST 和 STT 活跃程度远不如 75°～135°E、30°～55°N 区域。这可能是因为在 6—8 月,副热带西风急流带位于 40°～45°N 附近,在副热带西风急流带附近常发生对流层顶的折叠,导致 TST 和 STT 非常活跃。75°～135°E、15°～30°N 区域的滞留时间超过 48 h 的 TST 和 STT 单向输送都远小于 75°～135°E、30°～55°N 区域的 TST 和 STT 单向输送。但二者之差,即净输送量却相差不多。6—8 月,前一区域一直表现为稳定的净对流层向平流层输送,而后一区域 6 月为净平流层向对流层输送,7—8 月为净对流层向平流层输送。对比 2009 和 2010 年夏季我国及周边地区滞留时间超过 48 h 的 TST 总量,发现 2010 年 6—8 月这 3 个月的 TST 和 TST-STT 总量都超过 2009 年,表明 2010 年夏季我国及周边地区对流层向平流层的输送和净输送都强于 2009 年,对流层向平流层的输送和净输送与深对流活动的多少可能表现出了一定的正相关。

## 参考文献

卞建春,严仁嫦,陈洪滨,2011. 亚洲夏季风是低层污染物进入平流层的重要途径[J]. 大气科学,35(5):897-902.

陈斌,2009. 青藏高原及其周边区域夏季上对流层水汽变化和输送特征研究[D]. 北京:中国气象科学研究院:154.

陈斌,徐祥德,卞建春,等,2010. 夏季亚洲季风区对流层向平流层输送的源区、路径及其时间尺度的模拟研究[J]. 大气科学,34(3):495-505.

陈洪滨,卞建春,吕达仁,2006. 上对流层—下平流层交换过程研究的进展与展望[J]. 大气科学,30(5):813-820.

祁秀香,郑永光,2009. 2007 年夏季我国深对流活动时空分布特征[J]. 应用气象学报,20(3):286-290.

施春华,常舒捷,沈新勇,等,2015. 夏季云顶高于对流层顶事件对东亚天气型及上对流层—下平流层大气结构的影响[J]. 大气科学学报,38(6):804-810.

杨健,吕达仁,2003. 东亚地区一次切断低压引起的平流层、对流层交换数值模拟研究[J]. 大气科学,27(6):1031-1044.

杨健,吕达仁,2004. 东亚地区平流层、对流层交换对臭氧分布影响的模拟研究[J]. 大气科学,28(4):579-588.

郑永光,陈炯,朱佩君,2008. 中国及周边地区夏季中尺度对流系统分布及其日变化特征[J]. 科学通报,53(4):471-481.

Cotton W R,Lin M S,McAnelly R L,et al,1989. A composite model of mesoscale convective complexes[J]. Mon Wea Rev,117(4):765-783.

Dickerson R R,Huffman G J,Luke W T,et al,1987. Thunder storms:An important mechanism in the transport of air pollutants[J]. Science,235:460-465.

Forster C,Stohl A,Seibert P,2007. Parameterization of convective transport in a Lagrangian particle dispersion model and its evaluation[J]. J Appl Meteor Climatol,46:403-422.

Holton J R, Haynes P H, McIntyre E M, et al, 1995. Stratosphere-troposphere exchange[J]. Rev Geophys, 33:403-439.

James P, Stohl A, Forster C, et al, 2003a. A 15-year climatology of stratosphere-troposphere exchange with a Lagrangian particle dispersion model: 1. Methodology and validation[J]. J Geophys Res, 108(D12): 8519. doi:10.1029/2002JD002637.

James P, Stohl A, Forster C, et al, 2003b. A 15-year climatology of stratospheretroposphere exchange with a Lagrangian particle dispersion model: 2. Mean climate and seasonal variability[J]. J Geophys Res, 108 (D12):8522. doi:10.1029/2002JD002639.

McAnelly R L, Cotton W R, 1989. The precipitation life cycle of mesoscale convective complexes over the central United States[J]. Mon Wea Rev, 117 (4):784-808.

Poulida O, Dickerson R R, Heymsfield A, 1996. Stratosphere troposphere exchange in a midlatitude mesoscale convective complex:1. Observations[J]. J Geophys Res, 101:6823-6839.

Stenchikov G, Dickerson R, Pickering K, et al, 1996. Stratosphere-troposphere exchange in a midlatitude mesoscale convective complex 2. Numerical simulations[J]. J Geophys Res, 101(D3):6837-6851.

Stohl A, Thomson D J, 1999. A density correction for Lagrangian particle dispersion models[J]. Bound-Layer Meteor, 90:155-167.

Stohl A, Hittenberger M, Wotawa G, 1998. Validation of the Lagrangian particle dispersion model FLEXPART against large scale tracer experiment data [J]. Atmos Environ, 32:4245-4264.

Stohl A, Bonasoni P, Cristofanelli P, et al, 2003. Stratospheretroposphere exchange: A review, and what we have learned from STACCATO[J]. J Geophys Res, 108(D12):8516. doi:10.1029/2002JD002490.

# 地基遥感大气水汽总量和云液态水总量的研究*

刘朝顺[1,2]　吕达仁[2]　杜秉玉[1]

(1. 南京信息工程大学电子工程系,南京 210044; 2. 中国科学院大气物理研究所,北京 100029)

**摘要**:介绍了地基微波辐射计遥感反演大气柱中的水汽总量和云液态水总量的辐射传输原理和反演方法。给出了实用的有气候代表性的北京地区4个季节的反演公式,并对反演公式进行了数值检验,分析了反演精度:春、夏、秋、冬4季水汽总量反演的相对标准偏差分别为3.1%、1.6%、2.2%和2.4%。用反演公式反演在香河探测的NASA微波辐射计资料发现:微波辐射计反演的水汽总量平均比探空测量值偏大0.21 cm,二者的线性相关系数为0.988,均方根误差为0.16 cm;云液态水总量除降水云天外,值均在0.1 mm以下。

**关键词**:水汽总量;云液态水总量;微波辐射计;反演

## 引言

大气中水汽总量因受大气环流的制约而不停地转换着,它预示着降水天气的发生、发展和消亡。在人工催化增雨作业中,云的可播性,云中过冷却水的含量,无疑是首要的。因此,多年来国内外许多大气物理学者、专家致力于大气水汽总量及云液态水总量探测方法及其应用的研究。实践证明,只有利用遥感的方式,才是最经济、最快捷、实现连续监测的最佳途径。地基微波辐射计具有可以同时测得单位底面积垂直大气柱中水汽和云液态水总量及其变化的优点,并且具有时间上的极高分辨率、高探测精度、可无人值守连续工作达数月甚至上年以及操作的方便性等优点,成为遥感大气水汽总量和云液态水总量的有力工具。

国内外的大量工作已证明,探测大气柱中水汽和云液态水总量的双波长地基微波辐射计,在晴空和非降水云天的探测原理和方法已日趋成熟,探测水汽总量的精度可与探空相比,探测云液态水总量也有可接受的精度[1-2]。Wei等[3]综合对比了几种地基微波辐射计遥感水汽总量和云液态水总量的反演方法,并对反演精度进行了详细的分析。Snider[4]在长期实验后分析了大气水汽总量和云液态水总量的季节变化特征,还检验了可降水量(水汽总量)、云液态水总量与降水发生之间的相关关系。Han等[5]将微波辐射计和云幕仪、电声探测系统以及常规

---

* 本文发表于《南京气象学院学报》,2006年第29卷第5期,606-612.

地面观测系统组合成一个综合系统来反演对流层的大气水汽和云液态水总量,并提出微波辐射计有可能在今后的无球探空系统中充当主角。针对地基微波辐射计应用地域越来越宽广的情况,吕达仁等[6]发展了一个具有全球普适性的大气降水反演方法,利用了微波辐射亮温和地面气象观测反演水汽总量。Wei 等[7]发展了一个全球普适的双频道遥感水汽和云液态水总量的反演算法。

本文对微波辐射计监测大气中水汽总量及云液态水总量的原理和反演方法进行了介绍,用历史资料计算得到相应实用的有气候代表性的反演公式,并对反演精度进行了数值检验。最后利用 NASA 的微波辐射计在中科院大气物理研究所香河综合观测基地的观测值进行了实际反演,分析了反演精度,并初步分析了北京地区大气水汽总量和云液态水总量的变化特征。

# 1 理论基础及反演方法

## 1.1 理论基础

在大气微波遥感中,大气微波辐射的特性依赖于大气对微波的吸收。根据现代光谱理论及实验研究发现,在微波波段,水汽、氧气、云中液态水和降水是微波辐射最主要的吸收物质。从图 1 可以发现,频率从 10 GHz 到 220 GHz 范围的微波波段内,水汽对微波有三个吸收带,在 22.235 GHz、153 GHz 和 183.31 GHz 附近;氧气在 60 GHz 和 118.75 GHz 附近具有强吸收带;云液水对微波辐射的吸收出现在一个从 10 GHz 到 40 GHz 的连续频域范围内。

根据基尔霍夫定律,某辐射体在某波段的吸收愈强,则在该波段的辐射也就愈强。因此,在 22.235 GHz 频段附近微波辐射的变化可主要反映大气中水汽含量的变化,而在 22.235 GHz 附近水汽吸收带和 60 GHz 附近氧气分子的强吸收带两者中间是大气窗区,即 35 GHz 频段附近的微波辐射的变化可主要反映云液态水总量的变化[2]。基于上述原理,包括上述吸

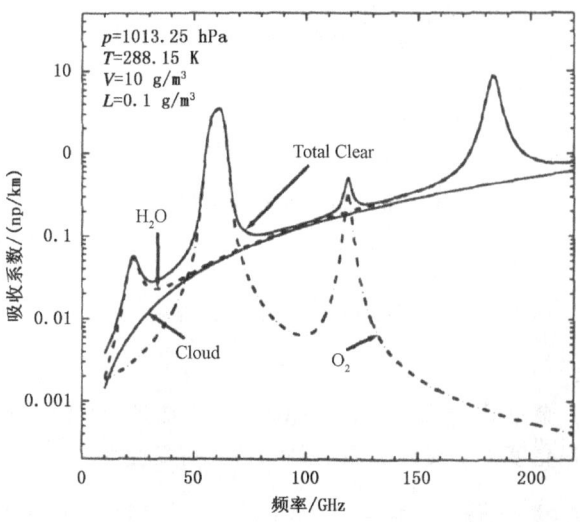

图 1 10 GHz 到 220 GHz 频段大气的微波吸收光谱

收频带的微波辐射计能够用于探测大气垂直气柱内的总水汽含量和云液态水总量。本文选择的微波辐射计工作于 23.8 GHz(水汽敏感)和 36.5 GHz 频率(液态水敏感)。

**1.2 地基微波遥感大气的基本方程**

由辐射传输理论,考虑非散射大气,假定大气水平均匀,在局地热平衡情况下,地面接收到的大气微波辐射强度 $I(\theta,v)$(图 2)可表示为

$$I(\theta,v) = I(\infty)t(0,\infty) + \int_0^\infty B(T(z))k_a + t(0,z)\sec\theta dz \tag{1}$$

方程在晴天或非降水云天的大气条件下,包含了微波波段辐射传输中的吸收和辐射效应。其中:$\theta$ 是天顶角,是频率,$I(\infty)$ 是宇宙背景的微波辐射强度,$B(T)$ 是 Planck 辐亮度,$T(z)$ 是大气温度层结,$z$ 是高度,$k_a(z)$ 是大气的体积吸收系数,它是氧气分子、水汽分子和云中液态水(如果有云存在)的吸收系数的总和,这些吸收系数都是频率的函数。此外,氧气分子的吸收系数还是大气温度和压力的函数;水汽分子的吸收系数则是大气温度、压力和湿度的函数,具体的函数关系见文献[8—9]。

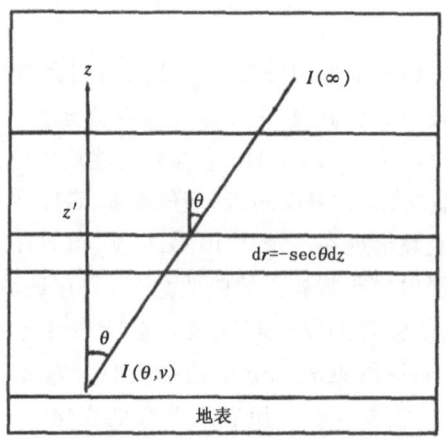

图 2 辐射在平面平行大气中的传输

大气透过率 $t$ 定义为

$$\begin{aligned} t(0,z) &= \exp\{-\tau(0,z)\} \\ &= \exp\{-\int_0^z k_a(z')\sec\theta dz'\} \end{aligned} \tag{2}$$

其中:$\tau$ 为大气光学厚度,定义:

$$\tau(0,z) = \int_0^z k_a(z')\sec\theta dz' \tag{3}$$

上式中已忽略散射效应。

在微波波段,瑞利—金斯定律(Raleigh-Jeans Law)成立,对于某一频率的电磁波($v$ 一定),它的亮温 $T_b$ 与其辐亮度 $I$ 呈线性关系,因此(1)式可简化为

$$T_b(\theta,v) = T_b(\infty)t(0,\infty) + \int_0^\infty k_a(z)T(z)t(0,z)\sec\theta dz \tag{4}$$

式中:$T_b(\theta,v)$ 即为地面辐射计接收到的辐射亮温,$T_b(\infty)$ 是宇宙背景的辐射亮温(一般取

2.75 K),其余各参量意义同(1)式。在一定大气层结状态下,由地面向天空测得的大气辐射亮温是频率和天顶角的函数,(4)式就是地基微波遥感大气的基本方程。

### 1.3 反演方法

目前,大气中总水汽含量和云液态水总量的反演方法,都是采用建立在物理考虑基础上的线性统计回归,需要随地点、季节的不同而分别进行,因此本文主要针对北京地区,分春(3、4、5月)、夏(6、7、8月)、秋(9、10、11月)、冬(12月、次年1、2月)4季进行。

首先定义水汽总量 $V$ 和云液态水总量 $L$ 的表达式。

水汽总量:
$$V = \int_0^\infty \rho_w(z)\mathrm{d}z \tag{5}$$

云液态水总量:
$$L = \int_0^\infty \rho_1(z)\mathrm{d}z = \int_{z_b}^{z_t} \rho_1(z)\mathrm{d}z \tag{6}$$

式中:$\rho_w(z)$ 是水汽密度,$\rho_1(z)$ 是云含水量,$z_b$ 是云底高度,$z_t$ 是云顶高度。$V$ 和 $L$ 的单位为 $\mathrm{kg \cdot m^{-2}}$,本文为了研究方便将国际制单位等效地转换成更为常用的单位 cm,可理解为和全部凝结成水降落在单位面积上所产生的水柱高度。

文献[8-9]指出,$\tau$ 与 $V$ 和 $L$ 之间呈很好的线性关系:$\tau = mV + nL$,这里 $m$ 和 $n$ 为两个与通道频率有关的经验常数[9]。将大气光学厚度,而不是亮温,用于反演会得到更好的反演结果。为了同时得到 $V$ 和 $L$,分别选择对水汽敏感和对云中液态水敏感的各一个通道,这样就可以得到联解遥感方程组,解的形式如下:
$$\begin{cases} V = a_0 + a_1\tau_1 + a_2\tau_2 \\ L = b_0 + b_1\tau_1 + b_2\tau_2 \end{cases} \tag{7}$$

式中:$a_i$、$b_i(i=0,1,2)$ 是统计回归系数,$\tau_1$、$\tau_2$ 分别表示微波辐射计在频率 23.8 GHz 和 36.5 GHz 处测得的大气光学厚度值。

引进大气平均下行辐射温度 $T_m$,由 $t(0,z) = \exp\{-\int_0^z k_a(z')\sec\theta\mathrm{d}z'\}$ 和(4)式得到:
$$T_b(\theta,v) = T_b(\infty)t(0,\infty) + T_m[1-t(0,\infty)] \tag{8}$$

由(8)式有:
$$t(0,\infty) = \left[\frac{T_m - T_b(\theta,v)}{T_m - T_b(\infty)}\right] \tag{9}$$

从而,
$$t(0,\infty) = -\ln\left[\frac{T_m - T_b(\theta,v)}{T_m - T_b(\infty)}\right] \tag{10}$$

因此只要知道 $T_m$ 值以及 $T_b(\infty)$ 值,就可以计算出相对应的大气光学厚度值 $\tau$,然后再进行反演计算。$T_m$ 值的气候变化不超过 4%,在一定季节及地点可视为常数。$T_m$ 的值可以通过气候资料估算而得或由地面温度根据经验关系求得。在本文的实际计算中 $T_m$ 的值是由地面温度根据经验关系求得,具体的经验公式将在下文中给出。

### 1.4 统计样本的构建

首先根据历史探空资料(2000—2003 年世界时 00 时和 12 时探空资料),由(5)式计算出大气总水汽含量。探空资料中并不包含有云的信息,但是可以通过采用 Decker 构造云模式的方法[10]来估算云中液态水总量,假定给定云层的云水密度,并且定义其随高度变化是一个常数。本文在参考文献[10]的基础上,仿照文献[11]的做法,云含水量 $\rho_l(z)$(单位:$g \cdot m^{-3}$)取 0、0.05、0.1、0.2、0.5 等 5 个典型值。通过计算得到了大量晴天和云天大气的样本,再将探空资料中的温、压、湿廓线代入在文献[12]基础上改进的辐射传输模式中,辐射传输模式中采用了离散纵坐标法(Discrete Ordinate Method)来计算(4)式,得到模拟的晴天和云天大气天顶角方向的下行亮温值,将相对应的亮温值转换成大气光学厚度值。

用上述方法计算得到的 23.8 GHz 和 36.5 GHz 处的大气光学厚度值与水汽总量及云液态水总量的关系如图 3 所示。由图 3 可见,大气光学厚度 $\tau$ 与水汽总量 $V$ 及云液态水总量 $L$ 之间存在很好的线性相关关系。

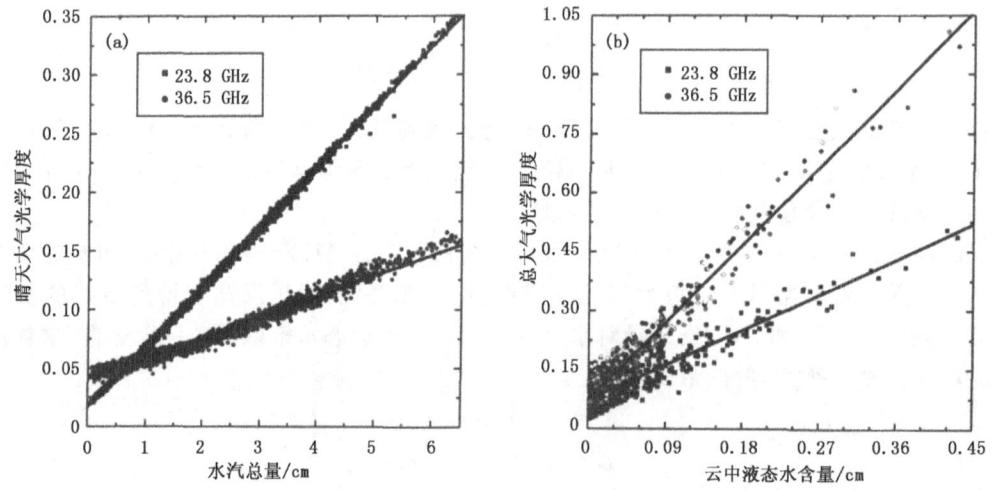

图 3  23.8 GHz 和 36.5 GHz 频率处大气光学厚度模拟值与水汽总量(a)和云液态水总量(b)的关系

## 2 反演方法的实施及分析

### 2.1 反演公式的各项系数

前文已经提到宇宙背景亮温值 $T_b(\infty)$ 一般取为 2.75 K,这个值与 $T_m$ 值相比在多数情况下均可忽略。研究发现 $T_m$ 值与地表气温 $T_s$ 密切相关,回归分析得到对各个频率均适用的经验关系:

$$T_m = T_0 + (T_s - 273.15)\mu \quad (11)$$

式中:$T_m$,$T_0$,$T_s$ 的单位均为 K。对于 23.8 GHz,$T_0=267.26$ K,$\mu=0.7347$;对于 36.5 GHz,$T_0=263.44$ K,$\mu=0.8110$;其标准偏差分别为 3.75 K 和 4.47 K,回归的相关系数均达到 0.90 以上。在中纬度地区,$T_m$ 值的标准偏差平均约为 5 K,而 5 K 的 $T_m$ 值误差相当于晴天条件下 0.2 K 的亮温测量误差,或是相当于云天条件下的 1 K 的亮温测量误差[13]。应用上述方法计算得到(7)式中不同季节条件下的各个系数,列于表 1 中。表 1 中 $S$ 为回归拟合方程的平均标准偏差，$R$ 为回归拟合方程的复相关系数。从表 1 中可见 $R$ 均达到了 0.98 以上，说明用线性统计回归反演方程的拟合效果是很好的。

表 1 不同季节下的 $V$ 和 $L$ 的反演系数

| | | $a_0$ | $a_1$ | $a_2$ | $S$/cm | $R$ |
|---|---|---|---|---|---|---|
| $V$ | 春 | −0.24854 | 20.06227 | −1.76248 | 0.03497 | 0.99907 |
| | 夏 | −0.30536 | 17.89157 | 2.95531 | 0.05000 | 0.99910 |
| | 秋 | −0.26026 | 19.86234 | −1.37121 | 0.03236 | 0.99955 |
| | 冬 | −0.08576 | 21.40199 | −6.31468 | 0.01154 | 0.99906 |
| | | $b_0$ | $b_1$ | $b_2$ | $S$/cm | $R$ |
| $L$ | 春 | −0.01495 | −0.10013 | 0.38798 | 0.00351 | 0.99353 |
| | 夏 | −0.01610 | −0.15314 | 0.46964 | 0.00729 | 0.98973 |
| | 秋 | −0.01702 | −0.10675 | 0.41317 | 0.00488 | 0.99287 |
| | 冬 | −0.01471 | −0.06633 | 0.34145 | 0.00164 | 0.99767 |

## 2.2 反演精度的数值模拟检验

采用数值模拟的方法对 2.1 节中给出的反演系数的精度做检验，具体做法是选取一批探空资料，按 1.4 节所述的方法构成晴天和云天的大气样本作为检验样本，由探空资料根据（5）和（6）式计算得到的水汽总量及云液态水总量作为模拟真值，而由探空资料根据（4）式计算的各样本的亮温值作为模拟观测值。用表 1 中给出的各个反演系数对模拟观测值做反演，得到和的反演值。统计比较反演值对模拟真值的偏差，就可以对反演精度做出估计。表 2 给出了本文所用的检验样本。

令每个季度的检验样本数为 $n$ 份，每个样本的水汽总量和云液态水总量的模拟真值分别记为 $V^0$ 和 $L^0$，而由模拟观测亮温利用表 1 中的反演系数得到的水汽总量和云液态水总量的反演值分别记为 $V$ 和 $L$，用下标 $i$ 表示第 $i$ 份样本，则反演值对真值的统计标准偏差 $SD$ (Standard deviation) 表示为

$$SD_V = \sqrt{\frac{1}{n}\sum_{i=1}^{n}(V_i - V_i^0)^2}$$

$$SD_L = \sqrt{\frac{1}{n}\sum_{i=1}^{n}(L_i - L_i^0)^2}$$

检验的结果列于表 2 中。从表 2 中可以看出，自检验的效果一般要比独立检验的更好一些，但是，独立检验的效果比自检验反映的反演精度更客观一些，因此下面讨论具体精度时，引用独立检验的结果。水汽总量的 $SD$ 最大值出现在夏季，可能是由于夏季水汽总量最大，绝对偏差也相对较大。因此单独考察 $SD$ 值大小并不能反映反演精度的好坏，引入相对标准偏差 $RSD$，定义如下：

$$RSD = \frac{SD}{\overline{X}} \times 100\%$$

其中：$\overline{X}$ 为水汽总量模拟真值的 $n$ 个样本的平均。$RSD$ 值越小，表征反演精度越高。用表 1 各系数反演水汽总量的相对标准偏差在春、夏、秋、冬分别为 3.1%、1.6%、2.2% 和 2.4%。考

虑到探空系统在测湿方面的相对误差平均在3%～10%[9]，可以认为用(7)式得到的水汽总量的反演结果的精度是令人满意的。而在晴天条件下，云液态水总量接近于0，计算相对标准偏差就没有意义了，所以没有给出云液态水总量的相对误差检验。

表2 回归方程的检验样本和检验结果

| | 自检验样本(2000—2003年) | | | 独立检验样本(2004年) | | |
| --- | --- | --- | --- | --- | --- | --- |
| | 样本数($V;L$) | $SD_{dV}$/cm | $SD_{dL}$/cm | 样本数($V;L$) | $SD_{dV}$/cm | $SD_{dL}$/cm |
| 春 | 727;2908 | 0.02980 | 0.00330 | 182;728 | 0.03355 | 0.00354 |
| 夏 | 732;2928 | 0.06201 | 0.00597 | 182;728 | 0.05665 | 0.00699 |
| 秋 | 732;2892 | 0.03192 | 0.00469 | 166;664 | 0.02975 | 0.00386 |
| 冬 | 718;2872 | 0.01157 | 0.00156 | 181;724 | 0.01098 | 0.00249 |

### 2.3 遥感反演分析及对比验证

基于上述分析，利用(7)式和表1中各个反演系数对实际的微波辐射计资料进行反演。微波辐射计位于中科院大气物理研究所香河综合观测基地。仪器观测时间为2005年2月28日—6月14日，在观测期间，由于仪器故障原因，曾中断观测。图4给出了用微波辐射计遥感反演得到的水汽总量与相同时刻的探空测量的水汽总量的对比结果。

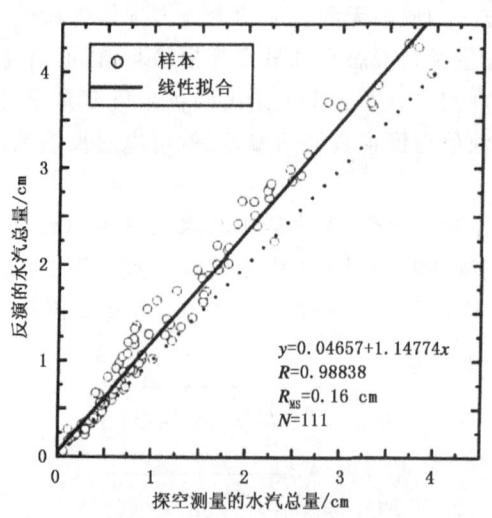

图4 微波辐射计反演的水汽总量和探空测量的水汽总量的散点图

从图4中可以看出，微波辐射计反演的水汽总量总体上要比探空测量的水汽总量要偏大，它们之间的线性相关系数达到0.988，均方根误差为0.16 cm。在仪器的观测时段二者对应时刻测量的水汽总量的比较为：在111个样本中，微波辐射计反演值平均为1.33 cm，而探空测量值平均为1.12 cm，二者之间最大偏大0.85 cm，最小偏小0.002 cm，总体上反演值比探空值平均偏大0.21 cm，二者的均方根偏差为0.30 cm。具体原因可能是：(1)微波辐射计测量地所在的香河与北京相距约为60 km，而用来比较的探空测量值是北京地区的水汽总量；(2)探空资料代表的是探空仪轨迹上的大气状态，而且一次探空需1 h左右，辐射计遥感资料代表的是辐射计天线方向上波束内的大气状态,探测需时仅为秒或分钟的量级。总的来说,二者之间有一定的不可比性。

图 5 给出了水汽总量和云液态水总量的部分反演结果。从图 5 可以看出,从 2005 年 2 月 28 日到 5 月 29 日期间,北京地区云液态水总量的总体变化不大,云水含量基本上都在 0.1 mm 以下;仅在个别降水天气条件下其值超过 0.4 mm,此时由于降水的存在,雨滴的散射作用不能忽略,导致微波辐射计的观测信号饱和,这时前文所述的晴天或非降水云天条件下的反演方法不再适用。而初步分析发现,云液态水总量存在一个阈值 0.4 mm,超过这个值北京地区一般会出现降水。这个阈值与河北石家庄[14]、安徽寿县[15]的观测结果基本一致。水汽总量的月季变化很大,观测期间,剔除降水条件下的资料,水汽最大值为 6.27 cm,最小值仅为 0.063 cm,相差了近两个数量级。3 月水汽总量平均值为 0.714 cm,4 月平均值为 1.654 cm,5 月平均值为 2.299 cm,呈增大趋势。从图 5 中还可发现,即使在同一月份,水汽总量的日变化趋势也有很大的差异,这是由于水汽场变化与天气条件的变化有关;在每一次降水发生之前,水汽和云液态水总量均会出现一个显著增加的过程,而在降水结束之后则会出现一个显著减少的过程。

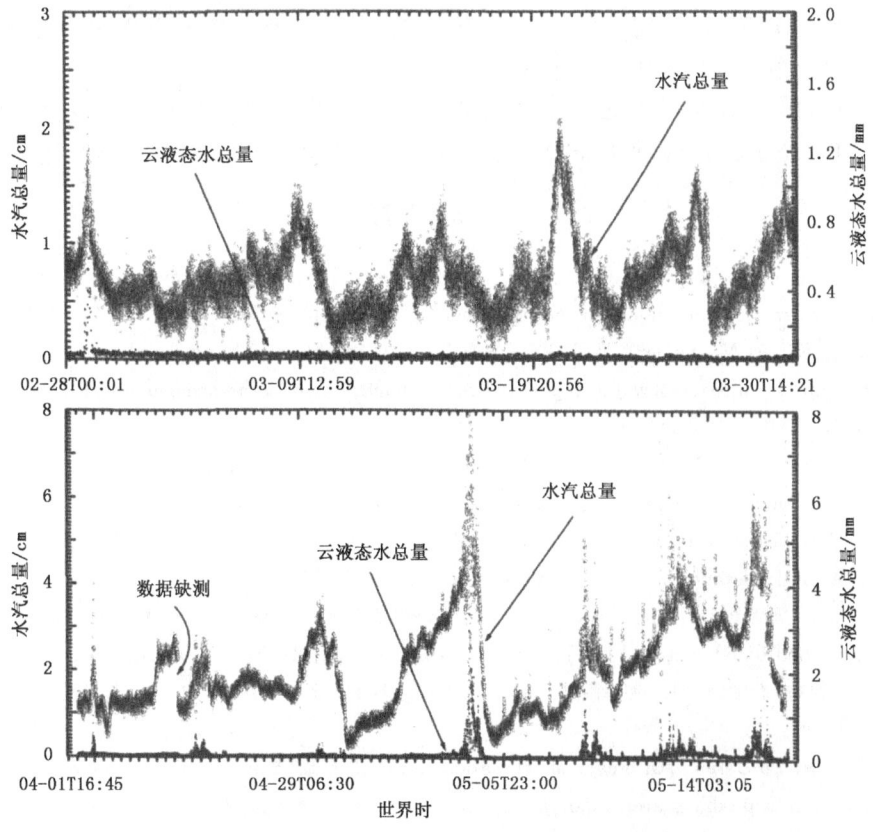

图 5 微波辐射计反演水汽总量和云液态水总量的部分结果

## 3 结论

(1)通过计算 2000 年到 2003 年的探空资料,给出了实用的有气候代表性的北京地区 4 个季节的地基微波反演公式,并对反演公式进行了数值检验,分析了反演精度:春、夏、秋、冬 4 季水汽总量反演的相对标准偏差分别为 3.1%、1.6%、2.2%和 2.4%,精度令人满意,反演公式可靠、可用。

(2)用 NASA 的微波辐射计在中科院大气物理研究所香河综合观测基地的观测资料所反演的水汽总量平均比探空测量的水汽总量要偏大 0.21 cm。它们之间的线性相关系数达到 0.988,均方根误差为 0.16 cm。

(3)对反演结果统计发现,北京地区水汽总量从 3 月到 5 月呈递增的趋势,平均值从 0.714 cm 增大到 2.299 cm。水汽总量最大值和最小值相差近两个数量级,分别为 6.27 cm、0.063 cm。受天气条件的影响,水汽总量的日变化存在差异。

(4)云液态水总量除降水云天外,值均在 0.1 mm 以下。初步分析,云液态水总量存在一个阈值 0.4 mm,超过这个值北京地区一般会出现降水。

(5)在每一次降水发生前,水汽和云液态水总量均会出现一个显著增加的过程,而在降水结束后,则会出现一个显著减少的过程。

**致谢**:中国科学院大气物理研究所的宣越健老师和魏重老师为本文提出了有益意见,NASA/GSFC 的 S C Tsay 博士和 Qiang Ji 博士为本文提供了观测仪器,谨致谢忱!

### 参考文献

[1] Hogg D C, Guiraud F O, Snider J B, et al. A steerable dual-channel microwave radiometer form easurement of water vapor and liquid in the troposphere[J]. J Appl Meteor, 1983, 22(5):789-806.

[2] Mark H, Robert M, Snider J B. Field evaluation of a dual-channel microwave radiometer designed form easurements of integrated water vapor and cloud liquid water in the atmosphere[J]. J Atmos Oceanic Technol, 1987, 4(1):204-213.

[3] Wei Chong, Leighton H G, Rogers R R. A comparison of several radiometric methods of deducing path integrated cloud liquid water [J]. J Atmos Oceanic Technol, 1989, 6(6):1001-1012.

[4] Snider J B. Long term observations of cloud liquid, water vapor, and cloud base temperature in the North Atlantic Ocean[J]. J Atmos Oceanic Technol, 2000, 17(7):928-939.

[5] Han Yong, Westwater E R. Remote sensing of tropospheric water vapor and cloud liquid water by integrated ground based sensors [J]. J Atmos Oceanic Technol, 1995, 12(5):1050-1059.

[6] 吕达仁,魏重,忻妙新,等. 地基微波遥感大气水汽总量的普适性回归反演[J]. 大气科学,1993,17(6):721-731.

[7] Wei Chong, Lu Daren. An universal regression retrieval method of the ground based microwave remote sensing of precipitable water vapor and path, integrated cloud liquid water content[J]. Atmos Res, 1994, 34:309-322.

[8] 周秀骥,吕达仁,黄润恒,等. 大气微波辐射及遥感原理[M]. 北京:科学出版社,1982.

[9] 张培昌,王振会. 大气微波遥感基础 [M]. 北京:气象出版社,1995.

[10] Decker M T, Westwater E R, Guiraud F O. Experimental evaluation of ground based microwave radiometric sensing of atmospheric temperature and water vapor profiles[J]. J Appl Meteor, 1978, 17(12):

1788-1795.

[11] 王振会,徐培源,邓军,等. 三通道微波辐射计遥感大气中水汽、液水和电长度增量的数值实验[J]. 南京气象学院学报, 1995, 18(3): 396-403.

[12] Liu G. A fast and accurate model for microwave radiance calculations[J]. J Meteor Soc Japan, 1998, 76(2): 335-343.

[13] Westwater E R, Guiraud F O. Ground based microwave radiometric retrieval of precipitable water vapor in the presence of clouds with high liquid water content[J]. Radio Sci, 1980, 15(5): 947-957.

[14] 段英,吴志会. 利用地基遥感方法检测大气中汽态、液态水含量分布特征[J]. 应用气象学报, 1999, 10(1): 34-40.

[15] 姚展予,王广河,游来光,等. 寿县地区云中液态水含量的微波遥感[J]. 应用气象学报, 2001, 12(增刊): 88-95.

# 9914号台风降水云系雨强的三维结构初探*

钟敏[1]　吕达仁[2]　杜秉玉[1]

(1. 南京信息工程大学电子工程系,南京 210044;2. 中国科学院大气物理研究所 LAGEO,北京 100029)

**摘要**:利用 TRMM 卫星的测雨雷达资料,研究了 9914 号台风降水云系在 3 个不同时次雨强的水平和垂直结构。结果表明:3 个时次层状云降水在像素数量上及对总降水量的贡献上均比对流性降水大;3 个时次层状云降水和对流性降水的平均雨强均随台风强度加强有较大的增幅;对流性降水与层状云降水的雨强的垂直廓线有明显的差别,但两类降水廓线本身在 3 个时次差别不大。对流性降水廓线按斜率不同大致分为 3 段,雨强均随高度减小,5~6 km 高度段减速最快。层状云降水廓线大致分为 4 段,在 4~5 km 高度附近出现明显的亮带结构。
**关键词**:TRMM PR;台风;降水云系;雨强;三维结构

# 引言

　　台风是发生在热带洋面上的灾害性天气系统。随着观测技术的日益完善,对台风详细三维结构的认识正在逐步加深。Centry 等[1]在 1970 年第一次把宇宙飞船上所拍照片、飞机观测资料、地面雷达资料、卫星资料以及常规观测资料结合起来,演绎出飓风的三维环流特征并提出了飓风发展机制的新观点。Marks 等[2-4]利用机载多普勒雷达资料首先开展了对飓风内核三维风场结构的研究。Geerts 等[5]利用机载 X 波段多普勒雷达提供的及时精确的资料,研究了飓风登陆时与山地相互影响下的降水和气流三维结构及变化。Heymsfield 等[6]将高分辨率的 GOES 卫星资料,EDOP 飞机雷达资料和其他实测资料相结合研究了飓风在对流爆发期的内部结构并探讨了对流爆发与暖心结构的关系。Liu 等[7]利用 QuikSCAT 的海表面风资料与 TRMM 的降水资料,揭示了飓风动力和水过程的相互影响。毛冬艳等[8]利用 TRMM 资料对 Sam 台风做了初步分析。在这些观测研究中,针对台风降水云系雨强的三维结构还没有详细的描述。傅云飞等[9]曾指出,研究降水水平结构和垂直结构的重要性在于:降水的水平结构,如降水性质(对流性降水或层状云降水)水平分布、地表雨强水平分布等在一定程度上反映了降水云团的性质及其所处的状态,而降水的垂直结构反映了降水云的热力和动力结构,以及

---

\* 本文发表于《南京气象学院学报》,2006 年第 29 卷第 1 期,41—47.

云中降水的微物理特征。可见,台风降水作为造成台风灾害的主要因子之一,对其三维结构的深入了解是很有必要的。本文利用 TRMM 的测雨雷达资料详细分析了 9914 号台风降水云系在三个不同时次雨强的水平和垂直结构特征。

## 1 资料

TRMM 卫星于 1997 年 11 月升空,卫星高度 350 km,轨道范围位于 35°S～35°N,轨道周期约 96 min。卫星上的测雨雷达 PR 工作频率 13.8 GHz,扫描宽度 215 km,星下点水平分辨率 4.3 km,也即文中所指像素的水平尺度,垂直分辨率 250 m[10]。本文研究 9914 号台风所用的是 PR 的标准资料 2A25,它提供了近地面雨强(单位:mm/h),衰减订正后的 20 km 高度范围内 80 层的雨强[11]及降水类型[12]的信息。降水类型分为对流性降水、层状云降水和其他类型降水。

## 2 9914 号台风分析

9914 号台风于 1999 年 10 月 2 日 12 时(世界时,下同)在菲律宾以东洋面上由热带低压稳定地向偏西方向移动,强度不断加强,于 4 日 12 时达到台风强度。7 日 12 时,强度达到最强,中心气压 955 hPa,中心最大风速 41.2 m/s。9 日 02 时台风登陆,9 日 18 时台风减弱为低气压。本文在这一过程中选取了 3 个时次资料,分别是 3 日 02 时 25 分 3.8 秒(以 PR 在 129.293°E,19.0834°N 的探测为准),7 日 08 时 50 分 46.4 秒(以 PR 在 119.135°E,22.0843°N 的探测为准)和 8 日 01 时 10 分 1.8 秒(以 PR 在 117.872°E,23.4660°N 的探测为准)。为了叙述方便,以下简称 A 时,B 时和 C 时。3 个时次在整个台风生命史的位置见图 1。需要说明的是,由于 PR 扫描宽度只有 215 km,而台风的直径约为 500 km,所以本文只针对 PR 扫描范围内的降水做详细的分析和比较。

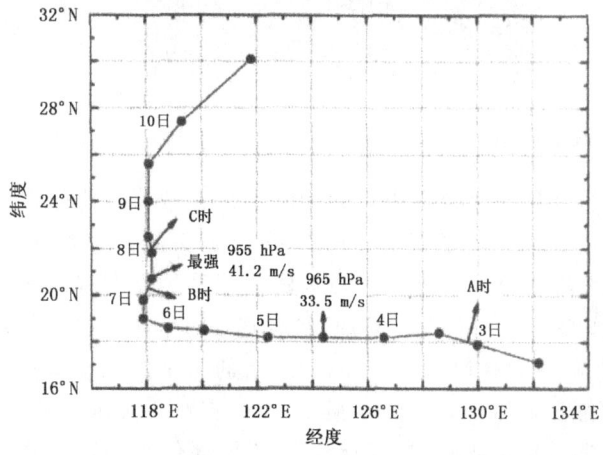

图 1　3 个时次在整个台风生命史的位置示意图

## 2.1 台风降水云系雨强水平结构

本文分析台风降水云系雨强水平结构时,利用了 2A25 近地面雨强资料。图 2 给出了 3 个时次 PR 扫描范围内近地面雨强的分布。从图中可以看出:台风降水雨强的水平分布是不均匀的,台风眼内几乎无雨,眼墙区和螺旋雨带区分布着多个强雨团和强雨带,最大雨强超过 100 mm/h,它们并不是孤立存在的,而是镶嵌在面积较大的层状云降水之中。另外,强降水一般都分布在台风前进方向的右侧,具有不对称性,这与台风风场的不对称性[4]一致。

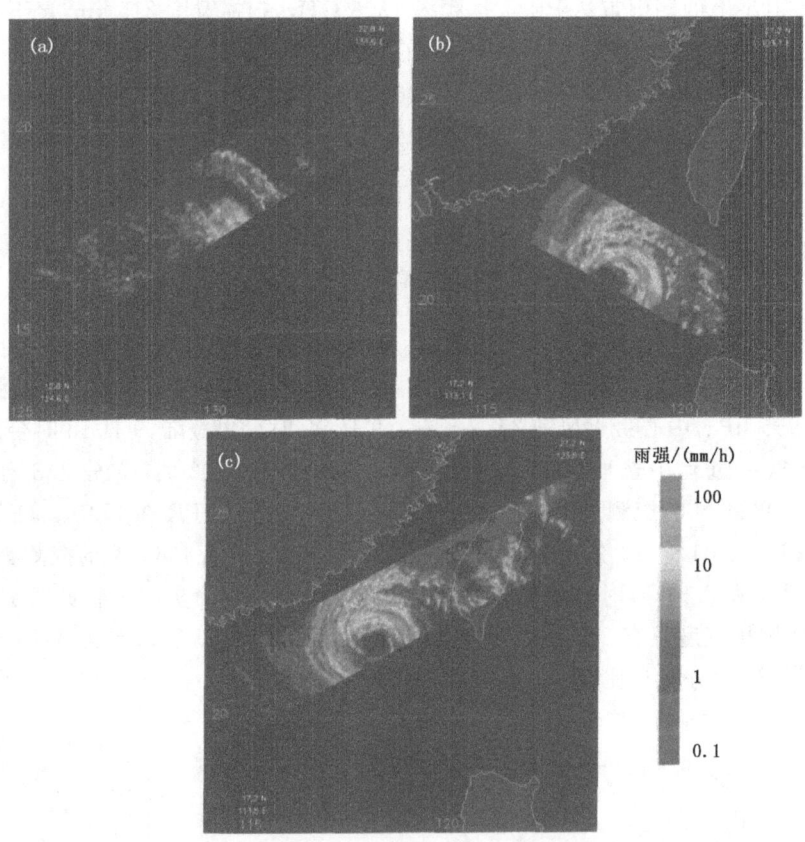

图 2 3个时次 PR 扫描范围内近地面雨强(单位:mm/h)(a)A 时;(b)B 时;(c)C 时(附彩图)

表 1 给出了 3 个时次 PR 扫描范围内近地面降水像素数量及降水量。由表 1 可见:其他类型降水的像素数量及对总降水量的贡献均很少,所以本文仅针对对流性降水和层状云降水来研究。3 个时次对流性降水像素数量占总降水像素数量的比例有递减的趋势,而对流性降水对总降水量的贡献,A 时和 B 时略大于 C 时,且在这个过程中,层状云降水总量一直大于对流性降水总量。由此可见,在台风降水中,层状云降水的水平面积较对流性降水的大很多,尽管层状云降水的平均雨强比对流性降水的小很多,但是它对总降水量的贡献却比对流性降水要大。当然这一结果可能会因为雷达扫描到台风的不同部位而受到一定影响。3 个时次层状云降水和对流性降水的平均雨强从 A 时到 B 时、C 时均有一较大的增幅,这可能也是台风强度加强的体现。

表1　3个时次PR扫描范围内近地面降水像素数量及降水量

| 时次 | 降水类型 | 像素数量 | 占总像素数量比例/% | 近地面总雨强/(mm/h) | 占总降水量比例/% | 平均雨强/(mm/h) |
|---|---|---|---|---|---|---|
| A时 | 对流性降水 | 408 | 16.1 | 4109 | 43.7 | 10.07 |
| | 层状云降水 | 2079 | 82.1 | 5275 | 56.1 | |
| | 其他降水 | 44 | 1.7 | 20 | 0.2 | 2.54 |
| B时 | 对流性降水 | 836 | 15.0 | 14757 | 44.4 | 17.65 |
| | 层状云降水 | 4704 | 84.3 | 18436 | 55.5 | |
| | 其他降水 | 39 | 0.7 | 18 | 0.1 | 3.92 |
| C时 | 对流性降水 | 786 | 10.6 | 14298 | 38.1 | 18.19 |
| | 层状云降水 | 6487 | 87.5 | 23168 | 61.7 | |
| | 其他降水 | 137 | 1.8 | 66 | 0.2 | 3.57 |

从9914号台风在3个时次对流性降水和层状云降水的雨强谱分布(图3)可以看出:层状云降水的雨强谱谱型较为简单,3个时次雨强主要集中在10 mm/h以下,这与陆面的中尺度降水个例相似,谱型呈递减趋势。在A时,0～5 mm/h的降水在像素数量和对层状云降水总量的贡献上均最大。随着台风的发展,5～10 mm/h的降水像素数量有所增加,对层状云降水总量的贡献也与0～5 mm/h相当甚至稍强。对流性降水的雨强谱比层状云降水的雨强谱要宽得多,且谱型也复杂些,在发展过程中变化也更为明显,主要表现为:在A时,5 mm/h以下的降水像素数量最多,随着台风强度的加强,在B时和C时10～20 mm/h的降水像素数量最

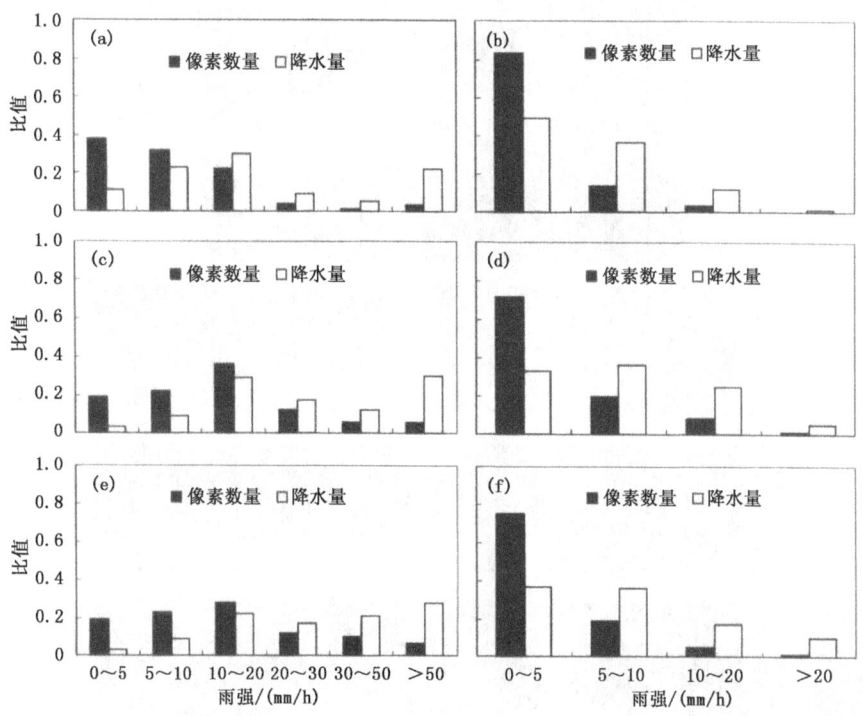

图3　3个时次对流性降水和层状云降水的雨强谱 (a)A时对流性降水;(b)A时层状云降水;(c)B时对流性降水;(d)B时层状云降水;(e)C时对流性降水;(f)C时层状云降水

多。在 A 时,10~20 mm/h 的降水对对流性降水总量的贡献最大,到了 B 时和 C 时,50 mm/h 以上的降水贡献最大。

## 2.2 台风降水云系雨强垂直结构

分析台风降水云系雨强垂直结构时用 20 km 高度以下 80 层的雨强资料。为了获得直观印象,以 B 时为例给出了沿离台风眼不同距离处的 6 条直线(图 4a)做的垂直剖面(图 4b),分析表明:从云顶来看,云墙区的 EF 剖面回波顶最高,达 12 km,其他剖面回波顶都在 10 km 左右,其中处于台风螺旋雨带区的 AB 剖面的回波顶最低。从 6 个不同位置的剖面图上可以看出,对流降水回波呈柱状,最大雨强超过 100 mm/h,强回波的最大高度在 5 km 左右。强对流降水云中雨强随高度的分布也有非均匀分布的情况,例如在 EF 和 KL 剖面上都能看到强回波悬于云体中,雨强并不是完全随云体高度增加而减小。层状云的回波顶比较平,雨强随高度的分布也比较均匀,成片状,云体中雨强在 10 mm/h 以下,在约 5 km 高度处可以看到一平整的高亮度带,即零度层亮带。

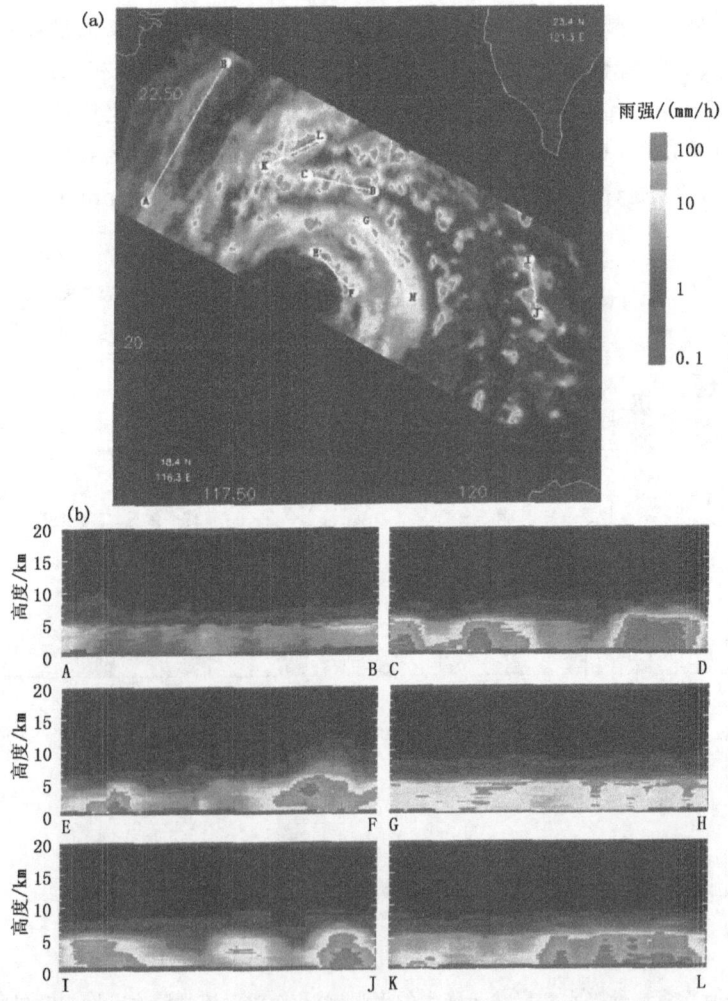

图 4  6 条直线所处台风中的位置(a)及沿 6 条直线所做雨强垂直剖面(b)(单位:mm/h)(附彩图)

为了从整体上看出台风降水云系雨强的垂直结构,本文还给出了3个时次对流性降水和层状云降水的垂直廓线。由于受到地表对PR回波的干扰,2 km以下的资料均受到不同程度的影响,因此,给出了2 km到12 km高度间的降水廓线,见图5。首先将样本按雨强进行分类,对流性降水分为0~5、5~10、10~20、20~30、30~50和>50 mm/h 6档,层状云降水分为0~5、5~10、10~20 mm/h 3档,将这些分档样本在各高度层(间隔250 m)上的平均雨强分别与2 km高度处各档样本的平均雨强做比值,亦即图中横坐标所代表的含义。从图5可以看到,对流性降水与层状云降水的廓线有明显的差别,但两类降水廓线本身在3个时次均差别不大。同一时次各档样本的降水廓线虽有所差别,但是其变化趋势基本一致。从廓线的斜率上看,对流性降水廓线大致分为3段,第1段从2 km到5 km左右,雨强随高度减小,减速中等,雨滴在这一段经历碰并增长过程[10],强回波集中在降水云体的下部;第2段为5 km左右到6 km左右,这一段雨强随高度迅速减小;第3段从6 km直到雨顶,雨强继续减小直至0。第2

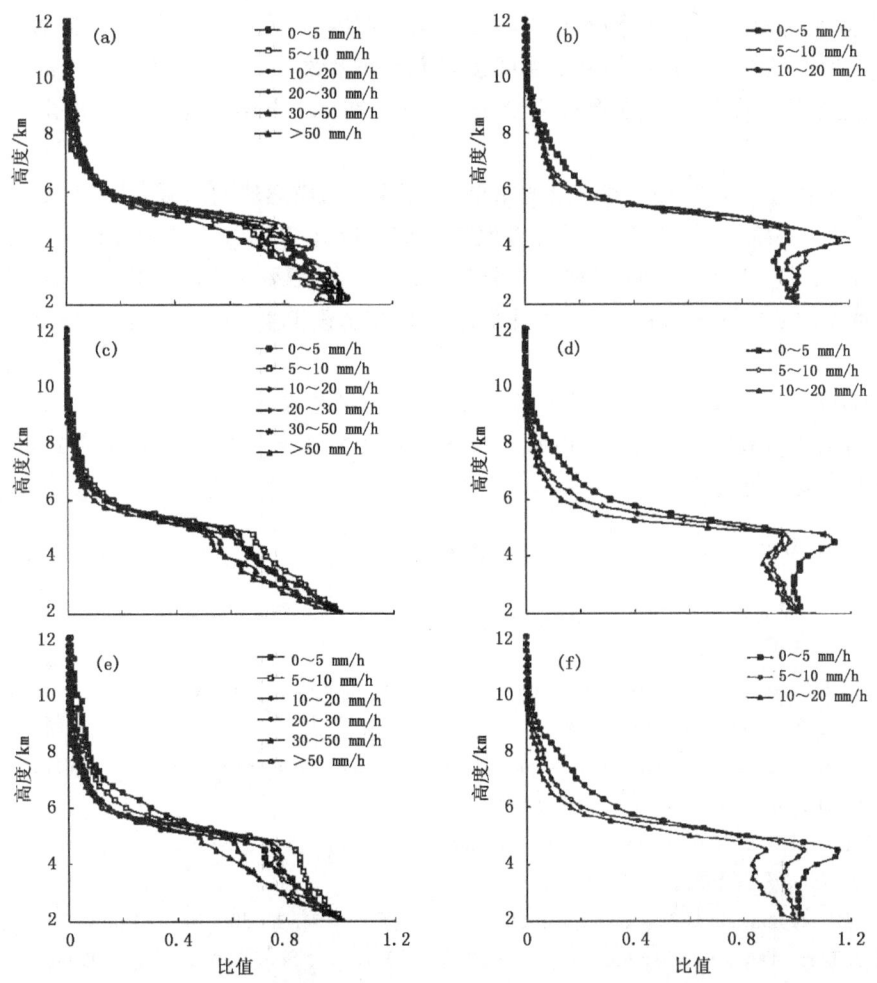

图5 3个时次对流性降水与层状云降水廓线

(a) A时对流性降水;(b) A时层状云降水;(c) B时对流性降水;(d) B时层状云降水;
(e) C时对流性降水;(f) C时层状云降水

段和第 3 段均是在冻结层以上,为冰晶和过冷水混合层[10]。层状云降水廓线按斜率不同大致分为 4 段,从 2 km 到 3.75 km 附近雨强随高度减小很慢,有的几乎不变;第 2 段从 3.75 km 到 4.5 km 附近,雨强随高度增大,达到整个廓线雨强的最大值,这也是雷达回波的亮带位置;第 3 段是这个高度向上至 6 km 处,雨强随高度迅速减小;6 km 以上直至雨顶,减速降低。

## 3 结论与讨论

(1)9914 号台风在 3 个不同时次,层状云降水在像素数量及对总降水量的贡献上均比对流性降水大。

(2)对 3 个时次雨强谱的分析表明,层状云降水雨强主要集中在 10 mm/h 以下,谱型呈递减趋势。对流性降水在发展过程中,强降水在像素数量和对总降水量的贡献上均呈上升趋势。3 个时次对流性降水和层状云降水的平均雨强均随台风强度加强有较大的增幅。

(3)在垂直结构上,对流性降水与层状云降水的廓线有明显的差别,但两类降水廓线本身在 3 个时次均差别不大。对流性降水廓线按斜率不同大致分为 3 段,雨强均随高度减小,5 到 6 km 段减速最快。层状云降水廓线大致分为 4 段,在 4.5 km 高度附近表现出明显的亮带结构。

以上只是通过一个台风个例得出的结果,由于 PR 扫描宽度的局限,结果可能受到扫描样本的影响。在今后的工作中,我们还将做大量个例的统计分析以及利用 TRMM 卫星上另两个传感器 TMI 和 VIRS 几乎同时观测的资料与 PR 结合,以弥补 PR 扫描宽度的局限。另外,由于 PR 回波在衰减订正和利用 $Z-I$ 关系计算雨强时不可避免地存在误差,这也可能对本文的结果有一定影响。

**致谢**:Goddard DAAC 提供了 PR 的全部资料,台风路径和强度资料来自日本国家情报学研究所(http://agora.exniiac.jp),国家海洋局三所的孙强为资料的获取提供了极大的帮助,在此一并表示衷心的感谢!

### 参考文献

[1] Gentry R C, Fujita T T. Sheets R C. Aircraft, spacecraft, satellite and radar observations of Hurricane Gladys, 1968[J]. J Appl Meteorol, 1970, 9(6): 837-850.

[2] Marks F D, Houze R A. Airborne Doppler radar observation in Hurricane Debby[J]. Bull Amer Meteorol Soc, 1984, 65(6):569-582.

[3] Marks F D, Houze R A. Inner core structure of Hurricane Alicia from airborne Doppler radar observations[J]. J Atmos Sci, 1987, 44(9): 1296-1317.

[4] Marks F D, Houze R A, Gamache J F. Dual-aircraft investigation of the inner core of Hurricane Norbert[J]. J Atmos Sci, 1992, 49(11): 919-942.

[5] Geerts B, Heymsfield G M, Tian L, et al. Hurricane Georges's landfall in the Dominican Republic: Detailed airborne Doppler radar imagery[J]. Bull Amer Meteorol Soc, 2000, 81(5): 999-1018.

[6] Heymsfield G M, Halverson J B, Simpson J, et al. Doppler radar investigations of the eye wall of Hurricane Bonnie during the convection and moisture experiment 3[J]. J Appl Meteorol, 2001, 40(8): 1310-1330.

[7] Liu W T, Hu H, Yueh S. Interplay between wind and rain observed in Hurricane Floyd[J]. Eos Trans

AGU, 2000, 81(23): 253-257.
[8] 毛冬艳,程明虎. 用 TRMM 资料研究 1999 年 Sam 台风[J]. 气象科技, 2001, 29(2): 37-40.
[9] 傅云飞,宇如聪,徐幼平,等. TRMM 测雨雷达和微波成像仪对两个中尺度特大暴雨降水结构的观测分析研究[J]. 气象学报, 2003, 61(4): 421-431.
[10] Kummerow C, Barnes W, Kozu T, et al. Tropical rainfall measuring mission (TRMM) sensor package [J]. J Atmos Technol, 1998, 15(3): 809-817.
[11] Iguchi T, Kozu T, Meneghini R, et al. Rain profiling algorithm for the TRMM precipitation radar[J]. J Appl Meteorol, 2000, 39 (12): 2038-2052.
[12] Awaka J, Iguchi T, Okamoto K. Early results on rain type classification by the Tropical Rainfall Measuring Mission (TRMM) Precipitation Radar [R]. Proc. 8th URSI Commission F Open Symp, Aveiro, Portugal, 1998: 143-146.

# 大气环流系统组合性异常与极端天气气候事件发生[*]

李崇银[1,2]　杨辉[1]　赵晶晶[1,3]

(1.中国科学院大气物理研究所 LASG 国家重点实验室,北京 100029;2.国防科技大学气象海洋学院,南京 211101;3.中国科学院大学,北京 100049)

**摘要**:根据 2008 年 1 月我国南方发生的持续严重低温雨雪冰冻灾害、1998 年长江流域的特大洪涝灾害和 2009/2010 年冬季云南的极端干旱灾害的分析结果,再次强调指出,对于一些小概率的极端天气气候事件的发生,大气环流系统的组合性异常起着极其重要的作用。对于 2008 年的严重低温雨雪冰冻灾害的发生,多个大气环流系统的组合性异常包括:乌拉尔山阻塞高压和贝加尔湖—巴尔喀什湖的横槽,这为不断有冷空气从西路向南爆发提供了条件;东亚和日本地区的高度正异常使得北方冷空气的势力不是很强,适于锋面在我国南岭及其以北地区较长时间停留,为持续降水确立了背景;西太平洋副高偏强和偏西也对冷空气的向南推进起了阻挡作用;印—缅槽的持续偏强和西太平洋副高的偏强共同使暖湿空气源源不断地输送到华南地区,有利于持续降水的发生,为冰冻造成了条件。对于 1998 年夏季长江流域的特大洪涝的发生,多个环流系统的异常包括:夏季西南季风涌的活动,西太平洋副热带高压活动,北方冷空气活动和青藏高原对流系统东传的共同作用。对于 2009/2010 年冬季云南的极端干旱灾害的发生,多个环流系统的异常包括:对流层高层中东地区副热带西风急流减弱,影响 Rossby 波的活动,不利于青藏高原—孟加拉湾槽的建立;西太平洋副热带高压偏强、位置略为偏南,对低层水汽输入云南起到抑制作用;NAO 的负异常所导致的遥相关波列异常,使得东亚北方冷空气活动偏东,不易到达云南地区,还使得南支槽偏弱,暖湿气流也不易到达云南地区。ENSO 虽然对中国天气气候变化有相当重要的影响,但并非每次异常天气气候事件的发生都是它的直接影响。对于 ENSO 影响必须作具体分析,才能决定它在异常事件、特别是极端天气气候事件中的确切作用。

**关键词**:大气环流系统组合性异常;持续低温雨雪冰冻天气;长江流域洪涝;云南极端干旱;ENSO 影响

---

[*] 本文发表于《大气科学学报》,2019 年第 42 卷第 3 期,321-333。

全球增暖极有可能加剧自然灾害,使极端天气气候事件发生频次增加。联合国经济与社会事务部2008年的报告指出,自然灾害对经济造成的威胁正在加大,2000—2006年自然灾害每年对经济安全的威胁已是20世纪70年代每年威胁的4倍,每年造成的损失增加了7倍,受灾人数上升了4倍;而且一些分析研究表明自然灾害很有可能在贫穷国家造成更大灾难。极端天气气候事件,尤其是在大范围发生的极端天气气候事件,对广大人民的生产和生活都会造成严重的影响,特别值得注意。

气象灾害给中国造成的经济损失占全部自然灾害的71%,已成为制约经济社会可持续发展的重要因素。由于中国地处东亚季风区是受气象灾害最重的国家之一,持续干旱、暴雨洪涝和寒潮冷冻等灾害往往都会给国家经济和人民生产生活造成重大损失和影响(黄荣辉 等,2003;李崇银 等,2009)。其中干旱是影响最大的气象灾害。持续性干旱致使地表长期缺水,土壤逐渐干涸,地下水资源也逐渐减少以致枯竭,对各方面产生巨大影响。我国的干旱灾害大体有三个特点:一是干旱灾害面积广,但分布不均匀;二是干旱灾害出现频繁,有时持续时间较长,许多地区会出现春夏连旱或秋冬连旱;三是干旱常伴随着高温出现。

暴雨洪涝是我国仅次于干旱的气候灾害,洪涝每年造成的农作物受灾面积约占气象灾害总受灾面积的27.0%左右,个别严重洪涝年份受灾面积更大。全国平均雨涝受灾耕地约为1.0~1.5亿亩*左右。夏季暴雨与洪涝的关系密切,特别是20世纪90年代江淮流域暴雨对汛期降水的贡献显著增强。近年来,由于全球变暖,极端天气气候事件有频发的趋势,我国的暴雨等突发性天气灾害强度增强,发生频率增大,从而导致了经济损失加重,人员伤亡增多。

鉴于我国气象灾害的严重性,必须大力加强暴雨洪涝等的监测以及规律和机理的研究。尤其是,加强对极端天气气候事件发生机理的研究,提高预测预报水平也是国家的重大需求。本文仅就我国三次较为严重的大范围极端天气气候事件(2008年1月中国南方的严重低温雨雪冰冻灾害、1998年夏季长江流域严重洪涝灾害和2009/2010年冬季云南极端干旱灾害)的分析研究结果,归纳出一个重要的科学问题,即大气环流系统的组合性异常与极端天气气候事件的发生有密切关系。在研究和预测预报业务中,我们都需要密切关注"大气环流系统的组合性异常"这个问题。

# 1 2008年1月的严重低温雨雪冰冻灾害

2008年1月10日至月底,中国南方有19个省(湖南、贵州、广东、广西、湖北、安徽、江西、河南、陕西、四川、江苏、福建、甘肃等)遭受了几十年乃至一百年一遇的严重低温雨雪冰冻灾害,真可谓"罕见大雪冻住了半个中国"。这次罕见的低温雨雪冰冻灾害给全国人民的生活和生产造成了极其严重的影响,因大雪和冰冻使输电线路严重结冰,导致高压输电线断裂和输电线铁塔倒塌,仅湖南就有9000 km的输电线路被毁,几百个铁塔倒塌。输电线路的毁坏,造成了不少地方断电停产。因大雪以及冰雪造成的断电,使得大量铁路和公路运输中断,尤其是京广铁路和京珠高速严重受阻,数十辆火车和几千辆汽车被困在冰雪之中,在广州地区一度有近200万旅客无法乘车回家。据不完全统计,这次低温雨雪和冰冻天气就有一亿多人口受灾害影响,共有120多人因灾死亡、多人失踪,农作物受灾面积为1.77亿亩、绝收2530亩,共有

---

\* 1亩=1/15公顷,下同。

1.79亿亩森林受损毁,倒塌房屋35.4万间,造成直接经济损失超过1500亿元。

这次罕见的低温雨雪冰冻灾害是典型的极端天气气候事件所造成的,最主要的特点是范围广、强度大、持续时间长。分析研究这次极端天气气候事件发生的原因,寻求预测和预报的途径和方法,进而提前对类似的极端天气气候事件做出适当的预测和预报,无疑是国家建设的重大需求。

中国南方2008年1月的持续低温雨雪冰冻天气,必然在1月的降水和温度场上有所反映。图1是2008年1月中国的月降水量的分布形势。可以看到,1月我国降水基本上集中在江淮以南地区,北方降水比较少。由图2给出的2008年1月的温度距平分布可以看到,同降水场相对应,我国西北、长江中下游和华南地区都为明显的温度负距平区,气温明显比多年平均值偏低。低温和大雪在中国南方都创下了1951年以来的历史纪录,贵州有49个县市持续冻雨日数破历史纪录,安徽一些地区持续降雪24 d,广州、香港和澳门的气温也都创下历史最低纪录。

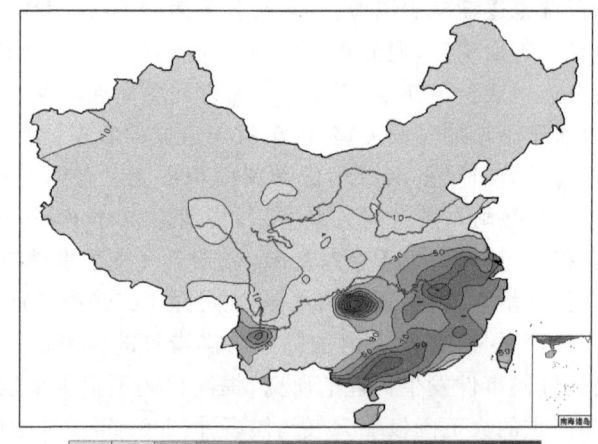

图1　2008年1月中国降水量分布
(单位:mm;引自中国国家气候中心)(附彩图)

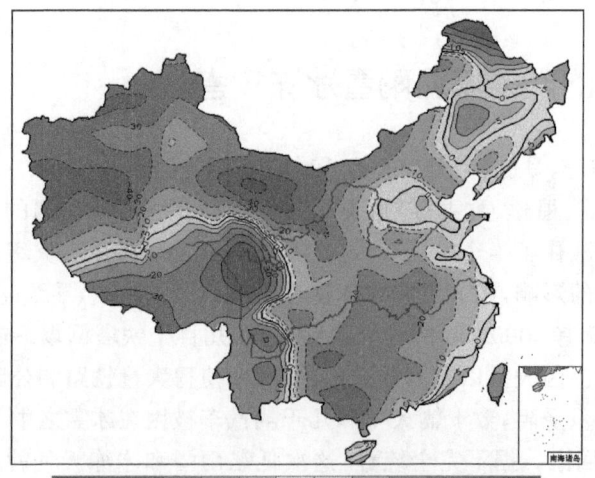

图2　2008年1月中国160站温度距平分布
(单位:0.1 ℃;引自中国国家气候中心)(附彩图)

由于这次严重低温雨雪冰冻灾害的影响很大,中国气象工作者及时对其进行了研究,从其灾害过程分析、大气环流异常特征、大气层结演变,以及 La Niña 的影响等不同角度进行了一系列分析(李崇银 等,2008;陶诗言 等,2008)。显然,发生大范围的天气气候异常都必然有一定的大气环流系统的异常与之相配合。因此分析清 2008 年 1 月可能引起我国南方持续低温雨雪冰冻天气的大气环流异常形势,也就可能知道这次低温冰冻雨雪灾害发生的原因。

## 1.1 中高纬度大气环流的异常

图 3 是 2008 年 1 月的 500 hPa 高度场(等值线)和 500 hPa 高度异常场(阴影)的分布,可清楚看到,环流的异常是十分显著的,而对我国有直接影响的主要是(60°E,60°N)附近地区较强的大片高度正异常区,这正是乌拉尔山阻塞高压较长时间存在所造成的。同阻塞高压相匹配的是在贝加尔湖到巴尔喀什湖一带有一个东北-西南向的高度负距平带,在我国东北到日本一带为一高度正距平区。也就是说 2008 年 1 月在贝加尔湖到巴尔喀什湖一带有一个横槽存在,使得传统上影响我国的东亚大槽偏弱偏西;加之有乌拉尔山阻塞高压的存在,又使得上述异常形势能较长时间维持。这样,影响我国的冷空气的路径偏西,但因不断有由横槽中分裂出来的小槽活动,冷空气活动频次也就较多。也正因为这样,使得低温雨雪冰冻天气能持续较长时间;而且,冷空气因相对不是很强,也就不能将低温雨雪天气从南岭及以北地区推到南面的海上。因此,乌拉尔山阻塞高压的存在和入侵我国冷空气的偏西对造成我国南方持续低温雨雪冰冻天气有直接重要作用。

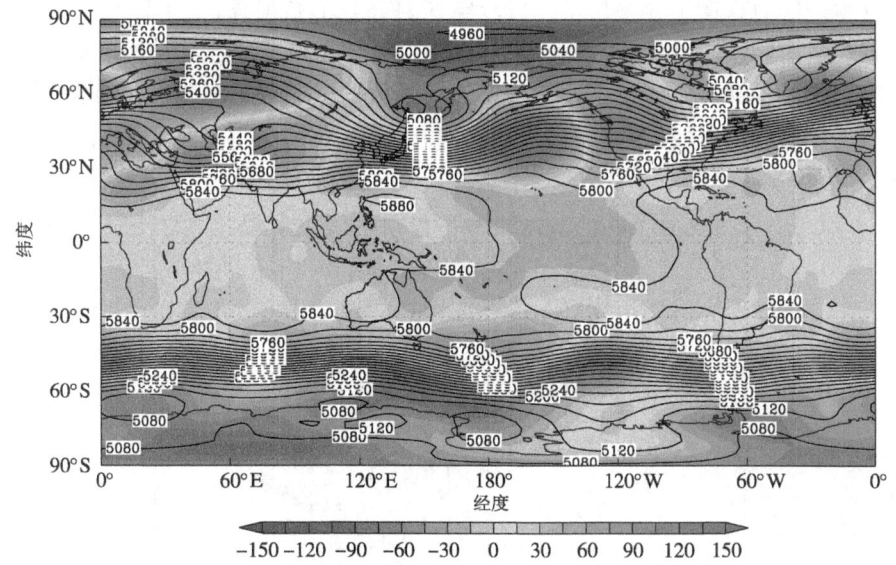

图 3 2008 年 1 月 500 hPa 高度场(等值线;单位:gpm)及 500 hPa 高度异常场(阴影区;单位:gpm)
(引自李崇银等(2008))(附彩图)

## 1.2 副热带大气环流的异常

从图 3 上还可以看到,在亚洲东部到西太平洋的副热带地区也有高度正距平存在,而且在菲律宾以东地区有明显的 588 dagpm 线的副高中心。这说明 2008 年 1 月的西太平洋副热带高压较常年明显偏强、偏西。这种副热带高压的异常特征极为有效地阻止了冷空气的向南推进,它的稳定异常对南方持续的低温雨雪冰冻天气也起着重要作用。

进一步分析2007年12月到2008年1月20°～30°N平均的500 hPa距平的时间—经度剖面(图略),可以清楚地看到在110°～140°E范围,自2008年开始直至1月末一直都为稳定的正距平控制,清楚显示了西太平洋副高的持续异常和偏西的特征。同时,我们也可以看到在80°～90°E一带,自2008年1月中旬起都一直维持着负的高度距平,表明印—缅槽持续偏强。印—缅槽的持续偏强,使得来自印度洋的暖湿空气可以源源不断地输送到我国华南地区,对于我国南方持续的雨雪天气也起着重要的作用。

### 1.3 大气环流系统的组合性异常特征

前面已经指出,2008年1月发生在中国南方的低温雨雪冰冻天气属于一种小概率事件,并不是经常出现的。但是大气环流总是在变化,某个大气环流系统也总会出现异常现象,也会造成一定的天气气候异常,却难以导致如此严重的异常事件。这是怎么回事呢?

这里存在着一种几个系统同时、而且相互配合的异常问题。一个乃至两个系统同时出现异常比单个系统的异常难于发生,但发生的概率还是大一些;如果几个系统同时异常就难以发生,再要它们出现有某类配合的异常就更难以发生,它们的发生就是小概率事件。2008年中国南方的低温雨雪冰冻天气就是因为几个大气环流系统都出现异常,而且有某类配合,不妨称其为大气环流系统地组合性异常。图4是这次大气环流系统组合性异常的示意图。其中乌拉尔山阻塞高压和贝加尔湖—巴尔喀什湖的横槽,为不断有冷空气从西路向南爆发提供了条件;而东亚和日本地区的高度正异常使得北方冷空气的势力不是很强,适于锋面在我国南岭及其以北地区较长时间停留,为持续降水确立了背景;西太平洋副高偏强和偏西也对冷空气的向南推进起了阻挡作用;同时,印—缅槽的持续偏强和西太平洋副高的偏强一起恰恰有利于暖湿空气源源不断地输送到华南地区,有利持续降水的发生;持续的冷空气活动和持续的降水,也就导致持续的低温,为冰冻制造了条件。

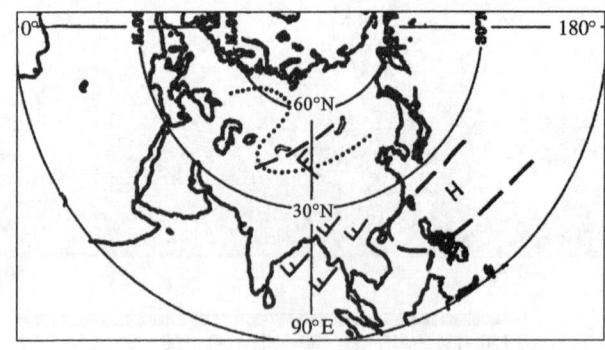

图4 2008年1月大气环流系统组合性异常示意图
(引自李崇银等(2008))

从2008年1月平均850 hPa辐散风场的距平分布(图略)可以清楚地看到,在中国华南地区有一个相当强的异常辐合中心。对流层低层的这个异常辐合场可以说是上述大气环流系统组合性异常在低层的反映,对我国南方持续低温雨雪冰冻天气的发生有着极其重要的作用。正是上述这种大气环流系统的组合性异常,造成了我国南方的持续低温雨雪冰冻天气及其相应的灾害。因此,可以认为大气环流系统的组合性异常是造成2008年1月中国南方持续低温雨雪冰冻天气和灾害的直接原因。我们必须研究和认识大气环流系统的组合性异常特征,为减轻自然灾害的损失做出贡献。

### 1.4 La Niña 不是2008年1月事件的罪魁祸首

从2007年秋天开始,赤道东太平洋确实发生了La Niña,它在2008年1月仍然比较强,La Niña的特征十分显著(图略)。有可能会将2008年1月的极端天气气候事件归罪于La Niña的影响。为了揭示La Niña对中国冬季气候的影响,图5分别给出了11次La Niña处于盛期(1955、1956、1965、1971、1972、1974、1975、1976、1989、1999和2000年)的1月所合成的中国东部的降水和温度异常(距平)的分布形势。可以看到,由于La Niña的影响,在我国华南沿海造成了温度负异常,气温偏低。在我国西南和东南沿海有降水正距平,降水量偏多;而从长江下游、江南到广西一带却都是负距平,降水量偏少。

比较图5和图2、图1,可以发现,无论是温度场还是降水场,2008年1月同La Niña影响的平均效果有较大的差异,很难说La Niña是造成2008年持续低温雨雪冰冻天气的罪魁祸首。从物理过程的角度讲,La Niña一般会造成强东亚冬季风活动,冷空气活动频繁且强,那么在较强北风的作用下,冷锋一般多在东南沿海一带活动,雨雪天气应多在华南沿海及海上出现,低温的地区也应在我国东南和华南沿海;而在江南到南岭一带应该出现降水负异常和温度正异常,也就是如图5所示的分布特征。显然2008年1月的情况,难以用La Niña所造成的强东亚冬季风来解释。也就是说,La Niña只可能是对这次极端天气气候事件的发生起到了不大的作用,远非是罪魁祸首。一系列的分析和研究都表明,ENSO对天气气候的影响总是伴随着有大气环流形势的明显异常。但是,分析比较2008年1月与11个La Niña盛期1月合成的大气环流形势(图略),却发现它们有相当大的差异(无论是在500 hPa还是850 hPa)。一定程度上可以认为,并不是或主要不是La Niña事件造成了2008年1月中国南方的低温雨雪冰冻灾害。

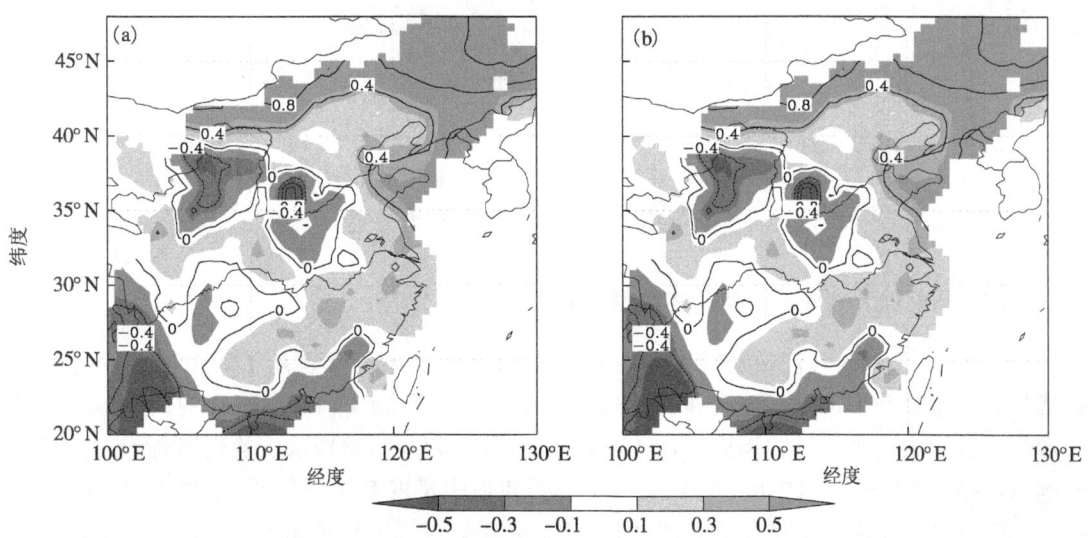

图5 11次La Niña事件合成的温度距平(a;单位:℃)和降水距平(b;单位:mm)分布
(引自李崇银等(2008))(附彩图)

## 2 1998年夏季长江流域特大洪涝

1998年夏季长江流域发生了20世纪以来仅次于1954年的特大洪涝,最为严重的是湖南、湖北和江西三省,其降雨量超过700 mm,降雨量距平百分比超过50%,个别地区达到100%。图6是1998年夏季(6—8月)中国降雨量距平的分布情况,可以看到长江出现了全流域的降雨异常,一般都比常年多了100%~150%。已有研究表明这次严重洪涝发生的直接原因是当年夏季风活动的异常,从而在长江流域发生了"二度梅"的情况。其第一次是6月12—18日;第二次出现在7月20—30日,并伴有长江上游的暴雨发生(黄荣辉 等,1998;陶诗言等,1998)。

与1954年的特大洪涝相比,1998年长江中下游的降雨量异常只是在80%~90%左右,但长江上游的降雨量却有更大异常。较长时间的异常降雨,使得主要起调蓄洪水作用的洞庭湖和鄱阳湖长时间持续高水位,不但失去调蓄功能,还与上游来水相呼应,造成大面积的洪涝。这次严重的洪涝灾害给国家和人民带来巨大损失,其经济损失超过2000亿元,还有近3000人死于这次洪涝灾害。

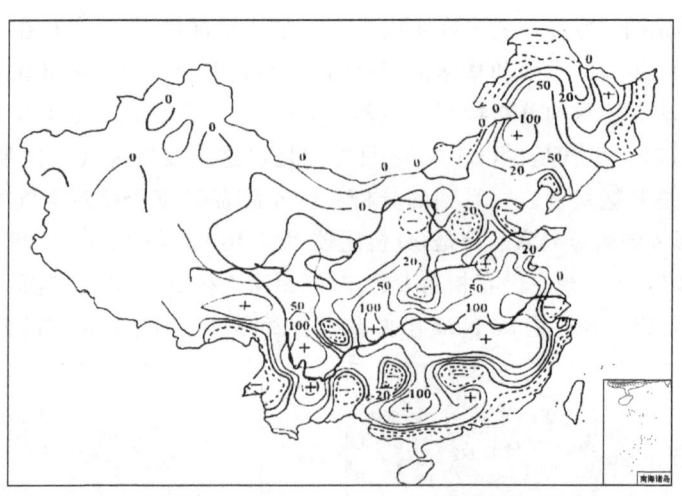

图6 1998年夏季(6—8月)中国降水量距平百分率分布
(单位:%;引自黄荣辉等(1998))

### 2.1 1998年夏季大气环流形势的主要异常特征

对于1998年夏季长江流域特大洪涝灾害的发生,已有不少学者从不同角度进行过研究,包括其气候背景和大尺度环流条件(陶诗言 等,1998,2001;颜宏,1998;张顺利 等,2002;孙建华和赵思雄,2003;张庆云和陶诗言,2003;张庆云 等,2003,2008),水汽输送条件及ENSO的影响(黄荣辉 等,1998;周广庆 等,1998),切变线和强中尺度系统的活动(赵思雄 等,1998;高守亭 等,2008),以及相关数值模拟和预报研究(林朝晖 等,1998;贝耐芳 等,2003),等。

根据一系列的研究,简单归纳起来可以认为1998年夏季大气环流形势的异常对暴雨洪涝的发生起着重要的作用。1998年夏季大气环流形势的异常及其作用主要表现为:中高纬度大气环流出现"双阻"形势,这有利于冷空气南下,对"二度梅"的出现起了重要作用;东亚大槽在沿岸的形成导致西风急流南移和西太副高南压,也对"二度梅"和暴雨形成有重要作用;东亚夏季风的异常以及它所造成的水汽输送异常对暴雨的生成有直接作用。1998年夏季长江流域特大洪涝的发生既有持续性,又有突发性,其关键是"二度梅"的发生。在"二度梅"期间,强降水区沿长江呈成带状分布,一般都在90~300 mm,局部地区超过600 mm,比常年同期多1~5倍。这样的降水对于已出现过梅雨的长江流域,必然造成严重影响。而当年"二度梅"的发生,正是上述大气环流的异常所导致的结果。

## 2.2 1998年夏季大气环流的组合性异常

上面分析的大气环流异常的重要特点,一是有多个大气环流系统几乎同时发生异常,二是这些大气环流系统的异常还有一定的匹配性,出现有利于持续性大暴雨发生的环境条件。换句话说,1998年夏季大气环流出现了组合性异常,从而导致特大洪涝的发生。而进一步的分析还表明,1998年夏季梅雨期间有青藏高原的对流系统持续东移到115°~120°E区域,加强梅雨锋区的辐合和降水。这样,张庆云等(2003,2008)给出了一幅1998年夏季长江流域强降水的环流模型(图7),它也就是对应当年夏季长江流域特大洪涝的大气环流出现组合性异常的形势。

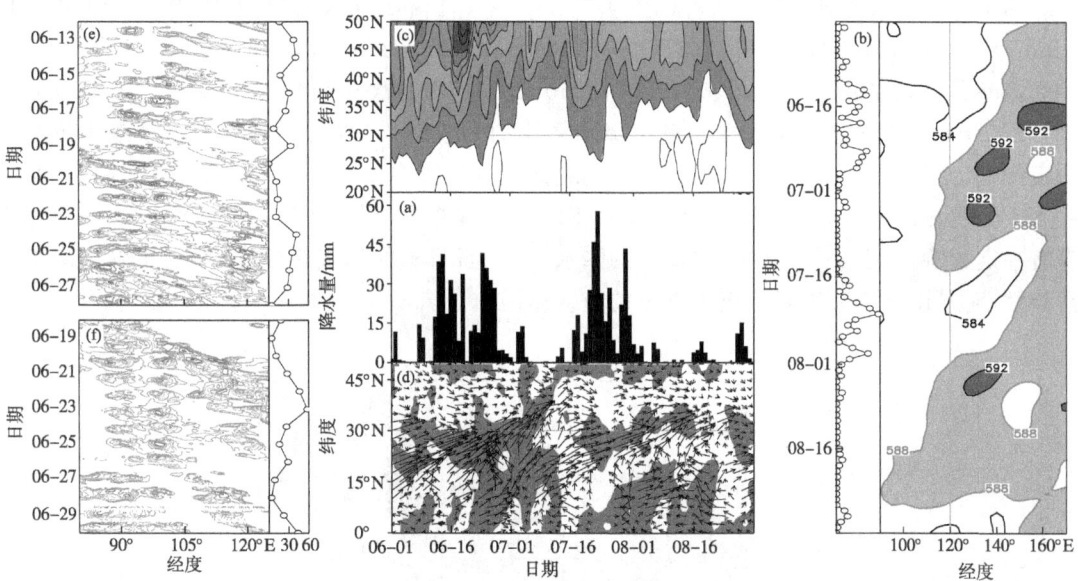

图7 1998年夏季长江流域暴雨洪涝发生的大气环流模型:(a)长江流域16站平均的逐日降水分布(空心圆曲线;单位:mm);(b)500 hPa 位势高度沿30°N 的经度—时间剖面(阴影区大于588 dagpm);(c)100°~120°E 平均的500 hPa 位势高度的纬度—时间剖面(阴影区小于584 dagpm);(d)100°~120°E 平均的1000~300 hPa 水汽通量的纬度—时间剖面(箭矢:$q \cdot V$;阴影为 $T_{BB} \leq -5$ ℃);1998年6月(e)、7月(f)黑体温度 $T_{BB}$ 距平沿30°N 的经度—时间剖面(单位:℃)(引自张庆云等(2008))(附彩图)

从图7可以清楚看到1998年夏季长江流域有两个时段的较强降水(图7a),对应这两次强降水,西太平洋副热带高压有两次明显东撤(图7b),使得长江中下游地区辐合增强;500

hPa 高度场表明北方冷空气活动有两次加强过程,侵入到 30°N 以南(图 7c);东亚夏季风涌和 100°~120°E 平均整层水汽通量出现两次由南海的向北爆发,为强降水提供了最佳水汽条件(图 7d);同时,青藏高原还有明显的对流系统东移到梅雨锋区(图 7e、f),加强那里的对流活动及降水。因此,对于 1998 年夏季长江流域的暴雨洪涝,大气环流系统的组合性异常起了极重要的作用,正是在它们的共同作用下,在长江流域持续出现了暴雨发生的极佳条件。

### 2.3 1997 年 El Niño 的作用

大家知道,ENSO 对于中国夏季降水也有明显的影响,1998 年夏季长江流域的暴雨洪涝是否也有 ENSO 的作用呢?过去不少研究已经表明,ENSO 对于中国的天气气候都有重要影响,包括对夏季长江流域的降水、西太平洋台风的活动等,而且不仅影响当年还可以影响到 ENSO 发生的次年夏季(李崇银,1985;Huang and Wu,1989;金祖辉和陶诗言,1999;巢纪平等,2003)。1997 年发生了一次相当强的 El Niño 事件,它的发生对其次年长江流域降水影响的分析表明(黄荣辉 等,1998),1997 年的 El Niño 事件虽然强但衰减很快,1998 年夏天赤道中东太平洋和西太平洋海温已成负距平(图略),致使菲律宾周围及西太平洋对流活动都比较弱,从而对于西太平洋副热带高压位置偏南起到重要作用。这样,从印度洋、南海和西太平洋三个方向输送来的大量水汽得以在长江流域辐合抬升,导致在长江流域形成持续强降水。因此,1997 年的 El Niño 事件对于 1998 年长江流域的暴雨洪涝灾害的发生也起了一定作用。

为了进一步说明 El Niño 事件的发生对其次年长江流域降水的影响,在图 8 中给出了 El Niño 事件(包括 1952,1958,1964,1966,1969—1970,1973,1977,1978,1980,1983,1987—1988,1992,1995,1998,2003,2005,2007,2010,2015 年)的次年长江流域降水距平的合成结果。El Niño 事件对中国东部次年夏季降水影响的合成结果表明,它对中国夏季降水确实有一定影响,尤其是对长江中上游地区和东北北部地区的影响较显著;而对长江下游地区的影响并不十分明显。因此,可以认为 1997 年的 El Niño 事件对于 1998 年夏季长江流域的暴雨洪涝有一定影响,特别是长江中上游地区的降水;而上面分析的大气环流在 1998 年发生的组合性异常,对暴雨洪涝灾害起了更为重要的直接作用。

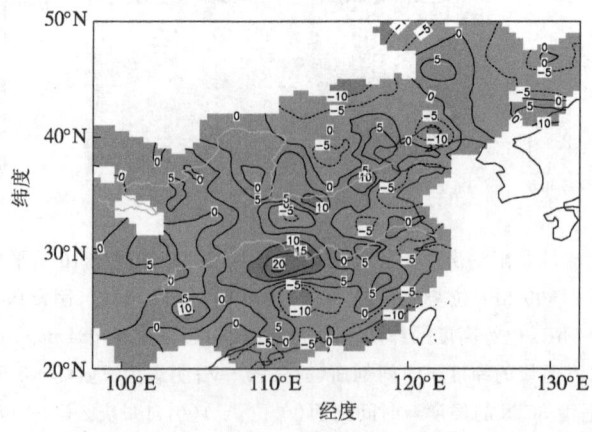

图 8 El Niño 事件次年 6—8 月合成的中国东部降水量距平百分率分布(单位:%)(附彩图)

## 3 2009/2010年秋冬云南的极端干旱

云南基本处于南亚和东亚季风共同影响区,主要表现为旱季和湿季的显著气候特征,平均来讲5—10月降水较多为湿季,11月—次年4月降水较少为旱。2009/2010年秋冬季云南发生了极为严重的干旱,图9给出的是1961/1962—2009/2010年共49个秋冬季(9月—次年2月)云南(122个站)平均的降水量距平的变化情况。可以看到,这次干旱是近50 a最为严重的,秋冬季降水量距平接近−170%。这次严重的秋冬连旱不仅使得广大地区的农作物干死,人畜的饮水都十分困难,给工农业生产和人民生活造成了极为严重的影响。从1952—2010年云南气象干旱强度的年际变化(图略)也清楚表明,2009/2010年云南出现的干旱是有记录以来最严重的干旱。

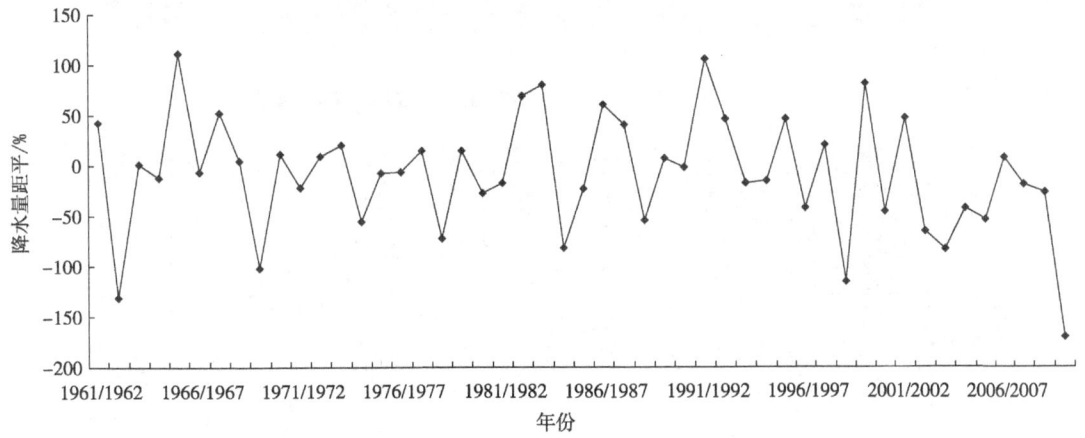

图9 1961/1962—2009/2010年秋冬季(9月—次年2月)云南省122站平均降水量距平的时间变化(单位:%;引自李崇银等(2013))

### 3.1 大气环流持续异常特征

为了搞清2009/2010年冬季云南出现严重干旱的原因,将首先从大气环流异常角度进行分析研究,因为它们往往被认为是造成大范围天气气候异常的重要原因。

云南冬季降水多或少的大气环流对比分析表明,NAO的位相、欧洲东部长波槽、贝加尔湖高压脊、青藏高原-孟加拉湾气压槽以及中东急流的强度与我国云南的降水的变化有密切的关系(宋洁 等,2011;杨辉 等,2012;Song et al.,2014)。云南省冬季降水偏少时,青藏高原高压脊发展并控制了我国云南省,尤其是该地区干旱出现的重要条件。2009/2010年冬季云南省的严重干旱的大气环流具有与多年合成结果相同的特征,也有它自己的特征。相同的是,它们都处于NAO为负位相的背景下;在西风带,东北大西洋为高度负距平,从欧洲东部到里海以及青藏高原为正距平,贝加尔湖为负距平;特别是2009/2010年冬季欧洲东部到里海以及青藏高原上的高压脊有更强烈发展,使云南省处于脊前干燥的西北气流控制下。与合成结果不同的是,2009/2010年冬季高层中东副热带西风急流减弱,影响Rossby波的活动,不利于青藏高原-孟加拉湾槽的建立;西太平洋副热带高压偏强、位置略为偏南,对低层水汽输进入云南起到抑制作用(图10)。也就是说,2009/2010年冬季大气环流的异常出现了更利于干旱发生的条件,从而导致云南发生了持续的极端干旱灾害。

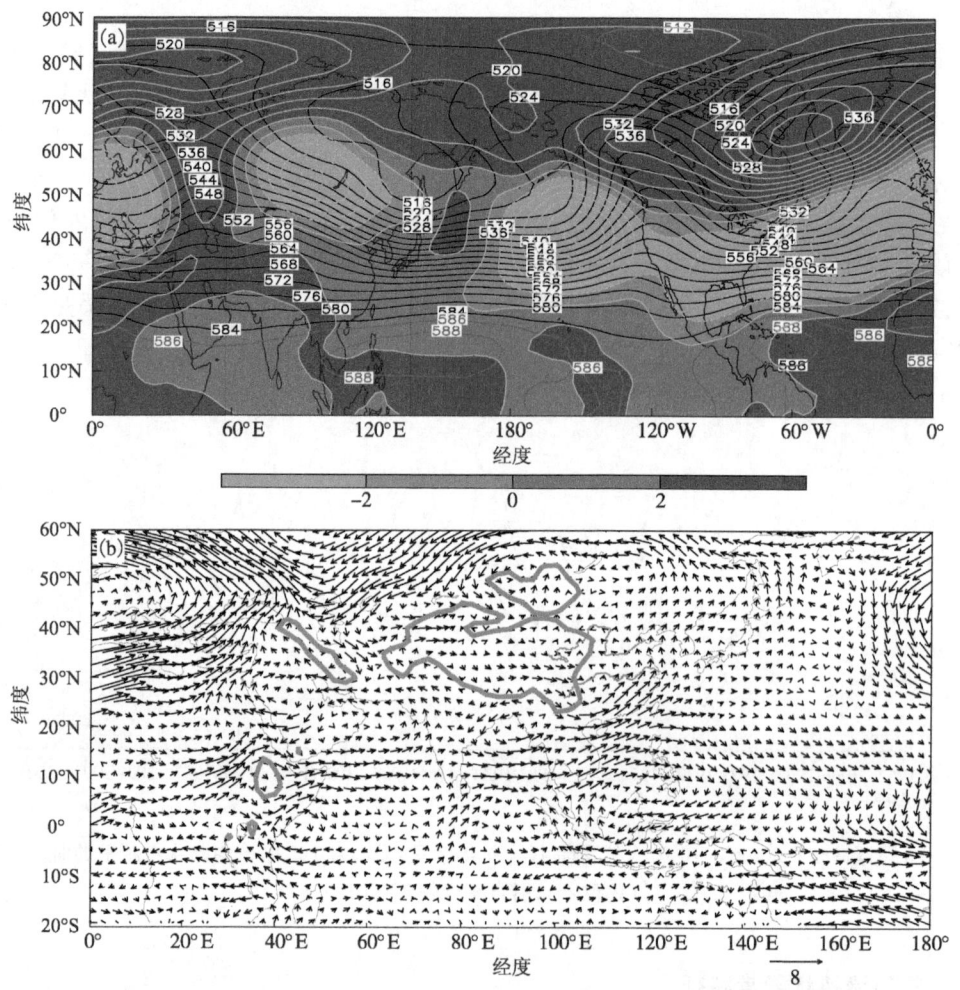

图10 2009/2010冬季500 hPa位势高度(黑线)及其距平(黄线和阴影区)
(a;单位:dagpm)以及850 hPa风场距平(b;箭矢,单位:m/s)(附彩图)

进一步分析了云南省冬季旱涝与NAO的关系,发现有显著相关(图11a),而2009/2010年冬季的NAO异常信号极为明显(图11b),可以认为2009/2010年冬季极强的负NAO事件也是造成该年冬季云南省出现严重干旱的原因之一。因为它一方面使得北方冷空气活动偏东,不易到达云南地区;同时还使得南支槽偏弱,暖湿气流也不易到达云南地区。从而2009/2010年冬季NAO的显著负异常,也就成为云南出现严重干旱的重要原因之一。

上面的一系列分析清楚表明,大气环流的组合性异常是导致2009/2010年冬季云南极端干旱的重要原因。其中包括对流层高层中东副热带西风急流减弱,影响Rossby波的活动,不利于青藏高原-孟加拉湾槽的建立;西太平洋副热带高压偏强、位置略为偏南,对低层水汽输进入云南起到抑制作用;NAO的负异常所导致的遥相关波列异常,使得东亚北方冷空气活动偏东,不易到达云南地区,还使得南支槽偏弱,暖湿气流也不易到达云南地区。

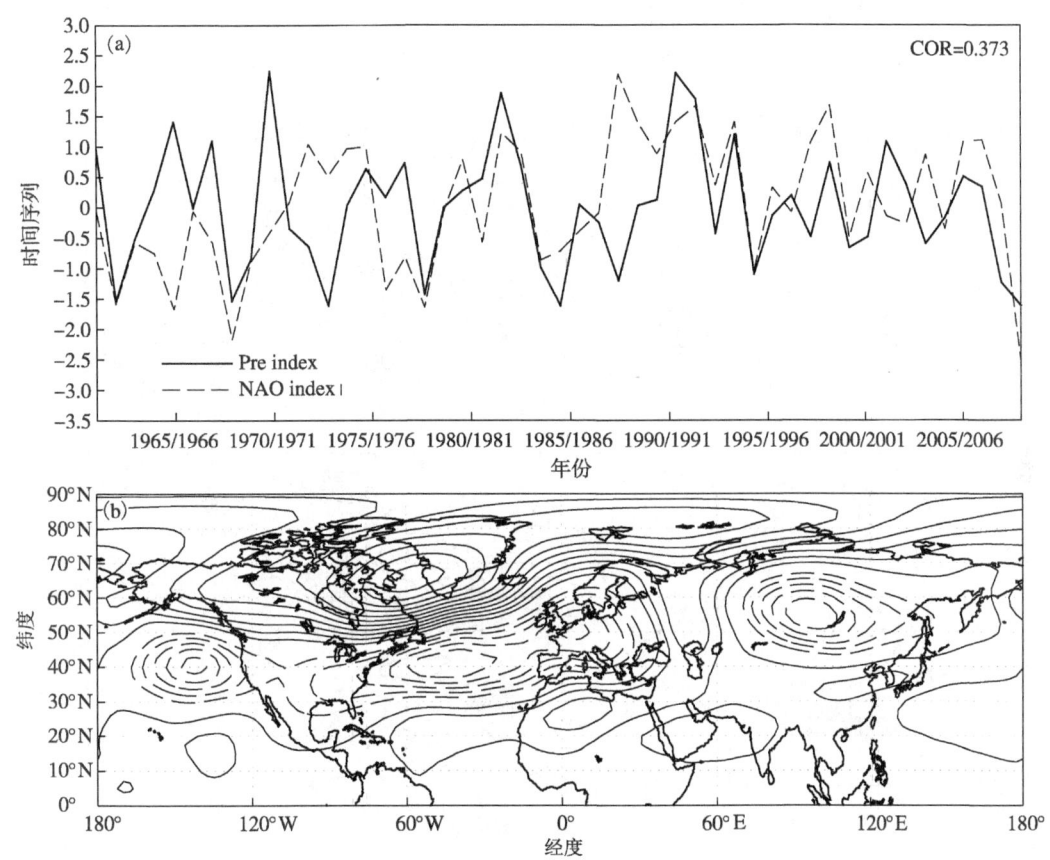

图 11 1961/1962—2009/2010 年冬季云南省降水指数和 NAO 指数的时间序列
(a;两者的同期相关系数为 0.373,通过 0.05 信度的显著性检验),以及 2009/2010 年冬季
北半球 300 hPa 位势高度异常形势(b;等值线间隔为 2 dagpm)

## 3.2 关于 ENSO 的影响

对于中国的气候异常,一般都会考虑到 ENSO 的影响问题。因此就 8 个云南省明显降水偏多和偏少年的冬季,对全球 SSTA 进行了合成分析,其结果表明,云南省冬季降水和热带中东太平洋的 SSTA 存在一定统计上的联系(图 12)。其中合成的热带中东太平洋 SSTA 的空间分布类似于 ENSO 事件的海温分布特征(更显示出中部型的特征),云南省降水偏多(偏少)的冬季对应着 ENSO 暖(冷)位相。进一步对云南省 1961/1962 至 2008/2009 年冬季(DJF)各月平均降水量时间序列与全球 SSTA 进行了超前其 3~0 个月的相关分析,所得到的相关系数的分布(图略)表明其主要相关区与图 12 给出的合成结果所显示的主要海温异常区有很好的一致性。两种分析方法的类似结果说明,海温异常尤其是赤道太平洋海区的 SSTA 与云南冬季降水有一定的关系。

但是,2009 年 12 月 16 日至 2010 年 3 月 10 日平均的全球海表温度异常形势(可以代表 2009/2010 年冬季平均的全球海温异常场;图略)却显示,在 2009/2010 年冬季全球海表温度异常主要是位于赤道中太平洋,是一次弱的中部型 El Niño 事件。根据前面由历史资料合成分析得到的云南省冬季降水和海温异常之间的关系,那么 ENSO 的影响一般应该使得 2009/

2010 年冬季云南省降水属于偏多的情况。因此可以认为,虽然海温异常可以影响冬季的云南降水,但 ENSO 并不是造成 2009/2010 年冬季云南省严重干旱的原因。

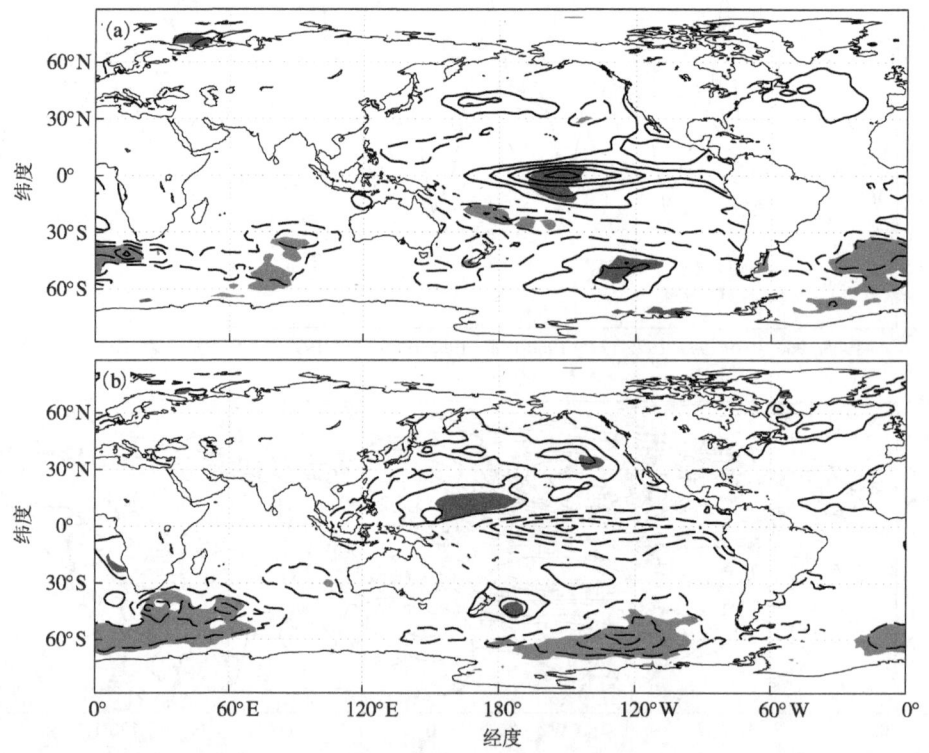

图 12　云南省多雨年(a)和少雨年(b)冬季(DJF)合成的同期 SST 异常
(等值线间隔为 0.2 K;阴影区表示合成结果通过 0.05 信度的显著性检验)

# 4　结语

　　2008 年 1 月我国南方发生了罕见的持续严重低温雨雪冰冻灾害。而导致这种灾害性异常天气气候的直接原因是大气环流的组合性异常,即多个大气环流系统的异常形成了某种形式的配合。其中,乌拉尔山阻塞高压和贝加尔湖—巴尔喀什湖的横槽,为不断有冷空气从西路向南爆发提供了条件;东亚和日本地区的高度正异常使得北方冷空气的势力不是很强,适于锋面在我国南岭及其以北地区较长时间停留,为持续降水确立了背景;西太平洋副高偏强和偏西也对冷空气的向南推进起了阻挡作用;印—缅槽的持续偏强和西太平洋副高的偏强一起使暖湿空气源源不断地输送到华南地区,有利持续降水的发生;持续的冷空气活动和持续的降水,也就导致持续的低温,为冰冻造成了条件。

　　对于 1998 年夏季长江流域的暴雨洪涝,大气环流系统的组合性异常也起到了极其重要的作用,正是在它们的共同作用下,在长江流域持续出现了暴雨发生的极佳条件。其中包括夏季西南季风涌、西太平洋副热带高压活动、北方冷空气活动和青藏高原对流系统东传的共同作用。

　　大气环流的组合性异常也是导致 2009/2010 年冬季云南极端干旱的重要原因。其中包括对流层高层中东地区副热带西风急流减弱,影响 Rossby 波的活动,不利于青藏高原-孟加拉湾槽的建立;西太平洋副热带高压偏强、位置略为偏南,对低层水汽输送入云南起到抑制作用;NAO 的负异常所导致的遥相关波列异常,使得东亚北方冷空气活动偏东,不易到达云南地区,还使得南支槽偏弱,暖湿气流也不易到达云南地区。

以上分析研究表明,大气环流的组合性异常在极端天气气候事件的发生中起着极其重要的作用,在研究和业务预报中需要特别重视。同时也要注意,ENSO 虽然对中国天气气候变化有相当重要影响,但并非每次异常天气气候事件的发生都是它的直接影响。对于 ENSO 影响必须作具体分析,才能决定它在异常事件,特别是极端天气气候事件中的确切作用。

## 参考文献

贝耐芳,赵思雄,高守亭,2003.1998 年"二度梅"期间武汉—黄石突发性暴雨的模拟研究[J].大气科学,27(3):399-418.

巢纪平,李崇银,陈英仪,等,2003.ENSO 循环机理和预测研究[M].北京:气象出版社:386.

高守亭,孙建华,崔晓鹏,等,2008.暴雨中尺度系统数值模拟与动力诊断研究[J].大气科学,32(4):854-866.

黄荣辉,李崇银,王绍武,2003.我国旱涝重大气候灾害及其形成机理研究[M].北京:气象出版社:483.

黄荣辉,徐予红,王鹏飞,等,1998.1998 年夏长江流域特大洪涝特征及其成因探讨[J].气候与环境研究,3(4):13-26.

金祖辉,陶诗言,1999.ENSO 循环与中国东部地区夏季和冬季降水关系的研究[J].大气科学,23(6):663-672.

李崇银,1985.厄尔尼诺与西太平洋台风活动[J].科学通报,30(14):1087-1089.

李崇银,杨辉,顾薇,等,2008.中国南方雨雪冰冻异常天气原因的分析[J].气候与环境研究,13(2):113-122.

李崇银,黄荣辉,丑纪范,等,2009.我国重大高影响天气气候灾害及对策研究[M].北京:气象出版社:187.

李崇银,刘会荣,宋洁,2013.2009/2010 年冬季云南干旱的进一步研究——前期土壤湿度影响的数值模拟[J].气候与环境研究,18(5):551-561.

林朝晖,李旭,赵彦,等,1998.中国科学院大气物理研究所短期气候预测系统的改进及其对 1998 年全国汛期旱涝形势的预测[J].气候与环境研究,3(4):52-61.

宋洁,杨辉,李崇银,2011.2009/2010 年冬季云南严重干旱原因的进一步分析[J].大气科学,35(6):1009-1019.

孙建华,赵思雄,2003.1998 年夏季长江流域梅雨期环流演变的特殊性探讨[J].气候与环境研究,8(3):291-306.

陶诗言,张庆云,张顺利,1998.1998 年长江流域洪涝灾害的气候背景和大尺度环流条件[J].气候与环境研究,3(4):3-12.

陶诗言,张庆云,张顺利,2001.夏季北太平洋副热带高压系统的活动[J].气象学报,59(6):747-758.

陶诗言,赵思雄,张庆云,等,2008.2008 年 1 月中国南方低温雨雪冰冻过程的研究[J].气候与环境研究,13(4):337-567.

颜宏,1998.1998 中国特大洪涝灾害的天气气候特点、成因分析及气象预报服务[J].气候与环境研究,3(4):323-334.

杨辉,宋洁,晏红明,等,2012.2009/2010 年冬季云南严重干旱的原因分析[J].气候与环境研究,17(3):315-326.

张庆云,陶诗言,2003.夏季西太平洋副热带高压异常时的东亚大气环流特征[J].大气科学,27(3):369-380.

张庆云,陶诗言,张顺利,2003.夏季长江流域暴雨洪涝灾害的天气气候条件[J].大气科学,27(6):1018-1030.

张庆云,陶诗言,彭京备,2008.我国灾害性天气气候事件成因机理的研究进展[J].大气科学,32(4):815-825.

张顺利,陶诗言,张庆云,等,2002.长江中下游致洪暴雨的多尺度条件[J].科学通报,47(6):467-473.
赵思雄,孙建华,陈红,等,1998.1998年7月长江流域特大洪水期间暴雨特征的分析研究[J].气候与环境研究,3(4):81-94.
周广庆,李旭,曾庆存,1998.一个可供ENSO预测的海气耦合环流模式及1997/1998 ENSO的预测[J].气候与环境研究,3(4):349-357.
Huang R H,Wu Y F,1989. The influence of ENSO on the summer climate change in China and its mechanism [J]. Adv Atmos Sci,6(1):21-32.
Song J,Li C Y,Zhou W,2014. High and low latitude types of the downstream influences of the North Atlantic Oscillation[J]. Clim Dyn,42(3/4):1097-1111.

# IPCC AR4 中海气耦合模式对中国东部夏季降水及 PDO、NAO 年代际变化的模拟能力分析*

顾薇[1,2]　李崇银[2,3]

(1. 国家气候中心,北京 100081;2. 中国科学院大气物理研究所大气科学和地球流体力学数值模拟国家重点实验室,北京 100029;3. 解放军理工大学气象学院,南京 211101)

**摘要**:利用 1880—1999 年中国东部 35 站的观测降水资料、英国 Hadley 中心的海温和海平面气压资料以及 IPCC 第 4 次评估报告(AR4)中 20 世纪气候模拟试验(20C3M)的模式输出结果,对 IPCC AR4 中 22 个耦合模式所模拟的我国东部夏季降水的年代际变化情况以及太平洋年代际涛动(PDO)和北大西洋涛动(NAO)的年代际变化情况进行了分析。结果显示,这些模式对 20 世纪我国东部夏季降水年代际变化的模拟结果并不理想,但对降水在 20 世纪 70 年代中期前后的突变具有一定的模拟能力。其中 IAP_FGOALSL_0_G 可以大致模拟出 20 世纪 70 年代中期前后降水型的突变特征,而 BCCR_BCM2_0 和 UKMO_HadGEM1 则可以模拟出华北地区降水在 20 世纪 70 年代中期之后减少的现象。对于引起我国东部夏季降水年代际变化的重要因子 PDO 和 NAO,模式对它们年代际变化的模拟效果略好于降水。多数模式都可以模拟出 PDO 和 NAO 的空间模态,其中 CNRM_CM3 和 UKMO_HadGEM1 对 PDO 年代际变化(8 a 以上)的模拟与实际情况比较相似,并可以模拟出 20 世纪 70 年代中期之后 PDO 由负位相转变为正位相的情况,而模式 UKMO_HadGEM1 也对 NAO 的年代际变化以及 1980 年以来不断加强的趋势模拟较好。

**关键词**:中国东部夏季降水;IPCC AR4;年代际变化;太平洋年代际振荡(PDO);北大西洋涛动(NAO)

# 引言

　　为了初步检验模式的模拟能力,IPCC 第 4 次评估报告(AR4)中采用的耦合气候模式均进行了 20 世纪气候模拟(20C3M)试验。该试验主要利用实际观测的外强迫变化资料来驱动"海洋—大气—陆地—海冰"耦合的气候模式,以考察在这些外强迫作用下,耦合模式能够在多大程度上再现实际观测的 20 世纪气候演变过程。并且,为了方便不同模式间结果的比较,各

---

*　本文发表于《大气科学学报》,2010 年第 33 卷第 4 期,401-411。

模式所加的外强迫均采用统一的标准。这样得到的模式资料是非常宝贵的资源,各国科学家利用这些资料进行了大量研究,并对这些耦合气候模式对过去近百年来气候的模拟能力进行了评估。例如,Zhou和Yu[1]利用20C3M试验的模拟结果和观测数据,对中国和全球气温的变化趋势进行了分析,指出在考虑了自然和人类活动的情况下,IPCC AR4中的模式可以模拟出全球气温的长期变化趋势以及年代际时间尺度的变化,但更短时间尺度的气温变化在模式中则没能得到再现。此外,这些模式也无法很好地模拟出中国气温变化趋势的区域性特征[1]。Dai[2]则利用20C3M的模拟结果和观测的降水资料,从空间分布、日变化、季节内至年际时间尺度变化、与ENSO之间的关系等多方面评估了IPCC AR4中模式对降水(主要是热带地区降水)的模拟能力。

东亚夏季风是影响东亚夏季气候的重要系统,在它的影响下,中国东部夏季降水呈现出从季节内到年代际时间尺度的复杂的变化[3-6],其中降水的年代际变化问题受到广泛的关注。如20世纪70年代中期以来华北地区持续干旱,而长江中下游地区则洪涝灾害频繁发生,这种"南涝北旱"的现象给我国国民经济和人民生活带来巨大影响[7-10]。目前,不少学者都对引起我国东部夏季降水年代际变化的机理进行了分析[11-15],然而,资料长度不足的问题大大限制了人们对于降水年代际变化规律和机理的进一步认识,而耦合模式则能够在一定程度上弥补这一不足。Bao和Huang[16]利用IPCC第3次评估报告中5个耦合模式的结果,对1951—1999年中国东部夏季降水年代际变化的模拟情况进行了分析,发现虽然模式对降水年代际变化的模拟与观测事实相差较远,但有的模式基本上可以模拟出20世纪70年代中期前后降水发生的突变。此外,虽然对东亚降水的模拟较差,但模式依然可以较好地再现南方涛动、太平洋—北美遥相关型等几个主要大气涛动,以及东亚大槽、北美大槽等几个主要大气环流系统的年代际变化特征[17-18],有的模式还能够较好地模拟出1976/1977年前后的年代际突变现象[19-21]。

在Bao和Huang[16]的研究中采用的是IPCC第3次评估报告中的耦合模式,而IPCC AR4中使用的模式无论是空间分辨率,还是所采用的物理过程,都比第3次评估报告中使用的模式有长足的进步。因此,为了更好地了解现有模式对中国东部夏季降水的模拟情况,尤其是对降水年代际变化的模拟情况,本文将利用IPCC AR4中22个耦合模式的结果,对模式中20世纪中国东部夏季降水在1880—1999年的年代际变化情况进行分析,并着重分析耦合模式对20世纪70年代中期夏季降水突变这一现象的再现能力。此外,由于太平洋年代际振荡(PDO)和北大西洋涛动(NAO)都具有很强的年代际变化特征,是年代际尺度上可能影响我国东部夏季降水变化的重要因子[22-23],本文也对模式模拟二者年代际变化的能力进行了评估。

# 1 资料和方法

使用的模式资料为IPCC AR4中22个耦合模式(表1)的20C3M试验月平均的输出结果,使用的变量包括降水通量、海表温度和海平面气压场。降水观测数据为我国东部35站夏季(6—8月)降水量,该数据基于台站的历史观测和部分代用资料重建而成,包含的时段为1880—1999年。由于这35站在中国东部的分布比较均匀,因此能够很好地描述中国东部降水的空间分布和时间变化[24]。海温的观测资料为英国气象局哈德莱中心(Met Office Hadley Centre)提供的海冰和海表温度数据集Had ISST1[25],该资料覆盖了1870年1月以来的全球海冰和海表温度,水平分辨率为1°×1°。此外,还采用了英国气象局哈德莱中心提供的全球平均海平面气压数据集HadSLP2[26],该资料的空间分辨率为5°×5°,时间从1850年1月到2005年12月。它基于International Comprehensive Ocean Atmosphere Data Set(ICOADS)的海洋观测以及全球2228个地面观测站的月平均历史记录,通过优化空间差值技术重建到全球的格点上。

文中我国东部地区特指110°~120°E、22°~45°N的范围。夏季定义为6—8月,受到观测降水资料长度的限制,研究时段为1880—1999年。分析所用方法包括方差分析、时间相关分析、经验正交函数展开等。在研究年代际变化时,采用8 a低通滤波后的资料进行分析。同时,由于滤波会破坏原数据的相互独立性,因此在对年代际分量做显著性检验之前,先计算样本的有效自由度[27]。为了文字表达更加简洁,采用表1中第1列的序号来代表各个模式。

## 2 中国东部夏季降水的模拟情况

### 2.1 模式对降水气候态和年代际变化的模拟情况

气候平均值的模拟情况是检验模式性能的一个基本标准,因此首先考察这22个模式对中国东部夏季降水气候态的模拟情况。图1显示了35站观测资料和22个IPCC耦合模式模拟的我国东部夏季降水的气候平均值。可以看到,多数模式对中国东部夏季降水气候态的模拟都偏小,在22个模式中,只有4个模式(CNRM_CM3、GISS_MODEL_E_R、UKMO_HadCM3、UKMO_HadGEM1)模拟的气候平均降水超出了观测值。进一步对华北地区(110°~120°E,35°~40°N)、长江中下游地区(110°~122°E,28~33°N)和华南地区(110°~120°E,22°~28°N)的夏季降水分别做了同样的分析,结果与整个中国东部地区的情况基本一致(图略)。以与中国东部地区观测降水量气候态的偏差不超过15%为标准,则可以选出11个对气候态模拟相对较好的模式(表1中第1、2、3、4、7、9、10、11、12、21和22个模式)。因此,接下来的研究只对这11个对降水气候态模拟较好的模式做进一步的分析。

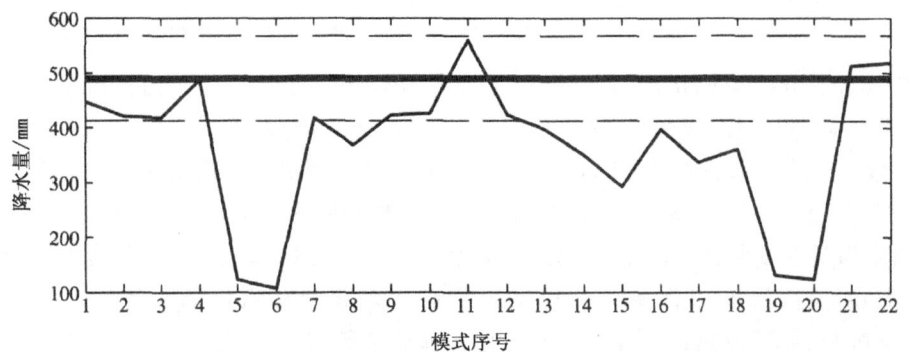

图1 22个模式模拟中国东部夏季降水的平均值
(粗实线代表观测降水的气候平均值,短划线表示偏离平均值15%水平)

表1 IPCC第4次评估报告中22个耦合模式名称及所属机构

| 模式序号 | 模式名称 | 机构 |
| --- | --- | --- |
| 1 | BCCR_BCM2_0 | Bjerknes Centre for Climate Research(Norway) |
| 2 | CCCMA_CGCM3_1 | Canadian Centre for Climate Modelling & Analysis |
| 3 | CCCMA_CGCM3_1T63 | As above |
| 4 | CNRM_CM3 | Météo-France/Centre National de Recherches Météorologiques |
| 5 | CSRO_MK3_0 | CSIRO Atmospheric Research(Australia) |
| 6 | CSRO_MK3_5 | As above |
| 7 | GFDL_CM2_0 | US. Dept of Commerce/NOAA/Geophysical Fluid Dynamics Laboratory(USA) |
| 8 | CFDL_CM2_1 | As above |
| 9 | GISS_AOM | NASA/Goddard Institute for Space Studies(USA) |
| 10 | GISS_MODEL_E_H | As above |
| 11 | GISS_MODEL_E_R | As above |
| 12 | IAP_FGOALSL_0_G | LASG/Institute of Atmospheric physics(China) |
| 13 | INGV_ECHAM4 | Max Planck Institute for Meteorology(Gemany) |
| 14 | INMCM3_0 | Institute for Numerical Mathematics(Russia) |
| 15 | IPSL_CM4 | Institute Pierre Simon Laplace(France) |
| 16 | MIROC3_2_MEDRES | Center for Climate System Research(The University of Tokyo),National Institute for Environmental Studies, and Frontier Research Center for Global Change(Japan) |
| 17 | MIUB_ECHO_G | Meteorological Institute of the University of Bonn,Meteorological Research Institute of KMA,and Model and Data group(Germany/Korea) |
| 18 | MRI_CGCM2_3_2A | Meteorological Research Institute(Japan) |
| 19 | NCAR_CCSM3_0 | National Center for Atmospheric Research(USA) |
| 20 | NCAR_PCM1 | Meteorological Research Institute(Japan) |
| 21 | UKMO_HadCM3 | Hadley Centre for Climate Prediction and Research/Met Office(UK) |
| 22 | UKMO_HadGEM1 | As above |

　　表2给出了用我国东部35站资料和上述11个耦合模式资料所构建的我国东部地区120 a (1880—1999年)夏季降水时间序列的总方差、年代际方差贡献、相关系数以及年代际尺度上的相关系数等。从降水的方差可以看出,模式模拟的夏季降水的方差远远小于观测值,其中模式1(BCCR_BCM2_0)的方差最大,但其量值也不到观测值的一半,这说明各耦合模式普遍低估了我国东部夏季降水的变化幅度。模拟与观测降水的相关系数显示,只有模式22(UKMO_HadGEM1)所模拟的东部总降水量与观测的相关系数能够通过0.1信度的显著性检验(0.15),为0.16;而其他模式与观测降水的相关都非常低,甚至许多出现负相关,这说明多数耦合模式对于中国东部夏季降水总的模拟能力还比较差。从年代际方差贡献来看,观测降水的年代际变化非常明显,占到总方差的31%,而模式模拟降水的年代际变化特征也比较明显,除了模式1中年代际方差贡献为15%以外,其余模式中年代际变化的方差贡献都在20%~40%,与观测值较为接近。然而,由于8 a低通滤波后120 a资料的有效自由度降低至15左

右,达到 0.1 信度显著性检验的相关系数上升为 0.47 左右,因此年代际尺度上,无论哪个模式模拟的降水序列都没有达到 0.1 信度显著性检验的相关水平(表 2)。这说明,尽管各耦合模式中降水年代际变化的方差贡献比较接近观测,但是其模拟的年代际变化与观测仍然有很大差距。

表 2  观测及模式模拟中国东部夏季降水的总方差、年代际分量的方差贡献及二者的相关系数

| 模式号 | 模式名称 | 方差 | 年代际方差贡献 | 相关系数 | 年代际相关系数 |
|---|---|---|---|---|---|
|  | 观测 | 3240 | 0.31 | — | — |
| 1 | BCCR_BCM2_0 | 1570 | 0.15 | −0.01 | 0.17 |
| 2 | CCCMA_CGCM3_1 | 260 | 0.32 | 0.10 | −0.05 |
| 3 | CCCMA_CGCM3_1_T63 | 1226 | 0.32 | −0.13 | 0.15 |
| 4 | CNRM_CM3 | 831 | 0.21 | −0.05 | −0.52 |
| 7 | GFDL_CM2_0 | 589 | 0.26 | −0.14 | −0.32 |
| 9 | GISS_AOM | 200 | 0.26 | −0.04 | 0.00 |
| 10 | GISS_MODEL_E_H | 296 | 0.42 | −0.13 | −0.11 |
| 11 | GISS_MODEL_E_R | 175 | 0.34 | −0.09 | 0.12 |
| 12 | IAP_FGOALSL_0_G | 308 | 0.24 | −0.02 | 0.20 |
| 21 | UKMO_HadCM3 | 1135 | 0.22 | −0.13 | 0 |
| 22 | UKMO_HadGEM1 | 1529 | 0.36 | 0.16[1)] | 0.09 |

注:1)表示通过 0.1 信度的显著性检验。

对华北地区、长江中下游地区和华南地区的夏季降水做类似分析(表 3~5),发现其结果与整个中国东部地区的结果基本一致,即各模式均大大低估了降水变化的方差,但能够较好地再现年代际变化的方差贡献。同时,模式中降水的变化与观测相差依然很大,除了模式 2 (CCCMA_CGCM3_1)中长江流域夏季降水与观测的相关能通过 0.1 信度的显著性检验外,其余不管是总变化还是年代际时间尺度上的变化,各模式与观测的相关系数均没有通过 0.1 信度的显著性检验。这表明,无论是从整体还是区域来看,模式对我国东部降水的模拟都存在很大不足;然而,相比而言,模式对我国东部降水年代际分量的模拟在某种程度上具有一定的可信性。

表 3  观测及模式模拟华北夏季降水的总方差、年代际分量的方差贡献及二者的相关系数

| 模式号 | 模式名称 | 方差 | 年代际方差贡献 | 相关系数 | 年代际相关系数 |
|---|---|---|---|---|---|
|  | 观测 | 9000 | 0.31 | — | — |
| 1 | BCCR_BCM2_0 | 2249 | 0.31 | −0.01 | 0.03 |
| 2 | CCCMA_CGCM3_1 | 769 | 0.30 | −0.01 | −0.08 |
| 3 | CCCMA_CGCM3_1_T63 | 4846 | 0.33 | −0.11 | −0.35 |
| 4 | CNRM_CM3 | 2614 | 0.20 | 0.01 | −0.25 |
| 7 | GFDL_CM2_0 | 1643 | 0.22 | 0.11 | 0.09 |
| 9 | GISS_AOM | 457 | 0.25 | 0.12 | 0.24 |
| 10 | GISS_MODEL_E_H | 1211 | 0.23 | −0.02 | −0.01 |
| 11 | GISS_MODEL_E_R | 808 | 0.20 | −0.03 | −0.25 |
| 12 | IAP_FGOALSL_0_G | 1121 | 0.16 | 0.07 | −0.03 |
| 21 | UKMO_HadCM3 | 1182 | 0.29 | −0.07 | −0.14 |
| 22 | UKMO_HadGEM1 | 2530 | 0.33 | 0.14 | 0.33 |

表4 观测及模式模拟长江流域夏季降水的总方差、年代际分量的方差贡献及二者的相关系数

| 模式号 | 模式名称 | 方差 | 年代际方差贡献 | 相关系数 | 年代际相关系数 |
|---|---|---|---|---|---|
|  | 观测 | 14876 | 0.27 | — | — |
| 1 | BCCR_BCM2_0 | 6378 | 0.17 | 0.07 | 0.16 |
| 2 | CCCMA_CGCM3_1 | 472 | 0.25 | 0.17[1)] | 0.01 |
| 3 | CCCMA_CGCM3_1_T63 | 3383 | 0.25 | −0.01 | 0.46 |
| 4 | CNRM_CM3 | 2334 | 0.35 | 0.07 | −0.06 |
| 7 | GFDL_CM2_0 | 2418 | 0.21 | −0.03 | −0.15 |
| 9 | GISS_AOM | 1631 | 0.26 | −0.10 | −0.13 |
| 10 | GISS_MODEL_E_H | 1279 | 0.35 | −0.16 | −0.24 |
| 11 | GISS_MODEL_E_R | 495 | 0.31 | −0.06 | −0.14 |
| 12 | IAP_FGOALSL_0_G | 1856 | 0.16 | 0.11 | 0.33 |
| 21 | UKMO_HadCM3 | 5173 | 0.23 | −0.07 | −0.03 |
| 22 | UKMO_HadGEM1 | 4869 | 0.33 | 0.14 | −0.12 |

注:1)表示通过0.1信度的显著性检验。

表5 观测及模式模拟华南夏季降水的总方差、年代际分量的方差贡献及二者的相关系数

| 模式号 | 模式名称 | 方差 | 年代际方差贡献 | 相关系数 | 年代际相关系数 |
|---|---|---|---|---|---|
|  | 观测 | 14918 | 0.32 | — | — |
| 1 | BCCR_BCM2_0 | 2744 | 0.15 | 0.02 | 0.07 |
| 2 | CCCMA_CGCM3_1 | 324 | 0.26 | 0.14 | −0.03 |
| 3 | CCCMA_CGCM3_1_T63 | 1641 | 0.33 | −0.02 | 0.04 |
| 4 | CNRM_CM3 | 1124 | 0.23 | −0.11 | −0.18 |
| 7 | GFDL_CM2_0 | 907 | 0.24 | −0.03 | −0.03 |
| 9 | GISS_AOM | 232 | 0.22 | 0.06 | 0.00 |
| 10 | GISS_MODEL_E_H | 438 | 0.44 | −0.01 | −0.07 |
| 11 | GISS_MODEL_E_R | 283 | 0.38 | 0.06 | −0.01 |
| 12 | IAP_FGOALSL_0_G | 512 | 0.24 | −0.14 | 0.02 |
| 21 | UKMO_HadCM3 | 1899 | 0.22 | −0.16 | 0.05 |
| 22 | UKMO_HadGEM1 | 7671 | 0.32 | 0.06 | 0.13 |

## 2.2 模式对降水20世纪70年代中期突变的模拟情况

我国东部夏季降水在20世纪70年代中期前后发生了一次非常显著的年代际突变,降水异常分布由"南旱北涝"型转变为"南涝北旱"型,许多研究都对降水的这次突变进行了研究,并揭示了这次突变产生的一些重要原因[7-11]。但是由于资料长度的限制,目前对于这次突变产生原因的了解并不全面,而气候模式则能够在一定程度上弥补这一不足,成为研究突变机制的有力工具。一个模式是否可以用来研究机制,其前提是它能够对现象进行合理的再现,因此这里将评估上述11个耦合模式对20世纪70年代中期我国东部降水突变的模拟情况。

图 2 显示了用观测降水资料计算的 20 世纪 70 年代中期之前(1951—1976 年)和之后(1977—1999 年)我国东部夏季降水异常的分布。可以清楚地看到,1951—1976 年我国东部华北地区降水偏多、长江中下游降水偏少,1977—1999 年则华北偏旱、长江中下游地区偏涝。为了分析模式结果对这一突变现象的再现能力,分别计算了 11 个模式中 1951—1976 年和 1977—1999 年我国东部的降水异常(图略)。结果表明,没有一个模式能够很好地模拟出这种降水异常由"南旱北涝"向"南涝北旱"转变的情况。相对而言,模式 12(IAP_FGOALSL_0_G)的结果与观测具有一定的相似性,其模拟的降水在 20 世纪 70 年代中期前后的差值场显示出从北至南"负正负"的异常分布形势(图 3),但这种异常分布比实际情况偏南,而且华北地区降水异常也较弱。此外,模式 1(BCCR_BCM2_0)和模式 22(UKMO_HadGEM$_1$)能模拟出华北地区降水在 20 世纪 70 年代末期之后变少的现象,但却不能同时模拟出长江中下游地区降水增多的情况。图 4 给出了 35 站观测、模式 1(BCCR_BCM2_0)、模式 12(IAP_FGOALSL_0_G)和模式 22(UKMO_HadGEM1)中华北地区平均降水的年代际分量。可以看到,从 20 世纪

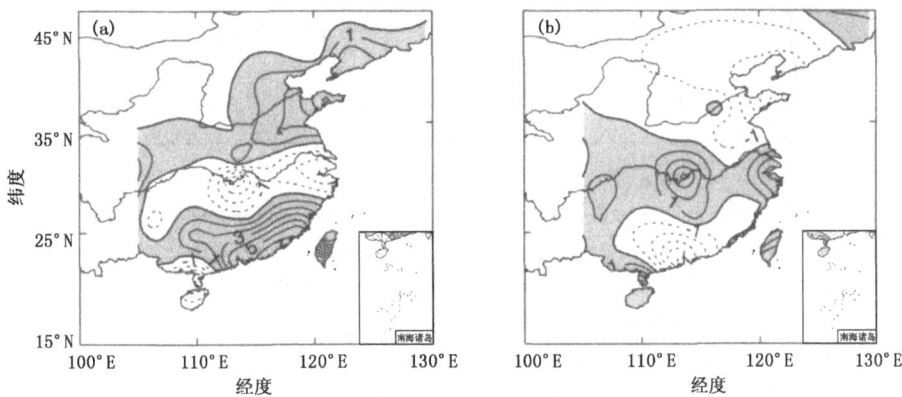

图 2  1951—1976 年(a)和 1977—1999 年(b)平均的夏季降水异常
(单位:mm;阴影为正值区)

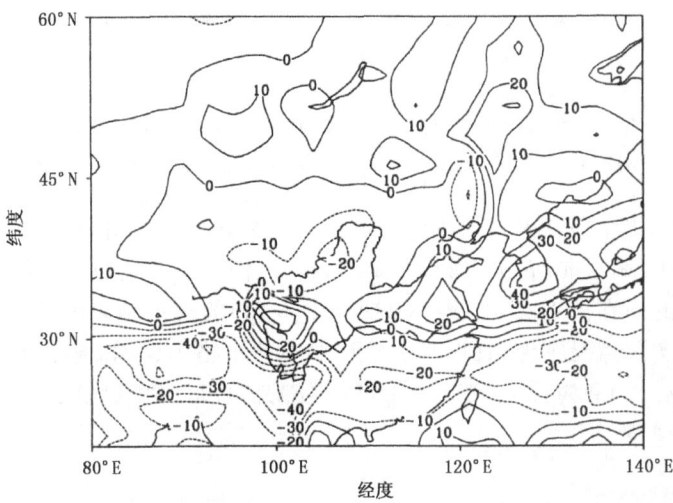

图 3  IAP_FGOALSL_0_G 模拟的 1977—1999 年与 1951—1976 年平均夏季降水的差值分布(单位:mm)

70 年代末期开始,华北地区降水出现了显著的减少(图 4a),模式 1(BCCR_BCM2_0)(图 4b)和模式 22(UKMO_HadGEM1)(图 4d)能够模拟出该特征,但模拟中变化的强度比观测要大。模式 12(IAP_FGOALSL_0_G)(图 4c)的结果也表现出华北降水的这一突变特征,但其突变时间比实际情况偏晚,发生在 1985 年前后。

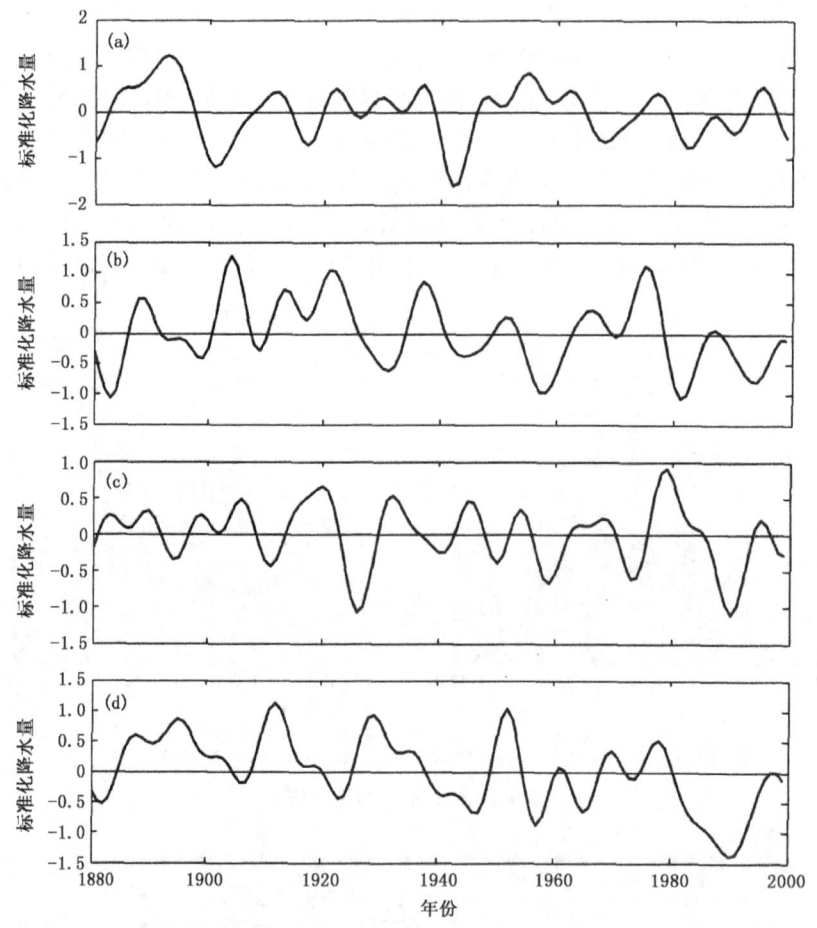

图 4 观测及模式模拟的 8 a 低通滤波的华北夏季降水量
(a)观测;(b)BCCR_BCM2_0;(c)IAP_FGOALSL_0_G;(d)UKMO_HadGEM1

总的来说,上述 11 个耦合模式虽然还都不能十分准确地模拟出 20 世纪 70 年代中期前后我国东部夏季降水由"南旱北涝"向"南涝北旱"的转变,但对于 20 世纪 70 年代中期这次突变,模式还是有所反映的。在模式 12(IAP_FGOALSL_0_G)的模拟结果中,20 世纪 70 年代中期前后降水的变化与实际情况较为相似,但是异常中心分布略为偏南,突变时间也偏晚。此外,模式 1(BCCR_BCM2_0)和模式 22(UKMO_HadGEM1)也可以模拟出 20 世纪 70 年代末期华北地区降水减少的现象。

## 3 PDO 和 NAO 年代际变化的模拟情况

目前对于我国东部夏季降水年代际变化机制的了解并不全面,但许多研究表明,夏季PDO 和前冬 NAO 可能在其中起到了重要的作用[22-23]。因此,在利用耦合模式研究引起我国东部夏季降水年代际变化的原因之前,除了需要评估模式对降水年代际变化的模拟能力外,还有必要评估模式中 PDO 和 NAO 的变化情况。

### 3.1 模式对 PDO 的模拟情况

PDO 是北太平洋地区海温变化的最主要模态,它在空间分布型上类似于 El Niño/La Niña,但比 El Niño/La Niña 模态空间分布的经向范围更大,且与 El Niño/La Niña 的最强信号出现在热带中、东太平洋不同,PDO 的最强信号出现在北太平洋中部。PDO 具有两个主要的年代际变化周期,一个是 15~25 a,另一个是 50~70 a。此外,PDO 在 1924、1946 和 1977 年前后分别发生了 3 次年代际突变[28]。为了分析耦合模式中的 PDO 现象,根据 Mantua 和 Hare[28] 计算 PDO 指数的方法,利用 Hadley 中心的海温观测资料以及上述 11 个模式的输出资料对北太平洋地区(110°E~110°W,20~65°N)夏季平均的海温异常场进行了经验正交函数分解。用观测和模式海温资料计算得到的北太平洋海温异常的第 1 模态(图略)显示,在 11 个模式中,有 7 个模式(CCCMA_CGCM3_1,CCCMA_CGCM3_1_T63,CNRM_CM3,GISS_AOM,Had GEM,IAP_FGOALSL_0_G 和 UKMO_HadCM3)能够模拟出 PDO 这一北太平洋海温的主要模态,而其余 4 个模式则不能。在观测中,PDO 模态的方差贡献为 22.3%,对于能够模拟出 PDO 的 7 个模式,其模拟结果中 PDO 所解释的方差除了一个模式(IAP_FGOALSL_0_G)为 35.8%以外,其余模式的结果都在 15%与 30%之间,与实际值 22.3%较为接近(表 6)。

表 6 各耦合模式中 PDO 模态的解释方差、模式与观测 PDO 指数的相关系数及年代际分量的相关系数

| 模式号 | 模式名称 | 解释方差 | 相关系数 | 年代际相关系数 |
| --- | --- | --- | --- | --- |
| 2 | CCCMA_CGCM3_1 | 15.8 | 0 | -0.09 |
| 3 | CCCMA_CGCM3_1T63 | 18.5 | -0.03 | -0.04 |
| 4 | CNRM_CM3 | 29.5 | 0.27[1) | 0.35 |
| 9 | GISS_AOM | 21.0 | 0.05 | 0 |
| 12 | IAP_FGOALSL_0_G | 35.8 | 0.09 | 0.08 |
| 21 | UKMO_HadCM3 | 19.0 | 0.04 | 0.34 |
| 22 | UKMO_HadGEM1 | 15.8 | 0.07 | 0.21 |

注:1)表示通过 0.01 信度的显著性检验。

为了比较模式与观测中 PDO 随时间的变化情况,进一步计算了观测的 PDO 指数与模式模拟的 PDO 指数间的相关系数(表 6)。可以看到,CNRM_CM3 模式模拟的 PDO 指数与观测资料的 PDO 指数关系最好,相关系数为 0.27,通过 0.01 信度的显著性检验,其余模式中 PDO 与实际 PDO 的关系则比较差。对年代际分量而言,仍然是 CNRM_CM3 模式模拟的 PDO 与实际 PDO 的变化最为接近,相关系数达到 0.35。此外,在年代际尺度上 UKMO_

HadCM3 模拟的 PDO 与实际也较为接近,相关系数达到 0.34。然而,考虑到滤波之后大大减小的自由度(15 左右),年代际时间尺度上以上两个相关系数仍然没有通过 0.1 信度的显著性检验标准。图 5 进一步给出了观测中以及 CNRM_CM3 和 UKMO_HadCM3 模式模拟的 PDO 年代际分量的时间变化。可以看到,模式对年代际尺度上 PDO 时间变化的模拟与观测较为一致,尤其是 20 世纪 70 年代中期前后 PDO 由负位相向正位相的转变,在这两个模式的模拟结果中可以得到清楚的体现。

## 3.2 耦合模式对 NAO 的模拟情况

NAO 是全球几个最显著的大气环流遥相关型之一,表现为北大西洋上两个大气活动中心——冰岛低压和亚速尔高压间的反位相变化[29],同时它也是北大西洋地区海平面气压场的最主要模态。据此,Hurrell 等[29]将北大西洋区域(90°W~40°E,20~80°N)海平面气压场的第 1 主分量定义为 NAO 指数。根据 Hurrell 等[29]的定义,分别利用 Hadley 中心的海平面气压资料以及上述 11 个模式模拟的海平面气压场资料计算了相应的冬季 NAO 的空间形态和时间变化。对比观测和 11 个耦合模式的结果(图略)可以发现,这 11 个耦合模式都能够很好的抓住 NAO 的空间分布特征,即在各个模式中,第 1 模态都表现出以北大西洋地区 50°N 附近为界,南北反位相变化的偶极子模态。同时,各个模式对 NAO 模态所解释的方差也有较好的模拟,观测中 NAO 的解释方差为 52%,而模式中 NAO 的解释方差最大为 64%,最小为 42%,都与观测值较为接近。

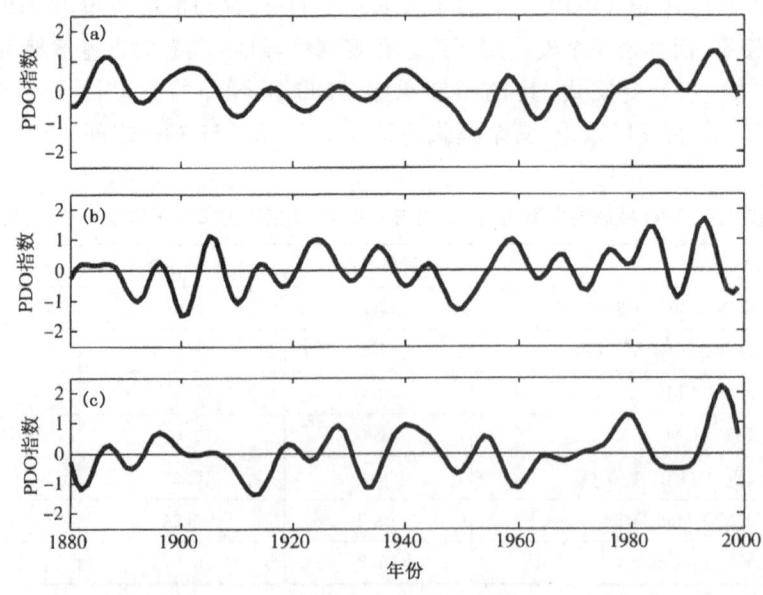

图 5 观测及模拟中 8 a 低通滤波的北太平洋海温异常的第 1 主分量
(a)观测;(b)CNRM_CM3;(c)UKMO_HadCM3

进一步分析模式模拟的 NAO 指数与观测的 NAO 指数间的相关系数(图 6),结果表明,在 11 个模式当中,只有模式 12(IAP_FGOALSL_0_G)和模式 22(UKMO_HadGEM1)能够较好地模拟出 NAO 的变化特征,它们模拟的 NAO 与观测 NAO 之间的相关系数通过了 0.1 信度的显著性检验,而其他模式中的 NAO 与观测值的相关都比较低,对模式 4、5 和 7 来说,相关系数甚至为负。在年代际时间尺度上,观测与模拟 NAO 的相关系数均没有超过 0.1 信度检验,相对而言,模式 22(UKMO_HadGEM1)与观测的相关系数最高,达到 0.4。从它们的时间序列(图 7)也可以看到,在过去 100 多年,二者在年代际时间尺度上具有较为一致的变化。尤其是近几十年来,NAO 表现出很强的年代际变化特征,冬季 NAO 指数在近 20 多年以来持续加强,而在模式 UKMO_HadGEM1 中,1980 年以来 NAO 也有不断加强的趋势,只是变化幅度比观测值要小。总的来说,虽然 11 个模式都可以较好模拟出 NAO 这一模态,但只有模式 12(IAP_FGOALSL_0_G)和模式 22(UKMO_HadGEM1)能够较好地模拟出 NAO 的总体变化,而模式中 NAO 的年代际变化模拟则差一些,只有模式 22(UKMO_HadGEM1)能够在一定程度上模拟出 NAO 的年代际变化。

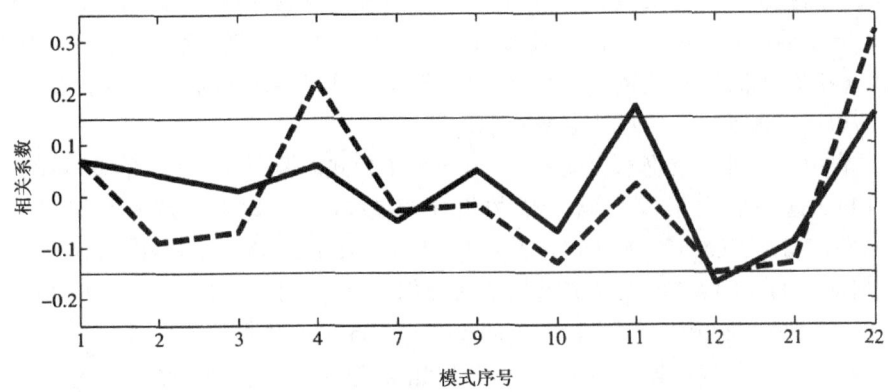

图 6  观测和模拟的冬季 NAO 指数的相关系数(粗实线)及二者在年代际尺度上的相关系数(虚线)(细实线表示 0.1 的显著性水平)

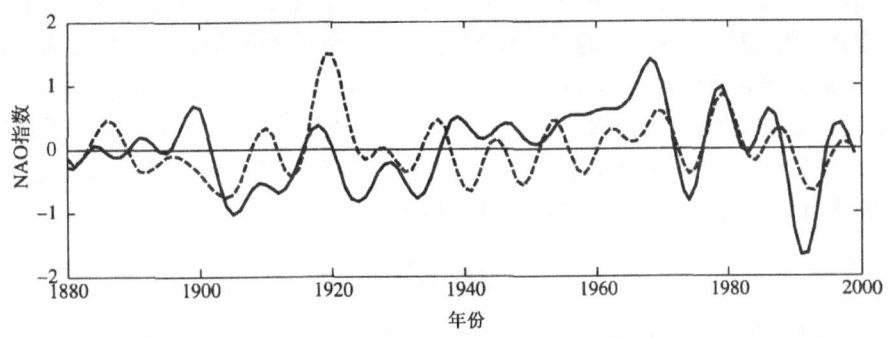

图 7  观测(实线)和 UKMO_HadGEM1 模拟(虚线)的 8 a 低通滤波的冬季 NAO 指数

# 4  结论和讨论

利用 1880—1999 年中国东部 35 站的观测降水资料、英国 Hadley 中心的海温和海平面气压资料以及 IPCC 第 4 次评估报告中 20 世纪气候模拟试验(20C3M)的模式输出结果,对

IPCC AR4 中 22 个耦合模式所模拟的我国东部夏季降水的年代际变化情况以及太平洋年代际振荡(PDO)和北大西洋涛动(NAO)的年代际变化情况进行了分析。结果表明,在 22 个模式当中,有 11 个模式能够模拟出与观测值较为接近的中国东部夏季降水的气候平均值。对这 11 个模式结果的进一步分析表明,各模式模拟的夏季降水的总方差远远小于观测值,说明各模式普遍低估了我国东部夏季降水的变化幅度。模式对降水总变化及其年代际变化分量的模拟都与观测相差较大,只有一个模式(UKMO_HadGEM1)能够较好地模拟出中国东部夏季降水量的总体变化特征。尽管各耦合模式能够较好地模拟出降水年代际变化的方差贡献,但是其模拟的年代际变化与观测值仍然有很大差距。

对于 20 世纪 70 年代中期前后中国东部夏季降水异常由"南旱北涝"转变为"南涝北旱"的这种空间分布型的显著突变,多数耦合模式并不能再现,只有模式(IAP_FGOALSL_0_G)可以大致反映出这种空间分布的变化,但异常雨带的分布比实际情况要偏南,另外该模式模拟华北降水发生突变的时间(80 年代中期)也比实际情况(70 年代末期)偏晚。对于突变较为明显的华北地区,有 2 个模式(BCCR_BCM2_0 和 UKMO_HadGEM1)也可以模拟出该地区降水在 20 世纪 70 年代末期之后的减少现象。

针对影响中国东部夏季降水变化的因子,分析了模式对夏季 PDO 和冬季 NAO 的模拟情况。对于 PDO 这一北太平洋海温变化的第 1 模态,11 个模式中有 7 个模式(CCCMA_CGCM3_1,CCCMA_CGCM3_1_T63,CNRM_CM3,GISS_AOM,HadGEM,IAP_FGOALSL_0_G 和 UKMO_HadCM3)可以模拟出其空间分布。其中,模式 21(CNRM_CM3)和模式 22(UKMO_HadGEM1)对 PDO 年代际变化的模拟与实际情况比较相似。这两个模式同时也可以模拟出 20 世纪 70 年代中期之后 PDO 由负位相转变为正位相的情况。对北大西洋地区冬季海平面气压场的分析表明,11 个模式都可以模拟出 NAO 这一北大西洋地区的最主要模态,并且各模式中 NAO 这一模态的解释方差都与观测较为接近。其中模式 12(IAP_FGOALSL_0_G)和模式 22(UKMO_HadGEM1)能够较好地模拟出 NAO 的总体变化特征,而模式 22(UKMO_HadGEM1)对 NAO 的年代际变化以及 1980 年以来不断加强的趋势也有相对较好的模拟。综合来看,IPCC AR4 中的耦合模式对东亚地区夏季降水年代际变化的模拟总体仍不理想,但一部分模式能够再现出 20 世纪 70 年代中期以来华北夏季降水的减少、PDO 在 20 世纪 70 年代中期前后的突变,以及 NAO 自 1980 年以来的持续加强等显著的年代际变化现象。因此,在今后的工作中,如果要利用模式对中国东部降水年代际变化的机制进行分析,首先应该考虑选择对年代际变化模拟较好的耦合模式。

## 参考文献

[1] Zhou T, Yu R. Twentieth-century surface air temperature over China and the globe simulated by coupled climate models[J]. J Climate,2006,19(22):5843-5858.

[2] Dai A. Precipitation characteristics in eighteen coupled climate models[J]. J Climate,2006,19(18):4605-4630.

[3] 郭其蕴. 东亚夏季风的变化与中国降水[J]. 热带气象学报, 1985,1(1):44-51.

[4] 张庆云,陶诗言,陈烈庭. 东亚夏季风指数的年际变化与东亚大气环流[J]. 气象学报,2003,61(5):559-568.

[5] 吕俊梅,任菊章,琚建华. 东亚夏季风的年代际变化对中国降水的影响[J]. 热带气象学报,2004,20(1):73-80.

[6] 李爱华,江志红.中国东部夏季雨带推进过程的年际、年代际变化[J].南京气象学院学报,2007,30(2):186-193.

[7] Nitta T, Hu Z Z. Summer climate variability in China and its association with 500 hPa height and tropical convection [J]. J Meteor Soc Japan,1996,74(4):425-445.

[8] Hu Z Z. Interdecadal variability of summer climate over East Asia and its association with 500 hPa height and global sea surface temperature [J]. J Geophys Res,1997,102(D1):19403-19412.

[9] 黄荣辉,徐予红,周连童.我国夏季降水的年代际变化及华北干旱化趋势[J].高原气象,1999,18(4):465-476.

[10] 顾薇,李崇银,杨辉.中国东部夏季主要降水型的年代际变化及趋势分析[J].气象学报,2005,63(5):728-739.

[11] Wang H. The weakening of the Asian monsoon circulation after the end of 1970's [J]. Adv Atmos Sci,2001,18:376-386.

[12] 陆日宇.华北汛期降水量年代际和年际变化之间的线性关系[J].科学通报,2003,48(7):718-722.

[13] 黄刚,周连童.青藏高原西侧绕流风系的变化及其与东亚夏季风和我国华北地区夏季降水的关系[J].气候与环境研究,2004,9(2):316-330.

[14] 龚敬瑜,王谦谦.江淮梅雨期降水不同尺度异常与SSTA的关系[J].南京气象学院学报,2006,29(5):656-661.

[15] 王研,钱明,朱伟军.夏季欧亚阻塞活动的年代际变化及其与我国降水的可能联系[J].南京气象学院学报,2006,29(5):591-598.

[16] Bao M, Huang R. Intercomparison of the interdecadal variations of summer precipitation in China simulated by AOGCMS from the IPCC-DDC [J]. Journal of Tropical Meteorology,2005,11(1):10-22.

[17] 李崇银,穆明权.大气环流的年代际变化Ⅱ.GCM数值模拟研究[J].大气科学,2000,24(6):739-748.

[18] Li C, Mu M. Influence of the Indian Ocean Dipole on Asian monsoon circulation[J]. CLIVAR Exchange, 2001, 6:11-14.

[19] Graham N E. Decadal scale climate variability in the tropical and North Pacific during the 1970s and 1980s: Observations and model results [J]. Climate Dyn,1994,10(3):135-162.

[20] Lau N C, Nath M J. A modeling study of the relative roles of tropical and extratropical SST anomalies in the variability of the global atmosphere ocean system[J]. J Climate,1994,7(8):1184-1207.

[21] Kawamura R, Sugi M, Sato N. Interdecadal and interannual variations over the North Pacific simulated by asset of three climate experiments [J]. J Climate,1997,10(8):2115-2121.

[22] 朱益民,杨修群.太平洋年代际振荡与中国气候变率的联系[J].气象学报,2003,61(6):641-654.

[23] Yu R, Zhou T. Seasonality and three-dimensional structure of interdecadal change in the East Asian monsoon[J]. J Climate,2007,20(21):5344-5355.

[24] 王绍武,龚道溢.1880年以来中国东部四季降水量序列及其变率[J].地理学报,2000,55(3):281-293.

[25] Rayner N A, Parker D E, Horton E B, et al. Global analysis of sea surface temperature, searice, and night marine air temperature since the late nineteenth century [J]. J Geophys Res, 2003, 108 (D14), 4407, doi: 4410. 1029/2002 J D002670.

[26] Allan R, Ansell T. A new globally complete monthly histoical gridded mean sea level pressure data set (Had SLP 2):1850—2004[J]. J Climate, 2006, 19(22):5816-5842.

[27] Bretheton C S, Widmann M, Dymnikov V P, et al. The effective number of spatial degrees of freedom of a time-varying field [J]. J Climate,1999,12(7):1990-2009.

[28] Mantua N J, Hare S R. The Pacific decadal oscillation [J]. Journal of Ocean ography,2002,58:35-44.
[29] Hurrell J W, Kushnir Y, Ottersen G, et al. The North Atlantic Oscillaton: Climate significance and environmental impact [C]// Geophysical Monograph Series. Washington, DC: American Geophysical Union, 2003.

# 国外大尺度动力过程研究和中期数值天气预报的进展[*]

## 吴国雄

(中国科学院大气物理研究所,北京 100029)

  第二次世界大战后,随着观测资料的增多、探测手段的改善、计算技术的发展以及数学、物理等学科的推进,动力气象学在资料分析、理论研究和数值模拟三个不同方向齐头并进、蓬勃发展。到 20 世纪 60 年代中期,人们对大气活动的认识已深化到如此的程度,以至能够而且必须对经典的动力气象学从资料和理论的不同角度加以总结。Palmen E 和 Newton C 的"大气环流系统"及 Lorenz E 的"大气环流的性质和理论"等杰作因此便应运而生了。

  与此同时,近代动力气象学结束了自身的"胎动",在其幼年期就以"令人惊讶"的步伐迈涉不同的天地。气象学家们则以"不甚从容"的步伐参加了 WMO 及 IAMAP(国际气象学和大气物理学协会)等组织的 Reading、Humberg 及 Paris 会议,去捕捉和预测现代动力气象学的行踪。概括这一阶段发展的代表作"Large-scale dynamical processes in the atmosphere"[1]就是 Reading 和 Humberg 会议上典型报告的汇集。

  数值天气预报作为大气物理学的应用学科,在 20 世纪 50 年代初由于 Charney J、Fjortoft R 和 Von Neumann 的杰出贡献而获新生。大气环流的数值模拟则由于 Phillips N 的创举在 20 世纪 50 年代脱颖而出。到了 60 年代中期,复杂的原始方程模式使短期数值预报($t \leqslant 2$ 天)日臻完美;大气环流的模拟研究则在时间谱的另一端($T \rightarrow \infty$)获得辉煌成就(Smagorinsky J 等)。正如 Von Neumann 所预言的,计算和理论在时间谱的两个极端获得突破之后,中期数值天气预报便紧步后尘:由 Miyakoda K et al.[2] 不懈地努力,第一个十五天中期预报试验结果于 1972 年在 GFDL(美国地球物理流体动力学实验室)问世。新的突破催化着欧洲中期预报中心(ECMWF)的组建。经过三年的筹备,该中心终于在 1979 年作为全世界第一个(也是当时唯一的一个)中期数值预报业务中心问世。欧洲气象界按照 Rossby 的忠告,终于摒弃昔日孤立研究的习俗,在同一个大气内、朝着同一个目标、用同一个步调奋战。这种协作精神加上不断摄取世界科技成就的最新营养的高代价的决策,使得 ECMWF 到 1982 年已经使短、中期数值预报在全世界处于领先地位。1985 年 5 月 1 日起,新的一代谱模式——$T_{106}$已投入业务,1986—1995 年 ECMWF 的十年规划也已订出。可以预言,未来十年中,中期数值天气预报又将有一个新飞跃。

  本文将对当前国外动力气象理论及中期数值预报的进展作一简要介绍。

---

  [*] 本文发表于《南京气象学院学报》,1986 年第 9 卷第 3 期,305-313.

# 1 动力气象理论的进展

过去近二十年,大气动力学发展的重要特征是从带状(或二维)、定常、线性、半球和孤立的动力系统进入三维、瞬变、非线性、全球和综合(包括海气、地气、海冰等)的动力系统。

## 1.1 球面 Rossby 波

在我国气象学家曾庆存发展系统的波包理论的同时,Hoskins 等[3]也从理论和数值模拟中证明了球面上二维 Rossby 波的存在及其频散关系。这是继 Rossby 的正压波动学说、叶笃正的能量频散理论后,大气波动学说的第三个重要发展。该理论指出,外界扰源所激发的 Rossby 波的群速度 $\overline{C_g}$ 是沿地球的一个大圆路径,而不是沿纬圈。$\overline{C_g}$ 的大小正比于基流速在大圆上投影的 2 倍。由于扰动流函数振幅的平方 $\psi^2$ 与经向波数 $l$ 的乘积为常数,因此向北的波列增幅而向南的波列减幅。这与 Bretherton F 和 Garrett C 得到的关于"波作用沿波射线方向守恒"$[V_gA=V_gE(\omega-k\bar{u})^{-1}=$ 常数,其中波能量密度 $E=\frac{1}{2}(\psi_x^2+\psi_x^2)]$ 的重要结论是一致的。

由简单的几何光学,从该理论可导出:波列总是向折射率大的介质折射;它在转向纬度上($l=0$)被反射,在临界纬度($\bar{u}=0$,即 $l\to\infty$)处被反射、吸收。这一理论曾被用来解释大气中的低频振荡及遥相关等流型分布,也很好地说明了中高纬大气环流对低纬度扰源的响应远比对中纬度同强度扰源的响应强这一现象。但由于在导出该理论时所用的 WKBJ 方法在转向纬度及临界纬度附近均不满足必要条件($P'(y) \leqslant 2p^{3/2}(y)$),加之线性近似的极限,Rossby 波列在转向和临界纬度附近的状态仍有待研究。

## 1.2 定长波

定长波的理论逐渐完善。一般地仍认为机械和热力强迫作用是定长波的外因。理论和模拟证明,在对流层低层,热力强迫作用是主要的;在高层,机械和热力作用两者均重要。在无摩擦场合,行星波与地形反位相,而短波与地形同位相。在有摩擦时,波脊在地形上游。

热力强迫的定长波结构则取决于平衡非绝热加热的形式和热源的垂直结构。在低纬度,外部加热主要由绝热对流所平衡;当热源随高度减少(增加)时,低层低压位于热源下(上)游。在中高纬,当加热为纬向平流所平衡时,热源下游为暖低压;当为经向平流所平衡时,下游低压的性质由热源垂直结构决定[3]。

研究还指出,定常波在垂直向和南北向的传播取决于纬向风场结构。在垂直方向,只有当西风风速小于临界风速($=\overline{q_y}(k^2+n^2)^{-1}$)时,波动才能向上传播加强,否则是减幅的[4]。波在南北向的传播也受类似的约束。这很好地解释了为何在平流层波数 1 和 2 占主导地位。Edmon et al.[5] 发现 EP 通量是经向平面上波活动(用 $A=\frac{1}{2}\overline{q^{*2\lambda}}/\overline{q_y^\lambda}$ 表征)传播的指示因子。Matsuno T 得到定常行星波折射率 $Q$ 的表达式为 $Q=\overline{q_y^\lambda}/\bar{u}^\lambda$。Labitzke K 发现在平流层主要爆发性增温前几周常有波活动强化的现象。因而平流层的爆发性增温被很好地解释为强迫行星波在垂直传播中增长时波动与平均气流的相互作用的结果。

资料分析指出,观测到的定常波的西倾不能仅从经典理论中关于纯机械或纯热力强迫作用去理解,而应看成是两者的综合结果[6]。我国的理论和模拟则表明,当地形高度小于临界高度时,爬坡是主要的,大气的响应是线性的;当高度大于临界高度时,绕流是主要的,大气的响应是非线性的;而且大气对热力和机械强迫作用的综合响应也是非线性的[7]。

由于冬季定常波流型与球面 Rossby 波列十分相似,有的学者认为定常波的机制可能与 Rossby 波传播的遥距离强迫或短波作用有关。

### 1.3 瞬变波动力学

在过去近二十年,瞬变波动力学引起人们极大的兴趣。这不仅因为其不同频谱的形态为长、中、短期天气预报提供依据,还在于不同频谱的瞬变波之间,以及瞬变波、定常波与基流之间的相互作用是大气运动中最本质和最复杂的现象之一。一般地它可分为低频瞬变波和高频瞬变波。滤波方法常被用来分离不同时间尺度的扰动。

用 $t > 10$ 天的低通滤波器对 500 hPa 高度观测资料进行滤波后算得的方差分布与相应的未经滤波资料上的分布。和 30 天平均资料上的分布极为相似。这表明,时间尺度在一周以上的低频过程振幅的地理分布对频率的依赖较小;也表明位势高度振荡的频率谱中低频占优势。Wallace 和 Gutzler[8] 普查了北半球 500 hPa 月平均高度场格点值的同时相关,发现了五种基本流型(即太平洋北美型 PNA、西大西洋型 WA、东大西洋型 EA、欧亚型 EU 及西太平洋型 WP),且每一流型的地理路径与大圆极为相似。这种结构在滞后相关图上也有清楚表现,只不过强度减弱。这表明低频波动的传播也遵循着大圆规律。

对大气低频变化机制的看法不一致,概言之有下述几种可能性:①外部强迫作用可导致低频变化,如赤道海温距平(El Niño)及地形强迫激发的中高纬低频变化和阻高;②与指数循环相联系的以月为尺度的振荡;③不同平衡态流型之间的变化[9,10];④稳定的闭合旋流,孤立波,偶极波;⑤波动间的相互作用;以及⑥高频瞬变波的内强迫作用。其实,这种低频变化也可能与大气运动所受的约束有关。

在 2.5～6 天的带通滤波图上,在两大洋西部存在着显明的风暴轴[11]。在高层,在风暴轴的入(出)口处存在规则的次(超)地转运动;动量与感热输送特征沿着该轴变化也十分不同[12]。这种高频变化特性与低频波动、定常波动与带状平均量之间的关系受到普遍的关心。

Bretherton 和 Green[13] 在研究涡旋的作用时,得到带状平均的经向位涡输送、动量输送和感热输送的关系。Andrews et al.[14] 及 Edmon 等[5] 引入无辐散"剩余环流"的概念,把纬向平均动量和热量的变化与涡动位涡的输送及剩余环流简明地联系在一起。在此基础上,他们又引用 EP 通量的概念,得到纬向平均的经向位涡输送等于 EP 通量的散度的关系,并导出波活动方程。使之成为研究波动和基流相互作用的一个重要工具,也加深了人们对大气活动的认识。

### 1.4 热带气象学

纬向平均或时间平均的动力学给出的是相对均匀的低纬大气的图像。随着动力学在四维时空研究上的蓬勃发展,热带天气系统的结构、频谱、特殊性和重要性才逐渐为人们认识。Charney[15] 基于尺度分析和天气研究成果(如热带"热塔"的发现)提出的 CISK(第二类条件不稳定)概念及郭晓岚提出的积云对流参数化,大大推动了近代低纬气象学的发展。

Matsuno[16] 指出,行星尺度运动即使在靠近赤道处也是准地转的,因而变化缓慢的行星尺度的热带波动可用经典的潮汐理论来处理。由于热带波动理论的这一突破,使 Matsuno[16] 和 Longuet—Higgins M 能用浅水波模型把 Kelvin 波和混合 Rossby—重力波从大气波动中分离出来。Schneider 和 Lindzen 提出"积云摩擦"的概念;Chang 得到对流活动的垂直混合效应类似于把热带大气考虑成强耗散系统的结论,从而改进了无黏性线性 Kelvin 波解的逼真度。Webster 和 Gill 等曾用垂直向低分辨的模式成功地模拟出 Kelvin 波及混合 Rossby—重力波。

赤道 Kelvin 波和 Rossby—重力波的发现使平流层准两年振荡(QBO)得到满意的动力解释。Holton J 和 Lindzen[17] 根据此两种波 EP 通量的分布特征,发现在东(西)风带传播的 Kelvin(Rossby—重力)波使基流减速,即向反向加速,因而 QBO 可解释为 Kelvin 波和 Rossby—重力波与基流交互作用的结果。

传统上认为,低纬大气为辐射能的盈余区,扰动对辐射的影响并不重要。但 Leary C 和 Houze R 的工作证明云层对大气的入射和放射辐射有明显的阻滞作用。Webster 和 Lorenz E 的研究指出,3 周左右的低频振荡只有考虑到潜热时才存在。GATE 和 MONEX 试验大大丰富了关于低纬辐射的知识。"雨云"卫星资料的分析表明夏季沙漠地区($25°N,10°\sim50°E$)为净辐射源,而对流季风区($25°N,80°\sim180°E$)为强的辐射加热源。凝结加热也是在季风区最强,虽然感热加热与上述反相,但仅为低层现象。经向加热的这一不均匀性成为激发季风区经向环流的重要热力因子。

低纬和中纬大气相互作用的研究也有显著突破。在研究地形和冷热源对低空急流的影响的同时,低纬季风对中纬影响的研究更深入。低纬的外部扰源如 El Niño(厄尔尼诺)等所激发的波列向北影响中纬也广为人们重视。除了太平洋海温距平和高纬度天气系统的遥相关外,太平洋中纬度的风暴轴位于亚洲急流出口区,也与冬季风强烈的赤道对流密切相关。中纬度系统对低纬的影响较复杂:当基流均匀时,中纬波动只能在特征纬度附近被反射或吸收,对低纬影响不大;但当基流不均匀时,FCGE(全球大气研究计划第一期全球试验)资料分析表明,中纬波动可穿过东风带的断裂带(即弱西风区域)影响低纬度,甚至传播到另一半球的西风带中。

## 1.5 海洋和大气的相互作用

科学家赤道太平洋 SST(海面温度)的准周期振荡现象及它的成因和气候效应产生了广泛的兴趣。人们试图从大气信风环流、海洋斜温层变化和赤道波动的角度去探索 El Niño 的成因[18],并从球面 Rossby 波的频散原理去探索中、高纬大气环流对赤道太平洋海温距常的遥响应。这些发现无疑将对中、长期天气预报产生深远影响。例如,Barneet 指出,太平洋的 SST 是一到三个季节后北美表面气温的一个有用的预报因子。

Walker 的关于赤道地区行星尺度相关的概念再次获得重视。Madden 和 Julian 分析了赤道地区环流的东西结构,得到 Walker 环流的显著特征,为南方涛动(SO)提供较好的物理依据。其横跨太平洋的底层支与信风环流对应,与 El Niño 相联。一个新的研究 El Niño 与 (SO)的分支 ENSO 在低纬动力学中占有重要的地位。

但由于低纬,尤其是海洋资料的缺乏,还由于低纬大气及海洋动力学的复杂性有待于进一步认识,大气和海洋相互作用的研究还仅是开端而已,尤其是大气对海洋的反作用还研究得较少。

## 1.6 非线性动力学

把大气考虑成一个封闭系统,把大气过程考虑成线性可叠加过程的研究曾揭示大气的许多特征。但大气动力学自身的发展及学科间的渗透,使其突破原来的线性范畴而进入了一个新阶段。大气作为一个非线性的开放系统,其不同特征正被逐渐披露:大气动力学已进入研究强迫耗散的非线性系统的新的发展阶段。

Charney 和 Devore[9]在这一系统中首先得出多值平衡态的解:在同一扰源强迫的系统中,大气状态存在两个稳定的平衡态,而处在这两态之间的态是不稳定的。Wiin-Nilsen 则研究了低阶正压的摩擦耗散系统的定常态和稳定性特征。Vickroy 和 Dutton 在一个类似的系统中研究解的分支、突变。Källen 用一个低截谱模式对地形的非线性效应进行数值试验,得到相应双平衡态数优解。Lorenz 研究了准地转平衡的特征和吸引子问题,指出当分叉方程的系数超过某一值后,解的时间序列出现混乱混沌状态。

非线性强迫耗散系统的动力学目前正在迅速发展中,它无疑是动力气象学的重大发展,也是关于大气可预报性和长期预报的重要课题。但像任何新的理论一样,非线性动力学在迄今的发展中也受到高截谱、恒定激发源的羁绊,因而与物理机制的密切结合将是今后发展的重要方向。

# 2 中期数值预报的进展

由于 ECMWF 的中期数值天气预报业务处于领先地位,这里的介绍主要根据该中心的技术文件加以综述。

## 2.1 从短期预报向中期预报的发展

到 20 世纪 70 年代初,短期数值预报业务在世界范围内获重大成功。以美国国家气象中心(NMC)为例(图1)。1958 年该中心开始采用一层正压涡度方程模式。在 1962 年引入的准地转斜压模式,到 1966 年已被六层原始方程模式所代替,卫星资料及同化技术等也已被采用。到 1972 年,预报得分已比 1958 年增加了几乎一倍。

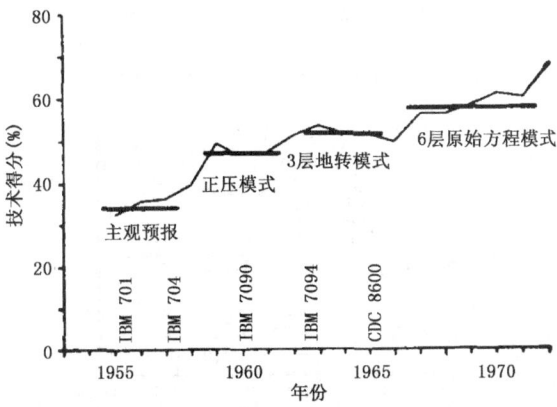

图 1  NMC 北半球 500 hPa 36 小时预报年平均技术得分(水平线为模式没有重要变化期间的平均得分。得分为零指预报没有天气价值,为100是完善预报)

Miyakoda et al.[19]试验证明,模式的分辨率对长时效预报有重要影响。Smagorinsky[20]在大气环流模式(GCM)试验中发现,直至第二周还能较好地模拟气旋的新生和生命史。1972年 Miyakoda 用 GFDL 的九层半球格点模式($d=250$ km)作出第一个长达二周的中期天气预报(用 UNIVAC 1108 机,每天的预报需 12 小时)。数值预报的上述发展促进欧洲国家在 1973 年决定建立 ECMWF。

## 2.2 ECMWF 的预报模式和业务

关于 ECMWF 的模式细节已有不少介绍。在这里只作概要说明。1979 年投入业务的是 $N_{4B}$ 全球格点模式。格距 1.875 纬距×1.875 经距。垂直方向 15 层。时间积分用蛙跃格式和半隐式格式,时间步长 15 分钟。1983 年 4 月该模式被谱模式 $T_{63}$ 代替。十天预报在 Cray 1-A 计算机上用了 3 小时 50 分钟,在 Cray X-MP 上只需约 2 小时。从 1985 年 5 月起采用了 $T_{106}$ 谱模式。

模式分动力和物理两部分。除模式本身,还发展了一套先进的资料收集、加工、同化系统,产品加工系统及资料库。除形势预报外,还提供包括云量、降水、湿度、海面气压、风、温度等单点要素预报。第一个冬天(1979—1980)ECMWF 的 60% 距平相关达到 5.5 天,比 Miyakoda 1972 年的试验结果增加了近 2 天。在此以后,中心的资料分析系统、初始化方案、地形方案及次网格物理过程不断更新,预报得分也因而不断改善(图 2,图 3)。

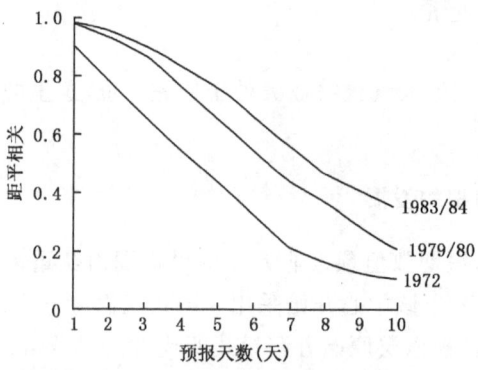

图 2 ECMWF 数值预报在 1983/1984 及 1979/1980 冬季的距平相关得分和 Miyakoda 1972 年发表的 12 个月份例子的相关得分

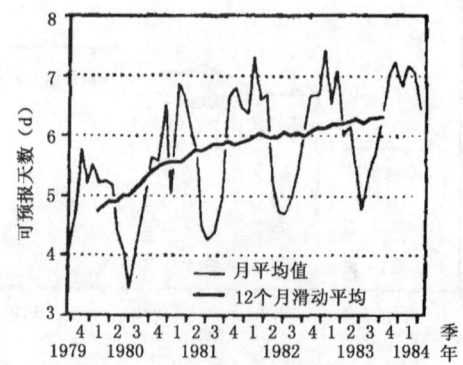

图 3 ECMWF 北半球预报技巧得分(用 1000 hPa 到 200 hPa 高度场及 850 hPa 到 200 hPa 温度场算得的逐日距平相关和误差标准差,再求平均而得)

## 2.3 未来十年

(1) 未来十年计算条件估计将以与过去相当的速率继续增长。但由于计算技术的进步,计算经费的增长却不会太多。这为数值天气预报的快速发展提供了可能。到 1984 年 ECMWF 不仅使有效预报比十年前延伸了三天,而且同样重要的是找出了限制预报时效进一步延伸的因子,从而使有效预报在下一个十年跃进到 12 天成为可能。根据 Lorenz(参见图 4)估计,在不改变目前的观测资料精度的情况下,通过减少截断误差,采用理想模式,有效预报可伸长 3~4 天。如果同时能使分析资料的误差减少 50%,则时效还可再延伸 2 天。

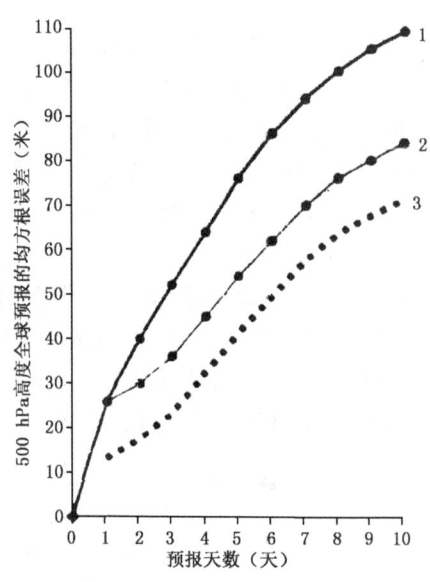

图 4  500 hPa 高度预报全球均方根误差(米)随预报天数的变化

曲线 1 为 1980 年 12 月 1 日到 1981 年 3 月 10 日 ECMWF 所有业务预报的平均。曲线 2 为 Lorenz 用相同观测资料但采用理想模式所作的试验结果。曲线 3 为用理想模式,加上观测误差减半后所作的试验结果

通过世界天气监视网和卫星遥感的发展,观测资料将会进一步改善,分析质量的进一步提高将可实现。未来的步骤是提高预报模式的分辨率,改进物理过程参数化方案和资料同化系统,从而使中期预报的精度进一步提高,使预报产品及服务质量进一步发展。ECMWF 计划在十年内,使中期确定预报延伸到 2 周,并提供全球海浪的中期预报,同时改善成员国远距离使用中心计算机的能力。

(2) 预报时限的再延伸不仅受到动力可预报性的限制,还受到边界强迫可预报性的限制。前者指由于大气和模式的内在不稳定性,使起始状态的小振幅误差放大而限制预报时效。对小尺度过程不适当的参数化所造成的预报误差增长也属此类不稳定性。后者则指因缓慢变化的强迫源,如 SST、海冰及雪盖等,以月的时间尺度影响着大气环流所致。ECMWF 下十年的计划希望在此方面有所突破。并发展长约 4 周的月业务预报。

用目前的时间积分模式进行长期预报必须克服的问题是模式气候向真实气候的漂移。Shukla 针对此提出过若干距平预报方案。ECMWF 曾用此进行 500 hPa 高度距平月预报试验,其结果很令人鼓舞。

（3）ECMWF目前已根据模式预报结果向成员国提供海面上空2米高度气温，10米高度风矢等预报，为航运、捕鱼及近海作业服务。下一个十年的目标是发展海浪预报。目前正在与汉堡Max Planck气象研究所合作，准备在现有预报模式中加上第三代全球海浪模式（基于对二维波谱的辐射传输方程进行时间积分）。未来还准备以此全球海浪模式的中期预报结果作为边界值，设计高分辨的关于东大西洋、北海、地中海和波罗的海的有限海域模式。

（4）为了实现上述目标，ECMWF计划通过WMO加强WWW(世界天气监视网)，从而获取高质量、大数量的观测资料。还计划通过加强资料同化和模拟的研究，改进计算机硬件和软件等，发展现有的业务预报模式。为此，已设计出计算机更新的时间表。到1986年初，ECMWF的主要计算系统将是：

主机：Cray X-MP/22；前置机：Cyber 835，Cyber 855；

Cray-LCN通道机：Cyber 825；资料处理机：IBM 4341 M12；

图像处理机：VAX 11-750；资料将储存在光学磁盘（每盘存20～40亿字节）。

到1990年，主机估计要比Cary X-MP/22快10～15倍。主内存为十亿字节，第二存贮为40～320亿字节，由每秒100亿位的甚高速通道与主机联接。每一光学磁盘容量可达320亿字节。

主要由于成员国之间的协调和科学家之间的合作，ECMWF在过去的十年已超额完成原定指标。未来的十年，随着WCRP(世界气候研究计划)的逐渐实施，海洋资料的逐渐增加，卫星遥感技术的逐步改进，以及随着气象学科的发展，可以预言，ECMWF的十年计划将会按期完成，世界范围的天气预报和气象服务又将是一派崭新的景象。

## 参考文献

[1] Hoskins B, Pearce R. Large-scale dynamical processes in the attmosphere[M]. Academic Press,1983.

[2] Miyakoda K,Hembree G D,Strckler R F, et al. Cumulative results of extanded forecast experiments,L. model performance for winter cases[J]. Mon Wea Rev,1972,100:836-855.

[3] Hoskins B J, Karoly D J. The strady linear response of a spherncal atmosphere to thermal and orographic forcing[J]. J Atmos Sci,1981,38:1179-1196.

[4] Charney J G, Drazin P G. Propagation of the planetary-scale disturbance form the lower into the upper atmosphere[J]. J Geophy Res,1961,66:83-109.

[5] Edmon H J. Hoskins B J, Mclntyr M E. Eliassen-palm cross-sections for the troposphere[J]. J Atoms Sci,1980,87:2300-2616. (errata vide,bid. Vol. 88(1981),1115).

[6] Wallace J M. The climatological mean stationary waves:observational evidence,chapter 2,large-scale dynamical processes in the atmosphere[M]. Academic,1983:27-54.

[7] Wu Guoxiong. The non-linear responser of the atmosphere to large-scale mechanical and thermal forcing[J]. J Atmos Sci,1984,41:2456-2476.

[8] Wallace J M, Gutzler D S. Teleconnections in the geopotential height field during the northern Hemisphere winter[J]. Mon Wea Rev,1982,109:785-812.

[9] Charney J G, Devore J G. Multiple flow equilibria in the atmosphere and blocking[J]. J Atmos sci,1979,36:1205-1216.

[10] Charney J G, Strauss D M. Form-drag instability,multiple equilibria and propagating planetary waves in baroclinic orographically forced planetary wave systems[J]. J Atmos Sci,1981,37:1157-1176.

[11] Blackman M L,Wallace J M,Lau N-C, et al. An observational study of the northern hemisphere winter-

time circulation[J]. J Atmos Sci, 1977,34:1040-1053.

[12] Lau N C. The observed structure of tropospheric stationary wave and the local balances of vorticity[J]. Q J Atmos Sci,1979,36:996-1016.

[13] Green J S A. Transfer properties of the large-scale eddies and the general circulation of the atmosphere [J]. Q J Roy Met Soc,1970,96:157-184.

[14] Andrews D G, Mclntyre M E. Planetary waves in horizontal and vertical shear: The generalized eliassen-palm relation and the mean zonal acceleration[J]. J Atmos Sci,1964,33:68-75.

[15] Charney J G, Eliassen A. On the hurricane depression[J]. J Atmos Sci,1964,21:68-75.

[16] Matsuno T. Quasi-geostrophic motions in growth of the equatorial area[J]. J Met Soc Japan,1966,44:25-42.

[17] Holton J R, Lindzrn R S. An updated theory for the quasi-biennal cycle of the tropical stratosphere[J]. J Atmos Sci,1972,29:1076-1080.

[18] McCreary J P. Eastern tropical ocean response to changing wind systems, with application to EL Nino [J]. J Phys Ocean,1976,6:682-645.

[19] Miyakoda K, Strickler R F, Noppo C J, et al. The effect of horizontal grid resolution in an atmospheric circulation Model[J]. J Atmos Sci,1971,28(4):481-499,1971.

[20] Smagorinsky J. Problems and promises of deterministic extended range forecasting[J]. Bull Amer Met Soc,1969,50:286-311.

# 主振荡型(POP)分析方法原理[*]

章基嘉[1]  丁锋[2]  王盘兴[2]

(1. 中国气象科学研究院,北京 100081;2. 南京气象学院气象系,南京 210044)

**摘要**:对离散化场的时间序列,详细推导了主振荡型分析方法的两个导出量:主振荡型(POP)及其伴随相关型(ACP)。通过热带太平洋SST距平场时间序列POP及相应区域850 hPa风场ACP的计算例子,给出了它们的实际算法。

**关键词**:主振荡型分析;原理

20世纪80年代末,Hasselmann和Storch等首先将主振荡型(Principal Oscillation Pattern,简称POP)分析引入气象要素场随时间演变规律的研究之中[1,2]。POP分析方法将复杂系统(它们既随时间也随空间变化)分离成仅依赖于时间和仅依赖于空间变化的部分,以便于对系统的时空演变特征分别考察。应用表明,它对于含有准周期移动特征的演变过程有较强的描述能力,因而在一些准周期振荡过程(如准40天振荡、ENSO事件)的分析中得到应用。

POP分析的主要难点是对主振荡型(POP)及其伴随相关型(Associated Correlation Pttern,简称ACP)的理解和计算,因此需要比较详细地给出POP和ACP的导出过程。本文以此为主要目的。

## 1 主振荡型(POP)

(1)问题的提法

对离散化场的时间序列

$$\boldsymbol{X} = \begin{vmatrix} x_{11} & x_{22} & \cdots & x_{1m} \\ x_{21} & x_{22} & \cdots & x_{2m} \\ \vdots & \vdots & \cdots & \vdots \\ x_{n1} & x_{n2} & \cdots & x_{nm} \end{vmatrix} \tag{1}$$

其第$s$行向量为第$s$个格(站)点上要素的时间序列,记为

$$\boldsymbol{X}_s = (x_{s1} x_{s2} \cdots x_{st} \cdots x_{sm}) \tag{2}$$

第$t$列向量为第$t$时刻的场,记为

---

[*] 本文发表于《南京气象学院学报》,1995年第18卷第1期,93-99。

$$X_t = (x_{t1}\, x_{t2}\, \cdots\, x_{ts}\, \cdots\, x_{tn})^T \tag{3}$$

式中,$s=1\sim n$,$t=1\sim m$,角标 $T$ 为转置号。设 $t$ 时刻 $X_t$ 的变率线性依赖于 $X_t$,即

$$\frac{\Delta X_t}{\Delta t} = A X_t + R_t \tag{4}$$

式中,$A$ 为 $n$ 阶方阵,表示一个定常的线性变换;$R_t$ 为 $t$ 时刻变率"噪音"。

$$R_t = (r_{t1}\, r_{t2}\, \cdots\, r_{ts}\, \cdots\, r_{tn})^T \tag{5}$$

再设 $\Delta t = 1$,(4)式可表作一个一阶多维自回归过程

$$X_{t+1} = (A+I) X_t + R'_t \tag{6}$$

式中,$I$ 为 $n$ 阶单位方阵,$R'_t$ 为实际过程与一阶自回归过程的偏差,$R'_t$ 与 $R_t$ 形式相同。记 $B = A+I$,(6)式可写为

$$X_{t+1} = B X_t + R'_t \tag{7}$$

假定偏差 $R'_t$ 与 $X_t$ 无关,即

$$\langle R_t X_t^T \rangle = 0 \tag{8}$$

式中,$\langle \rangle$ 为时间平均记号。则以 $X_t^T$ 右乘(7)式并对时间平均,得

$$\langle X_{t+1} X_t^T \rangle = B \langle X_t X_t^T \rangle \tag{9}$$

记
$$C_1 = \langle X_{t+1} X_t^T \rangle ; \quad C_0 = \langle X_t X_t^T \rangle$$

它们分别是 $X$ 的时滞为 $1$、$0$ 的协方差方阵($n$ 阶),其 $s_1$ 行、$s_2$ 列的元素

$$C_{1 s_1 s_2} = \langle x_{s_1}(t+1) x_{s_2}(t) \rangle ; \quad C_{0 s_1 s_2} = \langle x_{s_1}(t) x_{s_2}(t) \rangle$$

以 $C_1$、$C_0$ 代入(9)式,得

$$C_1 = B C_0 \tag{10}$$

再以 $C_0$ 的逆 $C_0^{-1}$ 右乘(10)式两端,得

$$B = C_1 C_0^{-1} \tag{11}$$

显然,$B$ 为 $n$ 阶非对称实矩阵。

对给定的 $X$,$B$ 是确定的,故一阶多维自回归过程((7)式)是确定的。

(2) POP 导出

(7)式的实质是线性变换 $B$ 作用于 $X_t$ 得 $X_{t+1}$ 的一个近似场,故 $B$ 的性质决定了过程的性质。$B$ 的最重要的性质由它的特征值($\lambda$)、特征向量($P$)反映。对实际问题,当 $m > n$ 时,$B$ 通常有 $n$ 个不同的 $\lambda$、$P$,记为

$$\lambda^K、P^K,\ K = 1 \sim n$$

它们满足关系

$$B P^K = \lambda^K P^K \tag{12}$$

按矩阵理论[4],非对称实矩阵 $B$ 的特征值可取实值或复值;如果 $\lambda^K$ 是 $B$ 的一个复特征值,则其共轭 $\lambda^{K*}$ 也是 $B$ 的一个复特征值(即复特征值与其共轭成对出现);并且,若与 $\lambda^K$ 对应的特征向量是 $P^K$,则与 $\lambda^{K*}$ 对应的特征向量是 $P^{K*}$。$P^K$、$K=1\sim n$,是一个线性无关向量组,但它们相互间一般不正交。

在 POP 分析中,特征向量 $P^K$ 被称为主振荡型(POP)。实的 $\lambda^K$ 对应的 $P^K$ 是实分量向量,称为实的 POP,它只能描述驻波振荡或演变趋势,故又称为驻波型;复的 $\lambda^K$ 对应的 $P^K$ 是复分量向量,称为复的 POP,它与 $\lambda^{K*}$ 对应的 $P^{K*}$ 一起,能描述振荡的传播,故又称为传播型。目前,POP 分析方法的应用主要限于它的传播型。

### (3) POP 及其标准、正交化处理

对传播型 POP，其 $\lambda^K$、$\lambda^{K*}$ 可一般地记为

$$\lambda = \lambda_1 + i\lambda_2, \quad \lambda^* = \lambda_1 - i\lambda_2 \tag{13}$$

其中 $P^K$、$P^{K*}$ 记为

$$P = P_1 + iP_2, \quad P^* = P_1 - iP_2 \tag{14}$$

式中 $\lambda_1,\lambda_2$ 为实数，$P_1$、$P_2$ 为 $n$ 维实分量向量。序数 $K$ 被省略。

一般情况下，(14) 式中的 $P(P^*)$ 是非标准化的，$P_1$、$P_2$ 也不正交。但由性质 (12)，$P$ 可以有非零常数（复数域）倍之差、例如 $a$ 倍之差。为此，设 $\hat{P} = aP$，$a = Ce^{\theta}$ 是待定常数（$C$ 是 $a$ 的模、$\theta$ 是幅角）。在条件

$$\left.\begin{array}{l}(\hat{P}, \hat{P}) = 1 \\ (\hat{P}_1, \hat{P}_2) = 0\end{array}\right\} \tag{15}$$

下，可确定

$$\begin{aligned} C &= (\|P_1\|^2 + \|P_2\|^2)^{-1/2} \\ \theta &= \frac{1}{2}\operatorname{arctg}\frac{2(P_1, P_2)}{\|P_2\|^2 - \|P_1\|^2} \end{aligned} \tag{16}$$

式中，$(,)$ 为向量内积、$\|\ \|$ 为向量模算符。

值得指出的是，标准化是对 $P$ 进行，正交是对一个 $P$ 的实部与虚部进行的。

## 2 场的 POP 展开

由 $P^K$ 的线性无关，$X_t$ 可表示为

$$X_t = \sum_{k=1}^{n} a_t^K P^K \tag{17}$$

$a_t^K$ 是 $t$ 时刻 $P^K$ 的时间系数，其确定应遵循"平行四边形法则"。在实际的 POP 分析中，我们只用主要传播型（标准化形式为 $\hat{P}$、$\hat{P}^*$）及其时间系数 $a_t$、$a_t^*$ 表示 $X_t$ 中与其对应的部分 $\widetilde{X}_t$

$$\widetilde{X}_t = a_t\hat{P} + a_t^*\hat{P}^* \tag{18}$$

令

$$\left.\begin{array}{l} a_t = \dfrac{1}{2}a_{1t} - i\dfrac{1}{2}a_{2t} \\ a_t^* = \dfrac{1}{2}a_{1t} - i\dfrac{1}{2}a_{2t} \end{array}\right\} \tag{19}$$

将 (13)、(14)、(19) 代入 (18)，得 $\widetilde{X}_t$ 的实的表达式

$$\widetilde{X}_t = a_{1t}\hat{P}_1 + a_{2t}\hat{P}_2 \tag{20}$$

由 $\hat{P}_1$、$\hat{P}_2$ 的正交性，得时间系数

$$\begin{aligned} a_{1t} &= (\widetilde{X}_t, \hat{P}_1)/\|\hat{P}_1\|^2 \\ a_{2t} &= (\widetilde{X}_t, \hat{P}_2)/\|\hat{P}_2\|^2 \end{aligned}$$

在仅以 $\hat{P}$、$\hat{P}^*$ 拟合 $X_t$ 时，$\widetilde{X}_t$ 可由 $X_t$ 替代，故

$$\begin{aligned} a_{1t} &= (X_t, \hat{P}_1)/\|\hat{P}_1\|^2 \\ a_{2t} &= (X_t, \hat{P}_2)/\|\hat{P}_2\|^2 \end{aligned} \tag{21}$$

将其代入 (19)，得 $a_t$、$a_t^*$。

由(7)、(12)、(17)式,可得不同时刻 $\hat{P}$(类似地对 $\hat{P}^*$)的时间系数间的关系

$$a_{t+1} = \lambda a_t$$

递推得

$$a_t = \lambda^t a_0 \tag{22}$$

将 $\lambda$ 写为指数形式

$$\lambda = |\lambda| e^{iw}$$

并代入(22)式,得

$$a_1 = a_- |\lambda|^t e^{iwt} \tag{23}$$

据此,可得到主振荡型的两上重要参数:

(1) POP 的振荡周期 $T$

$$T = \frac{2\pi}{|\omega|} \tag{24}$$

由(23)式,它是完成一个振荡所需的时间。

(2) POP 的振幅衰减时间 $\tau$

$$\tau = -1/\ln|\lambda| \tag{25}$$

由(23)式,它是振幅衰减为原先的 $1/e$ 所需的时间。

根据(25)式,可将 POP 描述的波动分类为:

$|\lambda|<1, \tau>0$,为衰减波(振幅随时间减弱);

$|\lambda|=1, \tau=\infty$,为中性波(振幅不随时间而变);

$|\lambda|>1, \tau<0$,为增长波(振幅随时间增大)。

## 3 POP 描述的振荡过程

根据(20)式,$X_t, t=1\sim m$ 中由 $\hat{P}$、$\hat{P}^*$ 描述的振荡过程 $\tilde{X}_t$ 如表1所示(不计常数倍 $|\lambda|^t$ 之差)。

表1 主振荡型描述的振荡过程

| $t$ | $\omega>0$ | | | | | $\omega<0$ | | | | |
|---|---|---|---|---|---|---|---|---|---|---|
| | 0 | $T/4$ | $2T/4$ | $3T/4$ | $T$ | 0 | $T/4$ | $2T/4$ | $3T/4$ | $T$ |
| $a_{1t}$ | + | 0 | − | 0 | + | + | 0 | − | 0 | + |
| $a_{2t}$ | 0 | − | 0 | + | 0 | 0 | + | 0 | − | 0 |
| $\tilde{X}_t$ | $\hat{P}_1$ | $-\hat{P}_2$ | $-\hat{P}_1$ | $\hat{P}_2$ | $\hat{P}_1$ | $\hat{P}_1$ | $\hat{P}_2$ | $-\hat{P}_1$ | $-\hat{P}_2$ | $\hat{P}_1$ |

注:设 $a_t \neq 0$ 为正实数时由(18)、(19)式确定。

可见,POP 描述了由两种典型流型($\hat{P}_1, \hat{P}_2$)及其相反流型($-\hat{P}_1, -\hat{P}_2$)轮流交替出现的场的振荡过程。

## 4 伴随相关型(ACP)

对 $X_t, t=1\sim m$ 中由(18)或(20)式描述的主振荡过程,同期另一要素场集 $Y_t, t=1\sim m$ 中存在一个与此相伴随的振荡过程,其复、实表示式为

$$\left.\begin{array}{l}\widetilde{Y}_t = a_t \boldsymbol{q} + a_t^* \boldsymbol{q}^* = a_{1t}\boldsymbol{q}_1 + a_{2t}\boldsymbol{q}_2 \\ Y_t = \hat{Y}_t + S_t \end{array}\right\} \quad (26)$$

式中,$a_t$ 是 $X$ 的主振荡型时间系数,$q$ 是与之相应的(即以 $a_t$ 为时间系数的)复伴随相关型,其实部、虚部分别为 $q_1$、$q_2$。$S_t$ 是 $t$ 时刻仅用 $\boldsymbol{q}$、$\boldsymbol{q}^*$ 或 $\boldsymbol{q}_1$、$\boldsymbol{q}_2$ 描述 $Y_t$ 产生的误差场;$S_t$ 是实的场,其格点总数 $n'$ 不一定与 $X_t$ 的格点总数 $n$ 相等。

若以 $Y_{s'}$、$S_{s'}$ 记 $s'$ 点上 $Y$、$S$ 的时间序列向量(由前,它为 $m$ 维),$q_{1s'}$、$q_{2s'}$、$q_{s'}$ 为 $s'$ 点上伴随相关型的实部、虚部、复数值,则可在 $\|S_{s'}\|^2$ 最小(模方最小,等价于方差最小)意义下确定

$$\left.\begin{array}{l} q_{1s'} = \dfrac{\|\boldsymbol{a}_2\|^2(\boldsymbol{Y}_{s'}, \boldsymbol{a}_1) - (\boldsymbol{a}_1, \boldsymbol{a}_2)(\boldsymbol{Y}_{s'}, \boldsymbol{a}_2)}{\|\boldsymbol{a}_1\|^2 \|\boldsymbol{a}_2\|^2 - (\boldsymbol{a}_1, \boldsymbol{a}_2)^2} \\ q_{2s'} = \dfrac{\|\boldsymbol{a}_1\|^2(\boldsymbol{Y}_{s'}, \boldsymbol{a}_2) - (\boldsymbol{a}_1, \boldsymbol{a}_2)(\boldsymbol{Y}_{s'}, \boldsymbol{a}_1)}{\|\boldsymbol{a}_1\|^2 \|\boldsymbol{a}_2\|^2 - (\boldsymbol{a}_1, \boldsymbol{a}_2)^2} \end{array}\right\} \quad (27)$$

可以证明,它与文献[2]给出的伴随相关型的复数形式

$$q_{s'} = \frac{(|a|^2)(a^* Y_{s'}) - \langle a^{*2}\rangle\langle a Y_{s'}\rangle}{(a^* a)^2 - (a^2)(a^{*2})} \quad (28)$$

有关系 $q_{s'} = q_{1s'} + i q_{2s'}$。

由(27)式确定的 $\boldsymbol{q}_1$、$\boldsymbol{q}_2$ 是要素 $Y$ 的两个空间分布型,由它们描写的 $\hat{Y}_t$ 与由主振荡型 $\hat{P}_1$、$\hat{P}_2$ 描写的 $\widetilde{X}_t$ 同步变化。假如 $\boldsymbol{q}_1$、$\boldsymbol{q}_2$ 的形态与 $\hat{P}_1$、$\hat{P}_2$ 间存在可以从动力学角度作解释的联系,则伴随相关型的存在便有了物理上的合理性;否则,需要从统计上确定其可信与否。时滞的伴随相关型有预报意义。

## 5 实例

文献[3]用热带太平洋(122.5°E~87.5°W,27.5°N~27.5°S)、格距 $\Delta\lambda \times \Delta\varphi = 5° \times 5°$、格点总数 $n=184$ 的月平均 SST 场时间序列资料(1950年1月—1988年10月共466个月)作 POP 分析,在进入 POP 分析前,先滤去资料序列中的正常年变化,再用 EOF 分析滤去'噪音'(保留前15个特征向量描述的部分,它占距平场时间序列总方差的70%),保留部分记为 $\widetilde{SSTA}$,POP 分析对 $\widetilde{SSTA}$ 进行。在求得 $\widetilde{SSTA}$ 的 $\hat{P}_1$、$\hat{P}_2$ 及 $a_1$、$a_2$ 后,用大致相同范围(100°E~70°W,38°N~38°S)上、格距 $\Delta\lambda \times \Delta\varphi = 5° \times 4°$、格点总数 $n' = 620$ 的月平均 850 hPa 风场时间序列(1974年12月—1988年2月共159个月,NMC 资料)求得了它们的伴随相关型 $\boldsymbol{q}_1$、$\boldsymbol{q}_2$。

(1)传播型 POP 对的空间特征

最重要的传播型 POP 对($P$、$P^*$)对总方差的贡献合计为31.1%,其实部、虚部的空间型如图1(单位:℃)。

值得注意的是 $\hat{P}_1$,$-\hat{P}_2$ 型表示的 SST 异常的空间分布与 Rasmusson 和 Carpenter[5] 统计得的 El Niño 事件成熟位相、衰减位相(图略)非常相似。故可认为 $\hat{P}_1(-\hat{P}_1)$ 型是 El Niño(反 El Niño)事件成熟位相的 SST 异常分布型,$\hat{P}_2(-\hat{P}_2)$ 型则是反 El Niño→El Niño(El Niño→反 El Niño)事件转变的过渡位相。

(2)传播型 POP 对的时域特征

注意图2中 $a_1$ 的高值(也是正值)段与 El Niño 事件发生时段(用横坐标轴上方的粗实线给出)、低值(负值)段与反 El Niño 事件发生时段[6](粗虚线)有很好的对应关系。1950—1988

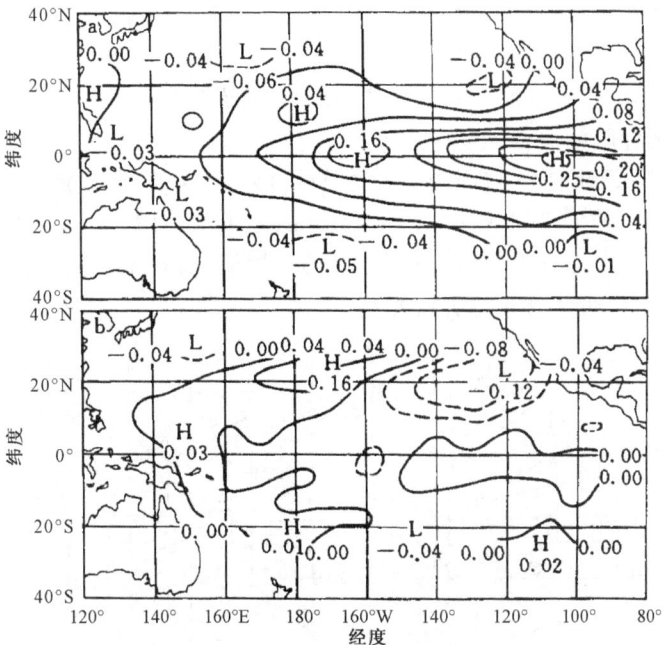

图 1　$\widetilde{\mathrm{SSTA}}$ 的 $\hat{P}_1$(a)、$\hat{P}$(b)

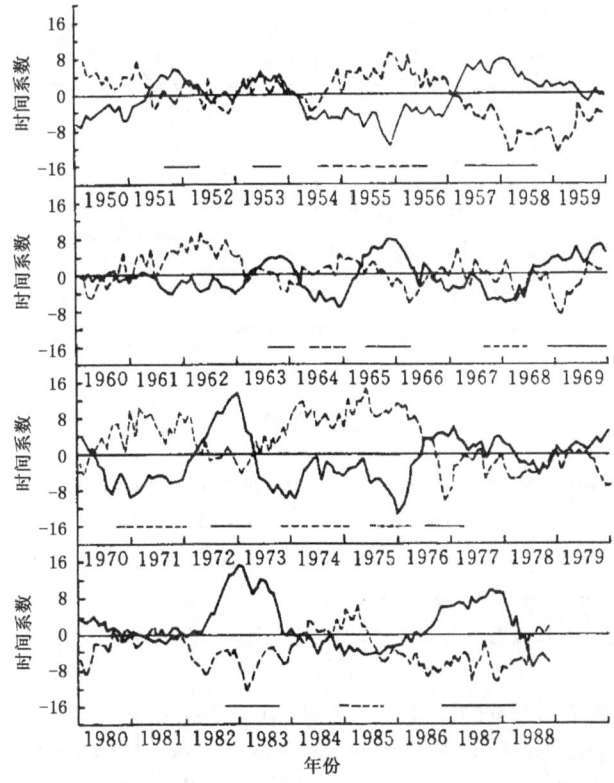

图 2　$\hat{P}_1$、$\hat{P}_2$ 的时间系数曲线 $a_1$（细实线）、$a_2$（细虚线）

年 10 次 El Niño 事件均与 $a_1$ 的峰值过程对应;7 次反 El Niño 事件 $a_1$ 基本为负值。El Niño(反 El Niño)事件与 $a_2$ 的关系则比较复杂。可见 $\hat{P}_1$,是描述 El Niño、反 El Niño 事件交替出现(理解为一种振荡)的主要空间型;$\hat{P}_2$ 与 $\hat{P}_1$ 配合起到描写振荡传播的作用。

(3)水平环流的伴随相关型

图 3a 表示 El Niño 事件中,赤道中、东太平洋(150°E 以东)存在强异常东风带,它起因于 SST 异常的东正西负,使太平洋 Walker 环流减弱甚至消失。图 3b 上略偏东的位置上存在较弱的西风异常,它表明在由反 El Niño→El Niño 事件调整过程中,存在着信风减弱的前兆(图中单位为 m·s$^{-1}$)。这些已由其他研究证实。

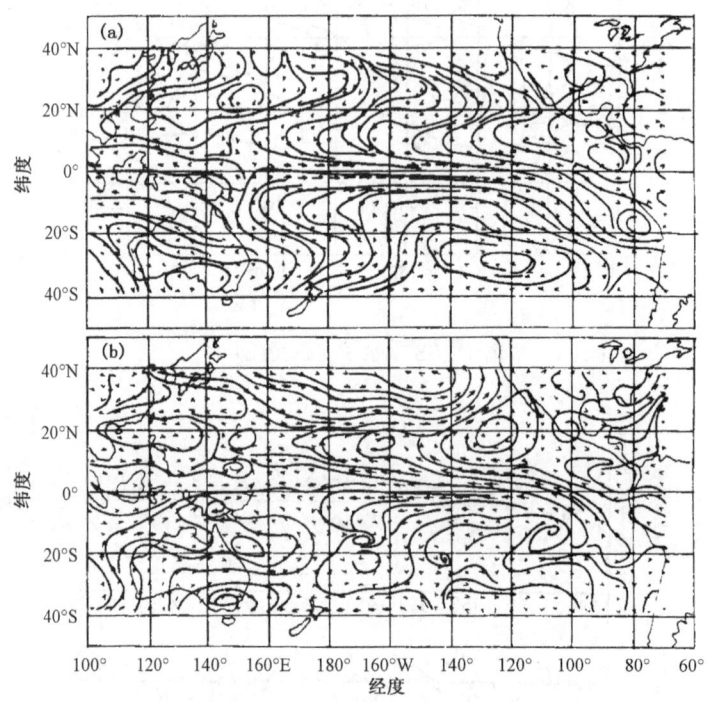

图 3 850 hPa 风场的伴随相关型 $q_1$(a)、$q_2$(b)

**参考文献**

[1] Hasselmann K. PIPs and POPs: The reduction of complex dynamical systems using Principal Interaction and Oscillation Patterns[J]. J Geophys Res,1988,93:11015-11021.

[2] Storch H V, Bruns T, Bruns I F,et al. Principal oscillation patterns analysis of 30-to 60-day oscillation in a GCM[J]. J Geophys Res,1988,93:11022-11036.

[3] 章基嘉,丁锋,王盘兴.大尺度海气异常关系的主振荡型(POP)分析[J].应用气象学报,1993,4(增刊):1-7.

[4] 北京大学数学力学系.高等代数[M].北京:人民教育出版社,1978:280-293.

[5] Rasmusson E M, Carpenter T H. Variations in tropical sea surface temperature and surface wind fields associated with the Southern Oscillation / El Niño[J]. Mon Wea Rev,1982,110:354-384.

[6] ENSO 监测小组.厄尔尼诺事件的划分标准和指数[J].气象,1989,15(3):37-38.

# 厄尔尼诺年和反厄尔尼诺年北半球 500 hPa 非绝热热流量场的特征[*]

章基嘉[1]　李跃清[2]　雷兆崇[3]　孙照渤[3]

(1. 国家气象局,北京 100081；2. 四川省气象局,成都 610225；3. 南京气象学院,南京 210044)

**摘要**:本文应用谱方法,诊断、计算了 1964—1985 年间,6 个厄尔尼诺年和 6 个反厄尔尼诺年北半球月、季大气非绝热热流量距平场。结果表明:厄尔尼诺现象对大气非绝热热流量距平场具有显著影响,大气的响应表现为低纬和中高纬非绝热热流量正负距平中心有组织的优势排列,其位相或强度存在低频振荡,并且差值中心表现为双月周期。反厄尔尼诺年,大气具有分布不变,但距平中心基本上为反位相的响应形式。最后,通过海气相关分析,指出了海温异常是决定大气非绝热热流量异常的最重要的原因。

**关键词**:非绝热加热,谱方法,强迫效应

理论和实践证明:研究海气相互作用及其对长期天气过程的影响,对于认识和理解大气变化的物理机制以及长期天气发展的内在规律,都具有明确的理论意义和实际意义。

目前已公认,作为海气相互作用核心问题的 ENSO(El Niño and Southern Oscillation)事件对于全球天气和气候的异常变化有着十分重要的作用[1]。同时,长期天气过程的本质属性是非绝热性已成为经典论述,人们用不同的方法计算分析了大气加热场的特征及变化,并初步用于长期预报实践[2]。

但是,ENSO 现象与大气非绝热热流量场的关系及其相互作用的机制是什么？目前,对这一类实质性的问题研究很少。本文根据热力学第一定律,诊断了大气非绝热热流量距平场,同时也分析了厄尔尼诺现象对它的影响。所用方法突出了海气相互作用中海洋的影响,从而在物理观念上,更鲜明地体现了 ENSO 对大气的作用,得到了一些有意义的结果。

## 1 资料和方法

采用北京气象中心分析整理的 1951—1985 年 2 月的 500 hPa 北半球月平均高度 5°×10° 网格点资料和 1964—1987 年 500 hPa 北半球月平均温度场 5°×5°网格点资料。

从热力学第一定律出发,设计了一个采用三角形截断,截断波数为 15 的半球对称诊断谱

---

[*] 本文发表于《南京气象学院学报》,1991 年第 14 卷第 3 期,251-260.

模式。

在球坐标系中,考虑大气运动的湍流特性,从热力学方程出发,可得到距平方程[3]

$$\frac{\partial T''}{\partial t} + \frac{u}{a\cos\varphi}\frac{\partial T''}{\partial \lambda} + \frac{v}{a}\frac{\partial T''}{\partial \varphi} - k\nabla^2 T'' = F''(\lambda,\varphi,t) \quad (1)$$

其中

$$\nabla^2 = \frac{1}{a^2\cos\varphi}\left[\frac{\partial}{\partial\varphi}\cos\varphi\frac{\partial}{\partial\varphi} + \frac{1}{\cos\varphi}\frac{\partial^2}{\partial\lambda^2}\right]$$

$k$ 为水平方向的大型湍流交换系数,$T''$ 为空气温度距平,$F''$ 代表了非绝热热流量距平,尤其是包含了来自下垫面主要是从海洋到大气的湍流热通量辐合对距平的贡献,其余符号为气象上惯用。

引入地转近似:

$$\begin{aligned} u_g &= \frac{9.8}{f_a}\sqrt{1-\mu^2}\left(\frac{\partial H}{\partial\mu}\right)_p \\ v_g &= \frac{9.8}{f_a}\frac{1}{\sqrt{1-\mu^2}}\left(\frac{\partial H}{\partial\lambda}\right)_p \end{aligned} \quad (2)$$

其中

$$\mu = \sin\varphi$$

考虑与环流调整到月平均状态相对应的大气非绝热热流量距平场,则取定常状态,得到

$$\frac{9.8}{2\Omega a^2}\left\{\frac{1}{\mu}\left[\left(\frac{\partial H}{\partial\lambda}\right)\left(\frac{\partial T''}{\partial\mu}\right) - \left(\frac{\partial H}{\partial\mu}\right)\left(\frac{\partial T''}{\partial\lambda}\right)\right]\right\} - k\nabla^2 T'' = F''(\lambda,\mu) \quad (3)$$

方程(3)即是本文所用的诊断方程。

## 2 诊断谱模式

正如文献[3]所指出,在数值天气分析和预报中,谱方法比格点法有很多优越性,且在谱方法中,三角形截断方式具有各向同性的突出优点。这意味着,其分辨率在整个球面上是均匀的。这与许多数值模式中使用的各向同性的水平扩散项($\nabla^{2P}$ 的形式)也是一致的,并能更好地描述平均纬向气流和超长波。

因此,采用三角形截断,最大截断波数取 15,并令 $H$、$T''$、$F''$ 于赤道对称,则方程(3)中各变量的截断表达式为

$$\begin{cases} H = \sum_{m=-15}^{15}\sum_{n=|m|}^{15}(2)H_n^m P_n^m(\mu)e^{im\lambda} \\ T'' = \sum_{m=-15}^{15}\sum_{n=|m|}^{15}(2)T_n^m P_n^m(\mu)e^{im\lambda} \\ F'' = \sum_{m=-15}^{15}\sum_{n=|m|}^{15}(2)F_n^m P_n^m(\mu)e^{im\lambda} \end{cases} \quad (4)$$

对应的导数项为

$$\begin{cases} \dfrac{\partial H}{\partial \mu} = \sum_{m=-15}^{15} \sum_{n=|m|}^{15} (2) H_n^m Q_n^m(\mu) e^{im\lambda} \\ \dfrac{\partial H}{\partial \lambda} = \sum_{m=-15}^{15} \sum_{n=|m|}^{15} (2) im H_n^m P_n^m(\mu) e^{im\lambda} \\ \dfrac{\partial T''}{\partial \mu} = \sum_{m=-15}^{15} \sum_{n=|m|}^{15} (2) T_n^m Q_n^m(\mu) e^{im\lambda} \\ \dfrac{\partial T''}{\partial \lambda} = \sum_{m=-15}^{15} \sum_{n=|m|}^{15} (2) im T_n^m P_n^m(\mu) e^{im\lambda} \end{cases} \quad (5)$$

其中

$$Q_n^m(\mu) = P_n^m(\mu) = \frac{1}{\mu^2-1}[nD_{n+1}^m P_{n+1}^m(\mu) - (n+1)D_n^m P_n^m(\mu)]$$

$$D_n^m = \left(\frac{n^2-m^2}{4n^2-1}\right)^{1/2}$$

求和号后的"(2)"表示求和指数 $n$ 为间隔取值,从而 $n-|m|$ 仅取偶数,$P_n^m(\mu)$ 为归一化的连带勒让德函数。

将式(4)、(5)代入(3)式,利用 $P_n^m(\mu)$ 的正交性[3],可得到非绝热热流量距平谱系数为

$$F_n^m = \frac{1}{4\pi}\frac{9.8}{2\Omega a^2}\int_{-1}^{1}\int_0^{2\pi}\left\{\frac{1}{\mu}\left[\left(\frac{\partial H}{\partial \lambda}\right)\left(\frac{\partial T''}{\partial \mu}\right) - \left(\frac{\partial H}{\partial \mu}\right)\left(\frac{\partial T''}{\partial \lambda}\right)\right]\right\}P_n^m(\mu)e^{-im\lambda}d\lambda d\mu + \frac{kn(n+1)}{a^2}T_n^m$$

(6)

为保证结果的精确性,对三角形截断,纬向格点数 $I$ 和经向格点数 $J$ 应满足以下条件[3]

$$\begin{cases} I \geqslant 3M+1 \\ J \geqslant \dfrac{3M+1}{2} \end{cases} \quad (7)$$

这里 $M=15$,取 $I=48, J=24$,这样,全球球面被 24 个近似等距的高斯纬圈和 48 个等距经圈所交织。

另外,对于方程中的二次非线性项的计算,采用了 1970 年 Eliasen 等和 Orszag 独立提出的谱模式变换法[3]。

我们用上述半球对称诊断谱模式(简称T15)计算了 1964—1985 年 2 月的北半球 500 hPa 月、季的非绝热热流量距平场 $F''$。

## 3 结果及分析

我们认为,作为 ENSO 事件的海洋分量厄尔尼诺现象,与大气中非绝热热流量存在着最直接的相互影响关系。并且,根据文献[4]的划分和文献[5]的分析,得到 1964—1985 年共有 6 个厄尔尼诺年(1965、1969、1972、1976、1982、1983 年)和 6 个反厄尔尼诺年(1964、1967、1971、1974、1975、1984 年)。着重分析了厄尔尼诺年与反厄尔尼诺年大气非绝热热流量场的异同及其变化机制。

### 3.1 月平均非绝热热流量场特征

图 1a 给出了 6 个厄尔尼诺年平均的冬季 12 月北半球非绝热热流量距平场 $F_E''$。具体分

布为:20°N以北,距平区主要位于180°、145°W、120°W、75°W、45°W、15°E、40°E、90°E、140°E等经度上,极地60°E向东到150°W是负距平区,150°W向东到60°E是正距平区。并且,强异常区有:180°、40°N处的负距平区;75°W、40°N处的正距平区;45°W、50°N处的负距平区;15°E、40°N处的正距平区;赤道附近170°W的负距平区;90°W的正距平区;0°的正距平区;15°E的负距平区。它们的中心绝对值都大于0.4 K/d。而整个异常分布表现为闭合距平中心正负相间,有组织的波列状排列。

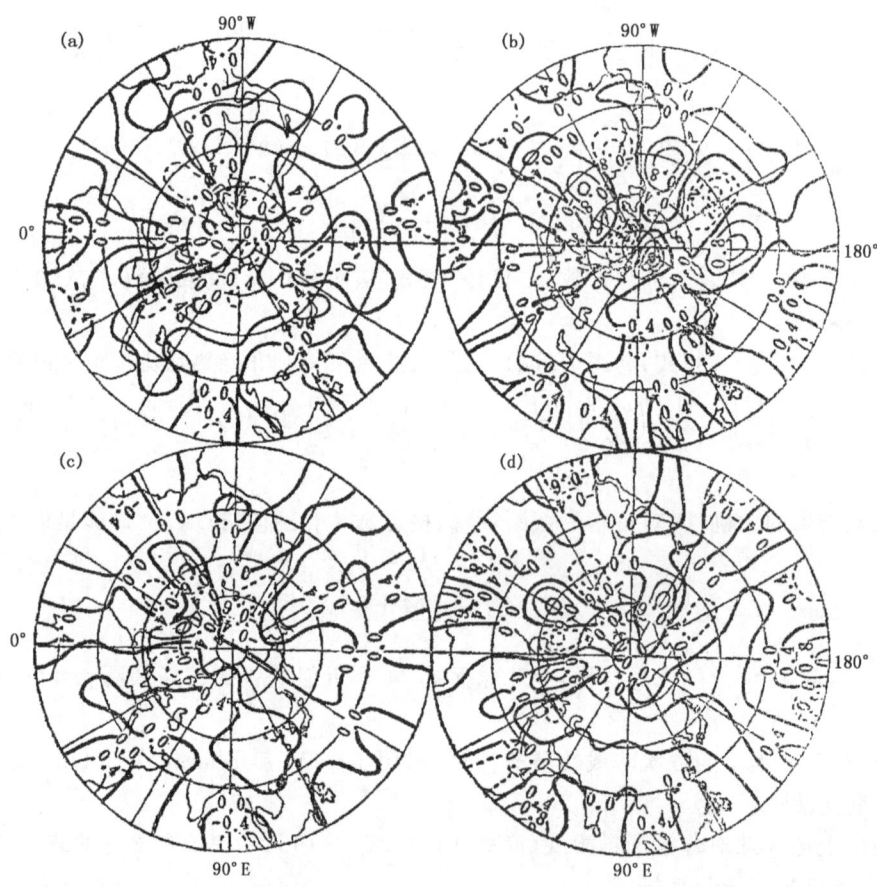

图1 北半球非绝热热流量距平分布,(单位:K/d)纬圈间隔20°,经线间隔30°,以下同。
(a)12月6个厄尔尼诺年平均场;(b)12月6个反厄尔尼诺年平均场;
(c)10月6个厄尔尼诺年平均场;(d)10月6个反厄尔尼诺年平均场

由图1b看到,6个反厄尔尼诺年平均的冬季12月北半球非绝热热流量距平场$F''_A$,20°N以北,距平区也主要位于180°、145°W、115°W、75°W、45°W、15°E、45°E、90°E、120°E等经度上。极地60°E向东到120°W是正距平区,120°W向东到60°E是负距平区,呈一明显对称的距平偶极子。20°N以南,距平中心主要位于70°W、40°W、15°W、0°、50°E、80°E、115°E、150°E、165°E等经度上。要指出的是,上述厄尔尼诺年的强异常区,现在变为180°、40°N处是中心值大于0.8 K/d的正距平区;75°W、40°N处是中心绝对值大于0.8 K/d的负距平区;45°W、45°N是中心值大于0.8 K/d的正距平区;15°E、40°N处是中心绝对值大于0.4 K/d的负距平区;赤道附近、170°W是中心值小于0.4 K/d的正距平区;90°W是中心绝对值小于0.4 K/d的负距平区;0°

是中心绝对值大于 0.4 K/d 的负距平区;15°E 是中心值小于 0.4 K/d 的正距平区。对比表明:厄尔尼诺年与反厄尔尼诺年,非绝热热流量距平分布形式基本一致,但距平中心反位相。并且,反厄尔尼诺年异常强度(距平绝对值)大于厄尔尼诺年,尤其是 20°N 以北地区。

图 1c 给出了 6 个厄尔尼诺年平均的秋季 10 月北半球非绝热热流量距平场 $F''_E$。其分布特点是:20°N 以北,异常区主要有:180°、40°N 是弱的负距平区;15°W、50°N 是中心值大于 0.4 K/d 的正距平区;115°W、60°N 是中心绝对值大于 0.6 K/d 的负距平区;60°W、40°N 是中心值大于 0.6 K/d 的正距平区;40°W、40°N 是中心绝对值大于 0.4 K/d 的负距平区;30°W、55°N 是中心值大于 0.6 K/d 的负距平区;60°E、50°N 是大于 0.4 K/d 的正距平区;115°E、40°N 是中心绝对值大于 0.4 K/d 的负距平区。20°N 以南,160°W 是大于 0.4 K/d 的正距平区;50°W 是中心绝对值大于 0.4 K/d 的负距平区;10°W 是大于 0.4 K/d 的正距平区;45°E 是大于 0.4 K/d 的正距平区。

由图 1d 可知,6 个反厄尔尼诺年平均的秋季 10 月北半球非绝热热流量距平场 $F''_A$,20°N 以北,异常区的分布与厄尔尼诺年基本一致,但距平值反号。如 180°、40°N 成为弱的正距平区;150°W、50°N 成为中心绝对值大于 0.4 K/d 的负距平区;60°W、40°N 成为中心绝对值大于 0.8 K/d 的负距平区;40°W、40°N 成为中心值大于 0.6 K/d 的正距平区。20°N 以南,情况类似,如 160°W 成为中心绝对值大于 0.4 K/d 的负距平区;45°E 成为中心绝对值大于 0.4 K/d 的负距平区。另外,厄尔尼诺年与反厄尔尼诺年,20°N 以北距平强度相当,但 20°N 以南,反厄尔尼诺年强于厄尔尼诺年。

从冬季 12 月和秋季 10 月来看,厄尔尼诺年 $F''_E$ 的主要特点是:除 20°N 以北、0°向东到 90°E,以及 20°N 以南 90°W 处距平分布相反外,其余所有地区,从距平中心的位置、位相到分布形式都基本一致。并且,距平具有相当的异常强度;反厄尔尼诺年,20°N 以北的 0°向东到 90°E 和以南的 60°～90°W、135°W、165°E、60°～90°E 地区分布反位相,而其余地区距平场分布基本一致。强度上,20°N 以北,冬季 12 月强于秋季 10 月。以南,秋季 10 月强于冬季 12 月。经向上,厄尔尼诺年和反厄尔尼诺年都表现出距平区分布 12 月偏南、10 月偏北的特征。

需要强调的是,其他月份的非绝热热流量距平场(图略),同样存在上述厄尔尼诺年与反厄尔尼诺年形式的基本一致,但位相相反等基本特征。而且我们注意到厄尔尼诺年,20°N 以南的中非南部(20°E 附近)全年为负值区,索马里东部(45°E 附近)全年为正值区,中太平洋地区(180°附近)全年基本上为负值区,表现为大气活动中心的形式。而反厄尔尼诺年,中非南部全年为正值区,索里马东部全年为负值区,中太平洋地区全年为正值区,表现为与厄尔尼诺年位相相反的大气活动中心(图略)。

### 3.2 季平均非绝热热流量场特征

由冬季(12、1、2 月),春季(3、4、5 月),夏季(6、7、8 月),秋季(9、10、11 月)四季厄尔尼诺年与反厄尔尼诺年的非绝热热流量距平的差值图(图略)可知:季平均非绝热热流量距平场表现出与月平均场类似的分布图像。

冬季,距平差值中心由低纬、中纬到高纬分布遍及整个半球。低纬大西洋一带(90°W～0°)、极地相对为弱值区,中太平洋、我国华北、孟加拉湾其中心强度都大于 1.0 K/d,为海气作用敏感区。春季,低纬差值中心位置稳定,中高纬略有摆动,但强度都明显减弱,中纬度 90°W 向东到 30°E 为弱值区,极地变化明显,分布为一东半球负、西半球正的对称偶极子。夏季,与春季相比非绝热热流量场发生了剧烈的变化。表现在,中、高纬度距平差值中心无论是强度还是范围都大大减弱收缩,中心绝对值小于 0.6 K/d,并且经向上表现为向极地汇集,弱的距平中心都位于 40°N 以北。但低纬、中、西太平洋(120°E～150°W)变化不大,而印度洋、东太平洋,尤其是大西洋强度增强,为大值区控制,索马里地区中心值大于 1.2 K/d,几内亚以西有两个绝对值大于 0.8 K/d 的中心。秋季,总的来看,非绝热热流量距平整个半球性增强,中高纬尤为明显,各距平差值中心再次增大,并且向南扩展到 30°N,低纬差值中心稳定。而中、西太平洋强度明显增强,其余地区略有减弱。

总之,厄尔尼诺年与反厄尔尼诺年,季平均非绝热热流量距平分布特征是:冬季,是异常分布最强、范围最广的时期;春季,强度减弱,但范围基本维持;夏季,中高纬是一年中异常最弱、范围最窄的时期,而 20°N 以南的低纬,在印度洋、大西洋、东太平洋是一年中异常最强的地区;秋季,基本相似于冬季情形。

### 3.3 非绝热热流量场时间演变特征

非绝热热流量距平场的时间演变(图略)表明:北半球不少地区,厄尔尼诺年,距平异常区随月份呈现出位相或强度的变化。有趣的是,反厄尔尼诺年,非绝热热流量距平区域也表现出位相隔月相反或中心强弱交替等时间变化,处于一种低频振荡状态。从一些地区厄尔尼诺年与反厄尔尼诺年距平中心差值的时间变化曲线(图略)可知:在西半球,$F''_E - F''_A$ 变化具有明显的双月振荡特征,表现在位相的隔月反号或强度的振荡上;对于东半球,$F''_E - F''_A$ 的双月振荡不如西半球明显,但也表现出双月周期的存在。

### 3.4 海气相关分析

为了分析大气非绝热热流量对海温异常响应的根本原因和具体途径,又进行了海区海温与北半球非绝热热流量的相关分析。图 2a 和 b 给出了海区海温与 12 月北半球非绝热热流量场的空间相关分布。考虑到稳定性,图中绘出了相关系数 $|R \geqslant 0.5|$(信度 $a = 0.02$ 时,$R_a = 5$)的相关区。由此看到:西太平洋海区 12 月海温与 12 月非绝热热流量的同时相关,也表现出强

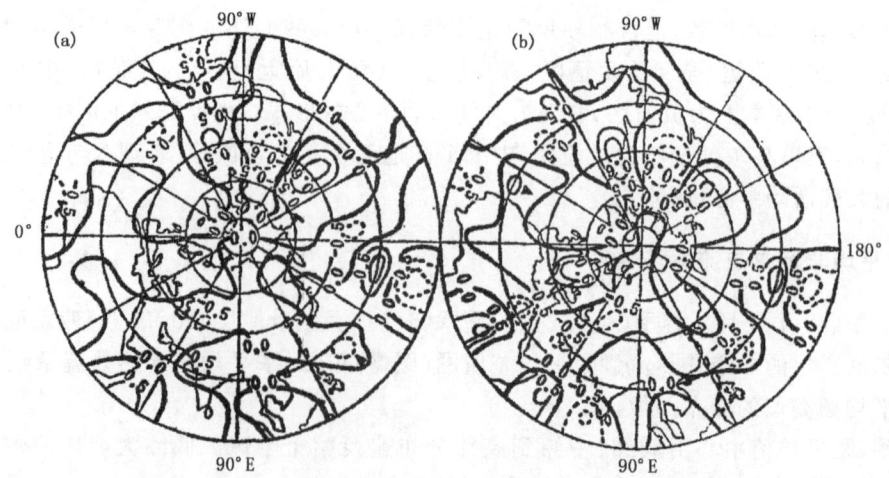

图 2 海区海温与北半球 12 月非绝热热流量的相关分布 ▲代表海区中心位置
(a)太平洋海区(5°～15°N,129°～139°E)12 月 SST;(b)大西洋海区(19°～29°N,19°～29°W)夏季平均 SST

相关中心正负相间、有规律的波列状排列,在北半球形成一种绝对优势的分布。有意义的是,大西洋海区夏季平均海温与未来12月非绝热热流量的滞后相关,在整个分布形态上,与西太平洋海区可以说完全一致。更引人注目的是:图2a、b和图1a、b、c、d,其分布从中心位置、范围到排列路径,在整个北半球范围内基本上重合。并且,厄尔尼诺年,非绝热热流量正(负)距平区与海气正(负)相关区相吻合,而反厄尔尼诺年,非绝热热流量正(负)距平区与海气负(正)相关区相吻合,它们之间呈现出一种基本对应的密切关系。

## 4 讨论

综上所述,厄尔尼诺年、反厄尔尼诺年,北半球大气非绝热热流量的异常响应,表现为地理位置上准稳定的大气活动中心,各中心正负相间排列,形成波列。一年中,异常中心位置存在摆动,强度、范围也有变化,但主要是季节上的南北位移。时间上,异常中心位相或强度存在着低频振荡,$F_E'' - F_A''$的变化表现出明显的双月振荡现象,西半球最为明显。低纬度,存在着长时间位相不变的永久性活动中心。这些事实和特征,具有明确的物理背景和天气学意义,反映了大尺度海气相互作用的内在本质规律。

事实上,非绝热热流量距平场从冬到夏、夏到冬,中高纬距平分布存在着由南向北和由北向南的位移,这正好与太阳辐射场的季节变动相对应,反映了太阳辐射随纬度分布不均匀性的变化是决定非绝热热流量分布南北位置的主要原因。而冬到夏和夏到冬,距平分布分别减弱和增强,这是由于海洋在秋、冬两季是热源,供给大气热量,而在春、夏两季是热汇,贮存大气中多余的热量,大陆与此相反[6]。因此,在海气相互作用中,海洋在秋、冬占主导地位,在春、夏居于次要地位,大陆则相反。造成了秋、冬海温异常超过春、夏海温异常对大气非绝热热流量场的强迫效应。另外,由春到夏、夏到秋,非绝热热流量距平强度、范围、位置都发生了较大变化,这与5—6月、9—10月大气环流的两次季节突变在时间上相一致。这可能说明全球范围的大气环流也存在季节突变。曾庆存等的数值模拟表明[7]:与夏季风爆发、东亚大气环流季节突变相联系,在6至7月期间环球带状平均大气加热率也有突变,最大值带从5°N突跳到20°N。而非绝热热流量距平集中区,春到夏由40°N附近变化到60°N附近,这种季节变动趋势是同步的,具有所谓"六月突变"的特征。而夏到秋的变化,可能与大气的"九月突变"或"十月突变"相联系。

从海气相关分析可看出,厄尔尼诺年、反厄尔尼诺年,海洋自身暖冷异常位相的变化,造成了大气非绝热热流量场对应相反的两种响应形式及其变化。在厄尔尼诺年(反厄尔尼诺年),由于海温异常增暖(变冷),海温异常正(负)距平通过遥相关机制,使得北半球非绝热热流量场在海气正相关区,厄尔尼诺年(反厄尔尼诺年)形成正(负)距平区,在海气负相关区,厄尔尼诺年(反厄尔尼诺年)形成负(正)距平区。相关分析表明:在海气相互作用中,海洋居于重要地位,而其中海洋活跃区,即所谓"海气作用中心",在形成大气环流和天气巨大异常中起着关键作用。特别是,西太平洋低纬海区SST异常对北半球(主要是西半球)非绝热热流量有确定的影响。它可能是低纬海洋异常区,通过遥相关联系,能量向中高纬频散的结果。大西洋海区表现出类似性质,并且是一种滞后相关关系,这使我们有可能利用海温的异常变化来预报未来大气热力状况的异常。因此,具有一定的实际意义和应用价值。同时,这又从观测事实上再次证明了ENSO作为全球性系统的观点[8,9]。

另外,厄尔尼诺年和反厄尔尼诺年,所表现的北半球非绝热热流量距平场特征及其变化,东半球不如西半球明显,有一定的特殊性。这可能与青藏高原和厄尔尼诺现象、大气非绝热热流量场三者之间的相互制约有关。

## 5 结论

通过以上诊断计算、机理分析,得到了厄尔尼诺和反厄尔尼诺现象对大气非绝热热流量场强迫效应的具体物理图像。其主要结论如下:

(1)厄尔尼诺和反厄尔尼诺现象,对大气非绝热热流量场的强迫效应是显著的和全球性的。大气的异常响应表现为正负距平交替的有规律排列,呈现出一种低频振荡,并且具有地理上的区域性、时间上的持续性、空间上的波状性、形态上的稳定性、频率上的低频性等特点。

(2)厄尔尼诺年和反厄尔尼诺年,大气非绝热热流量场的异常响应表现为基本相反的图像。这是海温暖冷异常,通过遥相关改变了大气异常响应位相的结果。海温异常是决定大气非绝热热流量场异常的决定性因素。

(3)厄尔尼诺年和反厄尔尼诺年,非绝热热流量距平场存在季节变化,这与大气环流的季节转换、太阳辐射场的季节位移相联系。

(4)西太平洋、大西洋低纬海域,无论是厄尔尼诺年还是反厄尔尼诺年都对大气非绝热热流量场有着十分确定的影响。并且西太平洋、大西洋海域与厄尔尼诺现象具有某种密切的联系。因此,应该从全球尺度上探索 ENSO 事件的机制问题。

总之,由于大气环流异常的正压性,500 hPa 等压面的特殊性,本文所得结果是有代表性的。当然,海洋以及青藏高原与大气非绝热热流量的关系,还待进一步深入探讨,尤其是理论分析和数值模拟研究。

**参考文献**

略,见原文章。

# 阻塞个例的动力学诊断分析*

## 章基嘉　徐浩

(国家气象局,北京 100081)

**摘要**:本文利用欧洲中心球面网格点资料,对 1981 年 10 月 4—27 日维持于乌拉尔山区域的阻塞进行了初步的动力学分析。结果表明,本例中,位于阻塞上游的涡旋活动,类似于两大洋风暴路径后期处于衰弱期的涡旋,具有逆梯度的传输性质;类似于两大洋阻塞,涡动强迫过程同样存在于乌山阻塞的维持中;同时,乌拉尔山地形的作用也是不可忽视的。所以,在乌拉尔山区域涡动强迫作用和山脉地形影响一起维持阻塞。

**关键词**:乌拉尔山,阻塞高压,大气动力学,诊断分析,涡度,涡动

## 1 动力学分析的原理和方法

1981 年 10 月,乌拉尔山区域的月平均阻塞面积指数较大,该月阻塞活动频繁,强度也较大。图 1 中实线为本区该月 4—27 日平均 300 hPa 高度场对同期北半球平均高度的偏差 $\delta \bar{h}$。由图可见,该时段内平均阻塞明显,两个分支分别位于 60°N、40°N。从逐日天气图上可以看到,

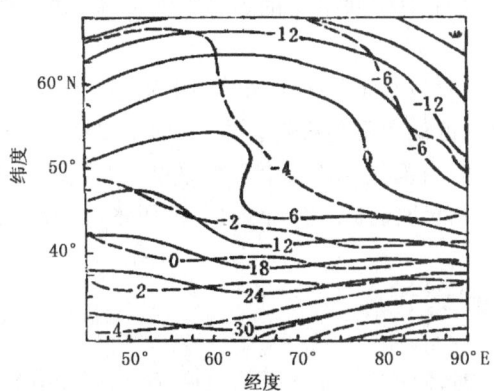

图 1　1981 年 10 月 4—27 日平均高度场(dagpm)、温度场(K)对同期北半球平均高度、温度的偏差 $\delta \bar{h}$(实线)、$\delta \bar{T}$(虚线),300 hPa

---

\* 本文发表于《南京气象学院学报》,1991 年第 14 卷第 2 期,136-142.

气旋性涡动在高压体两侧活动,其西侧的气旋性涡动移向分支流,被导向南、北两个分支。高压先生成于该区域的西部上游,然后发展、缓慢移动,维持于该区域,最后减弱,而新的高压又生成于该区域西部,重复这样的过程。可见,阻塞并非一个静止现象。

本文采用欧洲中心球面网格点资料(格距为 2.5°×2.5°)进行计算,资料包括一天一个时次的位势高度场、风场、温度场。所选区域位于 40°～95°E、25°～72.5°N 的 23×20 的网格范围,区域内包含了位于 60°E、50°～65°N 附近的乌拉尔山脉。

Rhiens[1]指出,从位涡的角度最有利于考察涡动和平均流的相互作用。Holopainen et al.[2]利用准地转位涡 $q$ 进行了诊断分析,Illzari[3]的研究也表明利用 $q$ 进行动力学分析是一种有效手段。所以本文采用准地转位涡进行分析。

Illari[3]指出,由于假设条件比较粗糙,特别是静力稳定度不可能仅仅是水平位置的函数,所以在利用 $q$ 进行全球尺度的诊断分析时必须小心。但是,对阻塞所维持的有限区域,利用准地转位涡 $q$ 代替 Erelt 位涡又是有效且便利的。

在计算准地转位涡 $q$ 的过程中,应用欧洲中心球面网格点上的风场、温度场,而不用高度场。

准地转位涡 $q$

$$q = \xi + f - f_0 \frac{\partial}{\partial p}\left(\frac{\delta T}{S(p)}\right)$$

其中 $S(p) = -T_0(p) - \frac{\partial}{\partial p}\ln\theta_0(p)$,为静力稳定度;$T_0(p)$、$\theta_0(p)$ 分别为基态温度和位温廓线;$f_0$ 是平均科氏参数;$\delta T$ 为温度对 $T_0(p)$ 的偏差。

在绝热无摩擦的条件下,等压面上有

$$\frac{\partial}{\partial t}q + v \cdot \nabla q = 0 \tag{1}$$

为了研究涡动和时间平均流的相互作用,将变量分解为时间平均和涡动两部分代入(1)式,再进行时间平均,在定常条件下得到

$$\bar{v} \cdot \nabla \bar{q} + \overline{v' \cdot \nabla q'} = 0 \tag{2}$$

其中"—"表示时间平均,"'"表示对时间平均的偏差。进一步,如果 $\nabla \cdot v' = 0$,那么 $\overline{v' \cdot \nabla q'}$ 可以看作涡动位涡通量散度 $\nabla \cdot (\overline{v'q'})$。

当然,在这里时间平均的时段必须较好地选择,因为这个时段给出了平均和涡动的界限,而且,在所选时段内要求阻塞近似定常地维持。本文选取 1981 年 10 月 4—27 日(24 天)作为时间平均的时段。在这个时段内既包含了几个瞬变系统,又不是太长以至平滑掉环流异常的特征,所以本文个例分析中的涡动包括从 24 小时到 24 天的时间尺度范围。

## 2 对位涡守恒方程的讨论

图 1 给出了该区域所取时段内 300 hPa 平均高度场、温度场分别对同期北半球平均高度、温度的偏差。与 200 hPa、500 hPa(图略)比较可知,在本区域所取时段的平均高度场上具有典型的阻塞形势,而且其在平流层部分冷、对流层部分暖,具有相当正压的垂直结构,尤其 300 hPa 与 500 hPa 有几乎垂直的位相线。

图 2 表示平均相对涡度 $\bar{\xi}$。由图可见,在相对涡度场中明显具有北部高压南部低压的特

征。区域内中高纬的大部分地区具有反气旋性涡度,有两个反气旋涡度中心,其中一个位于邻近乌拉尔山上游,大约 55°～60°E、60°～62.5°N,另一个位于乌拉尔山下游较远处,大约 77.5°～80°E、55°～57.5°N 这种分布可能暗示了乌拉尔山"迎风坡""背风坡"效应的影响。一个强烈的气旋性涡度中心位于 65°～70°E、45°N。

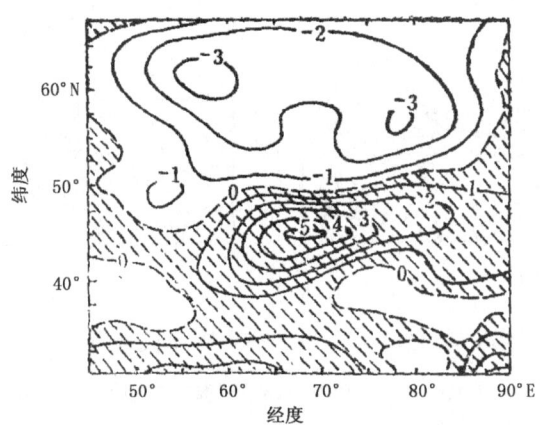

图 2　300 hPa,平均相对涡度 $\bar{\xi}(10^{-5}\ s^{-1})$,阴影区为气旋性涡度

由 $\bar{\xi}+f$、$-f_0\dfrac{\partial}{\partial p}\left(\dfrac{\overline{\delta T}}{S(p)}\right)$ 的分布可知(图略),在阻塞区绝对涡度 $\bar{\xi}+f$ 和 $-f_0\dfrac{\partial}{\partial p}\left(\dfrac{\overline{\delta T}}{S(p)}\right)$ 均较小。从而使得阻塞区内具有几乎一致的低 $\bar{q}$(如图 3a 中虚线)。也就是说,阻塞区是异常的,几乎一致的低 $\bar{q}$ 区。

这种低 $\bar{q}$ 区是如何形成和维持的呢? 为此讨论了方程(2)中的平均流的作用项 $\bar{v}\cdot\nabla\bar{q}$ 和涡动强迫项 $\overline{v'\cdot\nabla q'}$。在 300 hPa,$\bar{q}$ 的异常较大,平均流对 $\bar{q}$ 的作用较强,而且瞬变涡动的活动也最为活跃,所以讨论在 300 hPa 等压面上进行。

图 3a、b 分别表示方程(2)的左端两项 $\bar{v}\cdot\nabla\bar{q}$、$\overline{v'\cdot\nabla q'}$。由图 3a 可见,平均流有把 $\bar{q}$ 图形向下游移动的趋势。Illari[3]给出了平均流对阻塞流型作用时间尺度为 1 天,数值试验也表明,如果没有其他项的作用,阻塞流型将在 1、2 天内被平流掉。比较图 3a、b 可见,涡动强迫作用与平均流对平均位涡的作用有相互平衡的趋势,特别是在本区 75°E 以东,$\bar{v}\cdot\nabla\bar{q}$、$\overline{v'\cdot\nabla q'}$ 趋势相反而强度相当,两者相互平衡。在邻近乌拉尔山的上游,$\bar{v}\cdot\nabla\bar{q}$ 与 $\overline{v'\cdot\nabla q'}$ 作用趋势也相反,但 $\bar{v}\cdot\nabla\bar{q}$ 的强度比 $\overline{v'\cdot\nabla q'}$ 要大得多,该处阻塞得以维持不仅仅由于涡动的强迫作用,同时乌拉尔山迎风坡效应的作用也是明显的。邻近乌拉尔山的下游大约 60°～75°E、52.5°N 以北,$\bar{v}\cdot\nabla\bar{q}$ 与 $\overline{v'\cdot\nabla q'}$,具有相同的趋势,都有利于该处反气旋性涡度的发展,但从位涡倾向项来看,这里的阻塞强度变化小,反气旋性涡度甚至有减弱的趋势,这就表明,由于乌拉尔山脉背风坡效应不利于反气旋性涡度的发展,背风坡的效应在这里平衡了 $\bar{v}\cdot\nabla\bar{q}$ 和 $\overline{v'\cdot\nabla q'}$ 两项的作用,阻塞得以准定常地维持。

当然,由于方程(2)是在定常、准地转、绝热、无摩擦的条件下成立的,所以 $\bar{v}\cdot\nabla\bar{q}$ 与 $\overline{v'\cdot\nabla q'}$ 的不平衡也可能是由于所取平均时段的影响、准地转的假设、非绝热作用或者资料中的误差。在所选区域的中低纬有些地方,$\bar{v}\cdot\nabla\bar{q}$ 与 $\overline{v'\cdot\nabla q'}$ 符号相同就可能是因为非绝热加热

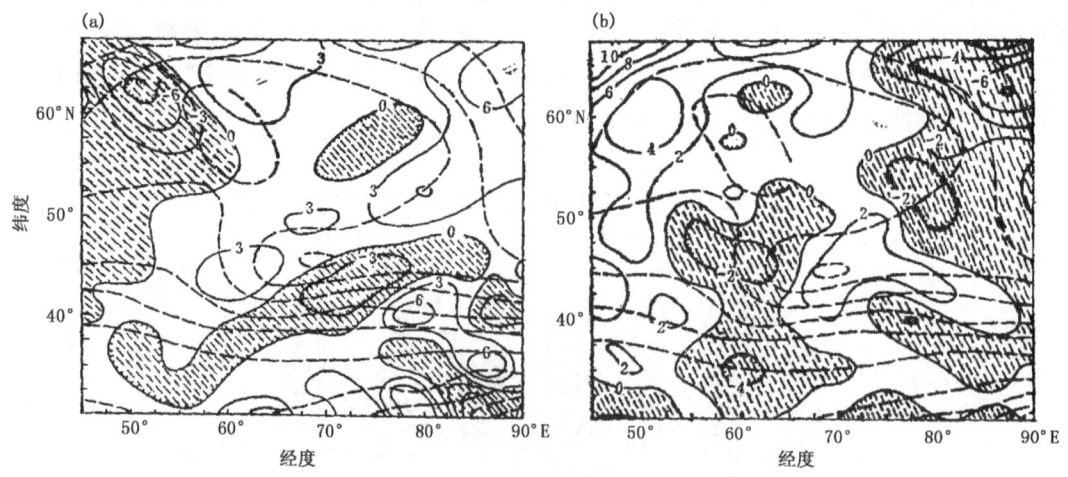

图 3 (a)300 hPa,平均流作用项 $\overline{v}\cdot\nabla\overline{q}(10^{-10}\,\mathrm{s}^{-2})$,虚线为 $\overline{q}(10^{-5}\,\mathrm{s}^{-1})$,阴影为负;
(b)300 hPa,涡动强迫项 $\overline{v'\cdot\nabla q'}(10^{-10}\,\mathrm{s}^{-2})$,虚线为 $\overline{q}(10^{-5}\,\mathrm{s}^{-1})$,阴影为负

的影响。总之,从本例分析可知,在乌拉尔山区域涡动强迫作用和山脉大地形一起维持该区域的阻塞。

图 3b 的一个重要特征就是位于闭合 $\overline{q}$ 处的北—南向,辐散—辐合的偶极结构。在关于阻塞维持的局地强迫理论中,这是涡动强迫作用的一个重要表现。涡动强迫理论认为,由于涡动在分支流中的形变,导致了增强的涡能向大尺度流型(阻塞)的串级和向南的顺梯度涡动位涡通量,其散度就构成这种偶极结构,维持阻塞。但从上面的分析知道,在乌拉尔山区域涡动的强迫并非阻塞维持的唯一原因,山脉的作用是不应忽视的。

## 3 对位涡拟能方程的讨论

本节试图通过计算瞬变涡动通量的空间分布,利用位涡拟能方程加以讨论,以了解该区域中涡动通量的情况和涡动强迫过程;同时,对涡动位涡通量与局地平均位涡梯度关系的认识将有利于了解天气尺度系统的传输过程和性质,而且为数值模式中对这种传输过程的参数化提供依据。一个适用于纬向平均涡动通量的参数化未必适用于局地、时间平均的涡动通量,因为纬向平均的涡动通量的顺梯度传输是基于整个纬圈总的考虑,而对局地涡动和平均流的作用就未必如此。事实上,处于成熟和衰弱期的涡动系统不同于其发展时期,可以导致逆梯度输送[4]。

Lau 和 Wallace[5]指出,因为天气尺度系统的地转性,它们的涡动通量包含一个旋转部分,它时常掩盖了动力学上很重要的辐散通量部分。为了分析涡动通量的辐散部分,文献[5]中利用数学方法将涡动通量分解为旋转和非旋转两部分。而 Marshall 和 Shutts[6]利用位涡拟能方程定义了一个旋转通量,使得它垂直于平均位涡梯度的分量与平均流对位涡拟能的平流相平衡。方法如下:

从位涡方程出发,可得到

$$\frac{\partial}{\partial t}\left(\overline{\frac{q'^2}{2}}\right)+\overline{v'q'}\cdot\nabla\bar{q}+\bar{v}\cdot\nabla\overline{\frac{q'^2}{2}}+\overline{v'\nabla\frac{1}{2}q'^2}=\overline{S_q'q'}$$

忽略小项 $\overline{v'\nabla\frac{1}{2}q'^2}$ 并在定常条件下上式有

$$\overline{v'q'}\cdot\nabla\bar{q}+\bar{v}\cdot\nabla\overline{\frac{q'^2}{2}}=\overline{S_q'q'} \qquad (3)$$

其中 $S_q$ 是位涡方程中的源汇项。

按 Marshall 和 Shutts[6] 的工作,如果平均位涡沿 $\bar{q}$ 平均流函数 $\bar{\psi}$ 近似守恒或 $\bar{q}=\bar{q}(\bar{\psi})$,利用 $v=\bm{k}\times\nabla\psi$,可定义平流通量 $(\overline{v'q'})_R$,使得

$$(\overline{v'q'})_R\cdot\nabla\bar{q}+\bar{v}\cdot\nabla\overline{\frac{q'^2}{2}}=0 \qquad (4)$$

其中,平流通量:$(\overline{v'q'})_R=\frac{1}{2}\bm{k}\times\nabla\left(\frac{\mathrm{d}\bar{\psi}}{\mathrm{d}\bar{q}}\overline{q'^2}\right)$,下标 $R$ 表示旋转性;$\bm{k}$ 表示垂直单位矢量。

这样余差通量为 $(\overline{v'q'})_*=\overline{v'q'}-(\overline{v'q'})_R$。

可以看出,$\overline{v'q'}$ 分解成 $(\overline{v'q'})_R$ 和 $(\overline{v'q'})_*$。两项并不是一般的分成旋转无辐散和非旋转辐散两部分。这样定义的平流通量,其垂直于平均位涡梯度的分量与平均流对位涡拟能的平流相平衡,所以与涡动的发展和减弱相联系,它并不代表 $\overline{v'q'}$ 产中全部的旋转部分,因而余差通量 $(\overline{v'q'})_*$。也不是非旋转的。

图 4 给出 300 hPa $\overline{v'q'}$,虚线为 $\bar{q}$,细实线为 $\overline{q'^2}$。由图可见,涡动位涡通量在上游的逆梯度和下游的顺梯度性质。可见,本例中,位于阻塞上游的气旋活动类似于两大洋上风暴路径后期衰弱的涡旋一样具有逆梯度传输性质,而且 $\overline{v'q'}$ 具有明显的绕 $\overline{q'^2}$ 的旋转性。

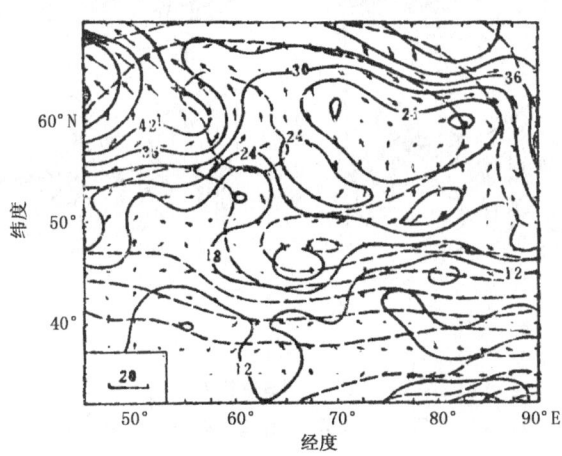

图 4  300 hPa,$\overline{v'q'}(10^{-10}\mathrm{m}\cdot\mathrm{s}^{-2})$,虚线为 $\bar{q}(10^{-5}\mathrm{s}^{-1})$,实线为 $\overline{q'^2}(10^{-10}\mathrm{s}^{-2})$

图 5a 给出了 $\delta\bar{h}$ 和 $\bar{q}$ 的点聚图,由图 5a 中直线的斜率,利用关系 $\delta\bar{h}=\frac{f_0}{g}\bar{\psi}$,可以得到 $\frac{\mathrm{d}\bar{\psi}}{\mathrm{d}\bar{q}}$,从而计算得到平流通量 $(\overline{v'q'})_R$(图略)。比较图 4 和图 5,可知 $\overline{v'q'}$ 与 $(\overline{v'q'})_R$ 十分相似,说明 $\overline{v'q'}$ 中大部分为旋转性的。

图 6a、b 分别给出了方程(4)的左端两项 $\bar{v}\cdot\nabla(\overline{q'^2}/2)$ 和 $(\overline{v'q'})_R\cdot\nabla\bar{q}$。比较图 6a、b 可见,$\bar{v}\cdot\nabla(\overline{q'^2}/2)$ 与 $(\overline{v'q'})_R\cdot\nabla\bar{q}$ 相应地区符号相反,量级相当,即平流通量垂直于 $\nabla\bar{q}$ 的分量很好

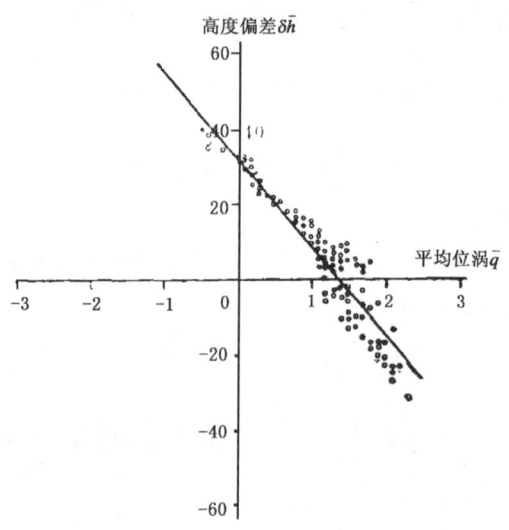

图 5　300 hPa,$\bar{q}(10^{-10}\text{s}^{-1})$ 和 $\delta\bar{h}$(dagpm)的点聚图

地平衡了平均流对位涡拟能的平流。这说明本文应用图 5a 中表示的 $\delta\bar{h}$ 与 $\bar{q}$ 的关系对涡动位涡通量的分离是成功的。不过,在闭合 $\bar{q}$ 处,上述两项的平衡不如其他地方好,这可能是因为该处 $\bar{q}$ 闭合,而 $\delta\bar{h}$ 不闭合,$\bar{q}$ 与 $\delta\bar{h}$ 的函数关系不密切。

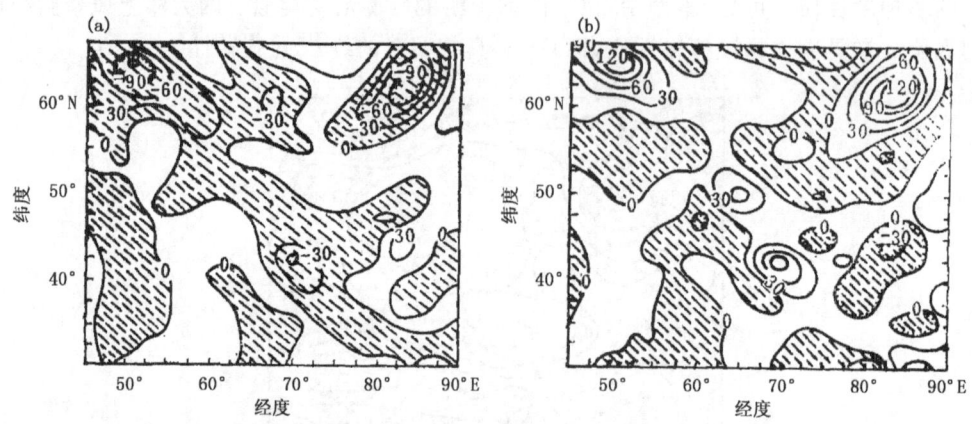

图 6　(a)300 hPa,$\bar{v}\cdot\nabla(\overline{q'^2}/2)$,等值线间距为 $3\times10^{-14}\text{s}^{-3}$,
(b)300 hPa,$\overline{(v'q')}_R\cdot\nabla\bar{q}$,等值线间距为 $3\times10^{-14}\text{s}^{-3}$

图 7 表示余差通量 $\overline{v'q'}-\overline{(v'q')}_R$,实线表示 $\bar{q}$。可以看到,图 7 的一个特征就是闭合及其上游具有明显向南的顺梯度位涡通量。Shutts[7]的数值试验以及 Illari 和 Marshall[8]的动力学分析说明这种顺梯度的通量是由于天气尺度系统从南向北输送暖性低位涡的空气引起,以平衡涡动在分支流中移动时,由于形变而导致的增强的位涡拟能向大尺度流型(阻塞)的串级。

Illari 和 Marshalr[8]的研究表明气块在阻塞的西侧有可能进行大的经向移动。在一个轨迹跟踪研究中,发现低位涡空气在移近的槽前被间歇性地向北移动进入平均反气旋中心;类似

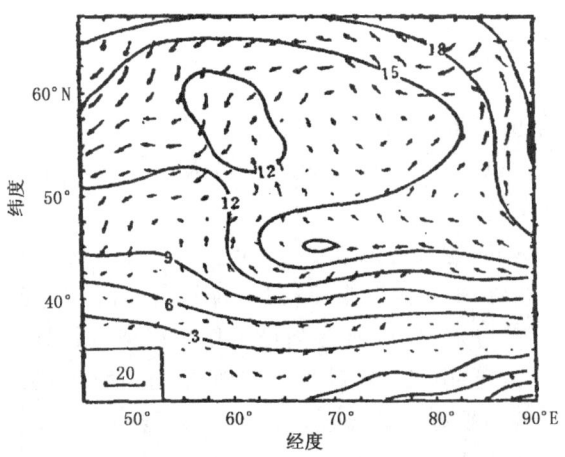

图 7 300 hPa,余差通量 $\overline{v'q'}-(\overline{v'q'})_R(10^{-5}\,\mathrm{m\cdot s^{-1}})$,实线为 $\bar{q}(10^{-5}\mathrm{s}^{-1})$

地阻塞的南部由来自北面的高位涡空气所维持。在平均地转位涡 $\bar{q}$ 场中,南部的切断低压是很明显的。

方程(3)是在定常条件下成立的。方程中平均流的平流项是一个大项,并且 $\delta\bar{h}$ 与 $\bar{q}$ 的关系又不是很紧密,$(\overline{v'q'}-(\overline{v'q'})_R)\cdot\nabla\bar{q}$ 项在阻塞的主要区域是小项,与 $(\bar{v}\cdot\nabla(\overline{q'^2}/2)+(\overline{v'q'})_R\cdot\nabla\bar{q})$ 相当。所以很难根据 $(\overline{v'q'}-(\overline{v'q'})_R)\cdot\nabla\bar{q}$ 的分布判断位涡拟能的源汇分布。

图 8 表示涡动位涡通量散度 $\nabla\cdot(\overline{v'q'})$,虚线为 $\bar{q}$。可见,在闭合及其上游向南的余差通量在该处导致北—南向的辐散—辐合结构。

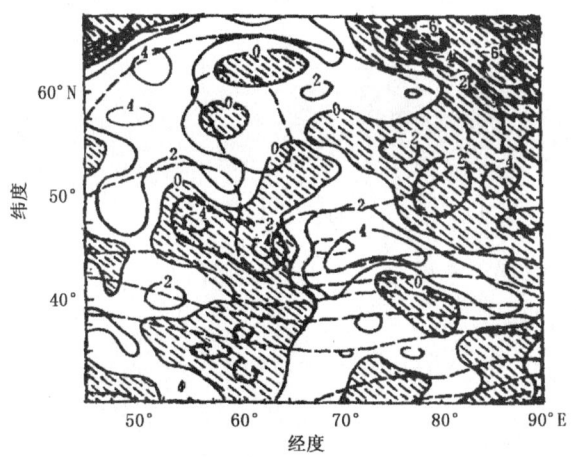

图 8 300 hPa,涡动位涡通量散度 $\nabla\cdot(\overline{v'q'})$,间距为 $2\times10^{-10}\mathrm{s}^{-2}$,
虚线为 $\bar{q}(10^{-5}\mathrm{s}^{-1})$,阴影区为辐合区

总之,从本例可知,在乌拉尔山区域,类似于两大洋阻塞的涡动强迫过程确实存在,它和山脉的地形作用一起影响阻塞的生成和维持。

## 4 从本例分析得到的认识

利用准地转位涡对本例的分析,可得到以下认识:

乌拉尔山区域的阻高同样具有相当正压的暖性结构。从 300 hPa 平均地转位涡 $\bar{q}$ 图可见,阻塞区是几乎一致的低 $\bar{q}$ 区。

平均流对 $\bar{q}$ 的作用项 $\bar{v} \cdot \nabla \bar{q}$ 与涡动强迫项 $\overline{v' \cdot \nabla q'}$ 在本文所选区域的东部具有相当的强度和相反的趋势,两者相互平衡,阻塞得以维持;在乌拉尔山西部,$\bar{v} \cdot \nabla \bar{q}$ 比 $\overline{v' \cdot \nabla q'}$ 强度要大得多,在乌拉尔山东部,$\bar{v} \cdot \nabla \bar{q}$ 与 $\overline{v' \cdot \nabla q'}$ 具有同样的作用趋势,所以阻塞在这里的维持显然受到乌山山脉的影响。总之,在乌山区域涡动强迫作用和山脉地形影响一起维持阻塞。

将涡动位涡通量 $\overline{v'q'}$ 分解为平流通量 $(\overline{v'q'})_R$ 和余差通量 $\overline{v'q'}-(\overline{v'q'})_R$ 两部分,效果好坏取决于各 $\delta \bar{h}$ 和 $\bar{q}$ 的关系是否密切。在本例中,这种分离是有效的。这种 $\delta \bar{h}$ 与 $\bar{q}$ 的关系也说明了为什么不考虑瞬变系统的作用而得到的平均流能够反映阻塞的一些特性。

余差通量 $\overline{v'q'}-(\overline{v'q'})_R$ 图中,闭合 $\bar{q}$ 处向南的通量,以及 $\overline{v' \cdot \nabla q'}$,$\nabla \cdot \overline{v'q'}$ 图中相应的散、合结构说明在乌拉尔山区域,低纬低位涡的暖性空气向北输送,高纬高位涡的冷性空气向南输送的过程也类似存在。

当然,通过一个个例的分析还远远不够,需要更多的观测研究和数值模拟进行深入研究和检验。

在本文所运用的方法中,进行了一些假设,基于这些假设的讨论也只能是粗略的,利用 Ertel 位涡进行分析可能是更有效的方法。

### 参考文献

略,见原文章。

# 北半球阻塞形势的统计分析*

## 章基嘉  徐浩

(国家气象局,北京 100081)

**摘要**:本文利用 1915—1988 年,逐月北半球 500 hPa 月平均高度场资料,从月平均的角度对北半球阻塞形势进行了统计分析。功率谱、交叉谱分析表明,方案 C、D 的结果是相似的;对各区面积指数时间序列 2 年半(30 个月左右)、1 年半(18—20 个月)和 2～5 个月的周期都是比较重要的;Ⅰ区和Ⅱ区具有较好的同位相负相关;在长、短周期段均有凝聚显著的周期存在。

**关键词**:北半球;阻塞;统计分析

大气低频变化已经引起人们的普遍关注,而这种变化是由于大气环流中某些大尺度持续异常造成的。阻塞形势就是一种常见的大尺度持续流型,它的异常发展常引起大范围天气的异常。如 1976 年夏的西欧干旱、1988 年美国中西部的严重干旱以及 1980 年夏季我国华北地区干旱等都是由于在特定区域持续维持的阻塞形势作用的结果。所以,对阻塞现象的气候特征、成因以及机制的研究越来越显得重要。目前普遍认为这个问题没有适当解决,中长期天气预报难以取得突破性进展,尽管人们做了大量的工作[1-7],但至今对阻塞仍缺少一个统一的严格定义,这是因为对阻塞的物理机制还没有一个非常满意的解释。对这样一个机制还不十分清楚的系统,能不能避开其物理过程,从月平均的角度进行研究,以利于长期预报方法的发展呢?我们通过查阅 1951—1988 年北半球逐月 500 hPa 月平均高度场和相应的逐日高度场发现,由于阻塞形势具有的其准静止性,在月平均图上具有相应的反映。所以,利用月平均高度场研究该月内阻塞活动的平均状况还是可以的。我们把阻塞系统在月平均图上的反映叫作月平均阻塞。经过统计分析和动力学诊断我们得到了一些合理的结论,可供长期预报参考。

## 1 月平均阻塞的定义和其特征量的计算方法及气候特征分析

翻阅 1951—1988 年逐月的月平均高度场,可以看到在月平均高度场(选 500 hPa)中,等高线大致可归纳成 4 种典型的类型,如图 1 所示。月平均图上出现的阻塞常位于 45°～65°N 的中纬度地区。综合给出 45°～65°N 高度场的特征,能较好地反映北半球上述 4 种典型的平均流型。本文所定义的阻塞指图 1a 和 b 两大类。

---

\* 本文发表于《南京气象学院学报》,1991 年第 14 卷第 1 期,1-9.

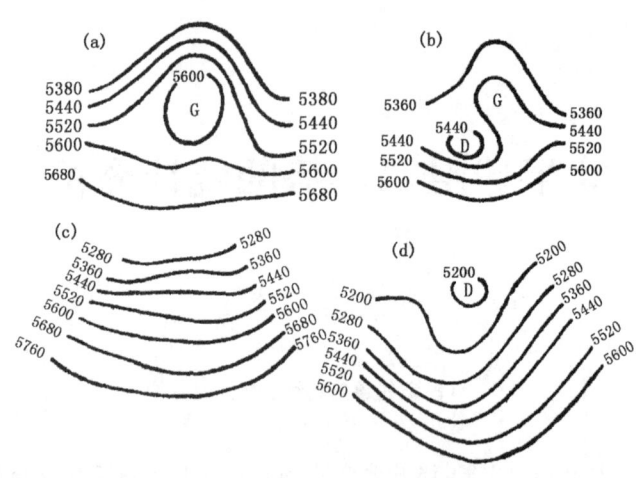

图 1  500 hPa 月平均环流的 4 种基本流型

(a)表示南北向的高压脊,有时北部有闭合高压,有明显的分支(取自 1965 年 2 月),其 SBI=3.0;(b)表示北高南低,有明显的分支(取自 1968 年 7 月),其 SBI=2.0,(a)和(b)均为本文定义的阻塞形势;(c)为准纬向环流型(取自 1963 年 10 月),其 SBI=0.0;(d)为低压槽型(取自 1970 年 2 月)其 SBI=−0.7

## 1.1 阻塞指数的计算方法

(1)当计算区内 45°N 和 65°N 都是正纬偏值(如图 1a),或当 45°N 和 65°N 都是负纬偏值(如图 1d),或 45°N 为小的正纬偏值、而 65°N 为小的负纬偏值时(如图 1c)。对于这 3 种情况均取 45°N、65°N 两个纬度上纬偏值的代数和为合成纬偏值 $\Delta H_{12}$。

(2)对于计算区内 45°N 纬圈上为负纬偏值 65°N 纬圈上为正纬偏值的情况(如图 1b),采取了 A、B、C 三种不同的计算方案:

A. 仍取 45°N、65°N 两纬圈的纬偏值之代数和作为合成纬偏值,但这种方案显然把一些阻塞形势给平滑掉了。

B. 查看月平均 500 hPa 实况图。若实况图上计算区内有阻塞则取 45°N、35°N 两纬偏值的绝对值之和为合成纬偏值;反之,实况图上计算区内无阻塞则取两者的代数和作为合成纬偏值。这种方案虽然比方案 A 有所改进,但北边的脊有时强、有时弱,难以定量判断,因此又采用方案 C 计算。

C. 根据 65°N 上的纬偏值进行判断,即

当 $\Delta H(\lambda, \psi_{45°}, t) \leqslant 0$,$\Delta H(\lambda, \psi_{65°}, t) > 0$,若 $\Delta H(\lambda, \psi_{65°}, t) \geqslant 3.0$ dagpm(这是引入的一个经验判据),则认为计算区内高度场呈典型的阻塞形势,合成纬偏值取:$\Delta H_{12}(\lambda, t) = |\Delta H(\lambda, \psi_{45°}, t)| + \Delta H(\lambda, \psi_{65°}, t)$,这样可以突出阻塞形势的存在。若 $\Delta H(\lambda, \psi 65°, t) < 3.0$ dagpm,它相当于计算区内高度场中北方的高压脊处于减弱阶段而南方的低压槽较强,于是合成纬偏值取:$\Delta H_{12}(\lambda, t) = \Delta H(\lambda, \psi_{45°}, t) + \Delta H(\lambda, \psi_{65°}, t)$,以区别于典型的阻塞形势。在上述 A、B、C 三种方案中,以 C 方案与实况图最为一致。

(3)计算半波长 $L$ 的强度 $Q$

先用合成纬偏值求 3 点滑动平均,得 $\Delta H'_{12}(\lambda, t)$ 以滤掉高度场中对阻塞没有意义的小扰动。半波长 $L$ 是指从 $\Delta H'_{12}(\lambda, t) = 0$ 的格点开始,经过峰值点(最谷低值点),再回到 $\Delta H'_{12}(\lambda, t) = 0$

的下一个格点之间的经距。半波长所对应的高压脊就是阻塞的一个单体;而峰值点的高度值就是阻塞的强度;其单位为 dagpm;峰值点所在的经度就是阻塞单体的中心轴线的位置。

(4)计算表示 500 hPa 阻塞强度的综合特征量——面积指数 $S$

经过对合成纬偏值的 3 点滑动平均得到 $\Delta H'_{12}(\lambda,t)$,至此,高度场中的等高线分布均转化为近似正弦波形。这样,阻塞的综合强度可以近似地取半波长 $L$ 和强度 $Q$(在低压场合 $Q$ 为负值)的乘积之半 $S=\frac{1}{2}L,Q\cdots$ 来表示。它既考虑了阻塞的强度,又考虑了它的纬向伸展范围,所以是一个综合强度指数。显然,当 $S$ 为正时,它反映了阻塞的综合强度;当 $S$ 为负时,它所反映的就是相应低槽单体的综合强度。

## 1.2 阻塞的地理分布

在计算上述面积指数时,已考虑了气压场的区域性特点,并对北半球作了初步分区,现在得到面积指数 $S$ 后,我们进一步讨论这种分区的合理性。根据 500 hPa 各月气候平均图上槽脊的位置以及月平均图上槽脊活动的情况,可将整个北半球分成 5 个区域:

Ⅰ区:40°W~30°E,东大西洋—西欧,东大西洋阻塞活动区;
Ⅱ区:30°~100°E,东欧—亚洲内陆,乌拉尔山阻塞活动区;
Ⅲ区:100°~180°E,东亚—西太平洋区,冬槽夏脊区;
Ⅳ区:180°E~100°W,东太平洋—北美西部,东太平洋阻塞活动区;
Ⅴ区:100°~40°W,北美东部—西大西洋区,北美沿岸大槽区。

按上述分区,每个 $\Delta H'_{12}(\lambda,\psi)$ 的峰值位置所在区即为阻塞所在区;若该区该月无阻塞且有 $Q$ 为负时,则确定该区内有槽;当然也有无槽无脊的情况,此时该区该月 $S$ 近似于 0,这样每个区都得到了序列长度为 456 的(38(年)×12(月))面积指数($S$)序列。图 2 给出了按方案 C 计算得到的分区面积指数的百分率分布曲线。图 2a 为Ⅰ区的分布曲线,它反映了东大西洋—西欧区域内阻塞活动的气候特征。众所周知,这个区域是北半球阻高活动最频繁的地区之一(表略),因此,出现正的面积指数的月份占绝对优势;出现负的面积指数的月份寥寥无几,整个频率分布曲线几乎全部在正轴一侧。Ⅱ区是东欧—亚洲内陆地区,是天气学中常称的乌拉尔山阻塞活动的地区。它也是北半球阻塞活动相对集中的地区,所以面积指数为正的月份占绝对优势,频率分布曲线明显地集中在正轴一侧(见图 2b)。图 2c 给出Ⅲ区,即东亚沿岸—西太平洋地区的频率分布曲线。与上述Ⅰ和Ⅱ区明显不同,这个地区的频率分布在正轴一侧和负轴一侧几乎是各半。而且面积指数为负值的月份还多于面积指数为正值的月份,反映了这个地区冬槽夏脊的季风性气候特征,亦即这里是冬季东亚沿岸大槽常驻的地区,夏季则常出现脊。Ⅳ区是东太平洋—北美西海岸地区,这里是北半球阻塞活动最为频繁的地区(表略)。这个地区没有像Ⅲ区那种季风性气候特征,所以频率分布曲线明显地在正袖一侧(图 2d)。图 2e 给出的是北美东海岸—西大西洋区的频率分布曲线。由于本区是北美沿海大槽常驻的地区,无论冬夏负的面积指数月份占绝对优势,而正的面积指数月份寥寥无几。所以频率曲线明显地偏在负轴一侧。由此可见,本文的气候分区和计算面积指数的结果是互相吻合的,而且正确地反映了 500 hPa 月平均图上气压槽脊的地理分布特点。其中Ⅰ,Ⅱ,Ⅳ区是北半球 3 个阻塞活动频繁的地区,Ⅲ区是冬槽夏脊的季风气候区,Ⅴ区是北美东岸大槽常驻地区,面积指数的频率分布曲线正确地反映了这些气候特点。

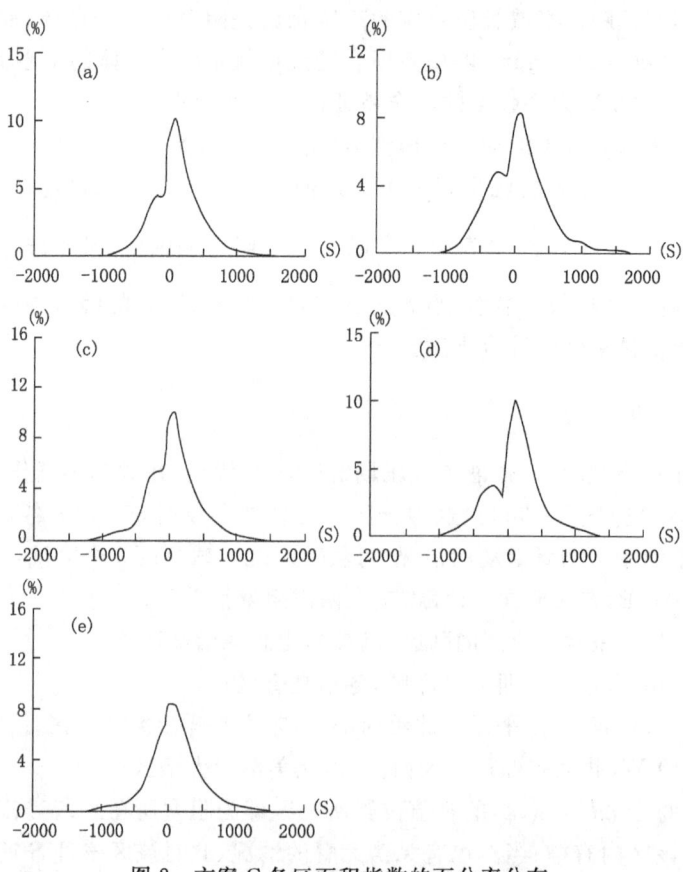

图 2 方案 C 各区面积指数的百分率分布
(a) Ⅰ区;(b) Ⅱ区;(c) Ⅲ区;(d) Ⅳ区;(e) Ⅴ区

## 1.3 计算结果与 500 hPa 月平均高度实况的一致性检验

如表 1 所示,方案 C 中各区 38 年中漏算的中纬度阻塞个数为 50,占实际存在阻塞的 4%。其中各区 38 年中,因阻塞出现在高纬而漏算的个数为 14,这说明阻塞主体出现在高纬只是少数情况,因而取 45°～65°N 的纬带作为中纬度来描述北半球 500 hPa 月平均阻塞是合适的。从表 1 还可见,38 年各区方案 C 的计算结果有阻塞而实际上无阻塞的次数为 75,占总数的 8%。从表 1 经过列联表的定量分析,证明方案 C 优于方案 A 和 B。由表 1 可得 3 种方案的一致性系数 $\gamma$ 分别为:$\gamma_C=0.8904$,$\gamma_B=0.8684$,$\gamma_A=0.8482$,则有 $\gamma_C>\gamma_B>\gamma_A$。可见 3 个方案中,方案 C 与实况图的一致性是最好的。

表 1 计算结果与实况的对比

| 方案<br>有无阻塞 | A | | B | | C | |
|---|---|---|---|---|---|---|
| | 有阻塞 | 无阻塞 | 有阻塞 | 无阻塞 | 有阻塞 | 无阻塞 |
| 有阻塞 | 1204 | 103 | 1242 | 65 | 1257 | 50 |
| 无阻塞 | 74 | 902 | 85 | 888 | 75 | 898 |

### 1.4 北半球各月平均阻塞的气候学待征

表 2 给出北半球各月平均阻塞出现个数的气候几率。在 1951—1988 年的 38 年中,各月均以出现 3 个阻塞的概率为最大,全年平均概率是 56%。出现 2 和 4 个阻塞的概率明显减小,其年平均概率仅为 19%、21.5%。出现 1 和 5 个阻塞的年平均概率更小,仅是 0.5%、2.7%。分月来看,出现 1 和 5 个阻塞是极少数现象。出现 3 个阻塞在全年各月中都明显占优势,只是 10 月份稍少。出现 4 个阻塞在夏秋各月(6—9 月)相对集中。这与北半球冬季经常出现 3 波型、夏季容易出现 4 波型是一致的。出现 2 个阻塞的概率在夏季 6—8 月相对较小,在 10—12 月较大。这可能与秋末冬初北半球两大洋和两大陆的热力作用的地理配置有一定关系。这时乌拉尔阻塞活动相对较少,两大陆的东岸大槽活动频繁,而 I 和 IV 区阻塞活动明显增多。

### 1.5 计算阻塞面积指数距平(方案 D)

目前长期预报的对象是距平,为了探讨面积指数的"异常"演变规律,必须计算它的距平值。为此,在各月的气候平均图上求得沿 45°N、65°N 的纬偏值的气候平均值。

**表 2 北半球各月出现各种阻塞的概率分布(%)**

| 阻塞个数\月份 | 1 | 2 | 3 | 4 | 5 | 6 | 7 | 8 | 9 | 10 | 11 | 12 | 平均(%) |
|---|---|---|---|---|---|---|---|---|---|---|---|---|---|
| ≥5 | 0 | 0 | 0 | 3 | 3 | 3 | 10 | 3 | 0 | 0 | 5 | 5 | 2.7 |
| 4 | 29 | 24 | 21 | 13 | 10 | 32 | 32 | 29 | 31 | 18 | 3 | 16 | 21.5 |
| 3 | 55 | 63 | 61 | 66 | 63 | 55 | 50 | 58 | 53 | 47 | 53 | 53 | 56 |
| 2 | 16 | 13 | 18 | 18 | 24 | 10 | 8 | 10 | 16 | 29 | 39 | 26 | 19 |
| 1 | 0 | 0 | 0 | 0 | 0 | 0 | 0 | 0 | 0 | 0 | 0 | 0 | 0.5 |

然后求出两个选定纬度上逐月纬偏值的距平,它已经消除了多年平均的季节变化的影响,更适合于长期预报之用。再用和方案 C 类似的步骤即可求得各月各区面积指数 $S$ 的距平值 $S'$。然而面积指数距平 $S'>0$ 并不直接表示图上存在阻塞,但它表示在月 $S'>0$ 的这一区域内 500 hPa 月平均图上的高压脊(低压槽)比同月的气候平均图上相应的脊(槽)更强(浅),若 $S'<0$,则表示 500 hPa 月平均图上这一区域内的脊(槽)比同月气候平均图上相应区的脊(槽)更弱(深)。图 3a—e 给出了方案 D 的面积指数距平 $S'$ 的频率分布曲线。从图上可以看到,各区面积指数距平 $S'$ 均近似遵从正态分布,且正、负面积指数大约各占一半。峰值都在 0 点附近。这是符合距平值分布的气候特点的。

## 2 各区面积指数的功率谱和交叉谱

### 2.1 功率谱分析

为了分析各区面积指数时间序列 $S$ 中所存在的周期性,我们对各区 $S$ 序列进行功率谱分析。

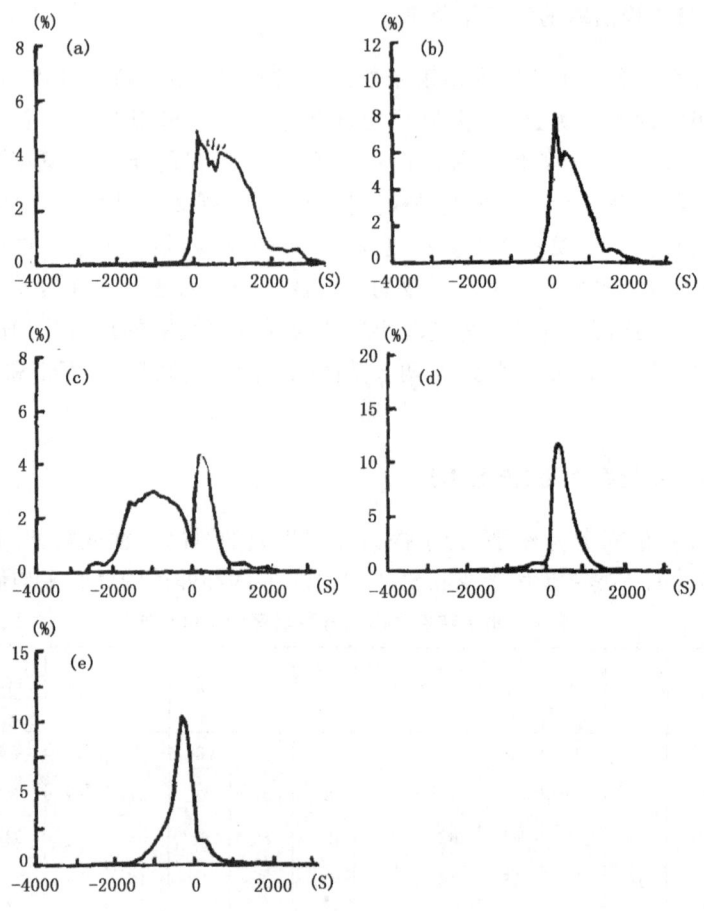

图 3 方案 D 各区面积指数的百分率分布
(a) Ⅰ区；(b) Ⅱ区；(c) Ⅲ区；(d) Ⅳ区；(e) Ⅴ区

首先将 1951—1988 年共 38 年的各区面积指数时间序列进行列标准化，即扣除各月的多年平均值后再除以该月的标准差。然后将该区逐月的资料以自然顺序排成长度为 456 个月的时间序列。从而构成长度为 456、均值为 0、方差为 1 的标准时间序列，然后分别取最大后延 $m=149$ 和 44 个月分别进行功率谱分析，以比较取不同最大后延对结果的影响，并综合分析谱图(图略)，归纳出比较可靠的计算结果(见表 3)，计算方法详见文献[8]。从表 3 可以看到Ⅱ、Ⅲ、Ⅴ区均有约 30 个月周期；Ⅰ区具有约 20 个月的周期，10 个月左右的周期也是较显著的；在长周期段中，Ⅳ区具有约 90 个月的长周期，这是其他区所没有的。此外，在短周期段中，2—5 个月的短周期在各区均有出现。尽管在做谱分析时先对资料进行了列标准化(分月进行标准化)，使一年周期得以消除，但半年周期在Ⅱ、Ⅳ、Ⅴ区仍然出现，看来这种准半年(5~6 个月)的周期在实际大气中是存在的，因为这种准半年周期在其他气象要素的变化中也有反映，并为我国长期预报工作者称为准半年相似韵律。

表 3  谱值达到或超过 $\alpha=0.05$ 的显著性周期(月)

| 区 \ m | $m=149$(月) | $m=44$(月) |
|---|---|---|
| Ⅰ | 20*,10 | 5 |
| Ⅱ | 28—29*,6 | 5*,4 |
| Ⅲ | 30*—33*,12,9*—10* | 29,0—10,4 |
| Ⅳ | 90,6* | 5,2 |
| Ⅴ | 27*—30*,8,6 | 29*,4,3 |

注:*者 $\alpha=0.01$。

## 2.2 交叉谱分析

通过功率谱分析,揭示了各区面积指数序列中存在的周期性。为了研究各区面积指数序列 $S$ 之间的相互关系,可进行交叉谱分析。众所周知,协谱反映两个时间序列在某一频率 $\omega$ 上的同位相相关程度,而正交谱则反映在某一频率 $\omega$ 上两时间序列位相差 90°时的交叉相关关系。所以通过协谱和正交谱可以了解到两个区域的 $S$ 序列之间各周期振动上的同位相和位相差 90°时的关系。在实际工作中,往往感兴趣的主要不是它们在某一周期振动上同位相或位相差 90°时的关系如何,而是要综合地了解对应这一周期上的两个振动的总关系及它们之间的位相情况。通过凝聚谱、位相谱和落后时间长度谱就可以分别了解两个区域的面积指数序列 $S$ 之间在某一周期上两个振动总的关系、两者之间的位相关系和两个时间序列落后(超前)的时间长度。与做功率谱分析时一样,先对资料序列作列标准化,再分别取最大后延 $m=149$ 和 44 各区面积指数之间的交叉谱分析。综合 $m=149$ 和 44 个月的结果,将凝聚谱值达到或超过显著性检验的周期以及相应的落后时间长度列于表 4 中。其中打*者表示检验信度 $\alpha=0.01$。

从表 4 可以看到最大后延取值较大时,其凝聚谱值达到或超过显著性检验的波数一般较多,这是因为最大后延大时,其总波数也就大,这样某个显著的周期附近就可能出现多个较大的凝聚谱值。从表 4 还可见,在各区的 $S$ 序列之间普遍在准半年周期(6~8 个月)上有显著的凝聚关系,在准一年(11~13 个月)和准一年半(18~20 个月)的周期上,凝聚显著的也较多,且Ⅰ区和Ⅱ区之间的相互关系最为密切。

下面再分析各区之间的交叉相关关系。从协谱密度函数图(图略)可见,所有的各区之间的协谱密度函数中,除Ⅰ区和Ⅱ区之间的协谱以外,均是正负相同的。而Ⅰ区和Ⅱ区之间的协谱几乎在所有的周期段上均为负,所以Ⅰ区和Ⅱ区的面积指数时间序列之间存在同位相负相关。这从天气学的角度是完全可以理解的,因为Ⅰ区和Ⅱ区是彼此相邻的两个地区,它们的气压场符号常常是相反的,即当Ⅰ区为阻塞发展时,Ⅱ区经常是它的下游而低压槽发展,反之亦然。从凝聚谱和落后的时间长度谱可以得到Ⅰ区和Ⅱ区凝聚最显著的几个周期为 30 个月、15 个月、6 个月、4 个月、2.6 个月,而且几乎都是Ⅱ区落后于Ⅰ区。

表 4 交叉谱分析中,达到或超过显著性检验的周期值(月)

| 区 | m=149 | | | | m=44 | | | | | | |
|---|---|---|---|---|---|---|---|---|---|---|---|
| Ⅰ-Ⅱ | 25°~33°, (-12~-14个月) | -15°, (-7个月) | 7°~8°, (-3,-4个月) | | 30°, (-14个月) | 15°, (-7个月) | 6°, (-3个月) | 4.4°, (-2个月) | 4°, (-2个月) | 2.0°, (-1个月) | 2°, (1个月) |
| Ⅰ-Ⅲ | 74.5°, (24个月) | 50°, (-15个月) | 7°, (3个月) | | | | | | | | |
| Ⅰ-Ⅳ | 11°, (-3个月) | 7°, (3个月) | 8°, (3个月) | | | | | | | | |
| Ⅰ-Ⅴ | 33°, (-7个月) | 12°, (-3个月) | 8°, (1个月) | | | | | | | | |
| Ⅱ-Ⅲ | 18°, (8个月) | 12°~18°, (-6个月) | 8°~9°, (4个月) | | 12°~13°, (-6个月) | 10°, (5个月) | 2.5°, (1个月) | | | | |
| Ⅱ-Ⅳ | 60°~75°, (27~36个月) | 37°, (-5个月) | 20°~23°, (2~6个月) | 8.6°, (1个月) | | | | | | | |
| Ⅱ-Ⅴ | 12°, (-2个月) | 8°, (-4个月) | 6°, (-1个月) | | | | | | | | |
| Ⅲ-Ⅳ | 50°, (-8个月) | 14°, (-6个月) | 6°, (-2个月) | 8°, (-1个月) | 3°, (1个月) | | | | | | |
| Ⅲ-Ⅴ | 19°, (-8个月) | 16°, (-6个月) | 12°, (-2个月) | 6°, (-1个月) | | | | | | | |
| Ⅳ-Ⅴ | 18°, (6个月) | 8°, (4个月) | 6°, (1个月) | | 5°, (-2个月) | | | | | | |

## 2.3 从谱分析得到的几点认识

通过对方案 C、方案 D 的面积指数时间序列的功率谱、交叉谱的计算和分析,可以得到以下几点认识:

(1)本文实际上对方案 C(表 4)、方案 D(表略)两个方案都进行谱分析,两个结果是相近的,这说明计算结果比较客观地反映了月平均阻塞的周期性活动规律。

(2)在谱分析的过程中,最大后延 $m$ 的取值对结果是有影响的,当 $m$ 较大时加密了较长周期段的波数,有利于分析长周期,所以,本文采用了 $m=149$、$m=44$ 两种情况以求较好地分析各周期段的情况。

(3)本文在做谱分析前,先对资料进行了列标准化,然后将该区逐月的资料以自然顺序排成长度为 456 个月的时间序列。谱分析结果证明这种所谓的列标准化是能够起到过滤正常的季节变化(一年周期)的作用的,而且较好地保留了其他的周期。

(4)功率谱分析揭示了对各区面积指数时间序列 2 年半、1 年半和 2~5 个月的周期都是比较重要的。交叉谱分析表明:方案 C、方案 D 中Ⅰ区和Ⅱ区的同位相负相关都较好;在长周期段和短周期段中均有相互作用显著的周期出现。不过方案 D 中一年、半年左右的周期出现次数较方案 C 为少,短周期段 2~5 个月的周期出现次数较方案 C 为多。

**参考文献**

略,见原文章。

# 我国的主要气候灾害及其对农业生产的影响[*]

## 章基嘉　周曙光

(国家气象局,北京 100081)

**提要**:本文对我国的主要气候灾害——干旱、雨涝、冷害的时空分布特征及其对我国农业生产的影响作了初步探讨,并对主要气候灾害的成因作了简要分析。

在众多危害国家建设和人民生活及生命财产安全的自然灾害中,气象灾害扮演着举足轻重的角色。据世界气象组织估计,气象灾害造成的损失占各种自然灾害总损失的60%以上。气象灾害包括干旱、雨涝、冷害、冻害、雹害、风害、雪害等多种类型,其时空尺度、形成原因、危害机制等均不尽相同。本文只准备对主要气候灾害的时空分布特征及其对农业生产的影响等作些探讨。

何谓气候灾害?至今尚未见到明确的定义。我们以为,气候灾害是指那些给国民经济造成重大损失的、极端的气候异常现象。它们的时、空尺度都比较大,通常表现为某一时期内的某种持续气候异常趋势,如气温的持续偏高或偏低、降水量的偏多或偏少等。

## 1 我国的主要气候灾害的时空分布特征

本文将要讨论的主要气候灾害为旱涝、冷害和寒露风。旱涝可以说是我国最主要的气候灾害,发生多、程度重、影响大。旱涝作为一种气候灾害,它与平常所说的气候干湿不是同一概念。衡量一地气候是干燥还是湿润,通常是从考察一地的水分收支和分配结果入手的。使用的气候指标如湿润度、干燥度等均是降水量和最大可能蒸发(散)量之比。而衡量一地是旱还是涝,则是由分析该地某时段内降水的异常程度来确定。使用的指标是某时段的降水距平百分率,如以夏季(6—8月)降水距平在$-25\% \sim -50\%$为旱,$\leqslant -50\%$为大旱;在$25\% \sim 50\%$为涝,$\geqslant 50\%$为大涝。

### 1.1 干旱

干旱无论是就其出现频率、影响范围而言,还是论其给国民经济建设带来的危害,都堪称气候灾害之首。干旱在我国的分布有如下特点:

(1)我国一年四季均会发生旱灾,且大部分地区以冬春旱或春旱的发生机会多、程度重、持

---

[*] 本文发表于《南京气象学院学报》,1990年第13卷第3期,259-265.

续时间长,仅长江中下游地区的旱灾以夏旱或夏秋连旱居多。

(2)我国各地均可发生旱灾,但出现频率大小不等,东北地区比较低,黄淮海地区全年各季发生干旱的频率都比较高。

(3)干旱的发生在时间序列上具有相对集中性。如北京地区1470—1949年间出现的170次干旱中,有115次是连年发生的。其中1637—1643年和1939—1945年这二次都是连续旱了7年。而1960—1975年这16年中,就有12年降水量低于平均值。

(4)干旱的发生在空间上具有群发性。如1959年春,内蒙古大部、甘肃河西走廊、冀北、陕北出现干旱,7—9月长江、淮河、黄河、汉水流域广大地区出现干旱,10—12月福建、广东、广西地区出现干旱。像这样大面积出现旱情的年份仅新中国成立以来至1980年这30年中,共有11年。

### 1.2 雨涝

雨涝是因降雨量过多或强度过大所引起的水害,包括因暴雨或长期连阴雨而引起江河决堤或山洪爆发,淹没田地、毁坏建筑物的水灾(洪涝)和因降雨后排泄不畅形成地面积水、淹没低洼地的涝灾(渍涝)。实际上二者往往同时发生,难以区分。涝灾在我国是仅次于干旱的第二位重要气候灾害,它有如下分布特点:

(1)雨涝发生的季节性很强,我国各地的雨涝基本上集中出现在夏季,华南和长江中下游地区,虽一年四季都有雨涝发生,但夏季仍然是雨涝集中出现的季节。夏季发生的雨涝不仅频繁,而且强度也大。

(2)雨涝的发生有明显的地区性,少雨干燥的西北地区雨涝出现较少,黄淮海地区雨涝频繁,这个地区既是干旱的最多频发区,又是雨涝的最大频发区。在本地区进行综合农业开发过程中必须考虑气候极端异常带来的不利条件,还要充分研究气候变异中气候资源的合理利用与保护问题。

(3)雨涝的发生在时间序列上也具有相对集中性。仍以北京为例,1949—1980年,共有四次连续多雨时段,分别是1953—1956年、1955—1959年、1963—1964年、1976—1978年。

以上所述是我国旱涝发生的一般规律,实际上我国旱涝发生的情况是错综复杂的。干燥气候区里雨涝可以频频发生,湿润气候区内干旱又屡见不鲜;干季可出现雨涝,雨季常见干旱。不同地区之间常常此旱彼涝,同一地区也常常出现先旱后涝或先涝后旱。

### 1.3 冷害

冷害是我国发生地域比较广的又一种气候灾害。它是由于农作物在生长发育过程中,遇上低温天气,热量供应不足而形成的。我国东北地区夏季的低温冷害和南方的寒露风均可归入此类。

(1)东北夏季低温冷害

东北低温冷害(冷夏)是指我国东北地区5—9月气温偏低,农作物正常生长发育所需热量条件不足而产生的危害。气象上,常使用5—9月的积温距平值,判别东北是否出现夏季低温冷害的严重程度。比如,以5—9月的积温比常年平均值低50 ℃·d为冷害年,以低100 ℃·d为严重冷害年。

东北低温冷害的出现频率比较高。1951—1980年,共出现17年强度不同、范围不一的低温冷害,频率达到 56.6%。其中范围较大的低温冷害有 8 年,范围大而严重的低温冷害共 5 年。

东北低温冷害的出现频率,在地域分布上呈现从西南向东北逐渐递增的规律,即营口地区出现机会少、强度小,嫩江、牡丹江出现的机会多、强度大。按省来说,黑龙江省出现的机会最多,强度最大;辽宁省出现的机会最少,强度也最小。

(2)寒露风

寒露风是秋季冷空气南下时,我国长江中下游和华南地区晚稻所遭受的一种低温危害。判别指标是使用日平均气温、按照水稻的种类分别制定的。

寒露风在长江中下游及其以南地区几乎年年出现,仅仅严重程度不同。1951—1980 年,长江中下游地区籼稻遭受重寒露风影响 9 年,中等强度寒露风 12 年,轻度寒露风 9 年。同期,华南地区的籼稻遭受上述各类寒露风的年数分别是 8、13 和 9。

寒露风的出现早晚逐年差异很大,出现最早和出现最晚的年份,可相差 1 个多月。寒露风出现的日数逐年差异也很大,华南各地寒露风重的年份日数可达 20 天以上,少的年份却 1 天也没有。

平均而言,寒露风危害重的年份和轻的年份大约 3~4 年一遇,中等强度的 5 年二遇。但是,寒露风危害重的 8~9 年就有 5~6 次出现。在 1970—1980 年,寒露风出现偏早的年份和偏重年一样,也有集中出现的现象。如广州 1908—1973 年的资料表明,寒露风出现偏早年主要集中在 1924—1939 年和 1954—1968 年,分别是 12 年和 11 年。其余 29 年中,只有 6 年是寒露风出现偏早。

综上所述,我国的气候灾害具有发生频次高但有相对集中爆发时期,分布范围广但不同灾害各有重点发生区,多种灾害可在同一地区交替出现但不同季节有各自的易发灾害等特点。

## 2 我国主要气候灾害对农业生产的影响

旱涝、低温、冷害等气候灾害的大范围出现,是我国农业大幅度减产、粮食产量不稳定的最主要影响因子。据估计,我国每年因气候灾害平均减产达 150 亿千克以上,重灾年可达 300 亿千克左右。

1950—1986 年,全国旱灾面积平均每年为 3 亿多亩\*,占各种气候灾害影响总面积的 59.3%。旱灾严重的年份,如 1959—1961 年,受灾面积达 5 亿多亩,损失粮食约 100 亿千克以上。

1950—1986 年,全国涝灾面积平均每年 1 亿多亩,占各种气候灾害影响总面积的 22.9%。据统计,1950—1979 年全国因涝灾影响减产的粮食总数达 844 亿千克。

冷害所造成的损失也相当可观。东北地区 1949 年以来共有 5 个低温冷害严重的年份,全区平均减产约 30%,其中 1969、1972、1976 年粮食分别比上一年减产 50 亿千克左右。南方寒露风严重的年份晚稻常明显减产,如 1976 年长江中下游晚稻受寒露风危害,减产 40 亿千克;1980、1981 年则分别减产 50 亿千克。

---

\* 1 亩=1/15 hm²,下同。

## 3 我国主要气候灾害的成因简析

关于我国主要气候灾害的成因,比较多的工作是从与环流系统的关系进行的。众所周知,我国夏季的天气气候变化基本上是受西太平洋副热带高压和大陆热低压所控制的。它们的强弱及其相互作用左右着我国雨季开始的迟早、雨季的长短、雨量的多少以及雨带的进退和雨区范围等,因而直接影响着我国各地的旱涝。

一般地说,在西太平洋副热带高压(以下简称副高)和大陆低压两者之中,副高起主导作用。副高偏强时,长江流域涝,华北及江南多干旱;副高偏弱时,长江流域旱,华北及江南时有洪涝。副高位置偏西时,内陆多涝而沿海旱;偏东时,内陆多干旱但沿海涝;偏北时,多北涝南旱;偏南时则南涝北旱。实际上,每年副高的变化都有自己的特色,有时以强度异常为主,有时南北位置异常明显,有时东西位置异常突出,三者彼此交错,再加上其他系统的影响,形成了复杂的旱涝异常分布。

大陆热低压的位置对我国旱涝分布的作用也相当重要。当其偏东时,华东、华南降雨多,东北、华北、西南降雨少;偏西时,华东、华南降雨少,东北、华北、西南降雨多;偏北时,东南及河套以北多雨,华北、东北少雨;偏南时,东南及河套以北少雨,华北、东北多雨。

我国低温冷害的形成与西太平洋副热带高压位置、强度的关系也很密切。

首先就东北低温而言,若副高偏弱,大陆低压不发展,东北容易出现低温。反之,东北无冷夏。

其次,长江中下游寒露风出现的迟早直接受西太平洋副热带高压和9、10月东亚槽的位置、强度的左右。若副高偏弱,脊线偏南,西伸点偏东,东亚为大范围的气压负距平区,欧洲为大范围的气压。距平区,寒露风出现偏旱;反之,若副高偏强,脊线偏北,西伸点偏西,欧亚地区中纬度基本上以气压正距平为主,东亚大槽不明显,寒露风出现偏晚。华南寒露风出现的迟早与副高及东亚大槽的位置和强度之间也有类似的关系。

能够影响我国旱涝、低温冷害的环流系统还很多,这里着重强调了副高的作用,但这并不意味着忽视其他环流系统的影响。因为副高活动异常的本身,可能也就包含着其他系统对它的影响在起作用,如西风带大气长波的活动,南半球天气系统的发展,均可对副高的强度、位置变化产生影响。

海温异常与我国主要气候灾害间的关系也是近年重点研究的对象之一。厄尔尼诺现象与我国东部旱涝的关系以及东北低温与太平洋海温场的关系等都是近十多年来研究的焦点问题。

此外,还有不少研究指出,旱涝、低温与太阳活动,特别是太阳黑子的活动也有密切的关系。

需要指出的是,虽然有不少工作试图搞清大气环流、海温、太阳活动等相互之间的作用机制,并且也取得了一些成果,如发现副高的强弱与赤道东太平洋海温的高低呈正相关,且有一个季的相位差等,但是海温、太阳活动等对大气环流的影响机制至今尚未搞清楚。

## 4 气候变化与我国的主要气候灾害

在人类出现于地球后的数万年发展过程中,开始一直处于被动地适应环境和气候,未能对其产生足够大的影响,气候仍在形成它的基本因子的作用下变化着。但在工业革命后,随着地球上人口剧增,科学技术发展和生产规模的迅速扩大,人类活动对环境的破坏和对气候的影响越来越大。目前,在数十年到百年时间尺度的气候变化中,人类活动因子分量和自然因子分量的作用已大体相当。

影响环境和气候的人类活动因素主要是:工农业生产中排入大气中的二氧化碳($CO_2$)和甲烷($CH_4$)、氟氯碳化合物($CFCl$)等痕量气体,热带森林和温带植被的被破坏,大型水体的人为改变,其中以排入大气中的 $CO_2$ 和 $CH_4$、$CFCl$ 等痕量气体的含量日益增加最为人们关注。因为这些气体含量虽然只占大气的万分之一到千分之一,但其温室效应十分强烈。没有它们,大气的温度会比现在降低 30 ℃ 以上,地球上的许多生态系统将不复存在。不过,它们的含量一旦超过正常,所产生的气候变化又将使许多生态系统产生根本性的变化。

研究表明,20 世纪 70 年代以后大气中的 $CO_2$ 含量急剧增加,年增长率在 0.4%~1.0%,1986 年大气中的 $CO_2$ 含量为 347 ppmv[*],比工业革命前(1850 年是 270 ppmv 左右)增加了 20%~25%。对于 $CO_2$ 的排放,如不加任何控制,它在大气中的含量到 2035 年就可达 550 ppmv,为工业化前的两倍;如控制在目前的排放水平,可推迟到 2075 年达工业化前的两倍。

但是在考虑 $CH_4$、$CFCl$ 等痕量气体的作用后,到 2025 年左右,温室气体的增温效应就相当于 $CO_2$ 倍增的效应,即比工业化前增温 1.5~4.5 ℃,最可能是 2.4 ℃。这一增温幅度是利用包含动力、热力和辐射等物理过程的海洋大气耦合模式计算出来的,但是由于气候系统的复杂性和气候模式的不完善,比如没有考虑气溶胶的作用及云和辐射的相互影响等,它还不是对气候变化范围的预报,只是 $CO_2$ 倍增后增温效应大小的一种指示。

在全球增暖时,各纬度带增温值是不一样的。按全球平均比工业化前增温 2 ℃ 计算,高纬夏季约增温 1.0~1.4 ℃,冬季约增温 4.0~4.8 ℃;中纬的增温分别是 1.6~2.0 ℃ 和 2.4~2.8 ℃;低纬的增温则分别为 1.4~1.8 ℃。

模式计算还表明:就全球而言,降水年总量约增加 7%~11%,但各纬度上增加不一。高纬度地区因变暖而降水增加,中纬度地区则因增温后副热带北移而变干旱,目前的副热带降水增加,低纬降水也有所增加。

在全球变暖的情况下,我国的气候变化如何?国家气象局气象科学研究院对大气中 $CO_2$ 含量倍增后,我国气温、降水、土壤湿度相对于工业化前的变化情况,使用 GFDL、CISS、NCAR、OSU、UKMO 等五种模式进行了数值试验。总的来说,虽然不同模式所得的 $CO_2$ 倍增后我国各地气温、降水、土壤湿度变化的具体分布有所不同。但是它们的变化趋势大体一致,特别是冬季气温的变化趋势比较吻合。

从五种模式的结果综合来看,多数模式得出了冬季我国江南、江淮流域、华北、东北、西北将增温的结果;但是各模式所反映出的我国夏季增温地区不很一致。模拟出的增温地区的增温幅度一般在 2~6 ℃,就此看来,即便考虑到自工业化以来气温已上升的幅度和其他一些自

---

[*] 1 ppmv=$10^{-6}$,下同。

然因素引起未来降温的作用后,到 2050 年,我国气候变暖的趋势仍将可能存在。

多数模式模拟出的降水将减少的地区冬季是两广和渤海地区,夏季则是华北大部和中南的北部地区。

土壤湿度的变化,多数模式认为冬季华南变干,华北和西北变湿。夏季除华东、华南外,我国各地都变干,特别是西北、东北、华中的变干的可能性最大。

在温度与降水分布的这种新格局下,我国各地的主要气候灾害情况会发生什么变化呢?虽然目前的模式能模拟出 $CO_2$ 倍增后,全球温度、降水、土壤湿度的分布,但并不能直接给出旱涝等气候灾害发生频率的分布。不过根据增温将增大地表蒸发能力这一事实,人们已估计出:中纬度地区在增温 2 ℃ 的情况下,地表蒸发能力将增大 20% 左右,即多蒸发 300~400 毫米。就我国而言,这意味着将大大加速华北、西北一带的干旱化进程,不论将来这些地区旱涝频率发生什么样的变化,仅干旱化加重本身就会给国民经济带来严重影响。

对于未来旱涝趋势的预测,使用太阳活动变化所得的结果是,到 2050 年前,我国将处于一个大范围干旱频数显著增多的时期。使用旱涝周期外推得出,1991—2000 年,降水比现在会有所增加;2040 年后,我国将偏旱。

此外,气候变暖后,温度与降水分布的变化对我国的农业有何影响?初步分析表明,在现有作物品种和耕作制度不变的情况下,粮食产量不大可能因之增加,或许还会有所下降。虽然温度增高和 $CO_2$ 增加能促进农作物生长和光合作用,但这并不意味着一定增加产量,更何况中纬度的降水还将有所减少。

最后需要强调的是,未来气候变暖是国际上有过激烈争论、并逐渐得到公认的观点。不过,它仅仅考虑了人类活动使大气中温室气体增加而使地球增温这一因素,因此不能将其看作是一种严格的气候预测。实际上,影响气候变化的因素很多,人类活动只是其中之一。在 20 世纪末至 21 世纪初这段时间内,温室气体变化对我国气候变化的影响还不可能占主导地位,太阳辐射的变化、火山活动等仍将发挥重要作用。因此,在预测未来 20~30 年的气候变化时,不能只考虑人类活动这一因素的影响。就是说,在考虑人类活动的作用,承认 2050 年前气温变化的总趋势上升这一前提下,应该注意气温可能出现的波动性和气候变化的区域性(本文附图均略)。

# 海洋加热尺度对热带大气垂直环流圈结构的影响[*]

## 巢纪平　王彰贵

(国家海洋环境预报研究中心,北京 100081)

**摘要**:应用 Gill 本征模的浅水运动方程,在非长波近似下,研究了海洋加热(热源)尺度对热带大气垂直环流圈结构的影响。指出,当热源的纬向尺度小时,大气运动的结构与 Gill 的长波近似解一致,即在热源中心西侧的 Rossby 波区,与 Walker 环流相联系的 Hadley 环流是热力性的正环流,而在热源中心以东的 Kelvin 波区,经圈速度的垂直分布与 Rossby 波区的相反。在低层是向极气流,在高空是向赤道的气流。但当热源尺度大于某一临界值后,经圈环流在 Rossby 波区和 Kevin 波区的大部分地区都是正的 Hadley 环流。这样一个大尺度正的 Hadley 环流,将把大量从海洋中得到的热量和能量输送到副热带地区,使那里的大气环流发生异常变化。这一理论结果除与统计事实相符合外,也是对 Bjerknes 提出的遥相关现象的一个支持。

**关键词**:海洋加热尺度;热带大气;垂直环流圈;浅水运动方程

Bjerknes[1,2]指出,以海平面气压场的变化为表征的南方涛动,其上空是一个横跨热带太平洋的纬圈环流,并称之为 Walker 环流。与 Walker 环流相联系的正是人们熟知的经圈环流,即 Hadley 环流。这样通过 Walker 环流使热带东西方向上的大气环流变化有着相互的关联,同时通过 Hadley 环流,在高空将大量的角动量输送到副热带或更高的纬度,使那里西风带和气压场的变化又与热带大气环流变化发生有机的联系。Bjerknes 把这种大尺度大气环流之间的联系称之为遥相关。近 20 年来,研究热带大气环流对热带海洋加热的响应,以及可能影响到多大的范围的文章大大增加。最早用理论模式来研究热带大气对海洋加热的响应的是 Webster[3],以后 Gill[4]把斜压运动方程在垂直方向用本征模展开。任一本征模相应的水平运动方程相当于一浅水模式。Gill 在长波近似下用定常解详细地讨论了 Kelvin 波和 Rossby 波在形成 Walker 环流中的作用。分析结果表明,除让热源区东西两侧各自有 Kelvin 波和 Rossby 波形式的 Walker 环流外,在热源西侧的 Rossby 波活动区,形成了一个热力性的正 Hadley 环流,即经圈速度在低层是向赤道的,在高层是向两极的。但在热源东侧的 Kelvin 波活动区,经圈环流是一反 Hadley 环流。如果把热源区东西两侧动量的经圈输送一并考虑,由于相反的效果,在高空向极输送的动量是不多的,不足以在副热带上空形成像统计事实所表明的那样大尺度的西风急流[5]。在本文中我们得到,热带大气环流的结构依赖于热源的纬圈尺度。

---

[*] 本文发表于《南京气象学院学报》,1991 年第 14 卷第 1 期,10-17.

## 1 模式及解的形式

按 Gill[4] 的理论,取水平特征尺度为赤道 Rossby 变形半径,$L_0=(C/2\beta)^{1/2}$,$C=\sqrt{gH}=ND/\pi$,$N$ 为布伦特—维赛拉频率,$D$ 为大气的标高,$H$ 为等值大气高度或任一斜压模的本征值。通常取 $H=400$ 米,这样 $C$ 约为 60 米/秒,$L_0$ 近似为 1000 千米,浅水模式的无量纲方程组为[4]

$$\varepsilon u - \frac{1}{2}yv = -\frac{\partial p}{\partial x} \tag{1}$$

$$\varepsilon v + \frac{1}{2}yu = -\frac{\partial p}{\partial y} \tag{2}$$

$$\varepsilon p + \frac{\partial u}{\partial x} + \frac{\partial v}{\partial y} = -Q \tag{3}$$

$$w = \varepsilon p + Q \tag{4}$$

式中 $Q$ 为热源,$\varepsilon$ 是无量纲的 Rayleigh 摩擦和 Newton 冷却系数。边界条件为

$$|x| \to \infty, u、v、w、p \text{ 有界} \tag{5}$$

取对赤道对称的热源,其形式为

$$Q(x,y) = F_0(x)D_0(y) \tag{6}$$

式中 $D_0$ 为抛物圆柱函数,0 是其阶数。若对其余各物理量也用抛物圆柱函数展开,例如

$$v(x,y) = \sum_{n=0}^{\infty} v_n(x)D_n(y) \tag{7}$$

则对应于(6)式,各物理量可写成

$$\begin{aligned} u(x,y) &= u_0(x)D_0(y) + u_2(x)D_2(y) \\ v(x,y) &= v_1(x)D_1(y) \\ p(x,y) &= p_0(x)D_0(y) + p_2(x)D_2(y) \end{aligned} \tag{8}$$

考虑方程(1)—(3)后,则有控制方程

$$\varepsilon \frac{d^2 v_1}{dx^2} + \frac{1}{2}\frac{dv_1}{dx} - \varepsilon\left(\varepsilon^2 + \frac{3}{2}\right)v_1 = \frac{1}{2}\left[F_0(x) + \frac{dF_0(x)}{dx}\right] \tag{9}$$

$$\frac{du_0}{dx} + \varepsilon u_0 = -\left[(\varepsilon^2+1)v_1 + \varepsilon\frac{dv_1}{dv} + \frac{1}{2}F_0(x)\right] \tag{10}$$

$$u_2 = \frac{1}{8\varepsilon}(1-2\varepsilon^2)v_1 + \frac{1}{4}\frac{dv_1}{dx} - \frac{1}{8\varepsilon}F_0(x) \tag{11}$$

$$p_0 = 2\varepsilon v_1 + u_0 + 4u_2 \tag{12}$$

$$p_2 = u_2 \tag{13}$$

Gill 引进长波近似 $2\varepsilon k \ll 1$($k=\pi/2L$,$L$ 为热源的半宽度),这样(9)式的 2 阶微分项及 $\varepsilon^2$ 项都将作为小项而丢掉(已假定 $\varepsilon$ 很小)。如不取长波近似,当 $F_0(x)$ 的形式给定后,方程(9)满足边界条件(5)的解容易求得,同时也容易算出 $u_0、u_2、p_0$ 和 $p_2$。

如取 $F_0(x)$ 的分布为

$$F_0(x) = \begin{cases} e^{-ax}, & x \geqslant 0 \\ e^{ax}, & x < 0 \end{cases} \tag{14}$$

则方程(9)的解为

$$v_1(x) = \frac{1}{2\varepsilon(a-\alpha)}\left[\frac{(\varepsilon-a)\alpha}{\gamma(a+\alpha)}e^{-ax} + \frac{\alpha-\varepsilon}{b+\alpha}e^{-\alpha x}\right] \quad x \geqslant 0 \quad (15a)$$

$$v_1(x) = \frac{1}{2\varepsilon(\alpha-b)}\left[\frac{\alpha+\varepsilon}{a+\alpha}e^{\alpha x} - \frac{\alpha(b+\varepsilon)}{\gamma(\alpha+b)}e^{bx}\right] \quad x < 0 \quad (15b)$$

式中

$$\gamma = \left[\frac{1}{4\varepsilon} + \varepsilon^2 + \frac{3}{2}\right]^{\frac{1}{2}}, \quad a = \gamma + \frac{1}{4\varepsilon}, \quad b = \gamma - \frac{1}{4\varepsilon} \quad (16)$$

## 2 不同尺度热源的影响

注意到 $\alpha = L_0/L$，$L$ 为热源的纬圈尺度，因此，当 $\alpha$ 值大时表示热源尺度小，反之表示热源尺度大。下面对不同的 $\alpha$ 值进行计算。

一是小尺度热源，取 $\varepsilon = 0.3$，$\alpha = 1.0$，大气的响应场见图1a—d。将这一结果与 Gill[4] 的计算结果相比，虽然热源的形式不同，两者并无原则上的差别。第二个例子是大尺度热源，取 $\varepsilon = 0.3$，$\alpha = 0.2$，计算所得的大气响应场见图2a—d。Pan 和 Oort[5] 曾用 130°W 赤道两侧的海表面温度作指标，与全球大气环流各参数作了统计相关分析。考虑到赤道 130°W 处海温距平的符号与日界线附近的海温距平符号仍同号，因此，如认为这一大尺度热源与海表温度距平成正比，其中心位置在日界线，则可把现在的计算结果与他们的统计结果作一比较。由图2a 的纬圈风可见，在高空（图中风的方向应反过来）沿赤道从日界线以东 10 个经度直到美洲西岸吹西风，在赤道两侧的西风已接近 30°N、S 的副热带，并已延伸至 140°E 附近。在赤道附近从西太平洋直到 170°~160°W 吹的是东风。由 2b 的经圈风分布看，经圈风最大的位置在热源中心以西约 15 个经度的 15°N、S。上升运动大的区域在赤道附近从 120°E~140°W 的范围内，

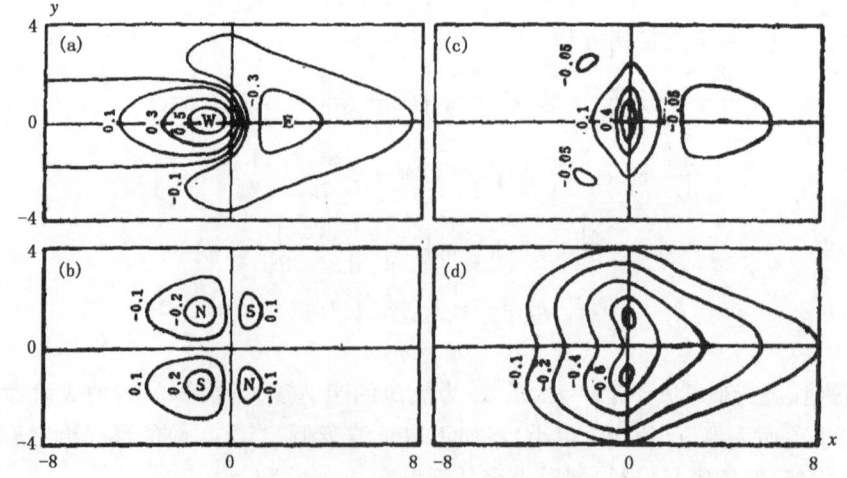

图1 小尺度热源（$\alpha = 1.0$，$\varepsilon = 0.3$）所响应的大气运动
(a)纬圈风；(b)经圈风；(c)垂直速度；(d)气压场
W(E)和 S(N)分别表示西(东)和南(北)风

下沉运动出现在西太平洋两侧的副热带纬度(图 2c)。以上这些结果,从总的来看与统计结果[5]基本一致。可见,大尺度热源对大气环流的影响更接近实际些。事实上,当一个 El Niño 事件发生时,在热带太平洋的很大范围上都是正的海温距平,所以研究大气环流对大尺度热源的响应,看来更具有实际意义。

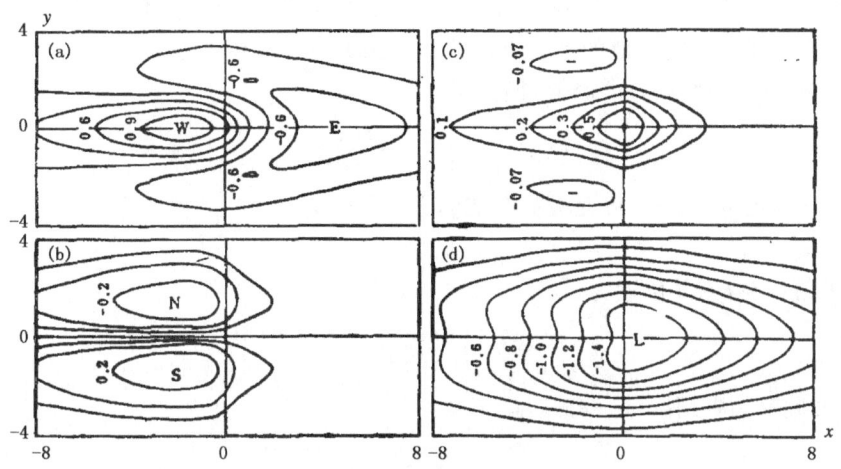

图 2　说明同图 1,但为大尺度热源情况($\alpha=0.2$, $\varepsilon=1.3$)

## 3　影响环流结构的热源的临界尺度

根据上面两个例子的比较,可以看到经圈风的纬圈分布依赖于热源的尺度,而经圈风的强弱又直接关系到角动量、能量和热量的向极输送,因此有必要作进一步的分析。

对 $x<0$ 的一侧,取(15b)对 $x$ 的导数,并令

$$\partial v_1/\partial x = 0 \tag{17}$$

得到极值的位置为

$$x = \frac{1}{\alpha-b}\ln\left[\frac{b(b+\varepsilon)(a+\alpha)}{\gamma(\alpha+\varepsilon)(\alpha+b)}\right] \tag{18}$$

由于 $x<0$,因此一种情况要求

$$\alpha > b \tag{19}$$

和

$$b(b+\varepsilon)(a+\alpha) < \gamma(\alpha+\varepsilon)(b+\alpha) \tag{20}$$

考虑到公式(19)后,如果条件

$$b(a+\alpha) < \gamma(b+\alpha) \tag{21}$$

成立,则公式(20)也同时成立。由(21)得到

$$\alpha > b\left(\frac{a-\gamma}{\gamma-b}\right) = b \tag{22}$$

此即公式(19)。另一种情况要求

$$\alpha < b \tag{23a}$$

和

$$b(b+\varepsilon)(a+\alpha) > \gamma(\alpha+\varepsilon)(b+\alpha) \tag{23b}$$

考虑到公式(23a)后,如果条件
$$b(b+\varepsilon)(a+\alpha) > \gamma(b+\varepsilon)(b+\alpha) \tag{24}$$
成立,则公式(23b)也同时成立,而由公式(24)立即得到
$$\alpha < b\left(\frac{a-\gamma}{\gamma-b}\right) = b \tag{25}$$
此即条件就是公式(23a)。由此可见,不论 $\alpha > b$ 或 $\alpha < b$,在 $x<0$ 的一侧总有极值存在。换言之。在 $x<0$ 的一侧,$v_1$ 的极值的存在不依赖于热源的特征尺度大小。

在 $x>0$ 的一侧,对(15a)求极值,得到
$$e^{(\alpha-a)x} = \frac{\gamma(\alpha-\varepsilon)(a+\alpha)}{a(a-\varepsilon)(b+\alpha)} \tag{26}$$
由于 $\varepsilon$ 很小,而总有 $a-\varepsilon>0$,故此极值存在的必要条件为
$$\alpha > \varepsilon \tag{27}$$
进而,如果极值存在,则其位置为
$$x = \frac{1}{\alpha-a}\ln\left[\frac{\gamma(\alpha-\varepsilon)(a+\alpha)}{a(a-\varepsilon)(b+\alpha)}\right] \tag{28}$$
由于 $x>0$,因此有两种情况,一种为
$$\alpha > a \tag{29a}$$
和
$$\gamma(\alpha-\varepsilon)(a+\alpha) > a(a-\varepsilon)(b+\alpha) \tag{29b}$$
考虑到条件(29a)后,如果条件
$$\gamma\alpha^2 - \frac{1}{4\varepsilon}(a+\varepsilon)\alpha - \gamma a\varepsilon - ab(a-\varepsilon) > 0 \tag{30}$$
成立,则条件(29b)同时成立。由 $\alpha>\varepsilon$,则由(30)式得
$$\alpha > a \tag{31}$$
这就是条件(29a)。另一种情况为
$$\varepsilon < \alpha < a \tag{32a}$$
和
$$\gamma(\alpha-\varepsilon)(a+\alpha) < a(a-\varepsilon)(b+\alpha) \tag{32b}$$
考虑到条件(32a)后,如果
$$\gamma\alpha^2 - \frac{1}{4\varepsilon}(a-\varepsilon)a - \gamma a\varepsilon - ab(a-\varepsilon) < 0 \tag{33}$$
成立,则条件(32b)也同时满足。由于 $\alpha>\varepsilon$,因此有
$$\varepsilon < \alpha < a \tag{34}$$
此即条件(32a)。

结合条件(31)和(34),可见极值的存在与 $\alpha$ 是否大于或小于 $a$ 无关,所以在 $x>0$ 的一侧,极值存在的充要条件为
$$\alpha > \varepsilon \tag{35}$$
试举另一个例子,取 $\alpha=0.3,\varepsilon=0.2$,其结果分别见图 3a—d。可见在 $x>0$ 一侧,经圈风存在极值。虽然其值十分微弱,但其他物理量场的结构与图 2a—d 的大尺度热源的例子无甚差别。

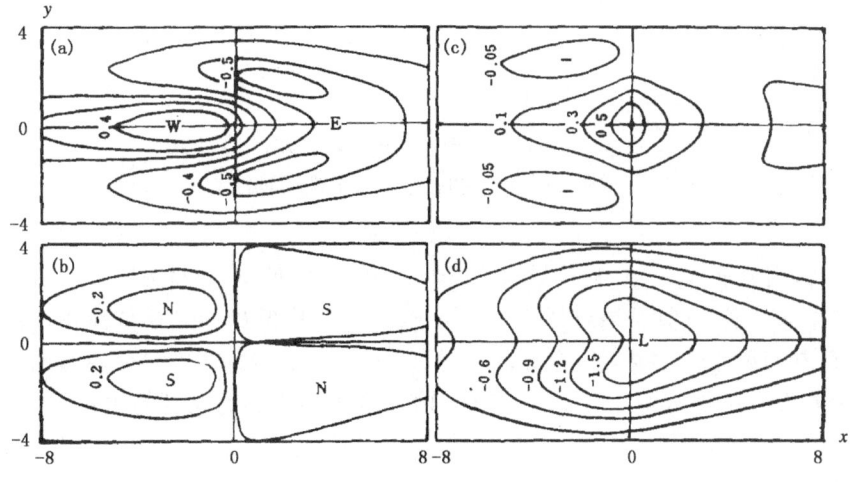

图3 说明同图2,但 $\alpha=0.3, \varepsilon=0.2$

## 4 经圈和纬圈环流的质量输送

现在来计算通过某一纬度空气质量的总输送量。考虑到 $D_1(y)$ 在 $y=\sqrt{2}$ 处达到最大值,故计算通过这一纬度的经圈质量输送。为了比较,分别对 $x$ 的正、负轴进行计算。定义

$$sv_+ = D_1(\sqrt{2})\int_0^\infty v_1 \mathrm{d}x \quad x\in(0,\infty) \tag{36a}$$

$$sv_- = D_1(\sqrt{2})\int_{-\infty}^0 v_1 \mathrm{d}x \quad x\in(-\infty,0) \tag{36b}$$

利用公式(15a)和(15b),可以计算出每单位面积上总的质量输送,计算结果见图4。可见,在 $x$ 负轴一侧,低空总的质量输送是向赤道的(高空相反),即正的 Hadley 环流。在正 $x$ 轴一侧,质量输送的方向依赖于 $\alpha$ 和 $\varepsilon$ 的相对大小。这和上节的分析是一致的。

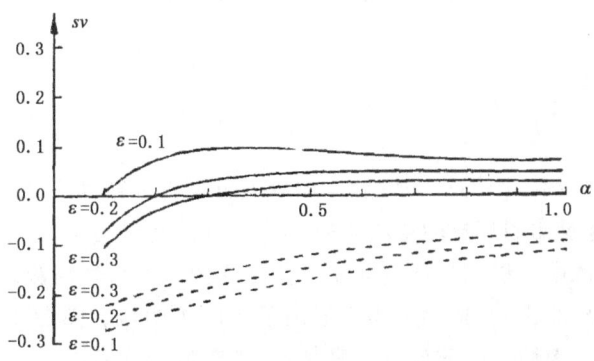

图4 单位面积经圈质量输送
实线(虚线)分别表示正(负)$x$ 轴上的质量输送

下面计算通过东、西风带最大值所在经度的纬圈质量输送,其定义为

$$su_\pm = 2(u_2 - u_1)\int_0^{y_0} D_0(y)dy + 2u_2\int_0^{y_0} D_0(y)y^2 dy \tag{37}$$

式中 $y_0$ 是东、西风带的半宽度,由下式决定,即

$$y = y_0,\quad u = [u_0 + (y^2-1)u_2]D_0(y) = 0 \tag{38}$$

由于 $D_0(y)$ 除当 $|y|\to\infty$ 时为零外,对所有的值都不为零,因此有

$$y_0 = \sqrt{1 - u_0/u_2} \tag{39}$$

如果 $u_0/u_2 > 1$,则要求 $y_0 \to \infty$。$su_-$ 为 $x\in(-\infty,0)$ 的西风(低层)总输送量,$su_+$ 为 $x\in(0,\infty)$ 的东风(低层)总输送量,计算结果见图 5。为便于比较,图中给出的是单位面积上的质量输送。可以看到,低空西风的输送要大于东风的输送,约大出一倍多。在大尺度热源的情况下,输送量对 $\varepsilon$ 值的依赖性比较明显。当 $\alpha > 0.5$ 后,输送量大小与热源尺度的关系不大,只依赖于 $\varepsilon$ 值的大小。

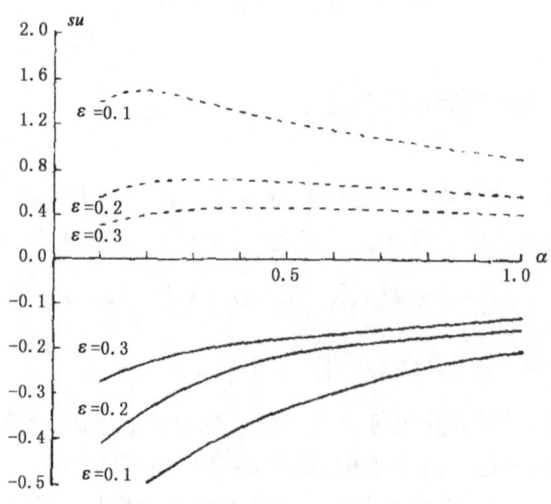

图 5  单位面积纬圈质量输送
实线和虚线分别表示东风和西风的质量输送

## 5 结论

本文是对 Gill 理论的一个补充和发展。据以上分析可以得到下面几点结论:

(1)热源特征尺度对纬圈环流的结构影响不大。在热源中心以西为低空吹西风高空吹东风的纬圈环流。在热源中心以东是低空吹东风高空吹西风的纬圈环流。但热源的纬向尺度对纬圈环流的强度有明显的影响,特别是当阻尼因子小时更明显。热源中心西侧的纬圈环流要比东侧的强。若以单位面积上的质量输送来估计,则要强一倍多。

(2)热源特征尺度对经圈环流的结构影响较大。对于大尺度热源,在加热区都表现为正的 Hadley 环流,但对于小尺度热源,结果和 Gill 的一样,即在热源西侧是正的 Hadley 环流,东侧是负的 Hadley 环流。

(3)若以本文的理论分析与统计结果比较,似乎大尺度热源所响应出来的大气垂直环流更接近于统计事实一些,或者更接近于一个强的 El Niño 事件时的大气环流结构。

**参考文献**

略,见原文章。

# 大气运动不稳定的变分原理*

## 曾庆存

(中国科学院大气物理研究所大气科学和地球流体力学数值模拟开放研究实验室,北京 100029)

**摘要:** 本文利用非线性基本方程组和变分原理研究旋转大气运动的不稳定性问题。文中所用方法是普遍适用的,对各种可能的基流模型都可获得其不稳定性判据。例如:适合于正压或斜压、分层或连续模型以及准地转模式或原始方程组;基流可以是带状或非带状的(即平行流或非平行流)、定常的或非定常的。虽然基流具有多样性,但它们在由相应的不变泛函所决定的空间内都是驻点(临界点)。如果在相应的泛函中将角动量守恒包括进去,那么基流可以是非定常流。无论线性或非线性二阶变分都给出不稳定性判据。但尤其值得一提的是,本文第一次得到关于非定常基流、地形扰动流和非地转流的不稳定性判据。同时本文也指出了线性理论和我们发展的变分原理所得到的不稳定性判据之间的差别,该差别说明用非线性基本方程组的重要性。在最后一节,将该理论推广到流体不具有有限能量,因而变分原理不能直接应用的情况,如 $\beta$—平面,然而广义的 Liapounoff 函数仍然可以在变分考虑下得到。

# 引言

大气运动的不稳定性问题是一般的流体力学不稳定性问题的一个组成部分,是一个经典的、然而困难的问题。研究该问题的一个比较完善的方法是求解相应的线性方程或方程组的广义特征值问题。然而,此方法一般仅对带状(平行)和定态的基流是适合的(Lin,1955)。对非带状和定常基流情形,Arnold(1965)提出了一种非常有力的变分方法来求不稳定性判据。但迄今为止,文献中仅仅给出了二维无辐散模式的带状流或者常定曲线流的不稳定性判据(Arnold,1955;Dikii,1955),以及三维的但带有等熵下界面的地转模式的不稳定性判据(Blumen,1968)。没有任何人用变分原理或线性方法对三维原始方程组求得普适的不稳定性判据。由于没有发展出普遍适用的方法,因而也未曾有人对任何大气模型中非定常基流给出过普适的不稳定性判据。

为了填补这个空白,我们在 Arnold 方法基础上发展了一种广义变分方法,这种方法对于求出各种大气模式的不稳定性判据是普遍适用的。即:模式可以是正压的或斜压的。准地转

---

\* 本文发表于《南京气象学院学报》,1990 年第 13 卷第 2 期,123-157.

的或非地转的,且基流可以是带状的或非带状的、定常的或非定常的。注意到不稳定性的线性理论是针对线性化方程(或方程组)而言的,而变分原理是建立在非线性方程(或方程组)基础上的,因而由变分原理发展起来的理论是针对非线性情形,并且只要求 Liapounoff 意义下的稳定性概念能适用即可。该方法自然可用于研究小扰动的稳定性;另外,也可用于特殊情形下大振幅扰动的稳定性研究。

## 1 二维准地转模式的一般定理

在二维准地转模式(或二维不可压缩流体)的基本方程为位涡守恒方程(或涡度守恒方程)

$$\frac{\partial q}{\partial t}+\vec{v}\cdot\nabla q=0 \tag{1.1}$$

其中

$$q=\Delta\psi-\kappa\frac{f_0^2}{\varphi_0}\psi+2\omega\cos\theta \tag{1.2}$$

$$\vec{v}=\vec{\theta}^0(-\frac{\partial\psi}{a\sin\theta\partial\lambda})+\vec{v}^0(\frac{\partial\Psi}{a\partial\theta}) \tag{1.3}$$

$\psi$ 是流函数,$\varphi_0$ 是等价的自由表面的平均重力位势,$f_0$ 是平均科氏参量,$\omega$ 是地球角速度,$\nabla$ 和 $\Delta$ 分别表示在半径为 $a$ 的球面上的梯度算子和拉普拉斯算子。$k=0,1$,$k=0$ 对应于二维无辐散模式。为简化起见,此处略去了地形作用。

从(1.1)可以得到能量、"广义位涡拟能"和角动量诸守恒律,因此,我们有如下不变泛函,它是依赖于任意函数 $Q$ 和一些参量 $r_0$、$r_1$、$r_2$ 的 $\Psi$ 的泛函

$$I(\Psi)=\iint_s\left\{r_0\left[|\vec{v}|^2+\kappa\frac{f_0^2}{\varphi_0^2}\Psi^2\right]+r_1Q(q)+r_2\left[\sin\theta\frac{\partial\Psi}{\partial\theta}-\kappa\frac{a^2f_0^2}{\varphi_0}\Psi\cos\theta\right]\right\}dS=\text{常量} \tag{1.4}$$

其中积分遍及整个球面,泛函 I 即是 Arnnold-Dikii 泛函的推广(后者相当于在(1.4)中令 $r_2=0$)。后面,我们将看到这种推广的重要性。换言之,总角动量守恒扮演着特殊角色,虽然它是一阶泛函,不同于二阶或高阶的总能量和广义位涡拟能。

给出一个扰动 $\delta\psi$,在做一些基本运算后得到一阶和二阶变分 $\delta I$、$\delta^2 I$ 以及差 $I(\psi+\delta\psi)-I(\psi)$ 如下

$$\delta I=\iint_s\{-2r_0\psi+r_1Q'(q)+r_2a^2\cos\theta\}\delta q\,dS \tag{1.5}$$

$$\delta^2 I=\iint_s\left\{r_0\left[|\delta\vec{v}|^2+\kappa\frac{f_0^2}{\varphi_0^2}(\delta\psi)^2\right]+r_1\frac{1}{2}Q''(q)(\delta q)^2\right\}dS \tag{1.6}$$

$$I(\psi+\delta\psi)-I(\psi)=\delta I+\delta^2 I+\cdots \tag{1.7}$$

其中 $Q'(q)=\frac{dQ}{dq}$,$Q''=\frac{d^2Q}{dq^2}$。此外,又有

$$I(\psi+\delta\psi)-I(\psi)=\delta I+\Delta^2 I \tag{1.8}$$

它是利用 Taylor 级数截断的 Lagrange 公式而得到的,其中

$$\Delta^2 I=\iint_s\left\{r_0\left[|\delta\vec{v}|^2+\kappa\frac{f_0^2}{\varphi_0^2}(\delta\psi)^2\right]+\frac{r_1}{2}Q''(q^*)(\delta q)^2\right\}dS \tag{1.9}$$

$$q^*=q+r^*\delta q \quad 0\leqslant r^*\leqslant 1$$

式中 $\Delta^2 I$ 不同于 $\delta^2 I$，即 $Q''(q)$ 由 $Q''(q^*)$ 代替。假设我们研究的所有流动状态都有平方可积的位涡度，即：$\psi + \delta\psi \in W_2^2$（这相当于 $\varphi + \delta\varphi \in L_2$，$\vec{v} + \delta\vec{v} \in L_2$ 和 $q + \delta q \in L_2$（参见曾庆存，1979）），并且 $I$ 和 $\Delta^2 I$ 均存在，则我们有如下定理：

**定理 1.1**：方程(1.1)—(1.3)的每一个形如 $\psi(\theta, \lambda - \dot{\lambda}_0 t)$（相角速度为 $\dot{\lambda}_0$ 的行波）的解是泛函空间 $\psi$ 中 $I$ 的驻点(stationary point)，即 $\delta I = 0$，而且相角速度为 $\dot{\lambda}_0 = -\dfrac{r_2}{2r_0}$，逆定理亦成立。

**证明**：如果 $\psi(\theta, \lambda - \dot{\lambda}_0 t)$ 是式(1.1)的解，我们有 $\partial q/\partial t = -\dot{\lambda}_0 \, \partial q/\partial \lambda = J(\dot{\lambda}_0 a^2 \cos\theta, q)$ 此处 $J(\dot{\lambda}_0 a^2 \cos\theta, q)$ 代表半径为 $a$ 的球面上的雅可比算子。这样从式(1.1)就得到

$$J(\psi + \dot{\lambda}_0 a^2 \cos\theta, q) = 0 \tag{1.10}$$

这意味着 $\psi + \dot{\lambda}_0 a^2 \cos\theta$ 是 $q$ 的任意函数

$$\psi + \dot{\lambda}_0 a^2 \cos\theta = \widetilde{Q}(q) \tag{1.11}$$

令 $r_1 Q'(q) = \widetilde{Q}(q)$，即

$$r_1 Q = \int_{q_0}^{q} \widetilde{Q}(x) \mathrm{d}x \tag{1.12}$$

而 $\dot{\lambda}_0 = -r_2/2r_0$，且 $r_0 \neq 0$，则从(1.1)可得

$$-2r_0 \psi + r_1 Q'(q) + r_2 a^2 \cos\theta = 0 \tag{1.13}$$

因而 $\delta I = 0$ 成立，定理得证。

再证明逆定理，给定一个 $\psi$，如果 $\delta I = 0$，则式(1.13)满足，对式(1.13)和 $q$ 施以雅可比算子后得到

$$J(-2r_0 \psi + r_2 a^2 \cos\theta, q) = 0 \tag{1.14}$$

如果 $r_0 \neq 0$，通过令 $\dot{\lambda}_0 = -\dfrac{r}{2r}$，可以将该方程变换到式(1.10)，即 $\psi = \psi(\theta, \lambda - \dot{\lambda}_0 t)$ 确是式(1.1)的解。如果 $r_0 = 0$，则从式(1.14)可知 $q$ 和 $\psi$ 仅是 $\theta$ 的函数，因而 $\psi$ 也是式(1.1)的解，只不过其相角速度等于任意常数 $\dot{\lambda}_0$（此时的解为带状环流，相角速度 $\dot{\lambda}_0$ 没有明显的意义，是可以任意的）。

**注 1.1** 如果 $r_0$ 或 $r_1$ 等于零，由 $I$ 的驻点确定的流是带状环流，而且当 $r_2 = 0$ 时为刚体旋转状态 $\psi = -a^2 \dot{\lambda}_z \cos\theta$，其中 $\dot{\lambda}_z$ 为常数（流的角速度）。而 $Q'(q) = $ 常数的情形等价于与 $r_1 = 0$。然而当且仅当 $r_2 \neq 0$ 时由 $\delta I = 0$ 确定的流才是非定常基流（相角速度 $\dot{\lambda}_0 \neq 0$），这意味着通过在泛函 $l$ 中引入角动量守恒使我们的理论可以同时用于定常流和非定常流，但 Arnold 和 Dikii 的理论只能用于定常基流。

**定理 1.2** 如果 $r_1 Q''(q)/2$ 和 $r_0$ 在流体中处处同号且为非负定（即 $r_1 Q'' \geqslant 0$）或非正定（即 $r_1 Q'' \leqslant 0$），则由函数 $Q(q)$ 和参量 $r_0$、$r_1$ 及 $r_2$ 通过 $\delta I = 0$ 确定的基流 $\psi(\theta, \lambda - \dot{\lambda}_0 t)$ 对任何小扰动 $\delta\psi \in W_2^2$ 总是稳定的。

**证明** 若定理 1.2 中的条件满足，我们能取 $|\Delta^2 I|$ 或更简单地取 $\|\delta\psi\|_W^2$ 作为 Liapounoff 泛函，其中

$$\|\delta\psi\|_W^2 = \left|r_0\kappa\frac{f_0^2}{\varphi_0}\right|\cdot\|\delta\psi\|^2 + |r_0|\cdot\|\delta\vec{v}\|^2 + \left|r_1\frac{Q''_m}{2}\right|\cdot\|\delta q\|^2 \quad (1.15)$$

$\|\cdot\|$ 是在 $L_2$ 空间中的范数 $\|\cdot\|_W$ 是 Sobolev 空间中的一种范数；$|Q''_m|$ 是 $|Q''(q)|$ 的下界，即

$$|Q''(q^*)|_{\delta\psi\in S_c} \geqslant Q''_m \quad (1.16)$$

注意：本来在式(1.15)中 $Q''_m$ 应定义为 $|Q''(q^*)|$ 的下界，其中 $q^* = q + r^*\delta q$ 既包含有基流的位涡($q$)，也包含有位涡扰动($\delta q$)。不过，函数 $Q(q)$ 的定义只是对于基流来说具有本质的意义，即可以先把 $Q(q)$ 定义在基流的 $q$ 所处的区间上，$q_m \leqslant q \leqslant q_M$，其中 $q_m$ 和 $q_M$ 分别记基流的 $q$ 的最小和最大值。今若 $q^* = q + r^*\delta q$ 不在此区间上，则可以将原来的函数 $Q''$ 进行开拓，使得在 $q^* > q_M$ 和 $q^* < q_m$ 时都有 $|Q''(q^*)| \geqslant Q''_m$，其中的 $Q''_m$ 满足式(1.16)。我们就取这样开拓后得到的函数作为本问题有关的函数 $Q$。于是我们有 $|\Delta^2 I| \geqslant \|\delta\psi\|_W^2$。若 $\delta\psi^{(0)} \in W_2^2$ 足够小，使得

$$|\Delta^2 I^0| = \left|r_0\kappa\frac{f_0^2}{\varphi_0}\right|\cdot\|\delta\psi^{(0)}\|^2 + |r_0|\cdot\|\delta\vec{v}^{(0)}\|^2 + \left|\frac{r_1}{2}\iint_S Q''(q^{*(0)})(\delta q^{*(0)})^2 dS\right| < \delta \quad (1.17)$$

则因 $\Delta^2 I$ 的守恒性，有

$$\|\delta\psi\|_W^2 \leqslant |\Delta^2 I^{(0)}| < \delta \quad (0 \leqslant t < \infty, \delta\psi \in S_c) \quad (1.18)$$

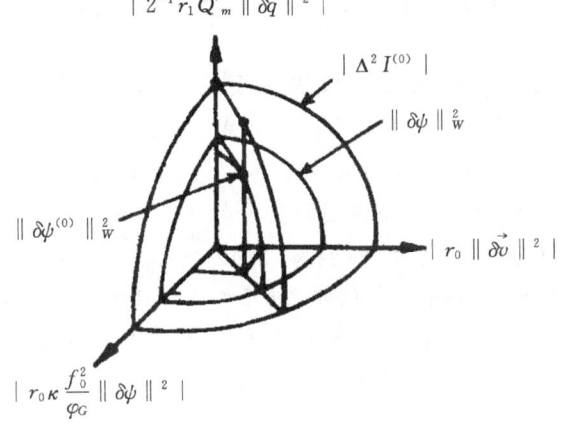

图 1 $\|\delta\psi\|_W^2$ 和 $|\Delta^2 I^{(0)}|$ 的几何表示

即基流(满足 $\delta I = 0$)对于任何扰动 $\delta\psi \in W_2^2$ 是稳定的。

式(1.18)的几何表示如图 1。

注 1.2 式(1.17)表明，所谓小扰动意味着 $\delta\psi$，它的一阶导数 $\delta\vec{v}$、二阶导数 $\delta q$ 在 $r_1Q''(q^*) \not\equiv 0$ 时的 L 空间的范数均足够小。这表明除 $r_1Q''(q) \equiv 0$（基流是刚体转动）外，位涡度扰动($\delta q$)在不稳定性质方面起着重要作用。当 $r_1Q''(q) \equiv 0$，$\delta q$ 不包括在范数 $\|\delta\psi\|_W$ 之内，但

$$\|\delta\psi\|_W^2 = |\Delta^2 I| = |r_0|\left[\kappa\frac{f_0^2}{\varphi_0}\|\delta\psi\|^2 + \|\delta\vec{v}\|^2\right] \quad (1.19)$$

也是全空间的 $\delta\psi \in W_2^2$ 一种范数，且在所有时间($0 < t < \infty$)它守恒。即使在此情形下，我们

也能证明 $\|\delta q\|$ 的守恒性,尽管 $\|\delta q\|$ 在 $t<\infty$ 的有界性在稳定性定义中并不必要求满足。其实,由于角动量守恒,且角动量为线性泛函,故还有扰动的角动量守恒

$$\delta M \equiv \iint_s \left[\sin\theta \frac{\partial \delta \psi}{\partial \theta} - \kappa \frac{a^2 f_0^2}{\varphi_0}\cos\theta \cdot \delta \psi\right]dS = \delta M^{(0)} \tag{1.20}$$

又总位涡拟能也是守恒量

$$\|q+\delta q\|^2 = \|q\|^2 + 2\iint_s q\delta q\,dS + \|\delta q\|^2 = 常量 \tag{1.21}$$

现在,右边的首项守恒,而且由于基流相当于刚体转动,我们有

$$q = \left\{2\dot{\lambda}_z\left[1+\frac{\kappa f_0^2}{2\varphi_0}\cdot a^2\right]+2\omega\right\}\cos\theta \tag{1.22}$$

因而从式(1.22)和 $\delta M$ 的守恒性可知式(1.21)右边第二项的守恒性(曾庆存,1979),最后我们就得到式(1.21)右边的最后一项守恒,即 $\delta q$ 守恒。

如果 $Q''_m = 0$ 但 $r_1 Q''(q) \not\equiv 0$,$\|\delta q\|^2$ 的有界性能通过使用不等式

$$\|\delta q\| = \|(q+\delta q)-q\| \leqslant \|q+\delta q\| + \|q\| \tag{1.23}$$

而由总位涡拟能守恒(即式(1.21))推出,虽然在此情况下不能保证在任何时间 $t<\infty$ 内 $\|\delta q\|$ 的微小性。

**定理 1.3** 由函数 $Q(q)$ 和参变量 $r_0$、$r_1$ 和 $r_2$ 表示并通过 $\delta I = 0$ 确定的 $\psi(\theta,\lambda-\dot{\lambda}_0 t)$ 可能是不稳定的,如果 $r_0$ 与 $r_1 Q''(q)$ 的符号相反或 $Q''$ 在流体中是一个符号不定的函数。

**证明** 在定理 1.3 中所提到的条件对不稳定性是必要的。否则根据定理 1.2 可知流动将是稳定的。

**注 1.3** 对给定 $r_0$、$r_1$、$r_2$ 和 $Q(x)$,如果 $Q'(x)$ 不是变量 $x$ 的线性函数,那么方程(1.13)可能有多个解,因此我们可以有几个由同样集$(r_0、r_1、r_2、Q(x))$确定的基流。假设其中之一(例如是 $\psi(\theta,\lambda,t)$)满足如下条件:(1) 它的 $\delta^2 I$ 是正定泛函;(2) $Q''(q+\delta q)$ 当 $|\delta q|<\varepsilon$ 时为正定函数,当 $|\delta q|<\varepsilon$ 不满足时为变号函数,其中 $q_1$ 是流 $\psi_1$ 的位涡,于是泛函 $I(\psi,\vec{v},q)$(即复合泛函 $I(\psi)$)在紧子空间 $(\psi_1+\delta\psi,\vec{v}_1+\delta\vec{v},q_1+\delta q)$ 中的点 $(\psi_1,\vec{v}_1,q_1)$ 上达点极小值 $I_1$(如果 $\delta^2 I>0$)或极大值 $I$(如果 $\delta^2 I<0$),其中 $(\delta\psi,\delta v,\delta q)\in C^\infty$。也许 $\psi$ 对满足 $|\delta q^{(0)}|<\varepsilon'<\varepsilon$ 的初始微扰是稳定的,但若 $|\delta q^{(0)}|<\varepsilon'$ 不满足,则在这些扰动的作用下,流动有可能从 $\psi_1$ 的邻域迁移到另一基流(如 $\psi_2$)的邻域。

## 2 线性和非衰性 Haurwitz 波的不稳定性

Haurwitz 波族可以由 $\delta I = 0$ 得到,即由方程(1.13)确定。

**定理 2.1** (经典的)线性 Haurwitz 波

$$\psi-\psi_0 = -a^2\dot{\lambda}_z\cos\theta + \sum_{m=0}^{n} A_m P_n^m(\cos\theta)e^{im(\lambda-\dot{\lambda}_0 t)} \tag{2.1}$$

可通过 $\delta I = 0$ 由线性函数 $r_1 Q'(q) = 2b_2 q + b_1$ 确定,此处 $P_n^m(\cos\theta)e^{im\lambda}$ 是归一化的球谐函数,$A_m(m=0,1,\cdots,n)$ 是一些任意常数。

$$\begin{cases} \psi_0 = b_1/[2(r_0 + b_2\kappa f_0^2/\varphi_0)] \\ \dot{\lambda}_z = [2\omega + a^2 r_2/2b_1]/[n(n+1)-2] \\ \dot{\lambda}_0 = \{-2\omega + \dot{\lambda}_z[n(n+1)-2]\}/\{n(n+1)+\kappa a^2 f_0^2/\varphi_0\} \\ \qquad (n=2,3,\cdots) \end{cases} \quad (2.2)$$

定理的证明可直接将式(2.1)、(2.2)代入到式(1.13)而得到。

注 2.1  对一给定的线性函数 $r_1 Q'(q)$，方程(1.13)有解的充分必要条件是 $r_0$ 和 $b_2$ 满足如下条件

$$\begin{cases} \dfrac{r_0}{b_2} = -\left[\dfrac{n(n+1)}{a^2} + \kappa\dfrac{f_0^2}{\varphi_0}\right] \\ n = 2,3,4,\cdots \end{cases} \quad (2.3)$$

这意味着对任意给定函数 $r_1 Q'$ 和任意参量 $r_0, r_2, \cdots$，方程 $\delta I = 0$ 不一定有解，即泛函 $I$ 可能无驻点。

注释 2.2  对由式(2.1)确定的线性 Haurwitz 波，有

$$\Delta^2 I = \delta^2 I = r_0 \iint_S \left\{\left[|\delta\vec{v}|^2 + \kappa\dfrac{f_0^2}{\psi_0}(\delta\psi)^2\right] - \dfrac{(\delta q)^2}{\dfrac{n(n+1)}{a^2}+\kappa\dfrac{f_0^2}{\psi_0}}\right\} dS = (\text{不变量}) \quad (2.4)$$

这里 $\delta\psi$、$|\delta\vec{v}|$ 和 $\delta q$ 可以不是小量，即扰动 $\delta\psi$ 可以是大振幅扰动，所以，由定理 1.3 我们得到：线性 Haurwitz 波可以是不稳定的，或者说至少是亚稳的。

Hoskins(1973)和其他许多人指出线性 Haurwitz 波

$$\psi = -a^2 \dot{\lambda}_z \cos\theta + A_m P_n^m(\cos\theta) e^{im(\lambda - \dot{\lambda}_0 t)} \quad (2.5)$$

可以是稳定的或不稳定的，这依赖于 Haurwitz 波的振幅 $A_m$、波数 $m$ 以及扰动的波数。然而这些结论只是在扰动由很少几个球谐函数表示时得到的，在一般情况下，即当扰动具有无限自由度时，线性 Haurwitz 波的稳定性问题仍有待解决。

现在，用 $E'$、$P'$ 记能量和位涡拟能扰动，即

$$\begin{cases} E' \equiv \dfrac{1}{2}\left(\|\delta\vec{v}\|^2 + \kappa\dfrac{f_0^2}{\varphi_0}\|\delta\psi\|^2\right) \\ P' \equiv \dfrac{1}{2}\|\delta q\|^2 \end{cases} \quad (2.6)$$

则有(曾庆存，1979)

$$P' = \dfrac{1}{a^2} N_P E' \quad (2.7)$$

因而可以重新将式(2.4)写成如

$$\left(1 - \dfrac{N_P}{N_b}\right) E' = \dfrac{\delta^2 I}{2r_0} \quad (2.8)$$

其中

$$\begin{aligned} N_P &= n_p(n_p+1) + a^2 \kappa f_0^2/\varphi_0 \\ N_b &= n(n+1) + a^2 \kappa f_0^2/\varphi_0 \end{aligned} \quad (2.9)$$

$n_p$ 是扰动 $\delta\psi$ 在二维球面上的一种加权平均波数。式(2.8)告诉我们：(1)如果初始平均尺度比基流尺度大，即 $n_p^{(0)} < n$，我们得到：$\delta I/2r > 0$，而且在任何时候均有 $n_p < n_0$。因而当扰动能

量发生逆串级即 $n_p^{(t)} < n_p^{(0)}$ 时,扰动的能量 $E'(t)$ 和位涡拟能 $P'(t)$ 同时减小,即 $E'(t) < E'(0), P'(t) < P'(0)$,但当扰动能量顺串级即 $n_p^{(t)} > n_p^{(0)}$ 时,扰动能量和位涡拟能同时增加,即 $E'(t) > E'(0), P'(t) > P'(0)$;(2)如果 $n_p^{(0)} > n$,我们有 $\delta^2 I/2r_0 < 0$,且在任何时候均有,$n_p^{(0)} > n$。因此当 $n_p^{(t)} > n_p^{(0)}$ 有 $E'(t) < E'(0)$ 和 $P'(t) < P'(0)$;但当 $n_p^{(t)} < n_p^{(0)}$ 时有 $E'(t) > E'(0)$ 和 $P'(t) > P'(0)$。这些结果表明,扰动能量和位涡拟能总是同时增长或衰减。这与当基流满足稳定性的充分条件的情形大不一样。其实,由线性理论(曾庆存,1983)或由式(1.9)表示的 $\Delta^2 I$ 可知,在稳定基流情况下扰动的能量和加权位涡拟能是相互补偿的,扰动能量增加伴随着加权位涡拟能减小,或者反之。

从上面分析我们可以得出结论,相对于在所有时间内有 $n_p(t) < n_p^{(0)} < n$ 以及 $\delta^2 I(0)/2r_0 > 0$ 或 $n_p(t) > n_p^{(0)} > n$ 以及 $\delta^2 I/2r_0 < 0$ 的那些扰动,Haurwitz 波方程(2.1)是稳定的;但相对于其他扰动,Haurwitz 波则是不稳定的。在这种意义上说,Haurwitz 波似是亚稳的。

注 2.3  我们能找出 $E'$ 的上下界。假如基流是一个由方程(2.1)给定的 Haurwitz 波,为方便计,将它改写成 $\bar{\psi}$,并将扰动 $\delta\psi$ 改写成 $\psi'$,再假定初始扰动 $\psi'^{(0)}$ 垂直于 $\bar{\psi}^{(0)}$(由 $\bar{\psi}^{(0)} \perp \psi'^{(0)}$ 表示),且扰动角动量 $M'^{(0)} = 0$。否则,如若有任何分量"平行于" $\bar{\psi}^{(0)}$(记作 $\psi'^{(0)}_{/\!/}$),我们可从 $\psi'^{(0)}$ 中减去 $\psi'^{(0)}_{/\!/}$,并将其并入 $\bar{\psi}^{(0)}$。为方便起见,我们记

$$\psi' = \psi'_\perp + \psi'_{/\!/} \tag{2.10}$$

且有 $\psi'^{(0)}_{/\!/} = 0$。今后我们将球面上函数 $F(\theta, \lambda)$ 的积分记为 $<F>$,例如:$\psi'^{(0)}_{/\!/} = 0$ 就是 $\bar{\psi}^{(0)}$、$\psi'^{(0)}$ 沿全球面的积分为零,即

$$\langle \bar{\psi}^{(0)} \psi'^{(0)} \rangle = 0 \tag{2.11}$$

受扰流 $\psi = \bar{\psi} + \psi'$ 的能量服从

$$E(\bar{\psi} + \psi') = \bar{E} + E' + \left\langle \nabla\bar{\psi} \cdot \nabla\psi' + \kappa\frac{f_0^2}{\varphi_0} \bar{\psi}\psi' \right\rangle = E^{(0)}$$

以及

$$E' + \left\langle \nabla\bar{\psi} \cdot \nabla\psi' + \kappa\frac{f_0^2}{\varphi_0} \bar{\psi}\psi' \right\rangle = E^{(0)} - \bar{E} = E'^{(0)} \tag{2.12}$$

此处,$\bar{E}$ 是基流能量。方程(2.12)中第二个等式是利用方程(2.11)后得到的。$\delta^2 I$ 和 $M'$ 的守恒性给出

$$E' - \frac{a^2}{N_b}P' = \frac{\delta^2 I(0)}{2r_0} = \left(1 - \frac{N_P^{(0)}}{N_b}\right)E'^{(0)} \tag{2.13}$$

$$M' \equiv \left\langle \frac{\partial\psi'}{\partial\theta}\sin\theta - \kappa\frac{a^2 f_0^2}{\varphi_0}\psi'\cos\theta \right\rangle = M'^{(0)} = 0 \tag{2.14}$$

现在,在方程(2.12)、(2.13)和(2.14)的约束下 $E'$ 的可能最大值和最小值可以用 Lagrange 方法确立,即满足 $\delta J = 0$,此处

$$J = E' + \lambda_1\left\{E' + \left\langle \nabla\bar{\psi} \cdot \nabla\psi' + \kappa\frac{f_0^2}{\varphi_0}\bar{\psi}\psi' \right\rangle\right\} + \lambda_2\{E' - (a^2/N_b)P'\} + \lambda_3 M' \tag{2.15}$$

$\lambda_1$、$\lambda_2$、$\lambda_3$ 是一些待定常数。通过大量仔细的运算,得到由 $E'_u$ 和 $E'_l$ 表示的 $E'$ 的上界和下界如下

$$E'_u = \left(\frac{\lambda_1}{1 + \lambda_1}\right)_u^2 A^2 + D_u^2 \equiv (E'_{/\!/} + E'_\perp)_u \tag{2.16}$$

$$E'_1 = \left(\frac{\lambda_1}{1+\lambda_1}\right)_1^2 A^2 + D_1^2 \equiv (E'_{//} + E'_\perp)_1 \qquad (2.17)$$

$$E'_{u,1} - E'^{(0)} = 2\left(\frac{\lambda_1}{1+\lambda_1}\right)_{u,1}^2 A^2 \qquad (2.18)$$

其中 $E'_\perp$ 和 $E'_{//}$ 扰动能量的两部分,它们分别垂直和平行于整族纯 Haurwitz 波(即在方程(2.1)中取 $\dot\lambda_z = 0$),而

$$A^2 = \frac{1}{2} N_b \sum_{m=0}^{n} |A_m|^2 \qquad (2.19)$$

$$\left[1 - \frac{N'}{N_b}\right]_{u,1} D^2_{u,1} = \left[1 - \frac{N_p^{(0)}}{N_b}\right] E'^{(0)} \qquad (2.20)$$

$$\left(\frac{\lambda_1}{1+\lambda_1}\right)_u = 1 + \left(1 + \frac{E'^{(0)} - D_u^2}{A^2}\right)^{\frac{1}{2}} \qquad (2.21)$$

$$\left(\frac{\lambda_1}{1+\lambda_1}\right)_1 = 1 - \left(1 + \frac{E'^{(0)} - D_u^2}{A^2}\right)^{\frac{1}{2}} \qquad (2.22)$$

$$N' = n'(n'+1) + \kappa a^2 f_0^2/\varphi_0 \qquad (2.23)$$

以及 $n'$ 为整数。依赖于 $n_p^{(0)} > n$、$=n$ 或 $<n$,我们有 $n' \to \infty$、$=n$ 或 $=1$。如果 $E'^{(0)}/A^2 \ll 1$,我们有

$$E'_u - E'^{(0)} \approx E'_{//} \approx 4A^2 \qquad (2.24)$$

$$E'^{(0)} - E'_1 \approx \begin{cases} E'^{(0)}\left[\left(\dfrac{n_p^{(0)}(n_p^{(0)}+1)-2}{n(n+1)-2}\right) + \varepsilon\right] & (n_p^{(0)} < n) \\ \varepsilon E'^{(0)} & (n_p^{(0)} > n) \end{cases} \qquad (2.25)$$

其中,$\varepsilon > 0, O(\varepsilon) = O(E'^{(0)}/A^2)$。(2.24)说明可能的最强扰动为

$$\psi' \approx -2(\bar\psi + a^2 \dot\lambda_z \cos\theta)$$

这意味着原来的即基流的波状流可能完全被破坏,受扰流动 $\psi$ 变成与基流 $\bar\psi$ 完全反相。其次,方程(2.25)则表明,由于受扰流受非线性方程控制总有一定能量保持在扰动之中。上图述结果可简示如图 2。

最后我们指出,非线性(广义)Haurwitz 波可以由(2.1)确定,其中 $Q'(q)$ 是 $q$ 的非线性函数。根据定理(1.2)、(1.3)中所述条件,它们可以是稳定的或不稳定。

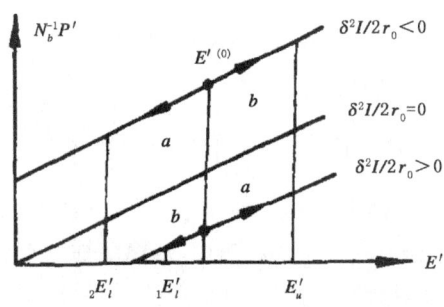

图 2  叠于线 Hourwitz 波上的扰动的能量 $E'$ 产和位涡拟能 $P'$ 的演变过程。$_1E'_1$ 和 $_2E'_2$ 为扰动能量的下界,分别,对应于 $\delta^2 I/2r_0 > 0$ 和 $\delta^2 I/2r_0 > 0$ 的情况。$E_u$ 为扰动能量的上界,$E_u - E'^{(0)} \approx 4A^2$。$a$ 和 $b$ 分别表示 $n_p < n_p^{(0)}$ 的情形

## 3 地形对定常流的影响及其不稳定性

如果计入地形的影响,也有与方程(1.1)、(1.3)相同的方程组,但位涡度的定义不是方程(1.2)而是下式

$$q = \Delta\psi - \kappa\frac{f_0^2}{\varphi_0}\psi + \left(2\omega\cos\theta + \frac{f_0\varphi_s}{\varphi_0}\right) \tag{3.1}$$

其中,$\varphi_s$ 是地形高度的重力位势。此时总能量和广义位涡拟能仍守恒,但总角动量不一定是一个守恒量,因此,我们可以仍可取由方程(1.4)定义的 $I(\psi)$ 作为不变泛函,但令 $r_2 = 0$。这说明,方程(1.5)—(1.19)仍然有效,但其中取 $r_2 = 0$,且 $q$ 由方程(3.1)定义。我们有

**定理 3.1** 在地形 $h_s = \varphi_s/g$ 上的所有可能的常定基流由泛函 $I$ 的驻点确定,即满足下述方程

$$\begin{cases} -2r_0\psi + r_1Q'(q) = 0 \\ q = \Delta\psi - \kappa\dfrac{f_0^2}{\varphi_0}\psi + \left(2\omega\cos\theta + \dfrac{f_0\varphi_s}{\varphi_0}\right) \end{cases} \tag{3.2}$$

在地形影响之下,流动的稳定性仍可根据定理 1.2 和 1.3 来确定。

**定理 3.2** 若在 $I$ 中取 $Q = q^2$ 和 $r_2 = 0$,并且,$(\kappa f_0^2/\varphi_0 + r_0/r_1)a^2 \neq n(n+1)$,$h = 1, 2, \cdots$,即 $r_0/r_1 > 0$ 由下式确定

$$-\dot{\lambda}_z = 2\omega\left[2 + \left(\kappa\frac{f_0^2}{\varphi_0} + \frac{r_0}{r_1}\right)a^2\right]^{-1} \tag{3.3}$$

则 $\delta I = 0$ 有解且唯一。它就是具有刚体旋转角速度 $\dot{\lambda}_z$ 的流受地形 $h_0$ 影响而形成的定常流动。如果 $r_0/r_1 > 0$,即

$$-\left(1 + \kappa\frac{f_0^2}{2\varphi_0}a^2\right)^{-1} \leqslant \frac{\dot{\lambda}_z}{\omega} < 0 \tag{3.4}$$

此流动是稳定的,但若条件方程(3.4)不满足,则可能是不稳定的。

**证明** 取 $Q = q^2$,$r_2 = 0$,$\delta I = 0$ 确定出定常流所满足的方程如下

$$\Delta\psi - \left(\kappa\frac{f_0^2}{\varphi_0} + \frac{r_0}{r_1}\right)\psi = -2\omega\cos\theta - \frac{f_0^2}{\varphi_0}\left(\frac{\varphi_s}{f_0}\right) \tag{3.5}$$

其解为带有常数角速度 $\dot{\lambda}_z$ 的带状流和由地形产生的扰动 F 的线性组合,即

$$\psi = -a^2\dot{\lambda}_z\cos\theta + F \tag{3.6}$$

此处,$\dot{\lambda}_z$ 由方程(3.3)给出,而 F 满足如下方程

$$\Delta F - \left(\kappa\frac{f_0^2}{\varphi_0} + \frac{r_0}{r_1}\right)F = -\frac{f_0^2}{\varphi_0}\left(\frac{\varphi_s}{f_0}\right) \tag{3.7}$$

因此,F 由 $\varphi_s$ 唯一确定,假若 $(kf_0^2/\varphi_0 + r_0/r_1)a^2 \neq -n(n+1)$ 的话,$n-1, 2, \cdots$。

下一步,由定理 1.2 可知,假设 $(r_0/r_1)a^2 \geqslant 0$,则稳定性的充分条件是满足的。在我们这里的情形下,由 $(r_0/r_1)a^2 > 0$,以及

$$\frac{r_0}{r_1}a^2 = -\left(2 + \frac{f_0^2a^2}{\varphi_0} + \frac{\omega}{\dot{\lambda}_z}\right)$$

就推出方程(3.4),定理得证。

注 3.1  条件

$$\left(\kappa\frac{f_0^2}{\varphi_0}+\frac{r_0}{r_1}\right)a^2=-n(n+1)\quad n=1,2,\cdots \tag{3.8}$$

对应于共振情形。由(3.3)式,共振仅能在$\dot{\lambda}_z>0$(西风)时发生。在这种情况下,对给定的满足(3.8)的$n$,仅当地形函数$\varphi_s$满足下述正交条件

$$\iint_s\left[2\omega\cos\theta+\left(\frac{f_0^2}{\varphi_0}\right)\frac{\varphi_s}{f_0}\right]P_n^m(\cos\theta)e^{im\lambda}\mathrm{d}S=0 \tag{3.9}$$

$$m=0,1,2,\cdots,n$$

时,(3.5)才有解。此时解是不唯一的,它由对应于同一的$n$的所有球谐函数的任意线性和组成即地形对这些定常的自由波不发生作用。

注 3.2  由于$\varphi_s$不显含在稳定性判据(3.4)之中,初看起来,好像地形不影响不稳定性,其实不然,因若无地形,则作刚体转动的大气运动可在取$r_1=0$当$r_0\neq 0$,$n\neq 0$而得到,故由定理 2.2 即知它总是稳定的。然而地形嵌入到西风带,形成了一些常定的波状流动,于是由它们表示的基本气流就不是带状的,而和 Haurwitz 波类似,可能出现不稳定性。

注 3.3  在地球大气中,$1+(f_0^2/2\varphi_0)a^2\approx 3$。因而具有角速度$0>\dot{\lambda}_z>-\omega/3$的均匀东风气流在地形作用下形成的定常运动(基流)是稳定的,但均匀的西风气流($\dot{\lambda}_z>0$)或过强的东风气流($\dot{\lambda}_z<-\omega/3$)可能是不稳定的。

## 4  三维准地转模式的一般定理

此模式的基本方程就是位涡度守恒,可以写成与方程(1.1)相同的形式,但$q$定义如下

$$q=\Delta\psi+\frac{\partial}{\partial\zeta}\left(\frac{f_0^2\zeta}{c^2}\frac{\partial\psi}{\partial\zeta}\right)+2\omega\cos\theta \tag{4.1}$$

这里,$0\leqslant\zeta\leqslant 1,c^2\equiv aR\widetilde{T},a=R(\gamma_a-\widetilde{\gamma})/g$,

$\gamma_a=g/c_p,\widetilde{T}(Z)$和$\widetilde{\gamma}$是平均温度垂直分布及其梯度。$\psi$还应满足两个边条件(曾庆存,1979)

$$E<\infty \tag{4.2}$$

$$\left(\frac{\partial}{\partial t}+\kappa'\vec{v}\cdot\nabla\right)b=0\quad\left(b\equiv\left(\frac{\partial\psi}{\partial\zeta}\right)_s+\kappa\alpha_s\psi_s\right) \tag{4.3}$$

其中$E$是总能量(见下),下标$s$代表在下边界$\zeta=1$的给定函数,这里暂时略去地形影响,$\kappa$和$\kappa'=0$或$1$,$\kappa=0$对应于垂直平均的整层无辐散近似;$\kappa'=0$对应于等熵下边界。

从位涡的守恒性和边条件方程(4.2)、(4.3),我们有总能量$E$,"广义位涡拟能"$F$,角动量$M$和"广义边界能"$B$都守恒,在我们的研究中,不变泛函$I(\psi)$就是上面提到的所有守恒量和一些参变量$r_n=(n=0,1,2,3)$的线性组合

$$I(\psi)=2r_0E+r_1F+r_2M+2r_3B=常量 \tag{4.4}$$

其中,

$$E\equiv\frac{1}{2}\iint_s\left\{\kappa\frac{f_0^2\alpha_s}{c_s^2}\psi_s^2+\int_0^1\left[|\nabla\psi|^2+\left(\frac{f_0\zeta}{c}\frac{\partial\psi}{\partial\zeta}\right)^2\right]\mathrm{d}\zeta\right\}\mathrm{d}S \tag{4.5}$$

$$F = \iint_S \int_0^1 Q(q) \, d\zeta dS \tag{4.6}$$

$$M = \iint_S \left\{ -\kappa \frac{f_0^2 \alpha_s a^2}{c_s^2} \psi_s + \int_0^1 v_\lambda a \sin\theta d\zeta \right\} dS \tag{4.7}$$

$$B = \iint_S G(b) \, dS \tag{4.8}$$

$G$ 是变量 $b$ 的任意函数。

求一阶和二阶变分,得

$$\delta I = \iint_S \int_0^1 [-2r_0 \psi + r_1 Q'(q) + r_2 a^2 \cos\theta] \delta q \, d\zeta dS +$$
$$\iint_S \left\{ r_3 G'(b) + \frac{f_0^2}{c_s^2} (2r_0 \psi_s - r_2 a^2 \cos\theta) \right\} \left[ \left( \frac{\partial \delta \psi}{\partial \zeta} \right)_s + \kappa \alpha_s \delta \psi_s \right] dS \tag{4.9}$$

$$\delta^2 I = \iint_S \int_0^1 \left\{ r_0 \left[ |\nabla \delta \psi|^2 + \left( \frac{f_0 \zeta}{c} \frac{\partial \delta \psi}{\partial \zeta} \right)^2 \right] + \frac{r_1}{2} Q''(q)(\delta q)^2 \right\} d\zeta dS$$
$$+ \iint_S \left\{ r_0 \kappa \frac{f_0^2 \alpha_s}{c_s^2} (\delta \psi_s)^2 + \frac{1}{2} r_3 G''(b)(\delta b)^2 \right\} dS \tag{4.10}$$

而
$$I(\psi + \delta \psi) - I(\psi) = \delta I + \Delta^2 I \tag{4.11}$$

$$\Delta^2 I = \iint_S \int_0^1 \left\{ r_0 \left[ |\nabla \delta \psi|^2 + \left( \frac{f_0 \zeta}{c} \frac{\partial \delta \psi}{\partial \zeta} \right)^2 \right] + \frac{r_1}{2} Q''(q^*)(\delta q)^2 \right\} d\zeta dS$$
$$+ \iint_S \left\{ r_0 \kappa \frac{f_0^2 \alpha_s}{c_s^2} (\delta \psi_s)^2 + \frac{r_3}{2} G''(b^*)(\delta b)^2 \right\} dS \tag{4.12}$$

$$q^* = q + r^* \delta q, \quad 0 \leqslant r^* \leqslant 1$$
$$b^* = b + r^{**} \delta b, \quad 0 \leqslant r^{**} \leqslant 1$$

**定理 4.1** 每一个满足三维准地转模型方程(4.1)以及边条件方程(4.2)、(4.3)的函数 $\psi(\theta, \lambda - \dot{\lambda}_0 t, \zeta)$ 是 $I(\psi)$ 的驻点,且满足如下方程和边条件

$$-2r_0 \psi + r_1 Q'(q) + r_2 a^2 \cos\theta = 0 \tag{4.13}$$

$$E < \infty \tag{4.14}$$

$$r_3 G'(b) + \frac{f_0^2}{c_s^2} (2r_0 \psi_s - r_2 a^2 \cos\theta) = 0 \tag{4.15}$$

其中 $G$ 和 $Q$ 是两个给定的函数,$r_n$ 是一些参量,$n=0,1,2,3$,相角速 $\dot{\lambda}_0 = -r_2/2r_0$。逆定理亦真。

定理 4.1 的证明基本上与定理 1.1 相同。

**定理 4.2** 一个由函数 $Q(q)$、$G(b)$ 和参量 $r_n$ $(n=0,1,2,3)$ 通过 $\delta I = 0$ 确定的三维基流函数 $\psi(\theta, \lambda - \dot{\lambda}_0 t, \zeta)$,若其 $r_0$、$r_1 Q''(q)$、$r_0 \kappa \alpha_s / c_s^2$ 和 $rG''(b)$ 都是非正的或都非负的,则对任何小扰动都是稳定的。

**定理 4.3** 如果 $r_0$、$r_1 Q''$、$r_0 \kappa \alpha_s / c_s^2$ 和 $r_3 G''$ 没有同样的符号,或者 $Q''$、$G''$ 是非定号函数,则基流 $\psi(\theta, \lambda - \dot{\lambda}_0 t, \zeta)$ 可能是不稳定的。

定理 4.2 和定理 4.3 的证明也基本上与定理 1.2 和 1.3 的证明相同,但需取三维 $L_2$ 空间的范数 $\|\cdot\|_{3w}$ 和三维 Sobolev 空间范数 $\|\cdot\|_{3W}$。和方程(1.15)类似,今取

$$\|\delta \psi\|_{3w}^2 = \left| r_0 \kappa \frac{f_0^2}{\varphi_0} \right| \cdot \|\delta \psi_s\|^2 + \left| \frac{1}{2} r_3 G_m'' \right| \cdot \|\delta b\|^2 + |r_0| \cdot \|\nabla_3 \delta \psi\|_3^2 + \left| \frac{1}{2} r_1 Q_m'' \right| \cdot \|\delta q\|_3^2$$

$$\tag{4.16}$$

其中 $\|\cdot\|$ 与(1.15)中所定义的一样,即为定义在半径为 $a$ 的球面上的 $L_2$ 空间的范数; $|Q''_m|$ 和 $|G''_m|$ 分别是 $|Q''(q^*)|$ 和 $|G''(b^*)|$ 的下界,即

$$\begin{cases} |Q''(q^*)|_{\delta\psi\in S_c} \geqslant Q_m \\ |G''(b^*)|_{\delta\psi\in S_c} \geqslant G_m \end{cases} \tag{4.17}$$

而 $\nabla_3$ 则是准三维梯度算子

$$\nabla_3\delta\psi \equiv \nabla\delta\psi + \vec{k}°\left(\frac{f_0\zeta}{c}\right)\frac{\partial\delta\psi}{\partial\zeta} \tag{4.18}$$

其泛函 $\|\nabla_3\delta\psi\|_3^2$ 定义如下

$$\|\nabla_3\delta\psi\|_3^2 = \|\nabla_3\delta\psi\|_3^2 + \left\|\frac{f_0\zeta}{c}\frac{\partial\delta\psi}{\partial\zeta}\right\|_3^2 = \|\delta\vec{v}\|_3^2 + \left\|\frac{f_0\zeta}{c}\frac{\partial\delta\psi}{\partial\zeta}\right\|_3^2 \tag{4.19}$$

于是我们有

$$\|\delta\psi\|_{3w}^2 \leqslant |\Delta^2 I^{(0)}| \quad (0\leqslant t < \infty) \tag{4.20}$$

因而当 $|\Delta^2 I^{(0)}| < \delta$,则在所有时间内有 $\|\delta\psi\|_{3w}^2 < \delta$。

定理 4.2 的几何表示与图 1 类似。

注 4.1 在三维斜压大气中的所有 Haurwitz 波族能由 $\delta I = 0$ 确定,同时,我们也可以得到与第三节相类似的结论。斜压 Haurwitz 波已在一些文献中给出(曾庆存,1979)。

注 4.2 在下边界为等位温面情况下,三维准地转模式的定常基流的不稳定性判据,曾由 Blumen(1968)求得,显然它是我们求得的普遍判据的特例。其次,当下边界不是等位温面时,Blumen(1970)和 Zeng(1983)曾求得线性化模式和带状基流的稳定性判据,它同样也是此处我们给出的普适判据的特例。然而必须指出,只有用我们的方法并取 $r_2 \neq 0$ 才能得到非定常基流(斜压大气中线性或非线性 Haurwitz 波)的不稳定性判据。

注 4.3 当考虑到地形影响时,位涡度守恒和方程(4.1)—(4.3)同样成立,只不过此时有

$$b \equiv \left(\frac{\partial\psi}{\partial\zeta}\right)_s + \kappa\alpha_s\psi_s + \alpha_s f_0^{-1}\varphi_s \tag{4.21}$$

这里 $Z_s(0,\lambda) = \varphi_s(\theta,\lambda)/g$ 是地形高度。有地形影响时角动量守恒不再成立。我们有与第四节相似的结论。定理 4.1、4.2 和 4.3 也都有效。但此时应取 $r_2=0$,因而由地形影响产生的定常流能通过 $\delta I = 0$ 而得到,而且,地形对稳定性的影响通过 $G''(b)$ 直接进入到判据之中。

## 5 正压原始方程组

基本方程组就是大家熟知的浅水波方程组。但写在旋转球面上,并且要计入科里奥利力。这组方程可以变换成

$$\frac{\partial v_\theta}{\partial t} - \varphi q v_\lambda = -\frac{\partial K}{a\partial\theta} \tag{5.1}$$

$$\frac{\partial v_\lambda}{\partial t} + \varphi q v_\theta = -\frac{\partial K}{a\sin\theta\partial\lambda} \tag{5.2}$$

$$\frac{\partial q}{\partial t} + \vec{v}\cdot\nabla q = 0 \tag{5.3}$$

其中

$$K = \varphi + \frac{1}{2}(v_\theta^2 + v_\lambda^2) \tag{5.4}$$

$$q = \frac{1}{\varphi} \left\{ \frac{1}{a\sin\theta} \left( \frac{\partial v_\lambda \sin\theta}{\partial \theta} - \frac{\partial v_\theta}{\partial \lambda} \right) + 2\omega\cos\theta \right\} \tag{5.5}$$

而 $\varphi$ 是自由表面的重力位势。容易证明方程组(5.1)—(5.5)等价于在流体力学和动力气象学中所普遍使用的该模式的方程组。其实，连续方程

$$\frac{\partial \varphi}{\partial t} + \nabla \cdot \vec{\varphi v} = 0 \tag{5.6}$$

可以很容易地由方程(5.1)、(5.2)和位涡度守恒式(5.3)联立而得到，假如 $q \not\equiv 0$ 的话，方程(5.6)中 $\nabla \cdot ()$ 是在半径为 $a$ 的球面上的二维散度算子。

此模式亦有质量、角动量、能量和广义位涡拟能守恒，于是可构造不变泛函如下

$$2I(\vec{v}, \varphi) = 2r_0 E + r_1 F + 2r_2 M + r_3 Ma \tag{5.7}$$

其中

$$E \equiv \frac{1}{2} \iint_s [\varphi \mid \vec{v} \mid^2 + \varphi^2] dS \tag{5.8}$$

$$F = \iint_s \varphi Q(q) dS \tag{5.9}$$

$$M = \iint_s \varphi a (v_\lambda + a\omega\sin\theta) \sin\theta dS \tag{5.10}$$

$$Ma = \iint_s \varphi dS \tag{5.11}$$

$Q(q)$ 是自变量 $q$ 的任意函数。

$q$ 是 $\vec{v}$、$\varphi$ 的函数。为方便起见，我们用 $\delta q$ 记 $q(\vec{v}+\delta\vec{v}, \varphi+\delta\varphi)$ 和 $q(\vec{v}, \varphi)$ 之间的差。即

$$\delta q \equiv q(\vec{v}+\delta\vec{v}, \varphi+\delta\varphi) - q(\vec{v}, \varphi)$$

$$= \frac{1}{\varphi+\delta\varphi} \left[ \frac{1}{a\sin\theta} \left( \frac{\partial \delta v_\lambda \sin\theta}{\partial \theta} - \frac{\partial \delta v_\theta}{\partial \lambda} \right) \right] - q\frac{\delta\varphi}{\varphi+\delta\varphi} \tag{5.12}$$

我们有

$$\delta q = \delta^1 q + \delta^2 q + \cdots \tag{5.13}$$

和

$$\delta q = \delta^1 q + \Delta^2 q \tag{5.14}$$

$$\delta^1 q = \frac{1}{\varphi a \sin\theta} \left( \frac{\partial \delta v_\lambda \sin\theta}{\partial \theta} - \frac{\partial \delta v_\theta}{\partial \lambda} \right) - q\frac{\delta\varphi}{\varphi} \tag{5.15}$$

$$\delta^2 q = \frac{-1}{a\sin\theta} \left( \frac{\partial \delta v_\lambda \sin\theta}{\partial \theta} - \frac{\partial \delta v_\theta}{\partial \lambda} \right) \frac{\delta\varphi}{\varphi} + q\left(\frac{\delta\varphi}{\varphi}\right)^2 = -\left(\frac{\delta\varphi}{\varphi}\right)\delta^1 q \tag{5.16}$$

$$\Delta^2 q = \delta q - \delta^2 q = \frac{\delta\varphi}{\varphi} \left[ \left(\frac{-1}{\varphi+\delta\varphi}\right) \frac{1}{a\sin\theta} \left( \frac{\partial \delta v_\lambda \sin\theta}{\partial \theta} - \frac{\partial \delta v_\theta}{\partial \lambda} \right) + q\frac{\delta\varphi}{\varphi+\delta\varphi} \right] = -\left(\frac{\delta\varphi}{\varphi}\right)\delta q \tag{5.17}$$

利用公式(5.15)—(5.17)，可以得到泛函 $I$ 的一阶和二阶变分如下

$$2\delta I = \iint_s \left\{ [r_0(2\varphi + |\vec{v}|^2) + 2r_2(v_\lambda + a\omega\sin\theta)a\sin\theta + r_1(Q - qQ') + r_3]\delta\varphi + \right.$$
$$\left. \left[ r_0 2\varphi v_\theta + r_1 Q'' \frac{\partial q}{a\sin\theta \partial \lambda} \right] \delta v_\theta + \left[ r_0 2\varphi v_\lambda + 2r_2 \varphi a\sin\theta - r_1 Q'' \frac{\partial q}{a\partial\theta} \right] \delta v_\lambda \right\} dS \tag{5.18}$$

$$2\delta^2 I = \iint_s \left\{ r_0 [\varphi|\delta\vec{v}|^2 + (\delta\varphi)^2 + 2\delta\varphi \vec{v}\delta\vec{v}] + r_1 \left[ \frac{\varphi}{2} Q''(q)(\delta^1 q)^2 + \right. \right.$$
$$\left. \left. Q'(q)(\varphi\delta^2 q + \delta\varphi\delta^1 q) \right] + 2r_2 a\delta\varphi\delta v_\lambda \sin\theta \right\} dS$$

$$= \iint_s \left\{ r_0 \varphi \left[ \delta v_\lambda + \left( v_\lambda + a \frac{r_2}{r_0} \sin\theta \right) \frac{\delta \varphi}{\varphi} \right]^2 + r_0 \varphi \left[ \delta v_\theta + v_\theta \frac{\delta \varphi}{\varphi} \right]^2 + \right.$$
$$\left. r_0 \left(1 - \frac{(v_\lambda + ar_0^{-1} r_2 \sin\theta)^2 + v_\theta^2}{\varphi}\right) [\delta \varphi]^2 + r_1 \frac{\varphi}{2} Q''(q) [\delta^1 q]^2 \right\} \mathrm{d}S \qquad (5.19)$$

$I(\vec{v}+\delta\vec{v},\varphi+\delta\varphi)$ 和 $I(\vec{v},\varphi)$ 之间的差由下式给出

$$I(\vec{v}+\delta\vec{v},\varphi+\delta\varphi) - I(\vec{v},\varphi) = \delta I + \delta^2 I + \cdots \qquad (5.20)$$

或

$$I(\vec{v}+\delta\vec{v},\varphi+\delta\varphi) - I(\vec{v},\varphi) = \delta I + \Delta^2 I \qquad (5.21)$$

其中

$$2\Delta^2 I = \iint_s \left\{ r_0 [\varphi^{**} \mid \delta \vec{v} \mid^2 + (\delta\varphi)^2 + 2\delta\varphi(\vec{v}\cdot\delta\vec{v})] + \right.$$
$$r_1 \left[ \frac{1}{2} \varphi^{**} Q''(q^*)(\delta q)^2 + \varphi Q'(q) \Delta^2 q + Q'(q)\delta\varphi\delta q \right]$$
$$\left. + 2r_2 a\delta\varphi\delta v_\lambda \sin\theta \right\} \mathrm{d}S$$

$$= \iint_s \left\{ r_0 \varphi^{**} \left[ \delta v_\lambda + (v_\lambda + ar_2 r_2^{-1} \sin\theta) \frac{\delta\varphi}{\varphi^{**}} \right]^2 + r_0 \varphi^{**} \left[ \delta v_\theta + v_\theta \frac{\delta\varphi}{\varphi^{**}} \right]^2 + \right.$$
$$\left. r_1 \frac{\varphi^{**} Q''(q^*)}{2} [\delta q]^2 + r_2 \left(1 - \frac{(v_\lambda + ar_2 r_0^{-1}\sin\theta)^2 + v_\theta^2}{\varphi^{**}}\right) [\delta\varphi]^2 \right\} \mathrm{d}S \qquad (5.22)$$

$$(\varphi^{**} \equiv \varphi + \delta\varphi, q^* = q + r \cdot \delta q, 0 \leqslant r^* \leqslant 1)$$

方程(5.22)与(5.19)在系数上不一样,在方程(5.22)右端的积分号下 $\varphi$ 和 $Q''(q)$ 分别由 $\varphi^{**}$ 和 $Q''(q^*)$ 所代替,这是由于

$$(\varphi+\delta\varphi)|\vec{v}+\delta\vec{v}|^2 = (\varphi+\delta\varphi)(|\vec{v}|^2 + 2\vec{v}\cdot\delta\vec{v} + |\delta\vec{v}|^2) = \varphi|\vec{v}|^2 +$$
$$[|\vec{v}|^2 \delta\varphi + 2\varphi\vec{v}\cdot\delta\vec{v}] + [2\delta\varphi\vec{v}\cdot\delta\vec{v} + \varphi^{**}|\delta\vec{v}|^2]$$

$$(\varphi+\delta\varphi)Q(q+\delta q) = (\varphi+\delta\varphi)\left[Q(q) + Q'(q)\delta q + \frac{1}{2}Q''(q^*)(\delta q)^2\right]$$
$$= \varphi Q(q) + [Q(q)\delta\varphi + \varphi Q'(q)\delta^1 q] + [\varphi Q'(q)\Delta^2 q + Q'(q)\delta\varphi\delta q + \frac{1}{2}$$
$$\varphi^{**} Q''(q^*)(\delta q)^2]$$

**定理 5.1** 原始方程组(5.1)—(5.3)的每一行波解集 $(v(\theta,\lambda-\dot\lambda t), v(\theta,\lambda-\dot\lambda t), \varphi(\theta,\lambda-\dot\lambda t))$ 对应于泛函空间 $(v,\varphi)$ 中 $I(v)\varphi$ 的一个驻点,且可由如下方程组确定

$$2\Phi \equiv 2r_0 \left[ K + \frac{r_2}{r_0} a\sin\theta(v_\lambda + a\omega\sin\theta) \right] = -r_1(Q - qQ') - r_3 \qquad (5.23)$$

$$\varphi q v_\theta = -\frac{\partial \Phi}{a\sin\theta\partial\lambda} \qquad (5.24)$$

$$\varphi q \left( v_\lambda + \frac{r_2}{r_0} a\sin\theta \right) = \frac{\partial \Phi}{a\partial\theta} \qquad (5.25)$$

其中设 $r_0 \neq 0$,而相速度 $\dot\lambda_0 = -r_2/r_0$。逆定理亦真。

证明:设 $(\vec{v}(\theta,\lambda-\dot\lambda_0 t), \varphi(\theta,\lambda-\dot\lambda_0 t))$ 是方程组(5.1)—(5.3)的解,将其代入方程 (5.1)—(5.3),因此时有 $\partial/\partial t = -\dot\lambda_0 \partial/\partial\lambda$,故有

$$-\dot\lambda_0 \frac{\partial v_\theta}{\partial\lambda} - \varphi q v_\lambda = -\frac{\partial K}{a\partial\theta} \qquad (5.26)$$

$$-\dot\lambda_0 \frac{\partial v_\lambda}{\partial\lambda} - \varphi q v_\theta = -\frac{\partial K}{a\sin\theta\partial\lambda} \qquad (5.27)$$

$$-\dot{\lambda}_0 \frac{\partial q}{\partial \lambda} + \vec{v} \cdot \nabla q = 0 \tag{5.28}$$

如若按方程(5.23)中第一个等式定义函数 $\Phi$，且令 $r_2/r_0 = -\dot{\lambda}_0$ 和 $r_0 = 1$，就有

$$-\frac{\partial K}{a\partial\theta} = -\frac{\partial \Phi}{a\partial\theta} - \dot{\lambda}_0 \varphi q a \sin\theta - \dot{\lambda}_0 \frac{\partial v_\theta}{\partial \lambda} -$$

$$\frac{\partial K}{a\sin\theta\partial\lambda} + \dot{\lambda}_0 \frac{\partial v_\lambda}{\partial \lambda} = -\frac{\partial \Phi}{a\sin\theta\partial\lambda}$$

将其代入方程(5.26)、(5.27)就推得方程(5.24)、(5.25)。其次，由方程(5.26)和(5.27)我们还有

$$\vec{v} \cdot \nabla q = \left(\frac{\partial \Phi}{\varphi q a \partial\theta} + \dot{\lambda}_0 a \sin\theta\right)\frac{\partial q}{a\sin\theta\partial\lambda} - \left(\frac{\partial \Phi}{\varphi q a \sin\theta\partial\lambda}\right)\frac{\partial q}{a\partial\theta}$$

$$= \frac{1}{\varphi q}J(\Phi,q) + \dot{\lambda}_0 \frac{\partial q}{\partial \lambda} \tag{5.29}$$

将其代入方程(5.28)后得到

$$\left(\frac{1}{\varphi q}\right)J(\Phi,q) = 0 \tag{5.30}$$

因此，$2\Phi$ 是以 $q$ 为自变量的函数，记作中 $\Phi(q)$。至于函数 $r_1 Q(q)$，则可通过求解下列常微分方程得到

$$r_1[Q(q) - qQ'(q)] - r_3 = 2\Phi(q) \tag{5.31}$$

此处，$r_1, r_3$ 常数，$r_1 \neq 0$。因此，方程(5.23)也满足。定理得证。

下面我们来证明逆定理。设函数 $(v,\varphi)$ 满足方程组(5.23)—(5.25)，按方程(5.23)，可用 $K$ 和 $v$ 表达 $\Phi$，于是由方程(5.24)和(5.25)，就得方程(5.26)和(5.27)，且有 $\dot{\lambda}_0 = -r_2/r_0$。

接着，由方程(5.24)和(5.25)我们就可以得到方程(5.29)。此外，方程(5.23)中的第二个等式意味着 $2\Phi$ 是变量 $q$ 的函数，从而 $I(\Phi,q) = 0$。这样一来，由方程(5.29)也就推得方程(5.28)。所有这些就表明函数 $(\vec{v},\varphi)$ 确实构成方程组(5.1)—(5.3)的行波解，并且 $\dot{\lambda}_0 = -r_2/r_0$。

注 5.1  尽管在曾庆存(1979)中没有用到变分原理，为了寻找原始方程组的常定特解，书中已经得到了相应于 $r_2 = 0$ 时方程组(5.23)—(5.25)；书中并发展了一种类似于求解 $r_2 \neq 0$ 时的方程组(5.23)—(5.25)的方法，以得到广义的 Haurwitz 波，广义的 Haurwitz 波是原始方程组的解，是第三节中的经典 Haurwitz 波的修正。一些这样的特解可以在曾庆存的书以及曾庆存、张学洪和袁重光的文章中找到。

注 5.2  对于给定集合 $(r_0, r_1, r_2, r_3$ 和 $Q(q))$，可由方程 $\delta I = 0$ 得到方程组(5.1)—(5.3)的解 $(\vec{v},\varphi)$，利用该解并重复定理 5.1 中的步骤，我们就可由(5.31)构造 $r_0 \neq 0$ 的新函数 $Q(q)$，这就意味着在不失普适性的情况下，我们总可取 $r_0 \neq 0$。此外在不失普适性的情况下，我们也可取 $r_0 = r_1 = 1$，因为 $r_1$ 在 $Q$ 中可看成一个系数，并且 $r_1 = 0$ 等价于 $Q \equiv 0$。

**定理 5.2**  由 $\delta I = 0$ 确定的流动，对于能使 $\Delta^2 I$ 是 $(\delta\vec{v},\delta\varphi,\delta q)$ 的定号泛函的扰动子空间而言是稳定的；但对于补空间而言可能是不稳定的。

定理 5.2 的证明与定理 1.2、1.3 的证明基本相同。特别地，如果对一给定的扰动 $(\delta\vec{v},\delta\varphi)$，其 $Q''(q^*)$ 和 $\varphi^{**}$ 分别有下界 $Q_m''$ 和 $\varphi_m$，且满足

$$Q''(q^*) \geqslant Q_m'' \geqslant 0 \tag{5.32}$$

$$\begin{cases} \varphi^{**} \geqslant \varphi_m \\ \text{和 } \varphi_m \geqslant (v_\lambda - a\dot{\lambda}_0 \sin\theta)^2 + v_\theta^2 \end{cases} \quad (5.33)$$

则对所有 $t \geqslant 0$，我们能取 $\Delta^2 I$ 或更简单地取

$$\|\delta\vec{v}, \delta\varphi\|_w^2 = \varphi_m \left[ \|\delta v_\lambda + (v_\lambda - a\dot{\lambda}_0 \sin\theta) \frac{\delta\varphi}{\varphi^{**}}\|^2 + \|\delta v_\theta + v_\theta \frac{\delta\varphi}{\varphi^{**}}\|^2 \right]$$
$$+ (1 - Fr_m) \|\delta\varphi\|^2 + \frac{1}{2} \varphi_m Q''_m \|\delta q\|^2 \quad (5.34)$$

作为 Liapounoff 范数，并有

$$\|\delta\vec{v}, \delta\varphi\|_w^2 \leqslant \Delta^2 I^{(0)} \quad (5.35)$$

此处，$Fr$ 是 Frounde 数的上界

$$Fr_m = \max\left( \frac{[v_\lambda - a\dot{\lambda}_0 \sin\theta]^2 + v_\theta^2}{\varphi^{**}} \right) \quad (5.36)$$

且取 $r_0 = r_1 = 1$。如果 $Fr_m < 1$，则 $\|\delta\varphi\|^2$、$\|\delta v_\lambda + (v_\lambda - a\dot{\lambda} \sin\theta)\delta\varphi/\varphi^{**}\|^2$ 和 $\|\delta v_\theta + v_\theta \delta\varphi/\varphi^{**}\|^2$ 的一致有界性通过 (5.35) 就可以得到保证，进而还可求得 $\|\delta v_\theta\|^2$ 和 $\|\delta v_\lambda\|^2$ 的一致有界性。其实，我们有

$$\|\delta v_\lambda\| = \|\delta v_\lambda + (v_\lambda - a\dot{\lambda}_0 \sin\theta) \frac{\delta\varphi}{\varphi^{**}} - (v_\lambda - a\dot{\lambda}_0 \sin\theta) \frac{\delta\varphi}{\varphi^{**}} \|$$
$$\leqslant \|\delta v_\lambda + (v_\lambda - a\dot{\lambda}_0 \sin\theta) \frac{\delta\varphi}{\varphi^{**}}\| + \|(v_\lambda - a\dot{\lambda}_0 \sin\theta) \frac{\delta\varphi}{\varphi^{**}}\|$$
$$\leqslant \|\delta v_\lambda + (v_\lambda - a\dot{\lambda}_0 \sin\theta) \frac{\delta\varphi}{\varphi^{**}}\| + \|v_\lambda - a\dot{\lambda}_0 \sin\theta\| \frac{1}{\varphi_m} \|\delta\varphi\|$$
$$\|\delta v_\theta\| \leqslant \|\delta v_\theta + v_\theta \frac{\delta\varphi}{\varphi^{**}}\| + \|v_\theta\| \frac{1}{\varphi_m} \|\delta\varphi\|$$

当取 $r_0 = r_1 = 1$ 之后，不稳定性的必要条件是以下条件中之一：(a) $Q''(q^*)$ 不是一个非负函数，即在一些区域中

$$Q''(q^*) < 0 \quad (5.37)$$

或者，存在一些区域，在其内有

$$1 - \frac{(v_\lambda - a\dot{\lambda}_0 \sin\theta)^2 + v_\theta^2}{\varphi^{**}} < 0 \quad (5.38)$$

注 5.3 根据在线性化模式的理论（曾庆存，1979；Zeng，1986），在基流为带状的且为定常的情况下，不稳定性可分为三类：条件 (5.37) 给出正压不稳定和惯性不稳定（对称不稳定是它的特例）；而条件 (5.38) 是只给出超临界高速不稳定，此种不稳定首先由 Lin(1955) 在空气动力学中给出，继由曾庆存 (1962) 在旋转一维浅水模式中给出，后又被 Blumen(1970) 和 Salomura(1981) 推广到二维无科氏力的浅水模式，而曾庆存 (1979) 则推广到有科氏力的二维情况。

注 5.4 在带状且定常基流情形下，不稳定性存在的必要条件 (5.37) 和 (5.38) 基本上与线性理论相同，但量上稍有不同。在非线性情况下，我们有条件 (5.38)，而在线性情况下，由 $\delta^2 I$ 的分析或由以前的线性理论（曾庆存，1979；Zeng，1986）结果则有

$$1 - \frac{(v_\lambda - a\dot{\lambda}_0 \sin\theta)^2}{\varphi} < 0 \quad (5.39)$$

对比条件 (5.39) 与 (5.38) 可知：当 $Q'' > 0$（这时只可能发生超临界高速不稳定性），非线性理

论给出的存在超临界高速不稳定性的区域要比线性理论预计的大。其实,如果带状常定基流处于临界稳定状态附近,则一个微小的但却是负的 $\delta\varphi$ 可能使条件(5.38)得到满足,因而基流稳定性可能遭到破坏。相似的考虑也能应用到正压不稳定和惯性不稳定的分析上。这个例子告诉我们考虑非线性的重要性,尽管乍一看起来线性化方程对于微小扰动而言是有效的。

## 6 分层流模式

假设有 J 薄层均匀流体,其上边界面密度和速度分别由 $Z_k$、$P_k$ 和 $\vec{v}_k$ 表示,$k=1,2,3,\cdots,J$(见图 3),我们有如下的基本方程组(曾庆存,1979)

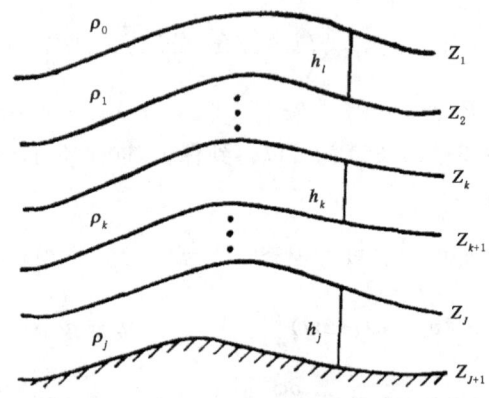

图 3　分层流模式示意图

$$\frac{\partial v_{\theta k}}{\partial t}+\vec{v}_k \cdot \nabla v_{\theta k}=-\frac{\partial \varphi_k}{a\partial \theta}+\left(2\omega\cos\theta+\frac{v_\lambda}{a}\mathrm{ctg}\theta\right)v_\lambda \tag{6.1}$$

$$\frac{\partial v_{\lambda k}}{\partial t}+\vec{v}_k \cdot \nabla v_{\lambda k}=-\frac{\partial \varphi_k}{a\sin\theta\partial \lambda}-\left(2\omega\cos\theta+\frac{v_\lambda}{a}\mathrm{ctg}\theta\right)v_\theta \tag{6.2}$$

$$\frac{\partial h_k}{\partial t}+\nabla \cdot \vec{v}_k h_k = 0 \tag{6.3}$$

$$k=1,2,\cdots,J$$

此处,$h_k = Z_k - Z_{k+1}$ 是第 $k$ 层流体的厚度,$\varphi_k$ 是其上界面的析合重力位势,即

$$\varphi_k = \sum_{k'=1}^{k} \frac{\rho_{k'}-\rho_{k'-1}}{\rho_k} g Z_{k'} \tag{6.4}$$

此外,为简单起见,取 $\rho_0 \equiv 0$ 而 $Z_{J+1}(\theta,\lambda)$ 则是给定的不随时间而变的最低层流体的下边界的高度。

用这个模式来近似描述海洋比描述大气要更好些。不过,这是一个有趣的模式,因为它部分地表示了斜压性,而且在该模式启发下,我们能够探讨在垂直上离散化了的模式和连续模式之间的区别及其机理。

与方程(5.1)、(5.2)、(5.3)类似,方程组(6.1)、(6.2)、(6.3)可以很容易地变换成如下形式

$$\frac{\partial v_{\theta k}}{\partial t}-h_k q_k v_{\lambda k}=-\frac{\partial K_k}{a\partial \theta} \tag{6.5}$$

$$\frac{\partial v_{\lambda k}}{\partial t} + h_k q_k v_{\theta k} = -\frac{\partial K_k}{a\sin\theta\partial\lambda} \tag{6.6}$$

$$\frac{\partial q_k}{\partial t} + \vec{v}_k \cdot \nabla q_k = 0 \tag{6.7}$$

其中
$$K_k \equiv \varphi_k + \frac{1}{2}|\vec{v}_k|^2 \tag{6.8}$$

$$q_k \equiv \frac{1}{h_k}\left\{\frac{1}{a\sin\theta}\left(\frac{\partial v_{\lambda k}\sin\theta}{\partial\theta} - \frac{\partial v_{\theta k}}{\partial\lambda}\right) + 2\omega\cos\theta\right\} \tag{6.9}$$

我们有不变泛函如下
$$2I(\vec{v},\varphi) = 2r_0 E + 2r_2 M + \sum_{k=1}^{J}(r_{1k}F_k + r_{3k}Ma_k) \tag{6.10}$$

其中 $\vec{v}$ 和 $\varphi$ 包含了所有分量 $\vec{v}_k$ 和 $\varphi_k$, $k=1,2,3,\cdots,J$

$$E \equiv \frac{1}{2}\iint_s\sum_{k=1}^{J}\rho_k\left(h_k|\vec{v}_k|^2 + \frac{\rho_k - \rho_{k-1}}{\rho_k}gZ_k^2\right)dS \tag{6.11}$$

$$M \equiv \iint_s\sum_{k=1}^{J}a\rho_k h_k\sin\theta(v_{\lambda k} + a\omega\sin\theta)dS \tag{6.12}$$

$$F_k \equiv \iint_s\rho_k h_k Q_k(q_k)dS \tag{6.13}$$

$$Ma_k \equiv \iint_s\rho_k h_k dS \tag{6.14}$$

$Q_k(q_k)$ 是自变量的任意函数,也依赖于下标 $k$。此外,若 $Z_s(\theta,\lambda)\not\equiv 0$,则应取 $r_2 = 0$。

现在,我们有

$$2\delta I = \sum_{k=1}^{J}\iint_s\left\{\left[2r_0 h_k v_{\theta k} + r_{1k}Q''_k(q_k)\frac{\partial q_k}{a\sin\theta\partial\lambda}\right]\delta v_{\theta k} + \right.$$
$$\left[2r_0 h_k v_{\lambda k} + 2r_2 h_k a\sin\theta - r_{1k}Q''_k(q_k)\frac{\partial q_k}{a\partial\theta}\right]\delta v_{\lambda k} +$$
$$[r_0(2\varphi_k + |\vec{v}_k|^2) + 2r_2(v_{\lambda k} + a\omega\sin\theta)a\sin\theta +$$
$$\left. r_1(Q_k - q_k Q'_k(q_k) + r_{3k}]\delta h_k\right\}\rho_k dS \tag{6.15}$$

$$2\delta^2 I = \iint_s\sum_{k=1}^{J}\left\{r_0 h_k\left(\left[\delta v_{\lambda k} + U_k\frac{\delta h_k}{h_k}\right]^2 + \left[\delta v_{\theta k} + v_{\theta k}\frac{\delta h_k}{h_k}\right]^2\right)\right.$$
$$r_0 g\left[\left(\frac{\rho_k - \rho_{k-1}}{\rho_k} - \frac{|\vec{V}_k|^2}{gh_k} - \frac{\rho_{k-1}|\vec{V}|^2_{k-1}}{\rho_k gh_{k-1}}\right)(\delta Z_k)^2 + \right.$$
$$\left.\left. 2\frac{|\vec{V}_k|^2}{gh_k}\delta Z_K\delta Z_{k+1}\right] + r_{1k}\frac{h_k}{2}Q''_k(q_k)(\delta^1 q_k)^2\right\}\rho_k dS \tag{6.16}$$

$$2\Delta^2 I = \iint_s\sum_{k=1}^{J}\left\{r_0 h_k^{**}\left(\left[\delta v_{\lambda k} + U_k\frac{\delta h_k}{h_k^{**}}\right]^2 + \left[\delta v_{\theta k} + v_{\theta k}\frac{\delta h_k}{h_k^{**}}\right]^2\right)\right.$$
$$r_0 g\left[\left(\frac{\rho_k - \rho_{k-1}}{\rho_k} - \frac{|\vec{V}_k|^2}{gh_k^{**}} - \frac{\rho_{k-1}|\vec{V}|^2_{k-1}}{\rho_k gh_{k-1}^{**}}\right)(\delta Z_k)^2 + \right.$$
$$\left.\left. 2\frac{|\vec{V}_k|^2}{gh_k^{**}}\delta Z_K\delta Z_{k+1}\right] + r_{1k}\frac{h_k}{2}Q''_k(q_k^*)(\delta^1 q_k)^2\right\}\rho_k dS \tag{6.17}$$

其中
$$U_k \equiv v_{\lambda k} + ar_2 r_0^{-1}\sin\theta, \vec{V}_k \equiv \vec{\theta}^0 v_{\theta k} + \vec{\lambda}^0 U_k \tag{6.18}$$

$$h_k^{**} \equiv h_k + \delta h_k, q_k^* \equiv q_k + r_k^* \delta q_k, 0 \leqslant r_k^* \leqslant 1 \tag{6.19}$$

注意到任一个二次型能够通过合适的线性变换化成对角型。例如,引入

$$\delta \eta = X^{-1} \delta Z \tag{6.20}$$

就有

$$\sum_{k=1}^{J} \rho_k \left\{ \left[ \frac{\rho_k - \rho_{k-1}}{\rho_k} - \left( \frac{|\vec{V}_k|^2}{gh_k^{**}} - \frac{\rho_{k-1}|\vec{V}|_{k-1}^2}{\rho_k gh_{k-1}^{**}} \right) \right] (\delta Z_k)^2 \right.$$
$$\left. + 2 \frac{|\vec{V}_k|^2}{gh_k^{**}} \delta Z_k \delta Z_{k+1} \right\} \equiv (B \delta Z, \delta Z) = \sum_{j=1}^{J} \mu_j (\delta \eta_j)^2 \tag{6.21}$$

其中 $\delta \eta$ 和 $\delta Z$ 是两个矢量

$$\delta \eta = (\delta \eta_1, \cdots, \delta \eta_j, \cdots, \delta \eta_J)$$
$$\delta Z = (\delta Z_1, \cdots, \delta Z_j, \cdots, \delta Z_J)$$

$B$ 是矩阵,$\mu_j$ 和 $X_j$ 分别是本征值和本征向量

$$B = \{b_{kk'}\}, (k, k' = 1, 2, \cdots, \vec{J}) \tag{6.22}$$

$$\begin{cases} b_{kk} = \rho_k \left[ \frac{\rho_k - \rho_{k-1}}{\rho_k} - \left( \frac{|\vec{V}_k|^2}{gh_k^{**}} - \frac{\rho_{k-1}|\vec{V}|_{k-1}^2}{\rho_k gh_{k-1}^{**}} \right) \right] \\ b_{k'k+1} = b_{k+1'k} = \frac{|\vec{V}|}{gh_k^{**}} \rho_k \\ b_{k'k}' = 0, (|k - k'| \geqslant 2) \end{cases}$$

$$BX_j = \mu_j X_J \tag{6.23}$$

矩阵 $X$ 包含 $J$ 个本征矢量

$$X = [X_1, X_2, \cdots, X_J] \tag{6.24}$$

与前节所得的结论相似,我们有如下定理。

**定理 6.1** 分层流模式(6.1)—(6.3)的每一列波或定常流解,均对应于 $I(\vec{v}, \varphi)$ 的驻点,即 $\delta I = 0$ 逆定理亦真。

**定理 6.2** 由 $\delta I = 0$ 确定的基流对于扰动为稳定的充分条件是:(1) $r_0$ 和 $r_{1k} Q''_k(q_k^*)$ 有同样的符合;(2)所有的 $\mu_j > 0, j = 1, 2, \cdots, J$。

为了探明分层流模式的不稳定性的分类和它们的机理,我们先取二层模式为例。此时有

$$B = \left\{ \begin{array}{cc} \left\{ \frac{\rho_1 - \rho_0}{\rho_1} - \frac{|\vec{V}_1|^2}{gh_1^{**}} \right\} \rho_1 & \frac{|\vec{V}_1|^2}{gh_1^{**}} \rho_1 \\ \frac{|\vec{V}_1|^2}{gh_1^{**}} \rho_1 & \rho_2 \left\{ \frac{\rho_2 - \rho_1}{\rho_2} - \left( \frac{|\vec{V}_2|^2}{gh_2^{**}} + \frac{\rho_1 |\vec{V}_1|^2}{\rho_2 gh_2^{**}} \right) \right\} \end{array} \right\}$$

$$\mu_{1,2} = \frac{1}{2} \left\{ (a_1 + a_2 - b_1) \pm \left[ \left( (a_1 - a_2 + b_1)^2 + 4\rho_1^2 \frac{|\vec{V}_1|^4}{g^2 h_1^{**}} \right) \right]^{\frac{1}{2}} \right\} \tag{6.25}$$

其中

$$a_1 \equiv \left( 1 - \frac{|\vec{V}_1|^2}{gh_1^{**}} \right) \rho_1, a_2 \equiv \left( 1 - \frac{|\vec{V}_2|^2}{gh_2^{**}} \right) \rho_2, b_1 \equiv \left( 1 + \frac{|\vec{V}_1|^2}{gh_1^{**}} \right) \rho_1 \tag{6.26}$$

从(6.25)很明显地看出,$B$ 有一个负的本征值的充分条件为下列二条件之任一个

$$a_1 + a_2 - b_1 \leqslant 0 \tag{6.27}$$

$$(a_1 - a_2 + b_1)^2 + 4 \left( \rho_1 \frac{|\vec{V}_1|^2}{gh_1^{**}} \right)^2 > (a_1 + a_2 - b_1)^2 \tag{6.28}$$

条件(6.27)可以写成

$$1 - \left(\frac{|\vec{V}_2|^2}{gh_2^{**}} + 2\frac{\rho_1|\vec{V}_1|^2}{\rho_2 gh_1^{**}}\right) \leqslant 0 \tag{6.27}'$$

(a)假设基流无垂直切变,即 $\vec{V}_1 = \vec{V}_2$,但设 $\lambda_1 \equiv V_{\lambda 1}(a\sin\theta)$ 有水平切变,即对任一 $r_2$,都有 $|\vec{V}_1| \neq 0$。若速度 $|\vec{V}_1|$ 在一些区域内足够大,以至于

$$|\vec{V}_1|^2 \geqslant \left[\frac{1}{gh_2^{**}} + \frac{2\rho_1}{\rho_2 gh_1^{**}}\right]^{-1} \tag{6.29}$$

因而条件(6.27)得到满足。可见,这正是超临界高速不稳定。

(b)设有另一种情况,即设 $\lambda_k$ 无水平切变但有垂直切变,即 $\lambda_1$ 和 $\lambda_2$ 为二常数,但 $\lambda_1 \neq \lambda_2$。如果没有地形影响,我们可选择一个 $r_2$,使得 $|\vec{V}_1| = 0$,但 $|\vec{V}_2| \neq 0$;或者 $|\vec{V}_2| = 0$,但 $|\vec{V}_1| \neq 0$。若在第一种情况下有

$$1 - |\vec{V}_2|^2/gh_2^{**} \leqslant 0 \tag{6.30}$$

或者第二种情况下有

$$1 - 2\frac{\rho_1|\vec{V}_1|^2}{\rho_2 gh_1^{**}} \leqslant 0 \tag{6.31}$$

则条件(6.27)也得到满足。可见这正是重力作用下具有垂直切变的基流的 Helmholtz 不稳定,只不过在这里受浅水近似引入了一定的修正。本来,由 Helmholtz 理论可知,只要基流有垂直切变,无论大小,总存在不稳定波,但不稳定波限于水平波长小于某一临界值的短波一侧,此临界波长随垂直切变的增大而增大。换言之,欲使具有给定水平波长的扰动成为不稳定的,必须基流的垂直切变超过一定的临界值。今在我们的分层流模式中取了浅水近似,它仅能用于长波,这就是为什么在我们的分层流模式中要使 Helmholtz 不稳定发生必须垂直切变超过某一临界值。

(c)条件(6.28)可以改写成

$$M_1^2 - M_2^2 > \frac{(1-M_1^2)^2\beta - M_1^4}{(1-\beta)(1-M_1^2)} \tag{6.32}$$

其中

$$M_k^2 \equiv \frac{|\vec{V}_k|^2}{gh_k^{**}}, k=1,2 \quad \beta \equiv \frac{(\rho_2 - \rho_1)}{\rho_1}$$

若 $M_2 \equiv 0$,条件(6.32)将导致

$$M_1^2 > \frac{\beta}{(1+\beta)} \tag{6.33}$$

但若 $M_1 \equiv 0$,条件(6.32)将导致

$$(1-\beta)M_2^2 + \beta < 0 \tag{6.34}$$

可见,当 $\beta > 0$(稳定层结),在所有情形[即条件(6.32)、(6.33)和(6.34)]下不稳定仅在垂直切变超过临界值后才能发生,即为修正的 Helmholtz 不稳定。此外,混合的 Helmholtz-超临界高速不稳定也可能存在。若 $\beta < 0$(不稳定层结),则当 $M_1 = M_2 = 0$ 时,条件(6.32)、(6.33)和(6.34)都满足,这正是层结不稳定或即对流不稳定。当 $M_2 = 0$,且 $-1 < \beta < 0$,不论 $M_1$ 为何,条件(6.33)总满足;而当 $M_1 = 0$,且 $\beta < 0$,则只当 $M_2^2$ 小于临界值或 $|\beta|$ 大于临界值时,条件(6.34)才满足,亦即基流速度不为零时,对流不稳定的存在域有所缩小。

(d) 混合正压－斜压不稳定和惯性不稳定或对称不稳定在至少有一个 $r_{1k}Q''_k(q_k^*)$ 改变符号或与 $r_0$ 符号相反时才会发生。

## 7 斜压原始方程

取静力平衡近似，并使用 $(\theta, \lambda, \zeta, t)$ 坐标系，其中 $\zeta$ 是熵，

$$\zeta - \zeta_0 = \ln((T/T_0)/(p_0/p)^{R/c_p}) \tag{7.1}$$

$\zeta_0$ 是一常数。我们有如下形式的基本方程

$$\frac{\partial v_\theta}{\partial t} - hqv_\lambda = -\frac{\partial K}{a\partial \theta} \tag{7.2}$$

$$\frac{\partial v_\lambda}{\partial t} + hqv_\theta = -\frac{\partial K}{a\sin\theta \partial \lambda} \tag{7.3}$$

$$\frac{\partial q}{\partial t} + \vec{v} \cdot \nabla q = 0 \tag{7.4}$$

其中

$$h \equiv -\frac{\partial p}{\partial \zeta} \tag{7.5}$$

$$K \equiv c_p T + \varphi + \frac{|\vec{v}|^2}{2} \tag{7.6}$$

$$q = \frac{1}{h}\left\{\frac{1}{a\sin\theta}\left(\frac{\partial v_\lambda \sin\theta}{\partial \theta} - \frac{\partial v_\theta}{\partial \lambda}\right) + 2\omega\cos\theta\right\} \tag{7.7}$$

$p$ 是气压，$\varphi$ 是重力位势，$q$ 是位涡，$\partial/\partial t$、$\partial/\partial \theta$、$\partial/\partial \lambda$ 是在等熵面上求偏微商。

注意：连续性方程

$$\frac{\partial h}{\partial t} + \nabla \cdot h\vec{v} = 0 \tag{7.8}$$

可由(7.1)—(7.4)得出。

假设大气处于半径为 $a$ 的球面之上，即不计地形影响；并设大气整体有有限的能量 $E$、广义位涡拟能 $F$，我们就有 $E$、$F$、总角动能 $M$ 和总质量 $M$ 都守恒。

为简化计，我们仅研究熵 $\zeta$ 随向径 $r$ 单调变化的那些基流和扰动流，并且其下边界还是一个等熵面（其值为 $\zeta_s$），且 $\delta\zeta_s = 0$。在此情形下，不变泛函 $I$ 和它的变分取简单的形式，泛函 $I$ 定义如下

其中
$$2I = 2r_0 E + r_1 F + 2r_2 M + r_3 Ma \tag{7.9}$$

$$E \equiv \frac{1}{2}\iint_s \int_0^\infty (|\vec{v}|^2 + 2c_p T)h\,d\zeta dS \tag{7.10}$$

$$F \equiv \iint_s \int_0^\infty Q(q,\zeta)h\,d\zeta dS \tag{7.11}$$

$$M \equiv \iint_s \int_0^\infty a(v_\lambda + a\omega\sin\theta)h\,d\zeta dS \tag{7.12}$$

$$Ma = \iint_s \int_0^\infty h\,d\zeta dS = \iint_s p_s dS \tag{7.13}$$

为简单计我们在上面诸式中已取了 $\zeta_0 = 0$，但这并不失一般性。它等价于 $\zeta = -\ln[(T_s/T_0)(p_0/p_s)^{R/c_p}]$，$p_s$ 和 $T_s$ 是下底边界的变量。

$\vec{v}$、$h$ 和 $p_s$ 可以取作独立的函数,即由它们可以推出其他函数。其实,$p,T,\varphi$ 可由 $h$ 和 $p_s$ 表达如下

$$p(\theta,\lambda,\zeta,t) = p_s(\theta,\lambda,t) - \int_0^{\zeta} h(\theta,\lambda,\zeta',t)\mathrm{d}\zeta' \tag{7.14}$$

$$T(\theta,\lambda,\zeta,t) = T_0 \left[\frac{p(\theta,\lambda,\zeta,t)}{p_0}\right]^{\frac{-R}{c_p e^{(\zeta-\zeta_0)}}} \tag{7.15}$$

$$\varphi(\theta,\lambda,\zeta,t) = \varphi_s(\theta,\lambda,t) - \int_0^{\zeta} RT(\theta,\lambda,\zeta',t)\frac{\partial}{\partial \zeta'}\left(\ln\frac{p}{p_s}\right)\mathrm{d}\zeta' \tag{7.16}$$

(曾庆存,1979)。因此,任给一个扰动 $(\delta\vec{v},\delta h,\delta p_s)$,我们有 $p$、$T$、$q$ 的增量如下

$$\delta p = \delta p_s - \int_0^{\zeta}\delta h \mathrm{d}\zeta' \quad \left(\text{或 }\delta h = -\frac{\partial \delta p}{\partial \zeta}\right) \tag{7.17}$$

$$\delta T = \delta^1 T + \delta^2 T + \cdots = \delta^1 T + \Delta^2 T \tag{7.18}$$

$$\delta q = \delta^1 q + \delta^2 q + \cdots = \delta^1 q + \Delta^2 q \tag{7.19}$$

其中

$$c_p \delta^1 T = RT\frac{\delta p}{p} \quad c_p \delta^2 T = -\frac{c_v}{2c_p}RT\left(\frac{\delta p}{p}\right)^2 \tag{7.20}$$

$$\delta^1 q = \frac{1}{ha\sin\theta}\left(\frac{\partial v_\lambda \sin\theta}{\partial \theta} - \frac{\partial \delta v_\theta}{\partial \lambda}\right) - q\frac{\delta h}{h} \quad \delta^2 q = -\delta^1 q\left(\frac{\delta h}{h}\right) \tag{7.21}$$

$$c_p \Delta^2 T = -\frac{c_v}{2c_p}RT_*\left(\frac{\delta p}{p_*}\right)^2 \tag{7.22}$$

$$\left(T_* = p_*^{\frac{R}{c_p}}e^{(\zeta-\zeta_0)} \quad p_* = p + r_*\delta p \quad 0 \leqslant r_* \leqslant 1\right)$$

$$\Delta^2 q = \delta q - \delta^T q = -\delta q\left(\frac{\delta h}{h}\right) \tag{7.23}$$

从这些公式很容易就得到 $\delta I$、$\delta^2 I$ 和 $\Delta^2 I$,它们是

$$2\delta I = \iint_s\int_0^\infty \left\{\left[2r_0 hv_\theta + r_1\frac{\partial}{a\sin\theta \partial \lambda}\left(\frac{\partial Q}{\partial q}\right)\right]\delta v_\theta \right.$$
$$+ \left[2h(r_0 v_\lambda + r_2 a\sin\theta) - r_1\frac{\partial}{a\partial\theta}\left(\frac{\partial Q}{\partial q}\right)\right]\delta v_\lambda + \tag{7.24}$$
$$\left.\left[2r_0 K + r_1\left(Q - q\frac{\partial Q}{\partial q}\right) + 2r_2 a\sin\theta(v_\lambda + a\omega\sin\theta) + r_s\right]\delta h\right\}\mathrm{d}\zeta\mathrm{d}S$$

$$2\delta^2 I = \iint_s\int_0^\infty h\left\{r_0\left[\delta v_\lambda + \left(v_\lambda + \frac{r_2}{r_0}a\sin\theta\right)\frac{\delta h}{h}\right]^2 + \right.$$
$$r_0\left[\delta v_\theta + v_\theta\frac{\delta h}{h}\right]^2 - r_0\left[\left(v_\lambda + \frac{r_2}{r_0}a\sin\theta\right)^2 + v_\theta^2\right]\left(\frac{\delta h}{h}\right)^2 + \tag{7.25}$$
$$\left.r_0 C^2\left(\frac{\delta p}{p}\right)^2 + r_1\frac{\partial^2 Q}{\partial q^2}[\delta^1 q]^2\right\}\mathrm{d}\zeta\mathrm{d}S + \iint_s r_0\frac{RT_s}{p_s}[\delta p_s]^2\mathrm{d}S$$

$$2\Delta^2 I\iint_s\int_0^\infty \left\{r_0[h^{**}|\delta\vec{v}|^2 + 2(\vec{v}\cdot\delta\vec{v})\delta h + c_p\delta^1 T\delta h + c_p h^{**}\Delta^2 I]\right.$$
$$+ r_1\left[\frac{\partial Q(q,\zeta)}{\partial q}(h\Delta^2 q + \delta q\delta h) + \left(\frac{h^{**}}{2}\right)\frac{\partial^2 Q(q^*,\zeta)}{\partial q^2}(\delta q)^2\right] +$$
$$\left.r_2 a\delta h\delta v_\lambda\sin\theta\right\}\mathrm{d}\zeta\mathrm{d}S$$
$$= \iint_s\int_0^\infty \left\{r_0 h^{**}\left[\delta v_\lambda + \left(v_\lambda + \frac{r_2}{r_0}a\sin\theta\right)\frac{\delta h}{h^{**}}\right]^2 + r_0 h^{**}\left[\delta v_\theta + v_\theta\frac{\delta h}{h^{**}}\right]^2\right.$$

$$-r_0 h^{**}\left[\left(v_\lambda+\frac{r_2}{r_0}a\sin\theta\right)^2+v_\theta^2\right]\left[\frac{\delta h}{h^{**}}\right]^2+r_0 h C_{**}^2\left[\frac{\delta p}{p}\right]^2+r_1 h \frac{\partial^2 Q(q^*,\zeta)}{2\partial q}[\delta q]^2\Big\}$$

$$\mathrm{d}\zeta\mathrm{d}S+\iint_s r_0 \frac{RT_s}{p_s}[\delta p_s]^2\mathrm{d}S \tag{7.26}$$

其中

$$\begin{cases} q^* = q + r^*\delta q & 0\leqslant r^*\leqslant 1 \\ h^{**} = h + \delta h \end{cases}$$

$$C^2 = R\left(r_a+\frac{\partial T}{\partial r}\right)\frac{RT}{g} \tag{7.27}$$

$$C_{**}^2 \equiv C^2 + \frac{c_v}{c_p}\left[\left\{1-\left(\frac{p}{p_*}\right)^{1+c_v/c_p}\right\}RT + RT_*\left(\frac{p}{p_*}\right)^2\frac{\partial h}{h}\right] \tag{7.28}$$

$C$ 和 $C_{**}$ 具有速度的量纲,即为连续斜压大气的重力波传播速度的特征量。在我们这里的情况下,$C$ 和 $C_{**}$ 必定是正的,因为我们已假定有稳定层结(熵随高度单调增加),且设

$$C_{**}^2 - C^2 = 0(\delta h)。$$

推导方程(7.24)、(7.25)、(7.26)的过程基本上与推导方程(5.18)、(5.19)、(5.22)的过程相同,但要注意如下诸关系式

$$h\mathrm{d}\zeta = -\frac{\partial p}{\partial \zeta}\mathrm{d}\zeta = -\mathrm{d}p = \rho\mathrm{d}\varphi$$

$$\int h c_p \delta^1 T \mathrm{d}\zeta = \int_0^\infty \delta p\,\mathrm{d}\varphi = -\int_0^\infty \varphi\frac{\partial\delta p}{\partial\varphi}\mathrm{d}\varphi = \int_0^\infty \varphi\delta h\,\mathrm{d}\zeta$$

$$\int_0 c_p[\delta^1 T\delta h + h\delta^2 T]\mathrm{d}\zeta = \frac{RT_s}{2p_s}(\delta p_s)^2 + A$$

$$\int_0 c_p[\delta^1 T\delta h + h^{**}\Delta^2 T]\mathrm{d}\zeta = \frac{RT_s}{2p_s}(\delta P_s)^2 + A_{**}$$

其中

$$A \equiv \int_0 \frac{1}{2}\left[\frac{\partial}{\partial\zeta}\left(\frac{RT}{p}\right)-\left(\frac{c_v}{c_p}\right)\frac{RT}{p^2}h\right](\delta p)^2\mathrm{d}\zeta = \int_0^\infty \frac{C^2 h}{2p^2}(\delta p)^2\mathrm{d}\zeta$$

$$A_{**} \equiv \int_0^\infty \frac{1}{2}\left[\frac{\partial}{\partial\zeta}\left(\frac{RT}{p}\right)-\left(\frac{c_v}{c_p}\right)\frac{RT_*}{p_*^2}h^{**}\right](\delta p)^2\mathrm{d}\zeta$$

$$= \int_0 \frac{h}{2p^2}C_{**}^2(\delta p)^2\mathrm{d}\zeta$$

在推导 $A$ 和 $A_{**}$ 的过程中用到了

$$\frac{\partial}{\partial\zeta}\left(\frac{RT}{p}\right)-\left(\frac{c_v}{c_p}\right)\frac{RT}{p^2}h = \frac{R}{p}\left(\frac{\partial T}{\partial\zeta}-\frac{T}{p}\left(1-\frac{c_v}{c_p}\right)\frac{\partial p}{\partial\zeta}\right)$$

$$= \frac{R}{p}\left[\frac{\partial T}{\partial P}-\frac{RT}{c_p p}\right]\frac{\partial p}{\partial\zeta} = \frac{R^2 T}{g p^2}\left[-\frac{\partial T}{\partial r}-\frac{g}{c_p}\right]\frac{\partial p}{\partial\zeta} = \frac{C^2}{p^2}h$$

$$\frac{\partial T}{\partial\zeta}\left(\frac{RT}{p}\right)-\left(\frac{c_v}{c_p}\right)\frac{RT_*}{p_*^2}h^{**} = \frac{c^2}{p^2}h-\left(\frac{c_v}{c_p}\right)\left[\frac{RT_*}{p_*^2}h^{**}-\frac{RT}{p^2}\right]$$

$$= \frac{c^2}{c^2}h-\left(\frac{c_v}{c_p}\right)\frac{RTh}{p^2}\left[\frac{T_*}{T}\left(\frac{p}{p_*}\right)^2\left(1+\frac{\partial h}{h}\right)-1\right]$$

且对每一个等熵面我们有

$$\frac{T_*}{T} = \left(\frac{p_*}{p}\right)^{R/c_p}$$

**定理 7.1** 满足斜压原始方程组 (7.2)—(7.4) 及满足 (1) 底边界的熵为一给定的常数, (2) 每一等熵面包围地球这两附加条件的每一行波解对应于泛函 $I$ 在具有满足上述条件的子集空间 $(\vec{v}, h, p)$ 中的驻点, 并且它由如下方程组确定

$$\begin{cases} 2(r_0 v_\lambda + r_2 \alpha \sin\theta)h - r_1 \frac{\theta}{\alpha \partial \theta}\left(\frac{\partial Q}{\partial q}\right) = 0 \\ 2r_0 r_\lambda h + r_1 \frac{\partial}{\alpha \sin\theta \partial \lambda}\left(\frac{\partial Q}{\partial q}\right) = 0 \\ 2r_0 K + r_1 \left(Q - q\frac{\partial Q}{\partial q}\right) + 2r_2 \alpha \sin\theta(v_\lambda + \alpha\omega\sin\theta) + r_3 = Q \end{cases} \quad (7.29)$$

其相角速为 $\dot{\lambda}_0 = -r_2/r_0$, 这里 $Q$ 是 $q$ 和 $\zeta$ 的任意函数, $r_0$、$r_1$、$r_2$ 和 $r_3$ 是一些参量.

定理 7.1 的证明, 基本上同定理 5.1 的证明.

然而从方程 (7.25) 或 (7.26) 去寻找稳定性的充分条件却是困难的. 事实上, 设若 $r_0 > 0$ 则方程 (7.25) 和 (7.26) 中带有 $(\delta h/h)^2$ (或 $\delta h/h^{**}$)$^2$ 的项是负的, 而带有 $r$ 的其他项是正的. 因而, 当 $[v_\lambda + (r_2/r_0)\alpha\sin\theta]^2 + v_\theta^2 \not\equiv 0$ 时, $r_1 \partial^2 Q(q,\zeta)/\partial q^2$ 或 $r_1 \partial^2 Q(q,\zeta)/\partial q^2$ 也是正的, 不能保证 $\delta^2 I$ 或 $\Delta^2 I$ 是正定的. 其实, 按照普适的积分不等式, 总可找到具有足够小垂直尺度的函数 $\delta p$, 使得

$$\int_0^\infty (\delta h)^2 d\zeta \gg \int_0^\infty (\delta p)^2 d\zeta \quad (7.30)$$

从而使方程 (7.25) 右边含 $(\delta h)^2$ 和 $(\delta p)^2$ 的两项之和是负的. 下面就是这样的一些例子. 其一是 $\delta P = (\delta p_s)\exp(-n\zeta)$, 由此可得

$$\int_0^\infty (\delta h)^2 d\zeta = n^2 \int_0^\infty (\delta p)^2 d\zeta$$

且

$$\lim_{n\to\infty}\int_0^\infty (\delta h)^2 d\zeta \to \infty$$

但

$$\lim_{n\to\infty}\int_0^\infty (\delta p)^2 d\zeta = 0$$

另一个例子是 $\delta p = (\delta p_s)\exp(-\zeta)\sin m\zeta$, 我们有

$$\lim_{m\to\infty}\int_0^\infty (\delta p)^2 d\zeta = \frac{1}{4}(\delta p_s)^2$$

但

$$\lim_{m\to\infty}\int_0^\infty (\delta h)^2 d\zeta \to \infty$$

上述的分析表明我们不能确定 $\|\delta\vec{v}\|_3^2$、$\|\delta h/h\|_3^2$、$\|\delta p_2/p\|_3^2$、$\|\delta p_s\|^2$ 和 $\|(\delta^2 Q/\partial q^2)^{1/2}\delta q\|_3^2$ 有上界, 因此稳定性得不到保证.

在斜压大气中, 我们仍然可以对不稳定性加以分类. 除了以 $\partial \zeta/\partial Z < 0$ (或 $C^2 < 0$) 为特征

的对流不稳定(它在本节中被我们的假设排除了)之外,我们有(a)混合正压-斜压不稳定,其特征是$\partial^2 Q(q,\zeta)/\partial q^2$在某些区域内为负;(b)惯性不稳定和对称不稳定,它在条件$\partial^2 Q(q,\zeta)/\partial q^2 < 0$和其他一些附加条件下可能发生;(c)Helmholtz不稳定和(d)超临界高速不稳定,此二者均可能发生,如果在一些区域和某些时刻有

$$\int_0^\infty \left\{ hC_{**}^2 \left(\frac{\delta p}{p}\right)^2 + h^{**}\left[\left(v_\lambda + \frac{r_2}{r_0}\alpha\sin\theta\right)^2 + v_\theta^2\right]\left(\frac{\delta h}{h^{**}}\right)^2 \right\} d\zeta < 0 \quad (7.31)$$

粗略地说,当运动中含有足够小的垂直波长的重力-惯性波时(7.31)总是满足的,因为其特征相速度比$C$小得多,因而基流的$[((V_\lambda + r_2\alpha\sin\theta/r_0)^2 + V_\theta^2]^{1/2}$很易超过它。可见,在连续的斜压大气中,基流为稳定的仅当加于其上的扰动在垂直方向上的结构在任何时刻都是简单的。否则,Helmholtz不稳定可能迟早要发生,于是稳定性可能遭到破坏。

关于斜压大气中流动的稳定性问题,需要作进一步的研究。

# 8 $\beta$-平面模式

应用变分法的关键在于寻求由积分组成的不变泛函,因而,在流体占据着无限空间而沿全流体的积分又无界的情形下,变分方法需要作修改。这里我们将以$\beta$平面上二维不可压流体作为例子进行阐明。

## 8.1 周期性通道

在$\beta$-平面上二维不可压流体的基本方程是绝对位涡守恒,即

$$\frac{\partial q}{\partial t} + \vec{v}\cdot\nabla q = 0 \quad (8.1)$$

其中,$\vec{v} = \vec{K}\times\nabla\psi \equiv \vec{i}u + \vec{j}v$。$\psi$是流函数,

$$q = \Delta\Psi + f \quad (8.2)$$
$$f = f_0 + \beta y \quad (8.3)$$

$\beta$取为常数,$f_0$是另一个常数。流体力学中常见的经典模式就是对应于没有科氏力的情况,即$f_0 = \beta_0 = 0$。

取通道平行于$X$轴,$y_1 < y < y_2$;在$y = y_1$和$y_2$上有刚壁边界。设基流$\psi$和扰动$\delta\psi$沿$x$轴都是周期函数,周期为$2L$。此时,我们有总动量$M$,总动能$E$和总的广义涡度拟能$F$守恒;此外,还有在边界$y_1$和$y_2$上的总的沿$x$轴动量$B_1$和$B_2$也守恒,其中

$$M \equiv \int_{-L}^{L}\int_{y_1}^{y_2}\left[u + \int_y^{y_3}f(y)dy'\right]dydx \quad (8.4)$$

$$E \equiv \int_{-L}^{L}\int_{y_1}^{y_2}\frac{1}{2}(u^2+v^2)dydx \quad (8.5)$$

$$F \equiv \int_{-L}^{L}\int_{y_1}^{y_2}Q(q)dydx \quad (8.6)$$

$$B_1 \equiv \int_{-L}^{L}u(x,y_1,t)dx \quad (8.7)$$

$$B_2 \equiv \int_{-L}^{L}u(x,y_2,t)dx \quad (8.8)$$

且 $y_3 > y_2$ 为某一参考坐标点，$Q$ 是自变量 $q$ 的任意函数。因而我们有不变泛函 $I(\psi)$（$dI/dt = 0$）如下

$$I(\psi) \equiv 2r_0 E + r_1 F + r_2 M + r_3 B_1 + r_4 B_2 \tag{8.9}$$

它依赖于任意函数 $Q$ 和某些参变量 $r_0$、$r_1$ 和 $r_2$、$r_3$、$r_4$。这些参量中一些是任意的，一些可用后面的方法确定。

给定一个扰动 $\delta\psi$，在经过一些基本运算后可以得到一阶和二阶变分 $\delta I$ 和 $\delta^2 I$ 以及 $I(\psi + \delta\psi)$ 和 $I(\psi)$ 之差如下

$$\delta I = \int_{-L}^{L} \int_{y_1}^{y_2} \left\{ -2r_0\psi + r_1 Q'(q) + r_2 y \right\} \delta q \, dy \, dx + \int_{-L}^{L} \left\{ (2r_0\psi - r_2 y_2 + r_4) \frac{\partial \delta\psi}{\partial y} \right\}_{y=y_2} dx +$$

$$\int_{-L}^{L} \left\{ (-2r_0\psi - r_2 y_1 + r_3) \frac{\partial \delta\psi}{\partial y} \right\}_{y=y_1} dx \tag{8.10}$$

$$\delta^2 I = \int_{-L}^{L} \int_{y_1}^{y_2} \left\{ (r_0 |\vec{\delta v}|^2 + \frac{r_1}{2} Q''(q)(\delta q)^2 \right\} dy \, dx \tag{8.11}$$

$$\Delta^2 I = \int_{-L}^{L} \int_{y_1}^{y_2} \left\{ (r_0 |\vec{\delta v}|^2 + \frac{r_1}{2} Q''(q^*)(\delta q)^2 \right\} dy \, dx \tag{8.12}$$

$$(q^* = q + r\delta q) \quad (0 \leqslant r^* \leqslant 1)$$

$$I(\psi + \delta\psi) - I(\psi) = \delta I + \Delta^2 I \tag{8.13}$$

我们总可取 $\psi$ 在 $y = y_1$ 处等于一给定的常数 $\psi_1$，并且能够证明 $\psi$ 在 $y = y_2$ 处等于另一个不依赖于 $t$ 的常数 $\psi_2$。今取

$$\begin{cases} r_3 = 2r_0 \psi_1 - r_2 y_1 \\ r_4 = -2r_0 \psi_2 + r_2 y_2 \end{cases} \tag{8.14}$$

于是方程(8.10)中后两个积分为零，因而 $\delta I$ 可以简单地由一个二重积分表示。我们有

**定理 8.1** 在 $\beta$ 平面 $y_1 \leqslant y \leqslant y_2$ 的通道中，二维不可压流体的每一个平行流 $\psi(y)$ 或行波 $\psi(x - ct, y)$ 是在空间 $\psi$ 中泛函 $I$ 的驻点，即 $\delta I = 0$，其中 $r_3$、$r_4$ 由方程(8.14)确定，而且相速 $C = -r_2/2r_0$。逆定理亦真。

**定理 8.2** 由函数 $Q$ 和参量 $r_0$、$r_1$ 和 $r_2$ 通过 $\delta I = 0$ 而确定的流动 $\psi(x - ct, y)$，对每一个与它同样的 $x$-周期的扰动 $\delta\psi$ 而言，如果 $\delta I$ 是定号函数（即 $r_0$ 和 $\frac{r_1}{2} Q''$ 在通道内各处同时为非负或非正），那么它是稳定的。

**定理 8.3** 基流 $\psi(x - ct, y)$ 可能是不稳定，如果 $(r_1 Q''(q))/2$ 在通道内是一个非定号函数或它的符号与 $r_0$ 相反。

上面所述的方法和理论基本上与球面情形相同，因而略去这些定理的证明。注意，平行流 $\psi(y)$ 是 $\psi(x - ct, y)$ 的特殊类，因而它已自动地被包含在定理 8.2 和 8.3 中的基流之列，而没有特别标出。

## 8.2 无限通道但 $\vec{\delta v}$ 和 $\delta q \in L_2$

如果流动沿 $x$ 方向不是周期性的，即 $L \to \infty$，则由(8.9)定义的泛函 $I$ 一般是无界的，因而前几节的方法不能直接应用，需要加以适当的修改。

**定理 8.4** 每一在 $\beta$ 平面上处于 $y_1 \leqslant y \leqslant y_2$ 通道内的二维不可压液体的平行流或行波，$\psi(x - ct, y)$ 满足如下方程及边条件

$$-2r_0\psi + r_1 Q^*(q) + r_2 y = 0 \tag{8.15}$$

$$\begin{cases} \psi = \dfrac{1}{2r_0}(r_2 y_1 + r_3) & y = y_1 \\ \psi = \dfrac{1}{2r_0}(r_2 y_2 - r_4) & y = y_2 \end{cases} \tag{8.16}$$

其中 $Q$ 是任意函数，$r_i(s=0,1,2,3,4)$ 是一些参变量。逆定理亦真。

定理 8.4 可以直接通过微积分运算来证明。注意，定理 8.1 和定理 8.4 其实是一样的。其实，如在定理 8.1 的陈述中把关于 $I$ 和 $\delta I=0$ 的字句改用其相应的方程[即(8.15)]和边界条件[即(8.16)]来表达时，定理(8.1)即和定理(8.4)完全相同，因而定理(8.4)可以包括更广的类型。

下面讨论流动的稳定性问题。取平行流或行波作为基流，仍按(8.9)构造泛函 $I$（且 $L$ 仍先取为有限），我们有方程(8.12)和(8.13)，但 $\delta I$ 变为

$$\delta I = \int_{y_1}^{y_2} ([2r_0\psi - r_2 y]\delta v) \Big|_{x=-L}^{x=L} dy \tag{8.17}$$

因而我们有

$$\Delta \equiv I(\psi+\delta\psi) - I(\psi) = \int_{y_1}^{y_2}([2r_0\psi - r_2 y]\delta v)\Big|_{x=-L}^{x=L} dy + \int_{-L}^{L}\int_{y_1}^{y_2} \left\{ r_0|\vec{\delta v}|^2 + \frac{r_1}{2}Q''(q^*)(\delta q)^2 \right\} dy dx = \Delta_2 + \Delta_2 \tag{8.18}$$

此外，由方程(8.1.1)和其等价方程组

$$\begin{cases} \dfrac{d\vec{v}}{dt} = -\nabla \Phi + \vec{k} \times f\vec{v} \\ \nabla \cdot \vec{v} = 0 \end{cases} \tag{8.19}$$

我们可以算出 $dF/dt$、$dE/dt$ 等等，最后就得到

$$\frac{dI}{dt} = -\int_{y_1}^{y_2}\left\{ 2r_0 uK + r_1 uQ + r_2 u\left(u + \int_y^{y_3} f(y')dy'\right) + r_2\varphi \right\}\Big|_{x=-L}^{x=L} dy - r_3\left[\left(\varphi - \frac{u^2}{2}\right)_{y=y_1}\right]\Big|_{x=-L}^{x=L} - r_4\left[\left(\varphi - \frac{u^2}{2}\right)_{y=y_2}\right]\Big|_{x=-L}^{x=L} \tag{8.20}$$

此处 $K = \varphi + |\vec{v}|^2/2$，$\varphi$ 是由 $\psi$ 从求解所谓的平衡方程来确定。

今设在整个无限通道内给出了 $|\delta v|$ 和 $\delta q$，且都属于 $L$，在此情形下，我们取 $L \to \infty$，并用 $\widetilde{\Delta}$ 记 $\Delta$ 的极限，我们有：

$$\widetilde{\Delta} = \int_{-\infty}^{+\infty}\int_{y_1}^{y_2}\left\{ -r_0|\vec{\delta v}|^2 + \frac{r_1}{2}Q''(q^*)(\delta q)^2 \right\} dy dx = \lim_{L\to\infty}\Delta^2 \tag{8.21}$$

并且我们能够证明

$$\frac{d\widetilde{\Delta}}{dt} \lim_{L\to} \frac{d\Delta}{dt} = 0 \tag{8.22}$$

因而，定理 8.2 和 8.3 在 $\Delta I$ 由 $\Delta$ 代替后仍有效。因为此时 $\Delta$ 是 $\delta\psi$ 的二次泛函，并且是不变量，尽管当 $L\to\infty$ 时 $I$ 并不存在。

## 8.3 无限通道的一般情况

在 $\widetilde{\Delta}$ 不存在时,我们定义

$$e \equiv \frac{\Delta}{S} (S \equiv \int_{-L}^{L} \int_{y_1}^{y_2} \mathrm{d}y \mathrm{d}x) \tag{8.23}$$

不难证明下列极限存在

$$\widetilde{e} \equiv \lim_{L \to \infty} e = \lim_{L \to \infty} \frac{1}{S} \int_{-L}^{L} \int_{y_1}^{y_2} \left\{ r_0 \mid \delta \vec{v} \mid^2 + \frac{r_1}{2} Q''(q^*)(\delta q)^2 \right\} \mathrm{d}y \mathrm{d}x \tag{8.24}$$

$$\frac{\mathrm{d}\widetilde{e}}{\mathrm{d}t} = \lim_{L \to \infty} \frac{\mathrm{d}e}{\mathrm{d}t} = \lim_{L \to \infty} \frac{\mathrm{d}}{\mathrm{d}t} \left( \frac{\Delta_2}{S} \right) = 0 \tag{8.25}$$

现在,我们给出稳定性定义的推广。

**定义** 若对所有扰动均能定义出范数 $\| \delta \psi \|_w$,并且它有界,相对于小扰动流是稳定的。

注意,所谓某空间的范数,是指对其任一元素来说它都是正数,只当取零元素时它为零,按此推广了的定义,在周期通道中如果 $\Delta I$ 为正定(为方便计,以后我们总设 $r_0 \geqslant 0$),可取 $\| \delta \psi \| = \Delta I$,在无限通道中 $\widetilde{\Delta}$ 若有限且正定,可取 $\| \delta \psi \|_w^2 = \widetilde{\Delta}$;如若 $\Delta$ 不为有限,但为正定,则取

$$\| \delta \psi \|_w^2 = \lim_{L \to \infty} \left| \frac{\Delta_2}{S} \right| \tag{8.26}$$

因而,对周期或无限通道以及其他所有情形,我们有如下定理。

**定理 8.5** 定理 8.4 中描述的基流是相对于小扰动为稳定的,如果 $r_0$ 和 $r_1 Q''(q)$ 在流体任何处有同样的符号。

**定理 8.6** 定理 8.4 中描述的基流为不稳定的必要条件是 $r_0$ 和 $r_1 Q''(q)$ 有相反符号或 $Q''(q)$ 在流体内改变符号。

## 参考文献

曾庆存,1979. 数值天气预报的数学物理基础(第一卷)[M]. 北京:科学出版社:543.

Arnold V I,1965. Conditions for nonlinear stability of stationary plane curvilinear flows of an ideal fluid[J]. Doklady Akademia Nauk USSR,162:975-972.

Blumen W,1968. On the stability of quasi-geostrophic flow[J]. J Atmos Sci,25:929-931.

Blumen W,1970. Shear layer instability of an inviscid compressible fluid[J]. J Fluid Mcch,40:Part 4,769-781.

Blumen W,1973. A note on horizontal boundary conditions and stability of quasi-geo strophic flow[J]. J Atmos Sci,35:1314-1318.

Dikii L A,1965. On the nonlinear theory of the stability of zonal flows[J]. Bulletin Acad Sei USSR Atmos Oeean Pllys,1:653-655.

Hoskins B J,1973. Stability of the Rossby-Haurwitz:Wave[J]. Quart J Roy Meteor Soc,99:723-745.

Lin C C,1953. On the stability of the laminar:Mixing region between two parallel streams in a gas[J]. NASA TN No. 2887.

Lin C C,1955. The theory of hydrodynamic stability[M]. Cambridge:Cambridge University Press:155.

Lin C C,Benney D J,1962. On the instability of shear flow[J]. Proc Symp Appl Math,13,Rllode Island, Amer Math Soc.

Satomura T,1981a. An investigation of shear instability in a shallow water[J]. J Meteor Soc Japan,59(1):145-

167.

Satomura T,1981b. Supplmentary note on shear instability in a shallow water[J]. J Meteor Soc Japan,59(1):168-171.

Zeng Qingcun,1983. The development characteristics of quasi-geostrophic baroclic disurbances[J]. Tellus,35A(5):537-349.

Zeng Qingcun,1986. Nongeostrophic instability[J]. Scientia Sinica, Series B,29(5):535-542.

Zeng Qingcun,Yuan Chongguang,Zhang Xuehong,et al,1955. A test for the difference scheme of a general circulation model[J]. Acta Meteorologica Sinica, 43:441-449.

# 中国海域 MODIS 气溶胶光学厚度检验分析*

邓学良[1,2]　潘德炉[2]　何冬燕[3]　孙照渤[4]

(1. 安徽省气象科学研究所 安徽省大气科学与卫星遥感重点实验室,合肥 230031;
2. 卫星海洋环境动力学国家重点实验室 国家海洋局第二海洋研究所,杭州 310012;
3. 安徽省气候中心,合肥 230061;4. 南京信息工程大学大气科学学院,南京 210044)

**摘要**:利用 MODIS 的 Collection005 版本(MODIS_C005)数据的气溶胶光学厚度(AOT)产品,与我国海域多个 AERONET 观测站点太阳光度计测量得到的 AOT 结果进行了对比分析,对 MODIS_C005 数据的气溶胶产品在我国海域进行了验证,并对验证方法进行了探讨。结果表明,MODIS_C005 的 AOT 在我国海域与 AERONET 站陆基观测到的 AOT 具有非常好的一致性,相关系数达到 0.9 以上。通过尝试不同的验证方法,发现验证数据的空间采样窗口大小的选择对于验证效果具有较大的影响,在中国海域可以使用 30 km×30 km 的空间采样窗口。通过 MODIS_C005 的 AOT 与 AERONET 站观测值在中国各个海区的比较,证明 MODIS_C005 的 AOT 在 550 nm 满足美国 NASA 的设计要求,误差控制在 $\pm 0.05\pm 0.05\tau$,适用于我国海域,可以用于中国海域的气象和海洋等科学研究。

**关键词**:MODIS;气溶胶;中国海域;验证

## 引言

大气气溶胶通常是指悬浮在大气中直径小于 10 μm 的液态或固态的微小粒子,是陆地—大气—海洋系统的重要组成部分。它通过直接或间接辐射强迫影响着地—气系统的辐射收支平衡,进而影响环境和气候,是气候变化研究的重要因子[1-3]。气溶胶光学厚度是气溶胶最重要的参数之一,是表征大气浑浊度的重要物理量,也是确定气溶胶气候效应的一个关键因子[4]。

中国海域是我国主要的海洋渔业区,也是影响我国气候的重要区域,弄清该海域气溶胶的分布,对于我国国民经济具有重要的意义。该海域气溶胶不仅具有海洋气溶胶的特点,而且受到陆源输送的影响,具有明显的混合特性。李正强等[5]利用多波段太阳辐射计测量黄海海域的气溶胶光学厚度。赵威等[6]研究发现,春季无云情况下黄海、东海上空的气溶胶光学厚度在

---

\* 本文发表于《大气科学学报》,2009 年第 32 卷第 4 期,558-564.

0.2~0.4,海区上空霾层较厚时测量得到的气溶胶光学厚度明显增大。刘大召等[7]通过观测发现南海北部海域气溶胶一天内变化明显,最小达0.1,最大达0.8。

通过大量的地面观测[8],可以初步了解我国海域气溶胶的分布状况。同时,由于气溶胶尺度小且变化快,地面观测无法实现大范围面上观测。从20世纪90年代起,科学家开始使用卫星数据对于气溶胶进行分析。Long等[9]利用NOAA的单通道算法成功地描述了全球海洋上的平流层和对流层气溶胶光学厚度的分布情况。Higurashi等[10]利用AVHRR资料采用双通道反演方法反演了全球的气溶胶光学厚度。陈本清等[11]利用MODIS气溶胶卫星遥感资料分析了台湾海峡及周边海区的气溶胶时空分布特征。郝增周等[12]利用Sea WiFS卫星资料分析了中国海域气溶胶光学厚度的分布和变化。

两个中分辨率成像光谱仪(MODIS)分别搭载在TERRA和AQUA卫星上,提供准确的海上气溶胶参数,其分辨率为10 km。董海鹰等[13]利用AERONET地面观测验证了MODIS气溶胶产品在中国近海的适用性。陈本清等[14]利用台湾周边海域内的AERONET和SKY-NET陆基站点数据对MODIS气溶胶光学厚度进行了有效性验证。MODIS_C005数据的气溶胶产品是MODIS新一代产品[15],其在中国海区的有效性还未得到验证。

本文利用位于研究区域内的全球气溶胶自动观测网(AErosol RObotic NETwork,AERONET)数据对中国海区的MODIS_C005数据的气溶胶光学厚度进行有效性验证,为今后MODIS_C005气溶胶遥感资料在该海区的应用提供依据。

# 1 研究区域和数据

收集了2001—2004年所有可获得的AERONET气溶胶光学厚度数据以及相对应最新版本MODIS_C005的MOD04L2气溶胶产品。研究区域限定为中国海域,在研究区域内共选取5个有效的气溶胶陆基观测站点(Noto,Anmyon,Gosan_SNU,NCU_Taiwan,Okinawa)。图1为研究区域范围以及5个AERONET气溶胶陆基观测站的空间分布。

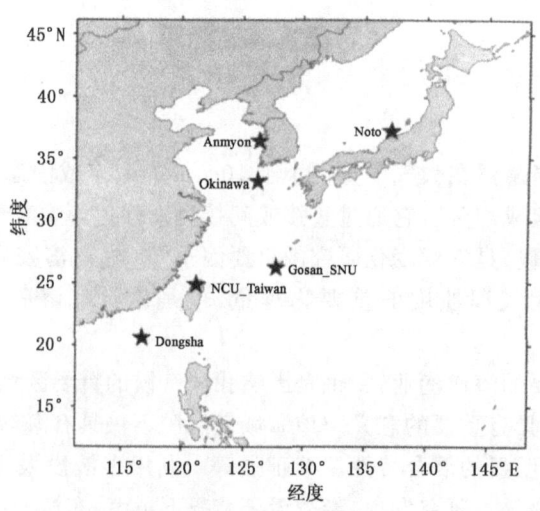

图1 研究区域和AERONET地基站点分布(星号)

AERONET 是以美国宇航局 NASA 为首建立的全球气溶胶光学特性监测网络,目的是利用地基太阳光度计获取全球具有代表性区域的探测气溶胶光学特性参数的基准资料,用于验证和评估卫星反演的气溶胶光学特性参数的精度。整个网络统一采用法国 CIMEL 公司 20 世纪 90 年代发明生产的多波段太阳直射辐射计,实现了仪器、校验和处理过程的标准化。因此,AERONET 资料有很高的精度,其精度可为 0.01～0.02[16],常用来验证卫星气溶胶光学厚度遥感结果。观测通道中心波长位于 340、380、440、500、670、870、1020 nm,观测时间步长为 15 min。NASA 提供的 AERONET 气溶胶光学厚度数据有 3 种:level1.0 为未经过严格滤云和最后验证的数据;level1.5 为经过严格滤云但没有最后验证的数据;level2.0 为经过严格滤云和最后验证、质量有保证的数据。在验证过程中本文采用质量有保证的 level2.0 气溶胶光学厚度数据作为 MODIS_C005 气溶胶光学厚度的验证数据。

MODIS_C005 气溶胶产品是 MODIS 最新的气溶胶产品,是 NASA 对 1996 年开始使用的气溶胶反演算法(ATBD96)进行重新改进后得到的气溶胶产品,是对以前使用的 MODIS_C004 数据的进一步完善,它对海洋上气溶胶的反演算法的改进主要在以下几个方面:

(1)根据 AERONET 观测的结果,把 MODIS 气溶胶模式中 5、6、7 三个粗模态各个波段的折射指数都修改为 $1.35-0.001i$。这主要是为了改进气溶胶模型和反演得到的细模态的权重(fine mode weighting),而不会改变 AOT 在 550 nm 的反演结果。

(2)海洋上的云凝结核单位改为个/$cm^2$,与陆地一致。

(3)质量浓度都乘以系数(4/3)P,这是以前遗漏的。

(4)对云量进行重新的定义。以前在海洋上,耀斑和沉积物都被定义为云量,而在新的云量的定义中这些都被剔除。

(5)加入新的气溶胶产品(Aerosol_Cldmask_Byproducts_Ocean),用于气溶胶和云的分离。

通过以上算法的改进,气溶胶产品的精度得到了提高。Jethva 等[17]在印度利用 MODIS_C005 和 MODIS_C004 气溶胶产品分别与 AERONET 观测值进行了比较,发现 MODIS_C005 气溶胶的产品与 AERONET 相关性明显好于 MODIS_C004,更加准确。本文主要对 MODIS_C005 的 AOT 数据在中国海域进行验证分析。

## 2 MODIS 气溶胶光学厚度的验证方法

### 2.1 验证数据预处理

由于 AERONET 和 MODIS_C005 获得的 AOT 数据在时间、空间和波段上都不是完全匹配的,所以在对它们进行比较之前,必须对 AERONET 和 MODIS_C005 的数据进行时空和波段的匹配处理。

#### 2.1.1 时空匹配

MODIS 观测区域一天可以覆盖全球一到两次;而 AERONET 只是在固定的站点进行单点的观测,一天内可以进行多次的测量。MODIS_C005 的 level2.0 气溶胶产品空间分辨率是 10 km×10 km,而 AERONET 的观测频率要求达到 15 min/次,所以时空上两个数据非常难匹配。在空间上,首先,MODIS 一个像元的大小是 10 km×10 km,像元值代表的是像元面积内的空间平均值,所以无法简单地拿一个 MODIS 像元值与 AERONET 的站点值进行比较。第二,即使 MODIS 像元可以足够小到与 AEROENT 站点相比较,它们也不具有可比性,因为它们的观测轴不同,由于大气的运动,使得它们观测值并不能代表相同的条件。在时间上与空间的情况类似,MODIS 与 AERONET 在时间上最少也差 5 min,由于云量的变化,在这短短的 5 min 里会产生很大差异。所以为了使验证结果有意义,本研究设计的匹配方案是:对 MODIS_C005 的 550 nm AOT 在以 AERONET 为中心的一定空间区域内进行统计平均,对 AERONET 的观测值在以 MODIS 过境时间为中心的一定时间区域内进行统计平均。

对于空间和时间区域大小的选择,前人已经有较多的研究,Ichoku 等[18]研究表明,MODIS 气溶胶遥感资料空间采样窗口从 30 km×30 km 到 90 km×90 km 的变化对窗口平均值和标准差影响很小。Zhao 等[19]在利用 AERONET 数据对 NOAA/AVHRR 全球海洋气溶胶光学厚度进行验证分析时认为 100 km/±1 h 的时空匹配窗是最优的,因此采用 90 km×90 km 的空间采样窗口对 MODIS 气溶胶遥感资料的验证是合适的。本文尝试了多种时空半径的选择方案,在空间窗口上选择了三种方案,分别是:30 km×30 km、50 km×50 km 和 70 km×70 km;在时间窗口上选择了一种方案是:1 h,因为 1 h 以上大气状态改变就很大了。

### 2.1.2 波段匹配

由于本文选择 MODIS_C005 的气溶胶光学厚度是在 550 nm 波段,而 AERONET 与 550 nm 最临近的波段是 500 nm,根据 Angstrom 关系式[14]推导得到

$$\frac{\tau(\lambda_1)}{\tau(\lambda_2)} = \left[\frac{\lambda_1}{\lambda_2}\right]^{-\alpha} \tag{1}$$

式中:$\tau$ 为气溶胶光学厚度;$\lambda$ 为波长;$\alpha$ 为 Angstrom 波长指数。根据(1)式,只要知道 $\alpha$ 的值,AOT 在 500 nm 与 550 nm 的相对误差可以很容易算出。在中国近海,$\alpha$ 的范围在 0~3.0,所以它们的相对误差最大可以达到 25%。因此,必须对两种资料进行波段匹配处理。利用 AERONET 气溶胶光学厚度数据的内插外推运算,进行二次多项式拟合,拟合误差约为 0.01~0.02,满足验证要求,公式如下:

$$\ln\tau(\lambda) = a + b\ln\lambda + c(\ln\lambda)^2 \tag{2}$$

式中:$\tau$ 为波长 $\lambda$ 处的气溶胶光学厚度;$a$、$b$ 和 $c$ 为拟合系数。利用 AERONET 观测的 7 个波段气溶胶光学厚度,可以拟合得到 550 nm 处的 AOT 值。

## 2.2 MODIS_C005 资料验证方法

在经过时空匹配和波段匹配后,MODIS 和 AERONET 数据就可以进行比较和验证。验证方法主要是对 MODIS_C005 和 AERONET 气溶胶光学厚度进行线性回归分析:

$$\tau_{\text{MODIS}} = A + B\tau_{\text{AERONET}} \tag{3}$$

式中:$\tau_{\text{MODIS}}$ 为 MODIS_C005 气溶胶光学厚度;$\tau_{\text{AERONET}}$ 为 AERONET 气溶胶光学厚度;$A$ 为截距;$B$ 为斜率。验证的主要参数为拟合得到的相关系数($r$)、斜率($B$)、截距($A$)和标准差($V_{\text{STD}}$),其中最主要的参数是相关系数。在最理想的状态下,拟合的结果应为 $r=1, B=1, A=0, V_{\text{STD}}=0$。但实际情况并不像理想状态,由于误差的存在,使得各个参数只能与理想状态进行比较,来判断数据的好坏。

## 3 验证结果和分析

图 2 是 MODIS_C005 采用 3 种不同大小空间采样窗口方案得到的 550 nm 气溶胶光学厚度与 AERONET 地基观测得到 550 nm 气溶胶光学厚度的拟合结果,表 1 是它们拟合参数的比较。从图 2 和表 1 可以看出,在中国海域,MODIS_C005 在 550 nm 处的气溶胶光学厚度与 AERONET 观测值具有很好的一致性,三种空间窗口方案的相关系数分别都接近或大于 0.9,最大达到 0.93。拟合参数中的截距(A)都很小,最大不超过 0.1,而斜率大多在 1 附近,说明 MODIS_C005 在 550 nm 处的 AOT 不仅与 AERONET 观测值相关性好,而且非常逼近 AERONET 的观测值。根据 NASA 对于 MODIS 在 550 nm 误差要求控制在 $\pm 0.05 \pm 0.05\tau$,中国海域的验证结果有 65% 的点在误差范围内,满足 NASA 要求的 62%(550 nm)。这说明 MODIS_C005 的 AOT 比较适合中国海域,可以用于监测和研究中国海域气溶胶的分布状况。

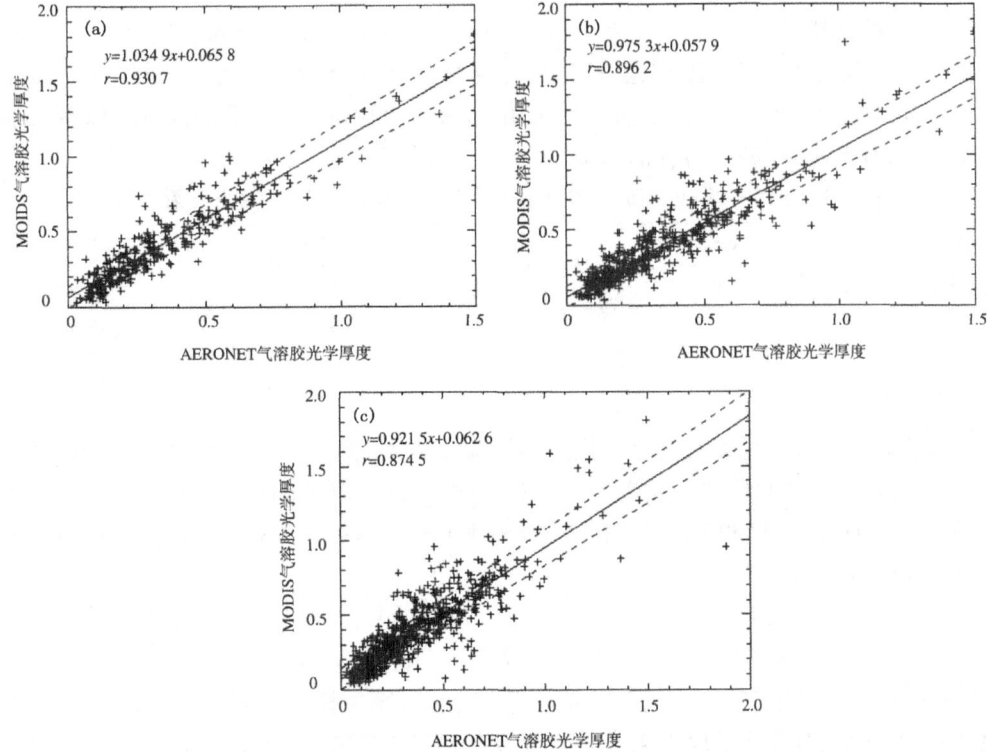

图 2 中国海域 MODIS 550 nm 气溶胶光学厚度和 AERONE T550 nm 气溶胶光学厚度线性回归分析
(a)空间窗口为 30 km×30 km;(b)空间窗口为 50 km×50 km;(c)空间窗口为 70 km×70 km

同时本文对不同的空间采样窗口方案进行了讨论。国际上使用标准的 50 km×50 km 的空间窗进行验证,主要是考虑到大气的均一性,认为大范围气溶胶光学厚度的平均值可以减小局部云的剧烈变化造成的误差,这在天气稳定的地区是可行的。但是在中国海域由于大气的分布并不像在远海那样大范围均匀,受到沿海的人为影响和海陆热力差异的影响,具有很强的局部特征,有时很小的范围都会具有不同的大气条件。所以在这种情况下,仍然按照 50 km×50 km

的验证方法进行采样,会引入周围区域的很大误差,因此在中国海域验证方案应该在不影响采样统计分析的基础上尽量减小空间采样窗的大小。为了说明这一点,本文采用了 3 种空间窗口采样的方案,分别是 30 km×30 km、50 km×50 km 和 70 km×70 km,对它们进行比较。从图 2 和表 1 可以明显地看出,随着空间采样窗口的减小,MODIS_C005 和 AERONET 相关系数有明显的提高,从 70 km×70 km 时最小的 0.8745 上升到 30 km×30 km 时的 0.9307,这说明空间采样窗口的减小提高了 MODIS 与 AERONET 的 550 nm 气溶胶光学厚度相关性。同时,还可以看出在相关系数随着空间窗口增大时,标准差却是减小的,说明窗口越小拟合结果的离散程度越小,这也说明了空间采样窗口的减小并没有引入更大的误差值,空间窗口从 50 km×50 km 变为 30 km×30 km 可以更好地代表这一区域的气溶胶光学厚度值,反映局地特征。从斜率上看,三个窗口都是在理想状态值 1 的周围变化,说明 MODIS_C005 和 AERONET 550 nm 气溶胶光学厚度值非常接近,与陈本清等[14] 2005 年使用 MODIS_C004 在台湾海域的验证拟合斜率大多在 0.68~0.83 来看,MODIS 新一代的 C005 数据具有更好的精度,与 AERONET 更加接近,这主要还是由于 MODIS 对海洋上气溶胶算法的改进。截距分析表明,三个窗口的截距都是在 0~0.098 之间,说明由于 MODIS 传感器和算法引入的误差,使得 MODIS_C005 气溶胶光学厚度普遍偏高,这与夏祥鳌[20]的研究结论是一致的。所以,综合以上四个拟合参数的结果分析,在中国海域采用 30 km×30 km 空间采样窗口可以更好地验证 MODIS 气溶胶数据,反映气溶胶的局地特征,得到满意的验证结果。

表 1 中国海域 MODIS 与 AERONET 550 nm 气溶胶光学厚度统计量对比

| 空间窗口 | 相关系数 | 斜率 | 截距 | 标准差 |
| --- | --- | --- | --- | --- |
| 30 km×30 km | 0.9307 | 1.0349 | 0.0658 | 0.0860 |
| 50 km×50 km | 0.8962 | 0.9753 | 0.0579 | 0.0930 |
| 70 km×70 km | 0.8745 | 0.9215 | 0.0626 | 0.0980 |

下面选取三个数据量最大且分别代表不同海区的 AERONET 站点:Anmyon(126.33°E,36.539°N)、Gosan_SNU(126.162°E,33.292°N)和 NCU_Taiwan(121.192°E,24.967°N),使用 30 km×30 km 空间窗和 1 h 时间窗方案,对我国三个海区的 MODIS_C005 的 550 nm 气溶胶光学厚度进行独立验证。

从图 3 和表 2 可以看出,在拟合结果中三个海区的相关系数都大于 0.91,最小的是台湾海域 NCU_Taiwan 站达到 0.9114,最大是渤海海域 Anmyon 站达到 0.9508,三个站点的 MODIS 和 AERONET 550 nm 气溶胶光学厚度的拟合相关性都很好。在 AOT 大于 0.2 时,MODIS 550 nm 气溶胶光学厚度大都是靠近拟合直线,控制在 NASA 误差值范围内;在 AOT 小于 0.2 时,MODIS 的 550 nm 处 AOT 偏离出 NASA 误差范围的点变多,说明 MODIS 海上气溶胶反演算法在气溶胶光学厚度很小时,误差会增加;而在气溶胶光学厚度变大时,误差逐渐减小,这一结果也与国际研究结果是一致的。其他三个拟合参数和上面中国海域的总的拟合结果相符,截距控制在 0.1 以内,斜率在 1 附近变化,而标准差小于 0.1。从这些可以看出,MODIS_C005 不仅在中国海域整个海区的验证效果良好,而且对于各个海域的独立验证也取得了满意的结果。所以,通过在与 AERONET 的观测值验证,MODIS_C005 的 550 nm 气溶胶光学厚度与 AERONET 的站点观测数据在中国海域各个海区都具有很好的一致性,适用于中国海域不同海区的科学研究。

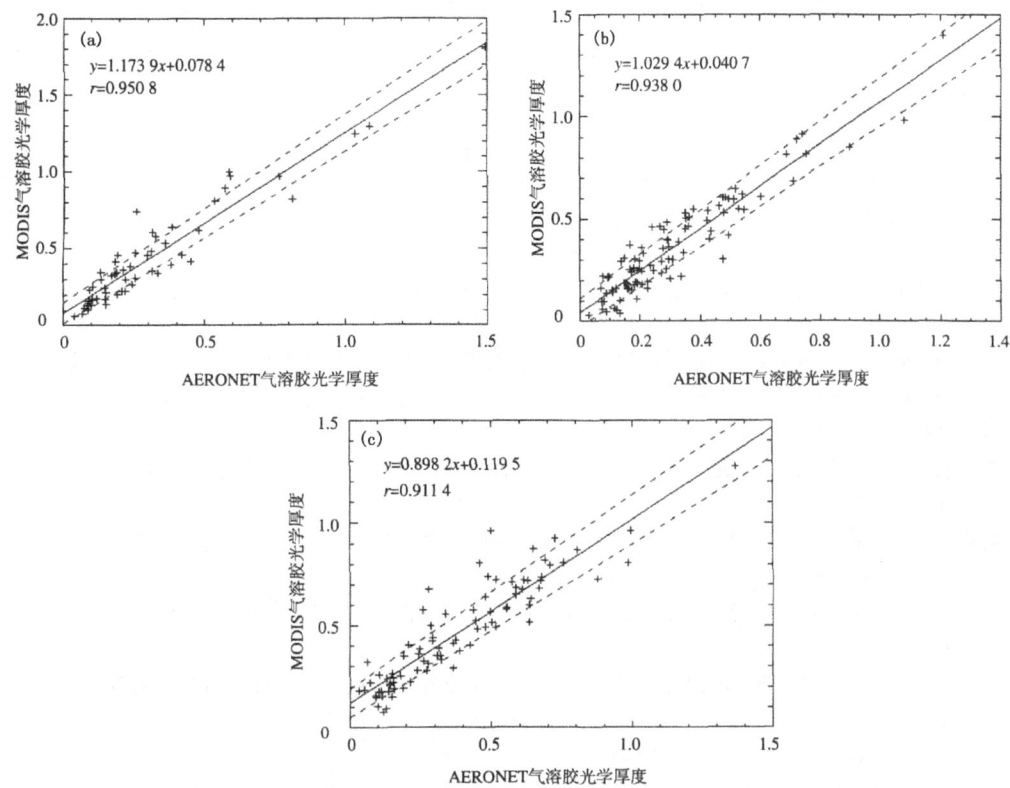

**图 3** MODIS 550 nm 气溶胶光学厚度分别与 3 个 AERONET 550 nm 气溶胶光学厚度线性回归分析
(a)Anmyon 站;(b)Gosan_SNU;(c)NCU_Taiwan 站

**表 2** MODIS 分别与 3 个 AERONET 550 nm 气溶胶光学厚度统计量对比

| 空间窗口 | 相关系数 | 斜率 | 截距 | 标准差 |
| --- | --- | --- | --- | --- |
| Anmyon | 0.9508 | 1.1739 | 0.0784 | 0.0910 |
| Gosan_SNU | 0.9380 | 1.0294 | 0.0407 | 0.0860 |
| NCU_Taiwan | 0.9114 | 0.8982 | 0.1195 | 0.0930 |

## 4 结论与讨论

(1)MODIS_C005 数据的 AOT 在我国海域与 AERONET 陆基观测到的 AOT 在 550 nm 具有非常好的一致性,相关系数达到 0.9 以上,与前人对于 MODIS Collection004 AOT 的验证结果比较,更加逼近 AERONET 的观测值,具有更高的精度。

(2)通过尝试不同的验证方法,可以发现验证数据的空间采样窗口大小的选择对于验证效果具有较大的影响,在中国海域可以 30 km×30 km 的空间采样窗口验证效果更好,更能真实反映局部观测特征。

(3)通过 MODIS_C005 气溶胶光学厚度与 AERONET 观测值在中国三个不同海区的独立验证比较,揭示了 MODIS_C005 的 AOT 在 550 nm 满足美国 NASA 的设计要求,误差控制在±0.05τ,适用于我国不同海区,可以用于中国各个海区的气象和海洋等多方面的科学研究。

**致谢**:感谢 NASA GSFC 提供为本文所需的 MODIS_C005 数据以及 AERONET 站点负责人和调查人员对于 AERONET 数据的收集、处理和维护。

## 参考文献

[1] 马井会,郑有飞,张华.黑碳气溶胶对我国区域气候影响的数值模拟[J].气象科学,2007,27(5):549-556.

[2] 董真,黄世鸿,李子华.相对湿度对大气气溶胶可见辐射吸收的影响[J].气象科学,2000,20(4):487-493.

[3] 张靖,银燕.黑碳气溶胶对我国区域气候影响的数值模拟[J].南京气象学院学报,2008,31(6):852-859.

[4] 刘玉杰,牛生杰,郑有飞.用 CE-318 太阳光度计资料研究银川地区气溶胶光学厚度特性[J].南京气象学院学报,2004,27(5):615-622.

[5] 李正强,赵凤生,赵崴,等.黄海海域气溶胶光学厚度测量研究[J].量子电子学报,2003,20(5):635-640.

[6] 赵崴,唐军武,高飞,等.黄海、东海上空春季气溶胶光学特性观测分析[J].海洋学报,2005,27(2):46-53.

[7] 刘大召,田礼乔,杨锦坤,等.南海北部海域气溶胶光学厚度研究[J].热带气象学报,2008,24(2):205-208.

[8] 延昊,矫梅燕,毕宝贵,等.国内外气溶胶观测网络发展进展及相关科学计划[J].气象科学,2006,26(1):110-117.

[9] Long C S, Stowe L L. Using the NOAA/AVHRR to study stratospheric aerosol optical thickness following the Mt. Pinatubo eruption [J]. Geophys Res Lett,1994,21(20):2215-2218.

[10] Higurashi A, Nakajima T. Development of a two channel aerosol retrieval algorithm on global scale using NOAA/AVHRR [J]. J Atmos Sci,1999,56(7):924-941.

[11] 陈本清,杨燕明.台湾海峡及周边海区气溶胶时空分布特征的遥感分析[J].环境科学学报,2008,28(12):2897-2604.

[12] 郝增周,潘德炉,白雁.Sea WiFS 遥感资料分析中国海域气溶胶光学厚度的季节变化和分布特征[J].海洋学研究,2007,25(1):80-87.

[13] 董海鹰,刘毅,管兆勇.MODIS 遥感中国近海气溶胶光学厚度的检验分析[J].南京气象学院学报,2007,30(3):328-337.

[14] 陈本清,杨燕明.台湾海峡及周边海区 MODIS 气溶胶光学厚度有效性验证[J].海洋学报,2005,27(6):170-176.

[15] Remer L A, Tanre D, Kaufman Y J, et al. Validation of MODIS aerosol retrieval over ocean [J]. Geophys Res Lett,2002,29(12):321-324.

[16] Holben B N, Eck T F, Slutsker I, et al. AERONET-A federated instrument network and data archive for aerosol characterization [J]. Remote Sens Environ,1998,66:1-16.

[17] Jethva H, Satheesh S K, Srinivasan J. Assessment of second generation MODIS aerosol retrieval (Collection005)at Kanpur, India [J]. Geophys Res Lett, 2007, 34(19):1198-2002.

[18] Ichoku C, Chu D A, Mattoo S M. A Spatio-temporal approach for global validation and analysis of MODIS aerosol products [J]. Geophys Res Lett, 2002, 29(12):121-124.

[19] Zhao T X-P, Stowe L L, Smirnov A, et al. Development of a global validation package for satellite oceanic aerosol optical thickness retrieval based on AERONET observations and its application to NOAA/NESDIS operational aerosol retrievals [J]. J Atmos Sci,2002,56(2):294-312.

[20] 夏祥鳌.全球陆地上空 MODIS 气溶胶光学厚度显著偏高[J].科学通报,2006,51(19):2297-2303.

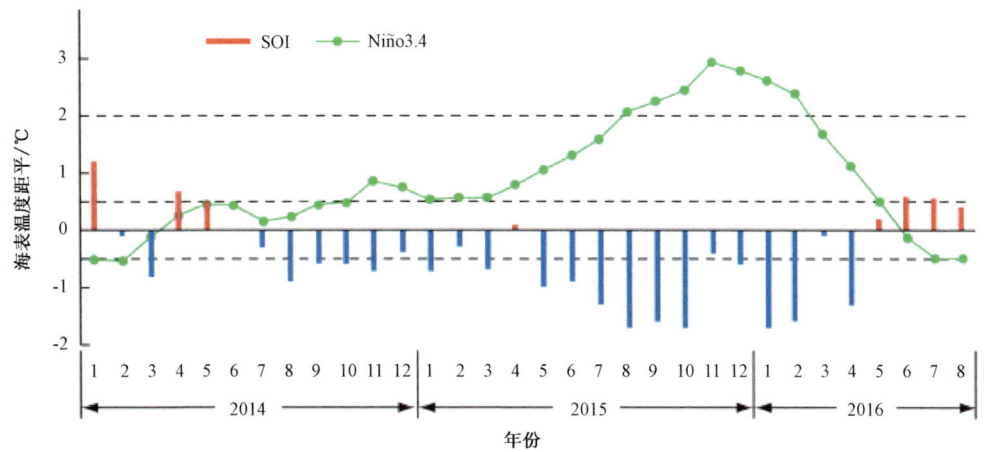

P3 图 1　2014—2016 年 El Niño 事件的演变过程
（单位：℃；红实线为 Niño3.4 区海温指数；蓝线为南方涛动指数）

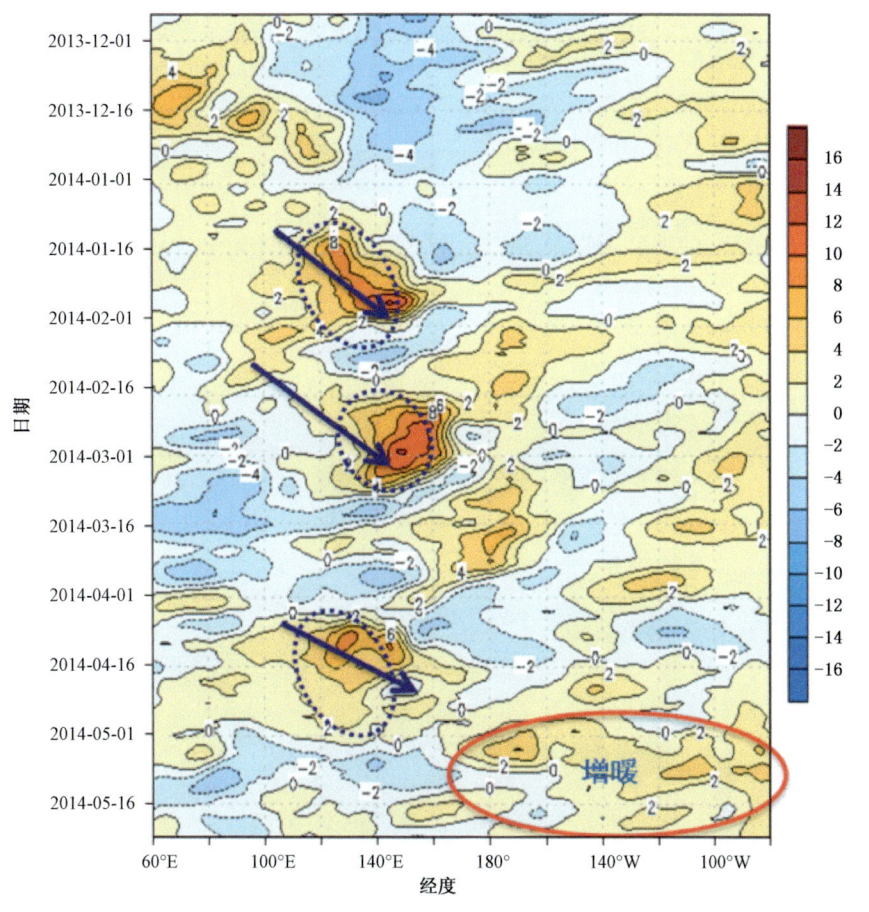

P4 图 2　2013—2014 年太平洋赤道地区(5°N～5°S)850 hPa 平均纬向风距平演变
（单位：m·s$^{-1}$；蓝色区为东风距平，红色区为西风距平）

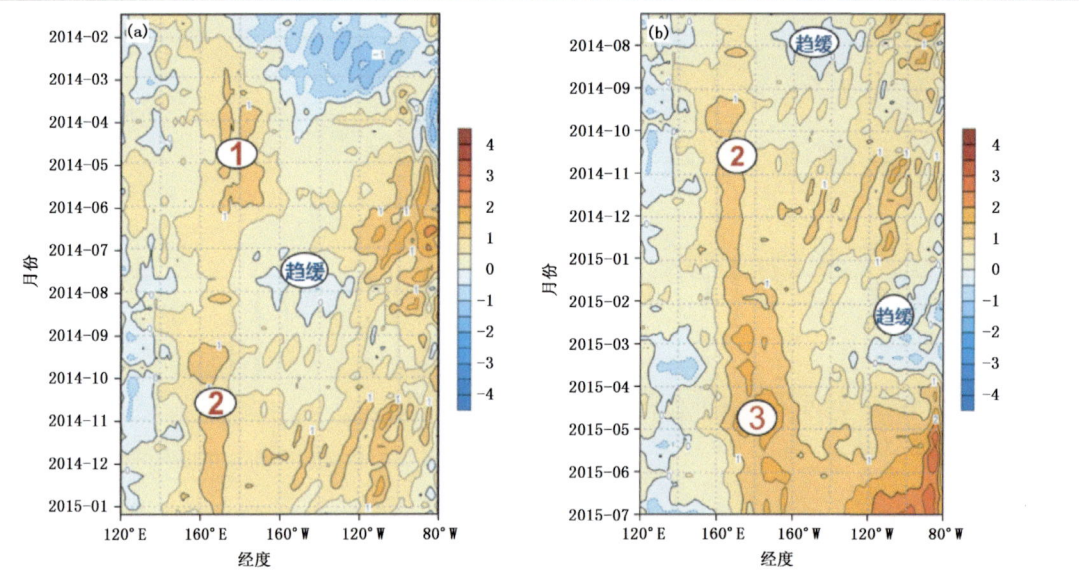

P5 图3 2014年1—12月(a)、2014年8月—2015年6月(b)赤道太平洋地区(5°N~5°S)海温距平时间—纬度剖面

(单位:℃;红(蓝)色为暖(冷)海温距平;数字1~3表示增暖期)

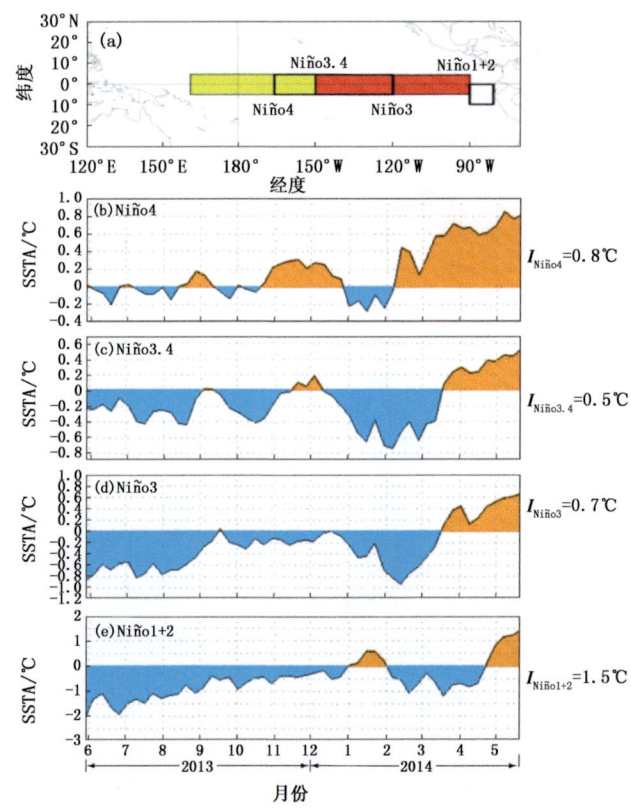

P5 图4 赤道太平洋的ENSO监测区划分(a)及2013—2014年赤道中东太平洋不同海区平均SSTA的时间变化(b—e;单位:℃;黄色(蓝色)为正(负)距平)

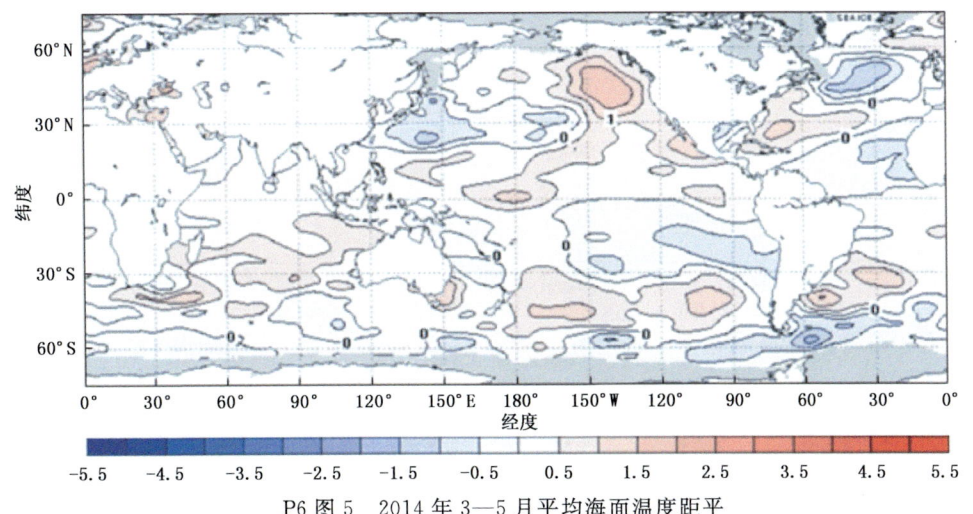

P6 图5 2014年3—5月平均海面温度距平
(等值线间隔0.5 ℃;距平相对于1981—2006平均值;取自JMA,2014)

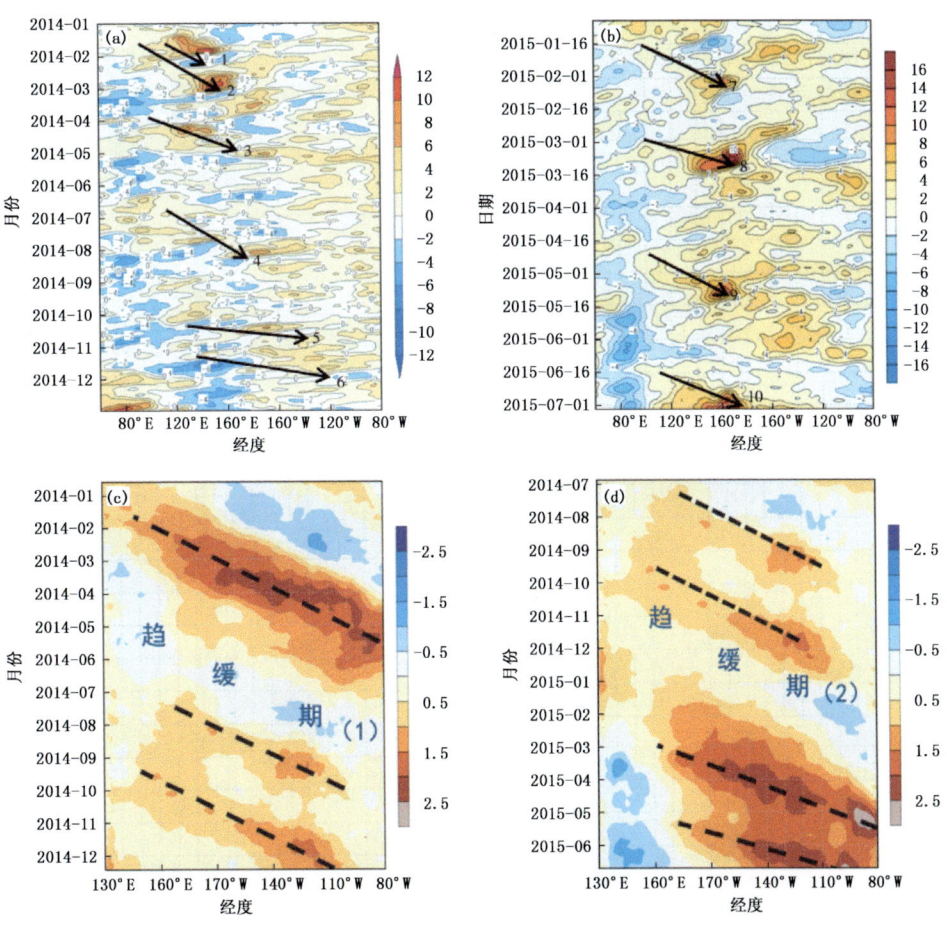

P6~7 图6 2014年(a)、2015年(b)850 hPa赤道太平洋低层纬向风距平的时间—纬度演变(黑箭头表示西风爆发过程;红(蓝)色为西(东)风距平区),以及2014年1—12月(c)、2014年7月—2015年6月(d)赤道太平洋次表层热容量距平时间—纬度剖面(黑色虚线表示赤道太平洋次表层暖性波动的传播过程;红(蓝)区代表正(负)热容量区)

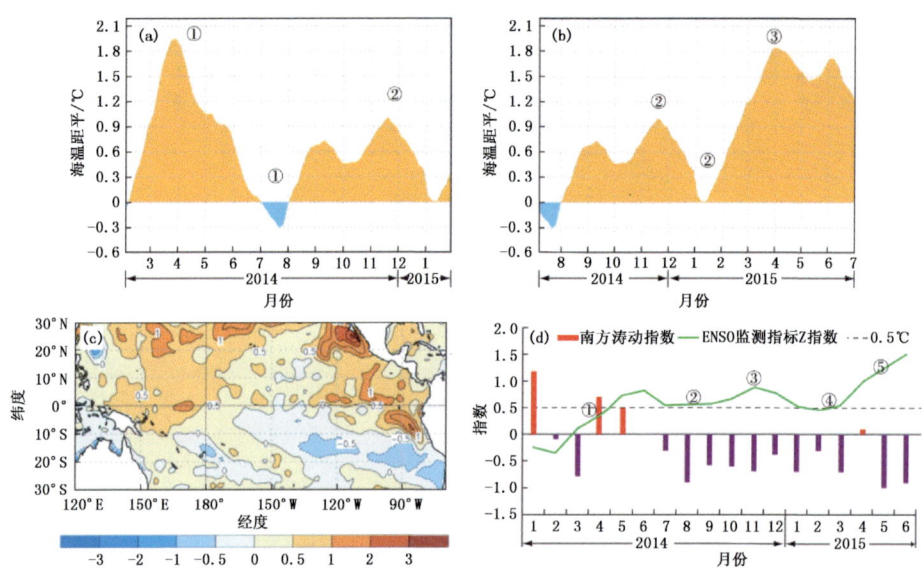

P7 图7 2014年2月—2015年1月(a)、2014年8月—2015年6月(b)赤道中东太平洋次表层上层海洋热容量距平的时间变化(黄(绿)色圆圈的数字代表增暖期(减缓期));2014年8月热带太平洋海表温度偏差(c);以及2014年1月—2015年6月ENSO监测指标 Z 指数(单位:℃)和南方涛动指数(SOI)的时间变化曲线(d)

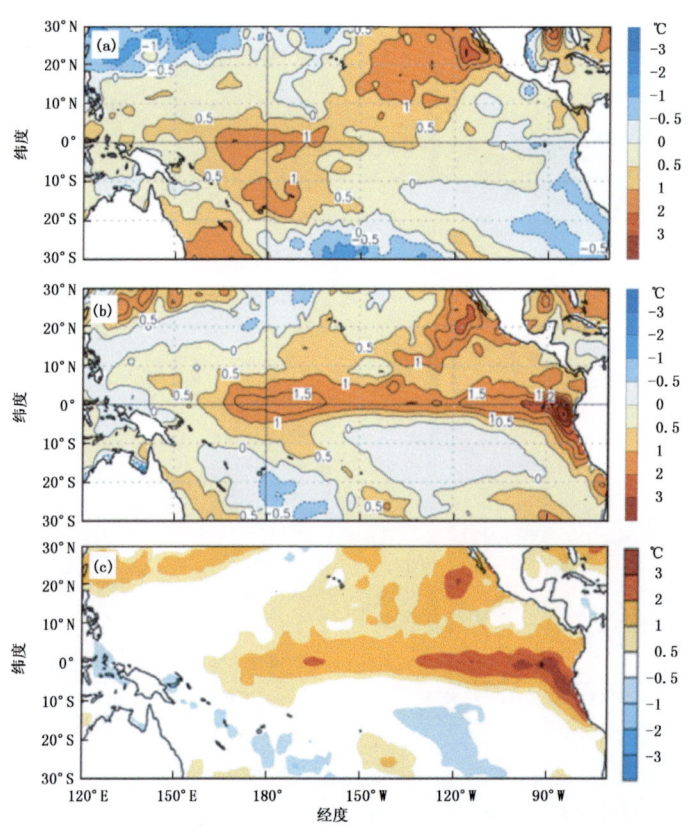

P8 图8 热带太平洋海表温度偏差(SSTA)分布(a)2015年1月11日—2月7日,(b)2015年4月26日—5月23日,(c)2015年6月22—28日

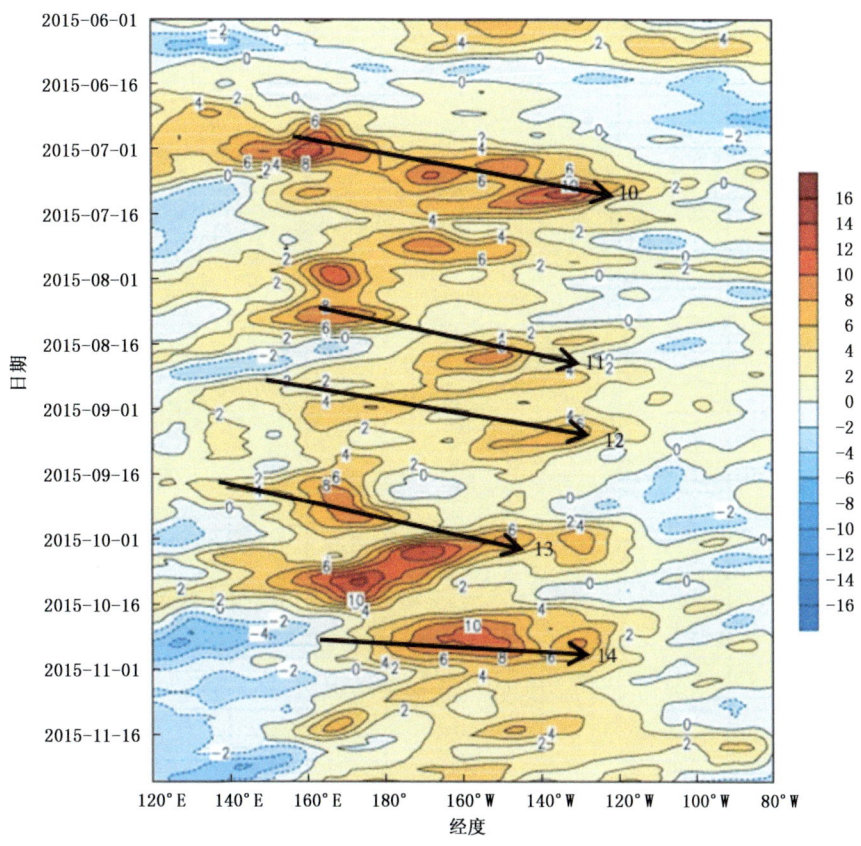

P9 图9 850 hPa赤道地区(5°N~5°S)纬向风距平时间—经度剖面(红色(蓝色)代表西风(东风)异常;单位:m·s$^{-1}$;取自NOAA,2016)

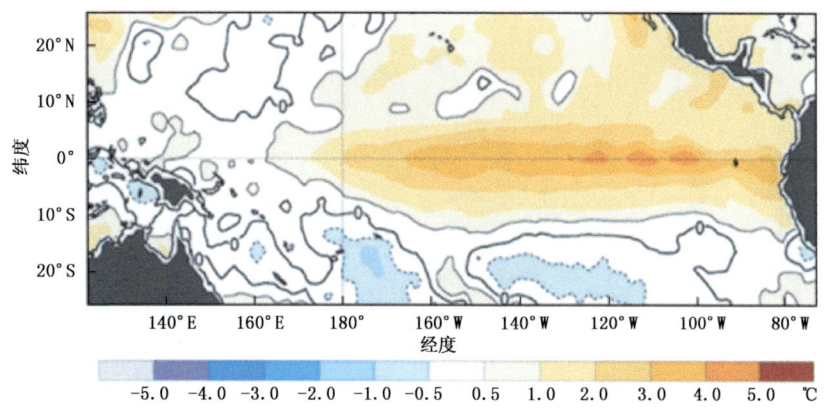

P10 图10 2015年11月第4周(11月23—29日)热带太平洋海表温度距平分布(取自中国气象局国家气候中心气候监测快报,2016)

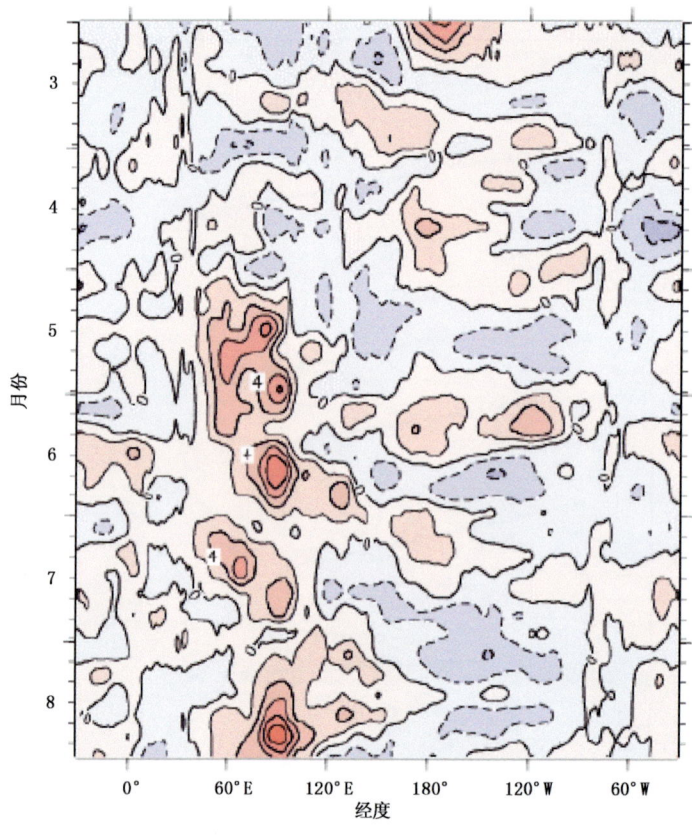

P11 图11  2016年3—8月850 hPa纬向风距平时间—经度剖面
(单位:m·s$^{-1}$;红色(蓝色)代表西风(东风);取自JMA,2016)

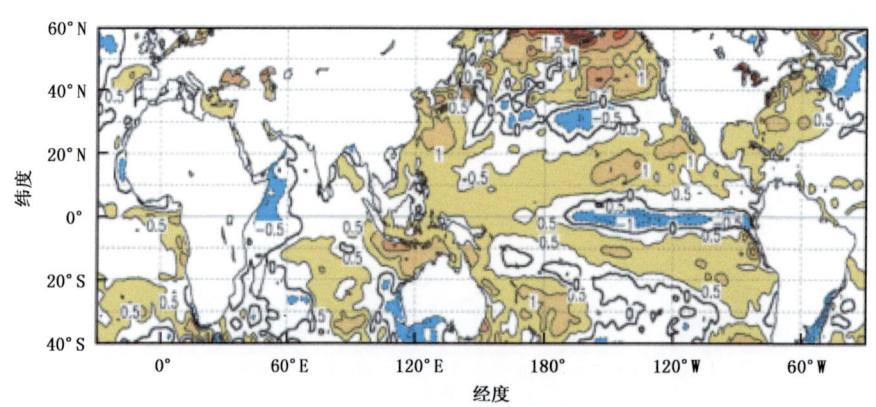

P11 图12  2016年6—8月月平均海表温度距平分布
(等值线间隔:0.5 ℃;距平值是相对于1981—2016年的平均值;引自国家气候中心(NCC),2016)

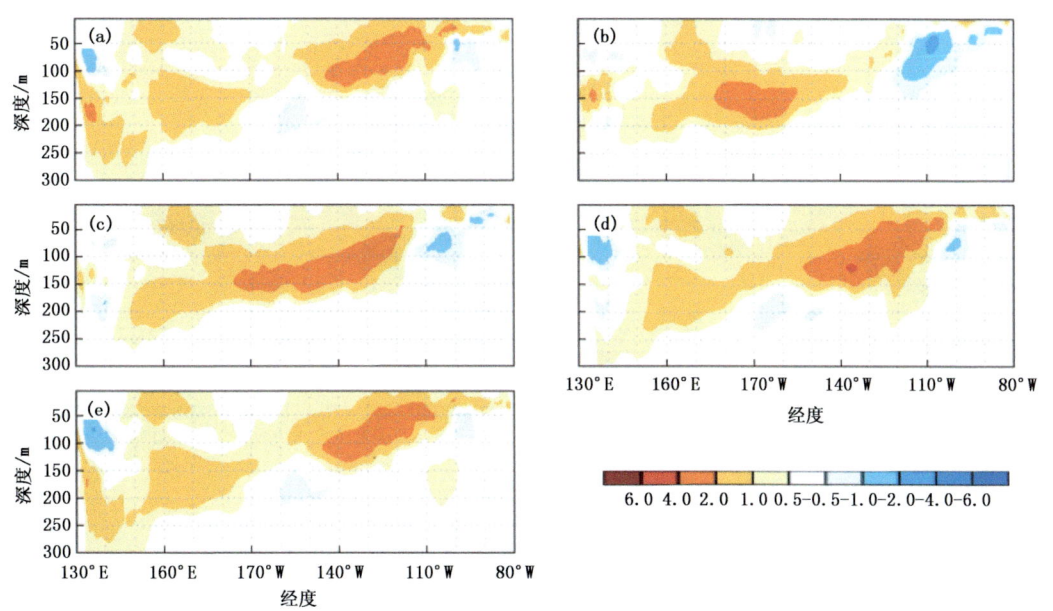

P13 图13 2014年8—9月赤道太平洋次表层海温距平的东传过程(单位:℃)
(a)2014年9月28日—10月2日;(b)2014年8月9—13日;(c)2014年8月24—30日;
(d)2014年9月8—12日;(e)2014年9月25日

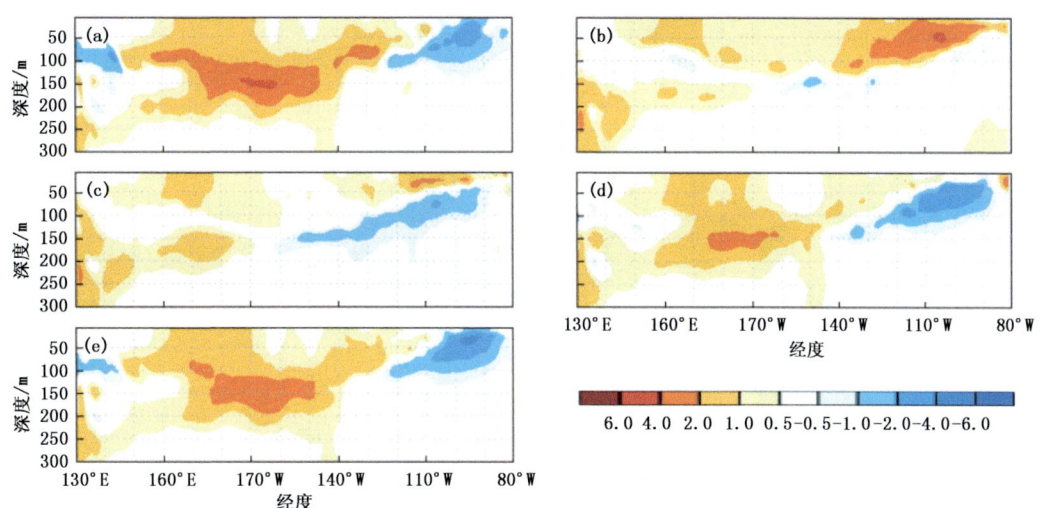

P13 图14 2015年1—2月赤道太平洋次表层海温距平的东传过程(单位:℃)
(a)2015年2月12日;(b)2014年12月22—26日;(c)2015年1月6—10日;
(d)2015年1月21—25日;(e)2015年2月5—9日

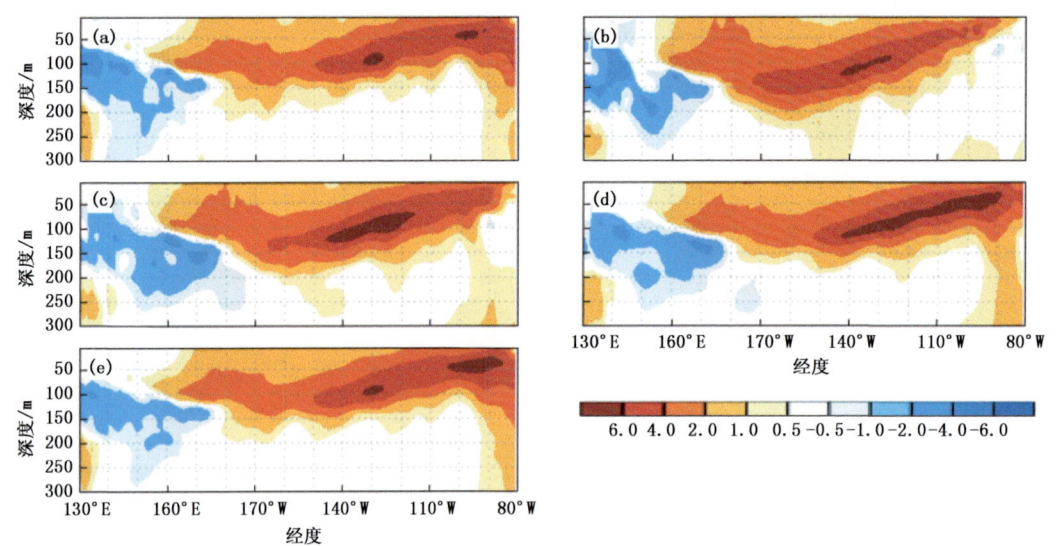

P14 图15 2015年3—5月赤道太平洋次表层海温距平的东传过程(单位:℃)
(a)2015年5月18—20日;(b)2015年3月27—31日;(c)2015年4月11—15日;
(d)2015年4月26—30日;(e)2015年5月11—15日

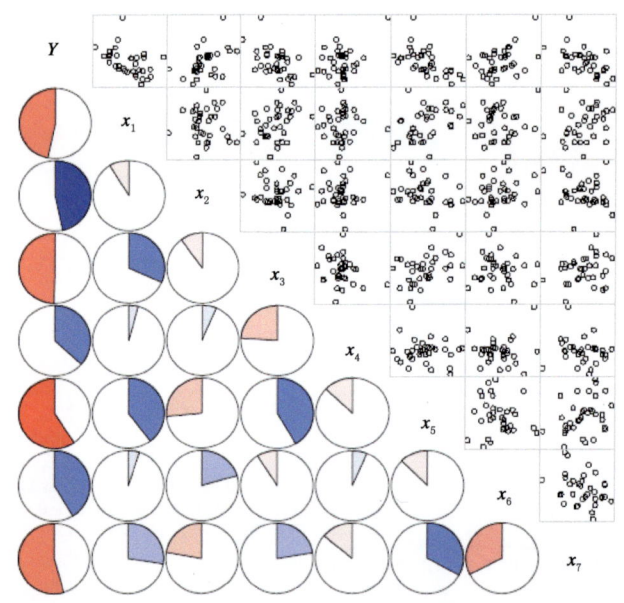

P38 图2 因变量(霾日数的年际增量,Y)和自变量($x_1,x_2,\cdots,x_7$)之间的相关系数和散点图
(左下部分为相关系数的饼图,红/蓝色代表正/负相关关系,面积代表绝对值;
右上部分为要素之间的散点图)

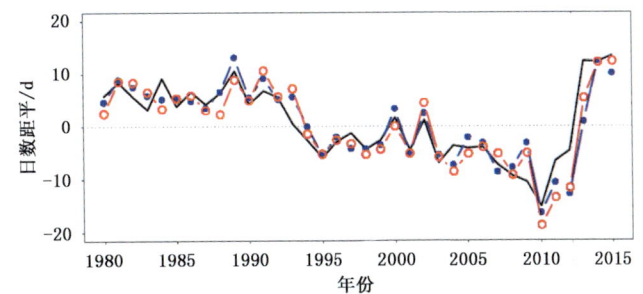

P39 图 3 观测(黑色)和多元线性回归(蓝色)、广义相加模型(红色)预测的华北冬季霾日数距平
(1980—2013 年的预测值为交叉检验的结果,2014 和 2015 年的预测值为独立预测的结果;
引自 Yin and Wang(2016b))

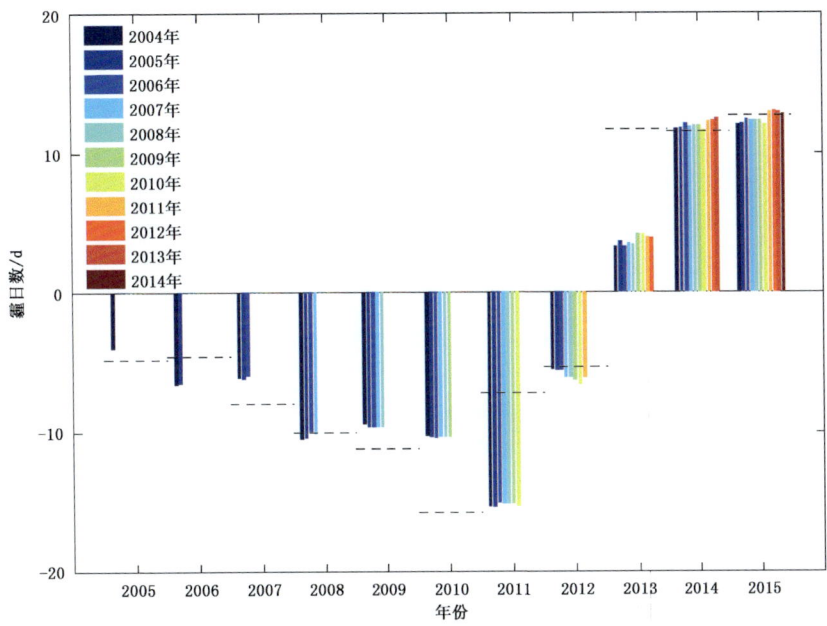

P40 图 5 循环独立样本预测实验的华北平原冬季霾日数预测值(柱状)和观测值(虚线)(训练样本的截止年表示广义相加模型是由 1980 至该年的数据训练得到,之后到 2015 年的数据均用作独立样本实验,比如,从 2011 年开始出现的黄色柱型代表的是 2011—2015 年的数值是由 1980—2010 数据训练得到的模型预测而来。引自 Yin 和 Wang(2017))

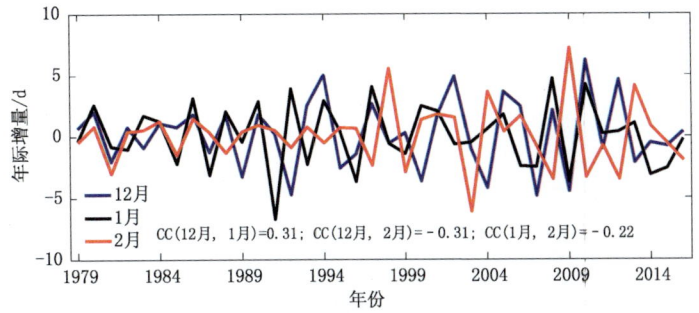

P41 图 6 1979—2016 年长三角地区冬季逐月霾日数的年际增量(12月(蓝)、1月(黑)、2月(红)
两两之间的相关系数($I_{CC}$)标注在左下角)

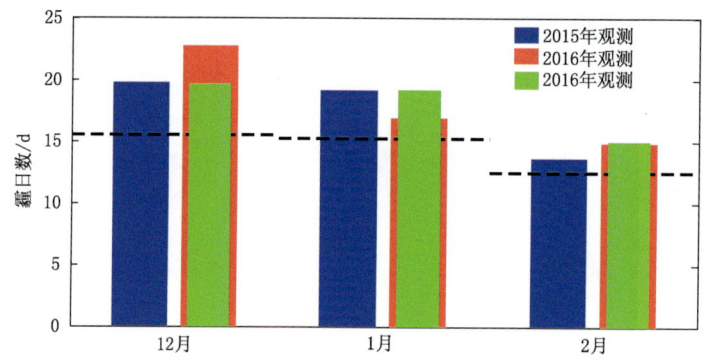

P43 图 8 京津冀区域监测的 2015/2016 年（蓝色）、预测的 2016/2017 年（红色）和监测的 2016/2017 年（绿色）的冬季逐月霾日数（虚线为常年平均值）

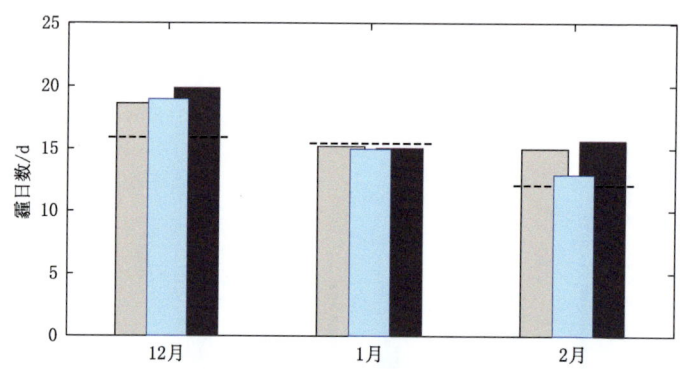

P44 图 9 长三角区域监测的 2016/2017 年（灰色）、预测的 2017/2018 年（黑色）和监测的 2017/2018 年（蓝色）的冬季逐月霾日数（虚线为常年值）

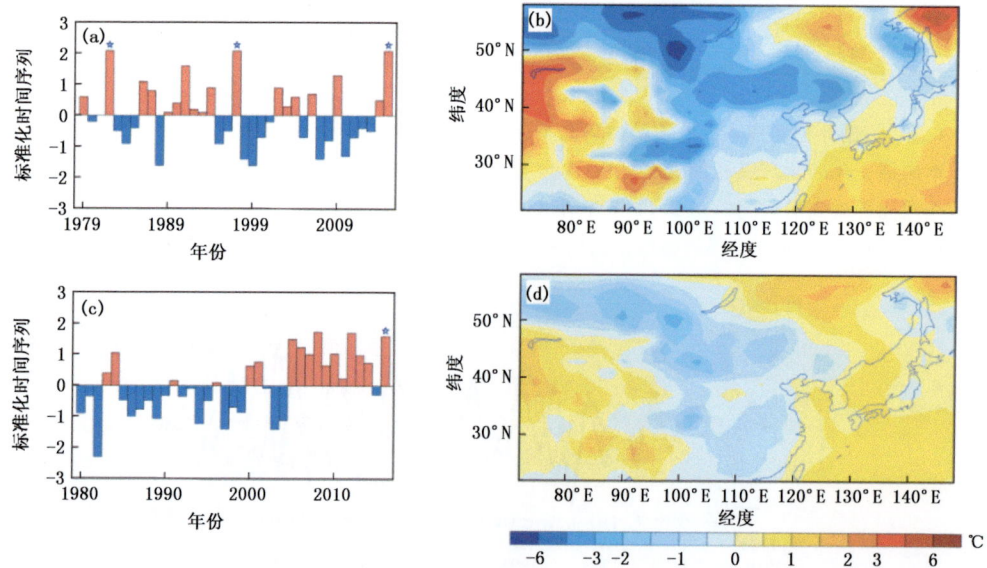

P50 图 1  1979—2015 年冬季 Niño3.4 指数（a）和 1980—2016 年 1 月标准化的北极温度指数（ATI；b），以及 2016 年 1 月东亚表面气温的距平（c；℃）和基于 Niño3.4 指数和北极温度指数线性拟合的 2016 年 1 月表面气温异常（d；℃）

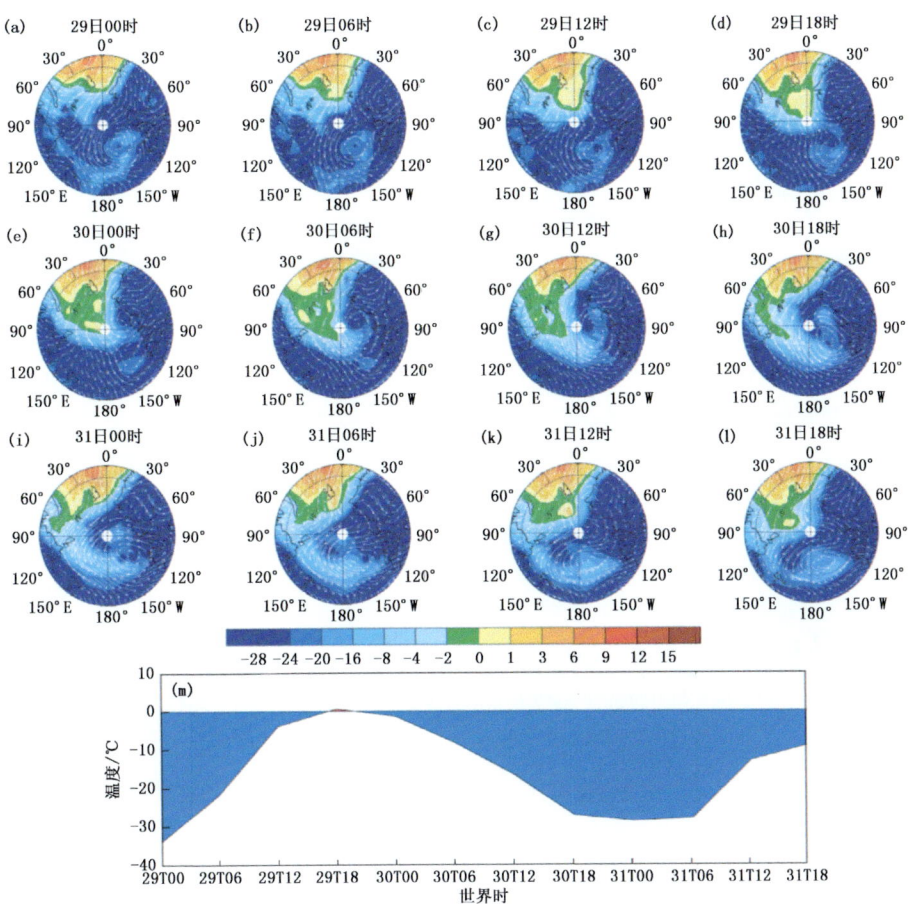

P51 图 2 NCEP/NCAR 再分析资料中 2015 年 12 月 29 日 00 时—至 12 月 31 日 18 时北极地区表面气温(阴影;℃)和 850 hPa 风场(箭矢;m·s$^{-1}$)的情况(a—l)以及极点附近(85°N 以北,0~30°E)表面气温的时间演变(m)

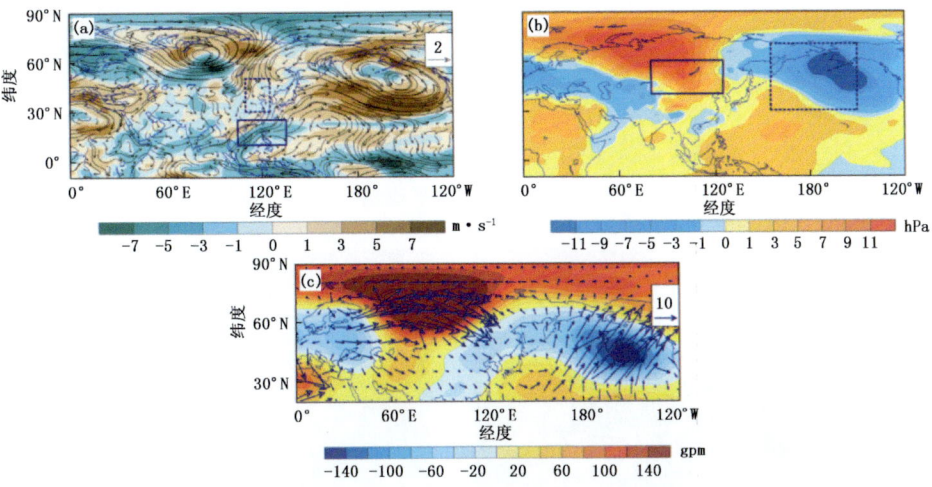

P52 图 3 2016 年 1 月 850 hPa 水平风场(箭矢)以及风速大小(阴影;m·s$^{-1}$)的异常(a),海平面气压异常(b;hPa),以及 500 hPa 高度场异常(阴影;gmp)以及波作用通量(m$^2$·s$^{-2}$)的空间分布(c;异常是指相对于 1981—2010 年气候平均态的距平;下同)

· 11 ·

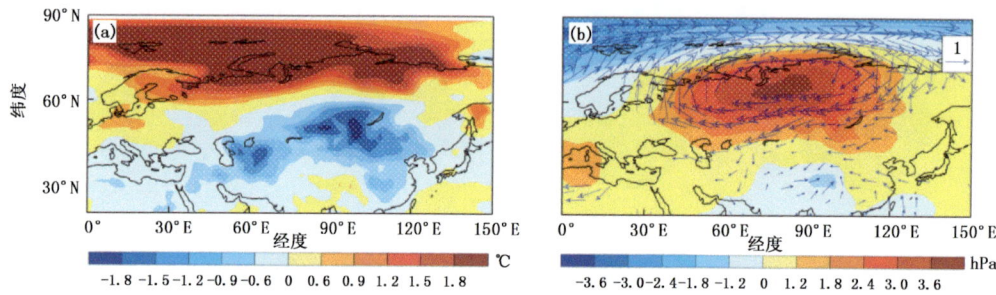

P53 图 4　1980—2016 年 1 月标准化北极温度指数(ATI)线性回归的同期表面气温(阴影;℃)和海平面气压(阴影;hPa)(a)以及 850 hPa 水平风场(箭头;m·s$^{-1}$)(b)(打点区域表示表面气温异常和海平面气压异常通过 95% 置信水平检验;风场只画通过 95% 置信水平检验的值)

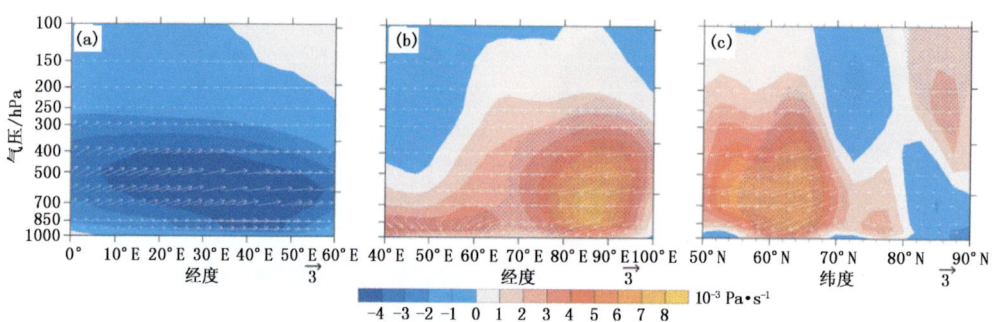

P53 图 5　1980—2016 年 1 月标准化北极温度指数(ATI)线性回归的同期垂直环流(箭矢;m·s$^{-1}$)以及垂直速度(阴影;×10$^{-3}$Pa·s$^{-1}$)(打点区域表示垂直速度异常通过 95% 置信水平检验)
(a)75°~85°N 平均;(b)60°~70°N 平均;(c)70°~90°E 平均

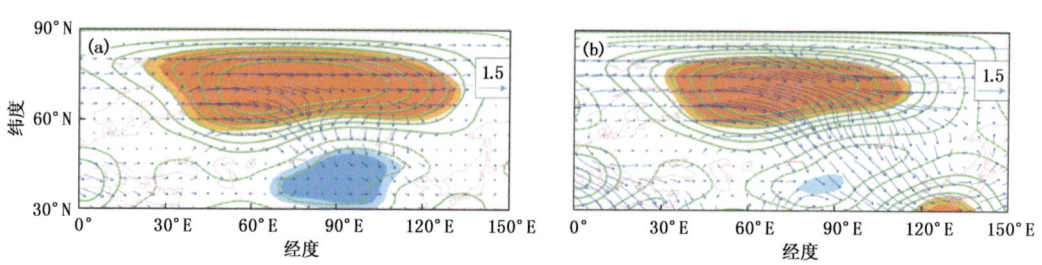

P54 图 6　1980—2016 年 1 月标准化北极温度指数(ATI)线性回归的同期流函数
(等值线;×10$^6$ m$^2$·s$^{-1}$)以及波作用通量(箭矢;m$^2$·s$^{-2}$)
(阴影表示流函数异常通过 95% 置信水平检验)(a)500 hPa;(b)200 hPa

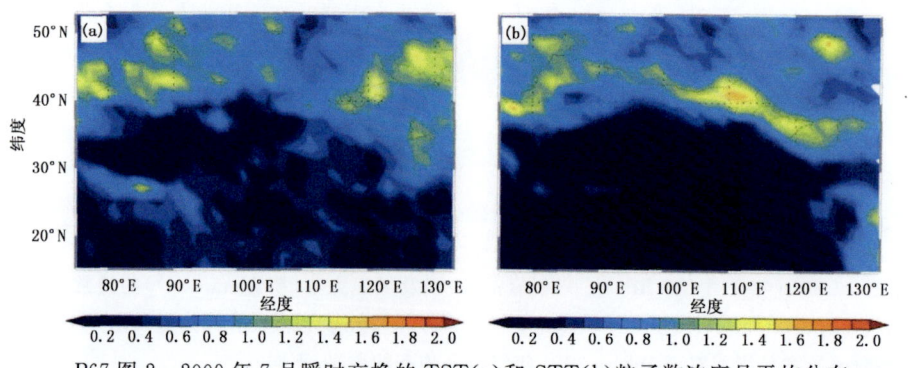

P67 图 2　2009 年 7 月瞬时交换的 TST(a)和 STT(b)粒子数浓度月平均分布

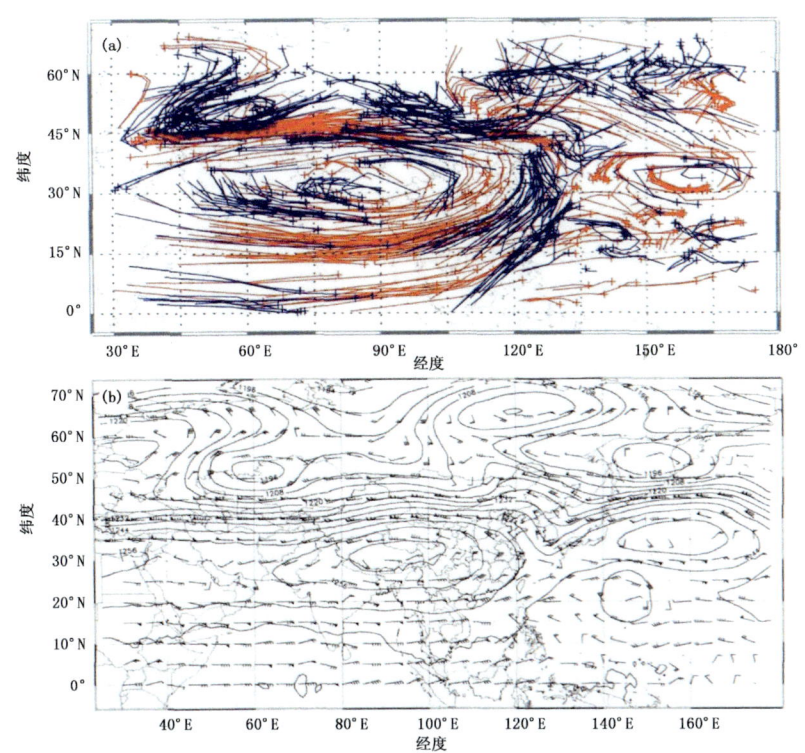

P67 图 3 2010 年 7 月 15 日 00 时滞留时间超过 48 h 的 TST 和 STT 粒子的交换位置及其 48 h 内的移动路径
（a:"＋"表示发生 TST 或 STT 的位置；红色为 TST,蓝色为 STT），
以及 200 hPa 高度场和风矢量叠合(b;单位:dagpm)

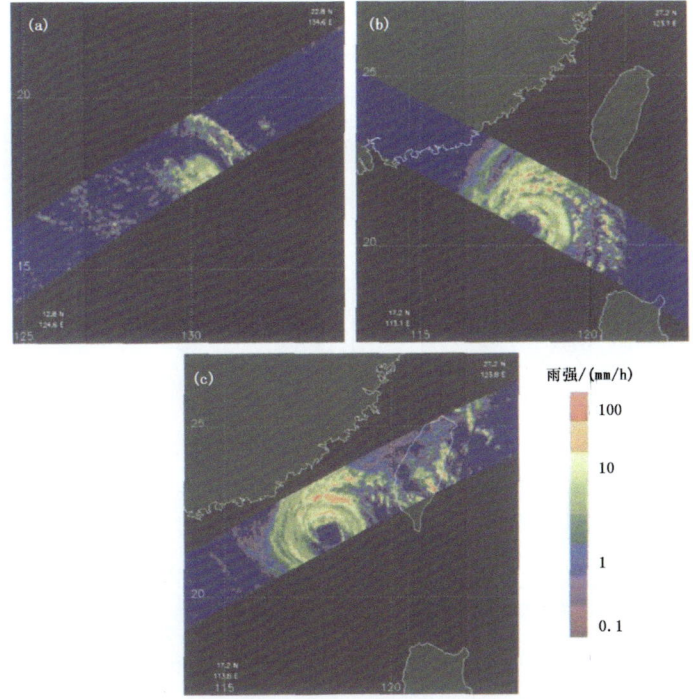

P86 图 2　3 个时次 PR 扫描范围内近地面雨强(单位:mm /h)(a)A 时；(b)B 时；(c)C 时

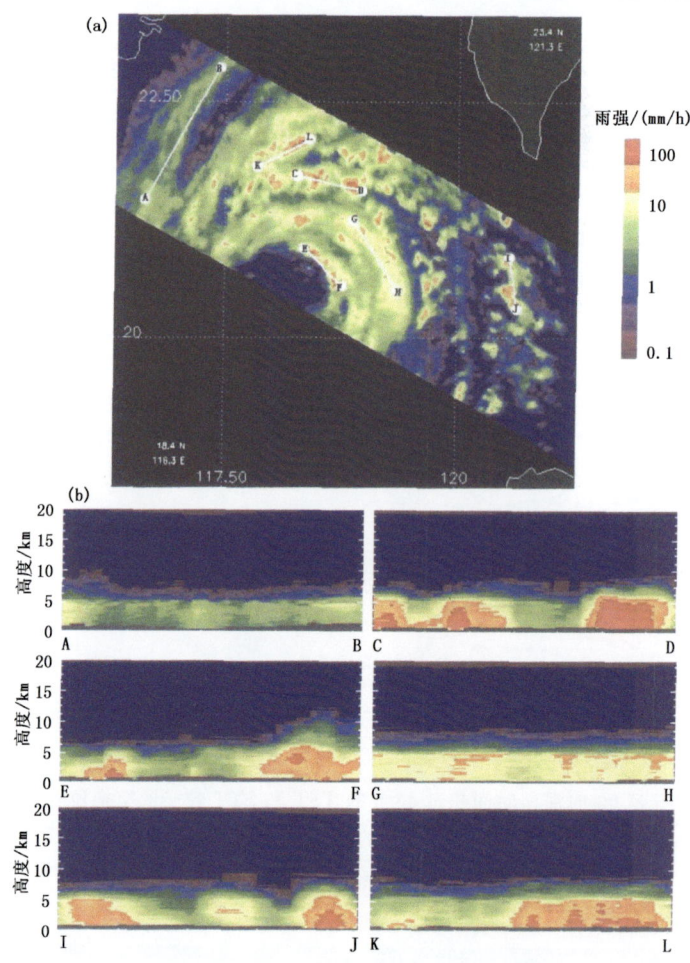

P88 图4 6条直线所处台风中的位置(a)及沿6条直线所做雨强垂直剖面(b)(单位:mm/h)

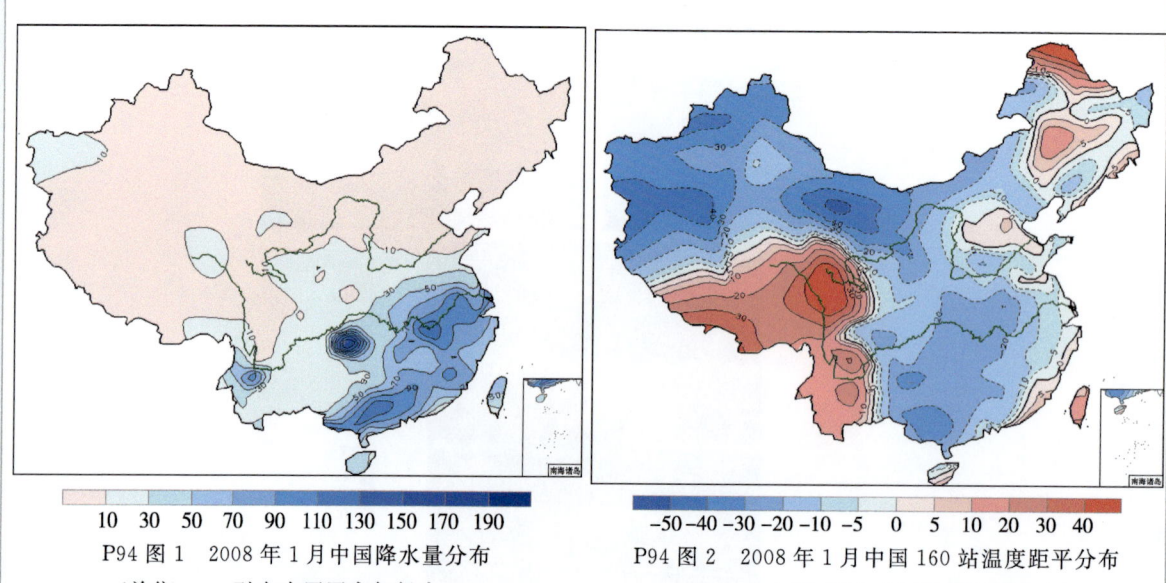

P94 图1 2008年1月中国降水量分布
(单位:mm;引自中国国家气候中心)

P94 图2 2008年1月中国160站温度距平分布
(单位:0.1 ℃;引自中国国家气候中心)

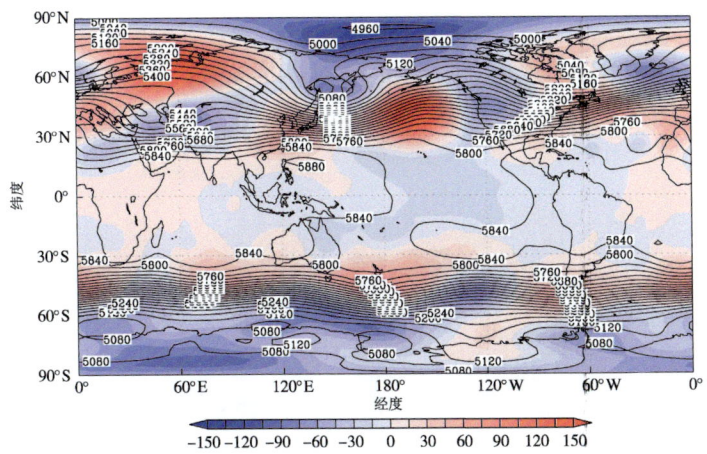

P95 图3  2008年1月500 hPa高度场(等值线;单位:gpm)及500 hPa高度异常场(阴影区;单位:gpm)
(引自李崇银等(2008))

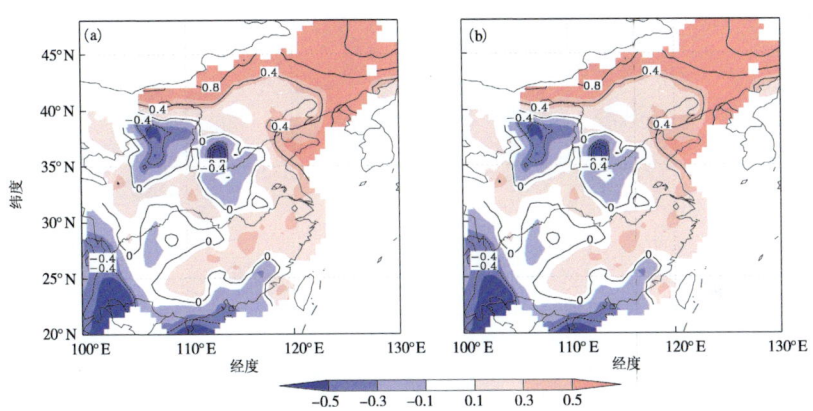

P97 图5  11次La Niña事件合成的温度距平(a;单位:℃)和降水距平(b;单位:mm)分布
(引自李崇银等(2008))

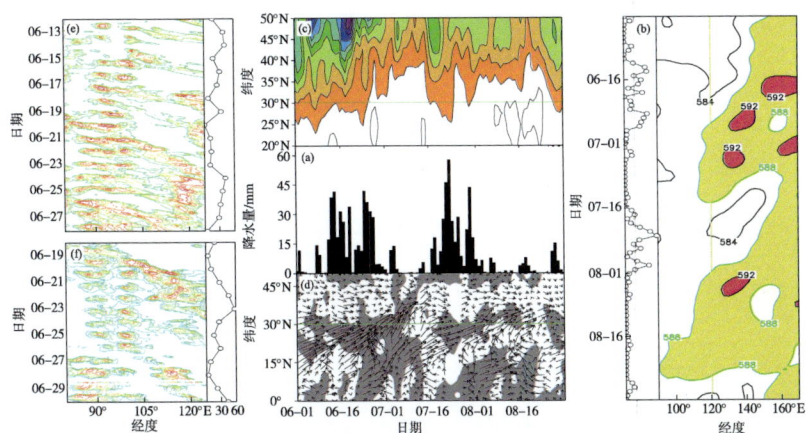

P99 图7  1998年夏季长江流域暴雨洪涝发生的大气环流模型:(a)长江流域16站平均的逐日降水分布(空心圆曲线;单位:mm);(b)500 hPa位势高度沿30°N的经度—时间剖面(阴影区大于588 dagpm);(c)100°~120°E平均的500 hPa位势高度的纬度—时间剖面(阴影区小于584 dagpm);(d)100°~120°E平均的1000~300 hPa水汽通量的纬度—时间剖面(箭矢:$q \cdot V$;阴影为$T_{BB} \leqslant -5$ ℃);1998年6月(e)、7月(f)黑体温度$T_{BB}$距平沿30°N的经度—时间剖面(单位:℃)(引自张庆云等(2008))

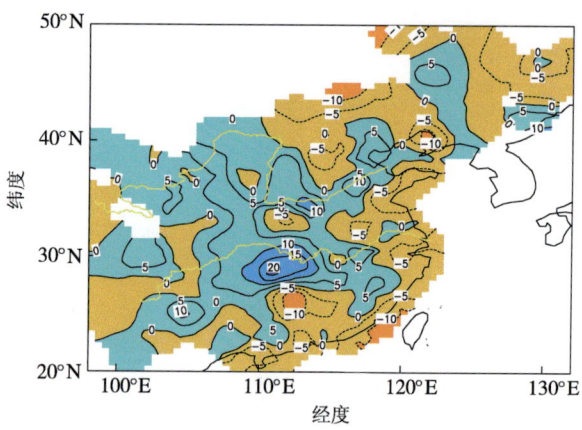

P100 图 8　El Niño 事件次年 6—8 月合成的中国东部降水量距平百分率分布(单位:%)

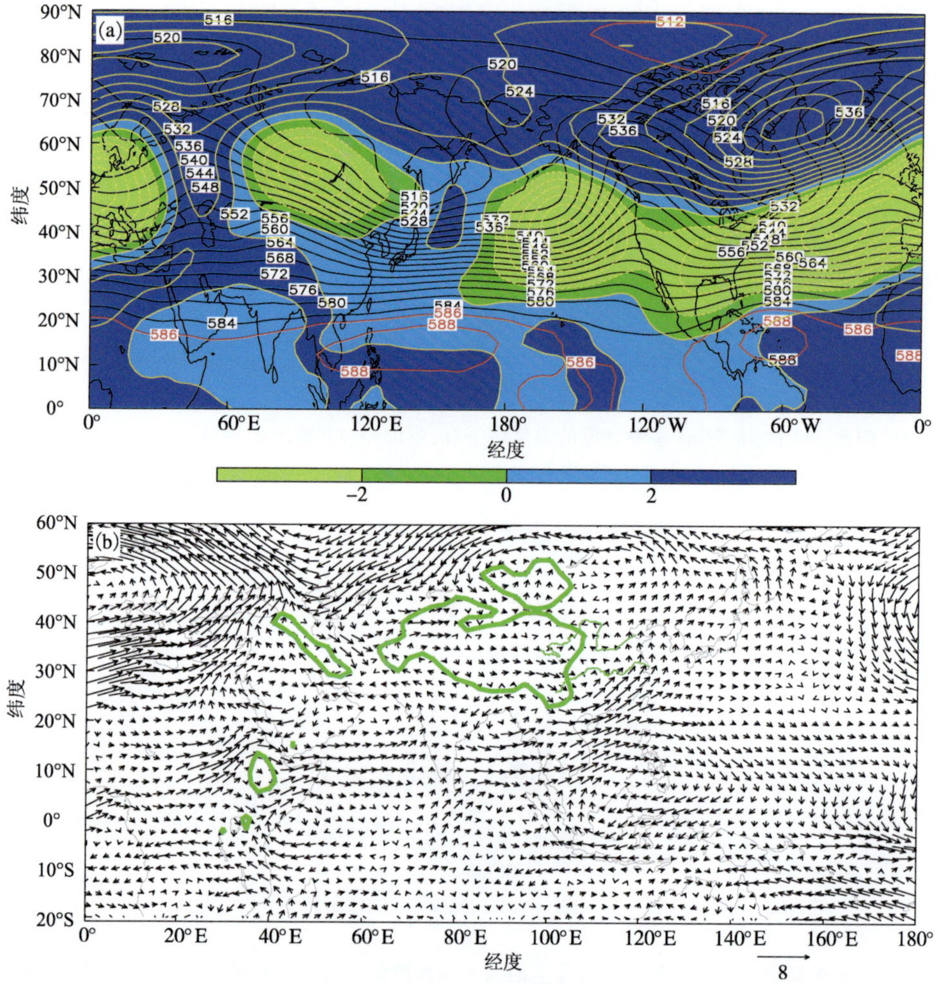

P102 图 10　2009/2010 冬季 500 hPa 位势高度(黑线)及其距平(黄线和阴影区)
(a;单位:dagpm)以及 850 hPa 风场距平(b;箭矢,单位:m/s)